J. B. DUMONT

LES

GRANDS TRAVAUX

DU SIÈCLE

HACHETTE ET CIE

J. B. DUMONT

Les Grands Travaux

du Siècle

Librairie Hachette & Cie

LES

GRANDS TRAVAUX

DU SIÈCLE

J.-B. DUMONT

LES

GRANDS TRAVAUX

DU SIÈCLE

OUVRAGE ILLUSTRÉ DE 256 GRAVURES

PARIS

LIBRAIRIE HACHETTE ET Cᴵᴱ

79, BOULEVARD SAINT-GERMAIN, 79

—

1891

AVANT-PROPOS

L'art de l'ingénieur a pris de nos jours une telle importance qu'on ne pourrait songer à faire, en dehors d'une encyclopédie, un exposé complet des résultats acquis dans chacune de ses branches, dont le nombre va sans cesse en augmentant et qui correspondent à autant de spécialités distinctes, en raison de la diversité des applications qu'elles comportent.

Les grands exemples que nous nous bornerons à choisir parmi les travaux les plus considérables exécutés par les ingénieurs modernes suffiront à donner de l'œuvre accomplie dans ce siècle un tableau d'ensemble dont nous pouvons rapidement esquisser les grandes lignes.

Considérée dans son ensemble, l'œuvre industrielle du xixᵉ siècle dérive presque entièrement de l'invention de la machine à vapeur.

C'est ainsi que, parmi toutes les merveilleuses conquêtes dont notre siècle a pu voir la réalisation, l'application de la vapeur aux chemins de fer et à la navigation a certainement donné lieu aux plus grandes entreprises dont les ingénieurs puissent revendiquer la gloire.

Les besoins nouveaux que créait l'établissement des voies ferrées ont fait surgir immédiatement une foule de problèmes qui ne s'étaient jamais posés à l'esprit des ingénieurs avant l'ère des chemins de fer.

Il fallut, dans certains cas, percer des montagnes qui formaient jusqu'alors un obstacle infranchissable à la libre communication entre deux pays voisins, et, dans d'autres circonstances, s'efforcer de gravir des rampes fortement inclinées par des moyens d'une hardiesse surprenante.

De même, on à dû jeter sur les fleuves des ponts gigantesques dont l'utilité ne s'était jamais fait sentir, et la nécessité de réaliser de pareils travaux a été pour ainsi dire le point de départ du mouvement scientifique auquel nous devons les grandes constructions métalliques modernes, qui marquent un des progrès les plus considérables qui aient été accomplis dans notre siècle.

Un des caractères dominants de l'évolution qu'a subie l'art de l'ingénieur au xixᵉ siècle réside, en effet, dans l'emploi du fer et de l'acier sur une vaste échelle, et, à ce point de vue, notre siècle pourrait à juste titre être appelé « le siècle du fer », ou plus exactement « le siècle des chemins de fer », puisque, sans les chemins de fer et les grands ouvrages qu'ils ont nécessités, nous n'aurions très vraisemblablement pas assisté à un développement aussi rapide de cette science nouvelle des grandes constructions métalliques.

Les progrès de la navigation, que l'on peut également regarder comme résultant de l'application de la vapeur à la locomotion, ont occasionné, comme les chemins de fer, de nombreux travaux, que nous aurons à passer en revue, en étudiant successivement les grands travaux des ports, le percement des isthmes, les transformations de nos marines marchandes et militaires.

Après avoir ainsi examiné les principales conséquences plus ou moins directes de l'introduction de la machine à vapeur dans notre civilisation, nous aurons rempli déjà une grande partie de notre programme; mais, à côté de la vapeur, il est un autre agent qui n'a pas peu contribué au prodigieux développement des grandes entreprises auquel vient d'assister le xixᵉ siècle; nous voulons parler de l'électricité. L'établissement des lignes télégraphiques, qui sillonnent en tous sens nos continents et les relient entre eux, en franchissant les océans, représente à lui seul une série de travaux à laquelle nous devrons réserver une place importante dans le cadre que nous nous sommes tracé.

Enfin, après avoir étudié, d'autre part, quelques-uns des travaux modernes qui, sans être d'un ordre aussi général, n'en présentent pas moins une importance réelle, nous aurons terminé notre tâche lorsque, dans notre conclusion, nous aurons jeté un coup d'œil d'ensemble sur les villes d'aujourd'hui, que l'on peut considérer en quelque sorte comme formant la résultante de tous les progrès que l'art de l'ingénieur a réalisés dans ce siècle.

LES CHEMINS DE FER

I

L'ORIGINE DES CHEMINS DE FER

Les « chemins de bois » dans les mines de houille. — Les voitures à vapeur. — Les premiers chemins de fer proprement dits. — La ligne de Saint-Étienne à Lyon. — Le chemin de fer de Paris à Saint-Germain.

Bien qu'aujourd'hui la locomotive et la voie ferrée sur laquelle elle court à toute vapeur nous semblent si intimement liées l'une à l'autre qu'on les croirait volontiers nées ensemble et dans une même inspiration, leur origine n'en remonte pas moins à des époques bien différentes et leurs débuts se sont effectués d'une façon tout à fait indépendante.

Au xviiᵉ siècle on garnissait de bois, dans les mines de houille et notamment dans les exploitations anglaises, les ornières creusées dans le sol par les chariots qui servaient au transport du charbon.

Cette pratique paraît d'ailleurs remonter aux temps les plus reculés, et l'on rappelle à ce sujet qu'on a découvert dans les ruines du temple d'Eleusis une voie garnie de sortes de rails en bois.

D'après une description du physicien Désaguliers, on facilitait la traction des wagonnets de houille, vers le commencement du xviiiᵉ siècle, en ménageant une rainure dans les pièces de bois garnissant les ornières, et en employant des roues munies d'un rebord qui s'engageait dans cette rainure.

Plus tard, comme les bois employés de la sorte s'usaient rapidement, on imagina d'y clouer des bandes de fer, et enfin, vers 1768 d'après les uns, vers 1780, suivant d'autres auteurs, l'ingénieur William Reynolds eut l'idée de substituer des rails en fonte aux bandes de bois garnies de métal.

Quelques années plus tard, Jessop donna aux roues des wagonnets le rebord dont sont aujourd'hui pourvues les roues de tous les wagons, et les rails furent alors simplement constitués par des barres de fer fixées sur des poutres transversales en bois.

Ces voies ferrées constituaient en réalité les premiers chemins de fer, mais la traction n'y était faite qu'au moyen de chevaux.

Voyons maintenant quelle fut l'origine de la locomotive.

L'invention de la machine à vapeur remonte à 1700, et la modification de la machine de Papin réalisée par James Watt à 1764.

Cinq années après la découverte de Watt, un ingénieur français, Cugnot, né à Void (Meuse), construisait la première voiture à vapeur, et l'année suivante il en faisait exécuter une seconde, qu'on peut voir au Conservatoire des arts et métiers de Paris ; mais ce n'était qu'un début bien modeste : la provision d'eau ne durait qu'un quart d'heure, et, dès qu'elle était épuisée, il fallait s'arrêter pour la renouveler et attendre ensuite que l'eau se fût transformée en vapeur.

Voiture de Cugnot.

Dans le pays de Galles, en 1804, la première locomotive construite en Angleterre, sous la direction de Trewitick et de Vivian, circula sur le chemin de fer de Merthyr-Tydwill, traînant une charge de dix tonnes avec une vitesse de 8 kilomètres. La même année on vit également ment circuler dans les rues de Philadelphie une locomotive, construite par Olivier Evans.

Mais ce fut seulement en 1825 que, grâce aux travaux de George Stephenson, le problème de la traction par la vapeur reçut une solution réellement satisfaisante, qui fut appliquée sur la ligne de Stockton à Darlington, dont le *Moniteur universel* raconta l'inauguration en ces termes :

« Un programme avait indiqué longtemps à l'avance le jour de la cérémonie et le point de réunion. Le temps était superbe. Une multitude considérable de piétons, d'hommes à cheval, de voitures de toute espèce bordait sur toute sa longueur les deux côtés de la voie ferrée.

« C'est seulement dans une partie du parcours que l'on employait la locomotive. On avait deux machines fixes pour franchir un ravin qui barrait.

« Le convoi de voitures ayant franchi avec succès les deux escarpements, l'appareil moteur (la locomotive) fut attaché à la tête du convoi avec un wagon chargé d'eau et de charbon.

« Venait ensuite une voiture élégante et couverte où se trouvaient le comité et

Un tunnel dans la montagne.

d'autres propriétaires-actionnaires. Elle était suivie de vingt et un grands chariots qu'on avait disposés pour recevoir des passagers. Enfin, le convoi se trouvait terminé par six fortes voitures contenant du charbon ; le tout formait, sur un développement d'au moins 490 pieds, une suite de vingt-huit voitures, sans y comprendre l'appareil moteur et le fourgon.

« On n'avait distribué que trois cents billets d'admission pour les passagers ; mais la foule et l'empressement de joindre le cortège étaient tels, qu'en un clin d'œil toutes les voitures vides ou chargées se trouvèrent remplies de monde.

« Le signal donné, le cortège partit comme un trait avec cet immense train de voitures et cette immense charge de marchandises. Des milliers de cavaliers et de voitures élégantes s'efforcèrent en vain de suivre le moteur et son cortège ; ils descendirent rapidement la pente douce et rarement interrompue qui les portait vers Dar-

Séguin.   Stephenson.

lington. Quoique la *cavalcade* eût fait plusieurs pauses dans le trajet, elle parcourait en soixante-cinq minutes les huit milles trois quarts de distance du point de départ. C'était environ 8 milles (13 kilomètres) à l'heure.

« On détacha du cortège six voitures de charbon destinées à Darlington ; on prit un supplément d'approvisionnement d'eau et de passagers, auxquels se joignit une bande de musiciens, et l'on se remit en route. Le passage de la *cavalcade* sous les ponts chargés de spectateurs était d'une remarquable rapidité et laissait une profonde impression d'admiration et de terreur. En effet, un spectacle d'une autre espèce offrait un singulier contraste. A l'approche de Darlington, le chemin de fer court parallèlement à la grande route, à quelques mètres de distance. Le cortège atteignit et dépassa rapidement les diligences. Les passagers de part et d'autre échangèrent leurs acclamations, mais les uns et les autres étaient frappés de l'énorme supériorité de l'appareil moteur et de son chargement sur la diligence avec ses deux chevaux et ses seize voyageurs. »

Malgré le succès obtenu dans cette réalisation du premier chemin de fer proprement dit, les locomotives présentaient encore de sérieuses imperfections, dont les deux principales résultaient, l'une de la nature de la chaudière, dont la surface de chauffe n'était pas suffisante pour la production de vapeur qu'il fallait obtenir, et l'autre du défaut de tirage des cheminées, auxquelles on ne pouvait donner une hauteur trop grande, à cause des tunnels sous lesquels devaient passer les locomotives.

En 1829, l'ingénieur français Marc Séguin, en inventant la chaudière tubulaire, composée d'un grand nombre de tubes horizontaux au lieu d'un tube unique, remédia au premier de ces inconvénients, et G. Stephenson résolut la question du tirage en imaginant de lancer dans la cheminée le jet de vapeur, après qu'il vient d'agir sur le piston de la machine, de façon à produire un courant d'air qui entraîne au dehors les gaz de la combustion et détermine un appel énergique au niveau du foyer.

La locomotive était inventée définitivement, et le 6 octobre 1829 un concours fut ouvert, sur le chemin de Liverpool à Manchester, entre les différents constructeurs de locomotives.

Stephenson remporta le prix avec *la Fusée* (*the Rocket*), qui seule était pourvue de la chaudière tubulaire de Séguin, et qui remorqua une charge de 13 000 kilogrammes avec une vitesse de 6 lieues à l'heure.

Six mois plus tard, le chemin de fer de Liverpool à Manchester était mis en exploitation.

Rappelons maintenant l'époque à laquelle la France suivit l'exemple de l'Angleterre, et commença à exploiter les chemins de fer.

D'après une erreur assez accréditée, on attribue généralement au chemin de fer de Paris à Saint-Germain l'honneur du premier transport de voyageurs.

La Fusée.

Cet honneur revient en réalité à la ligne de Saint-Étienne à Lyon, dont la concession remonté au 7 juin 1826, et qui fut inaugurée en partie, au mois d'octobre 1830, sur 15 kilomètres de longueur, entre Rive-de-Gier et Givors.

Le chemin de fer de Paris à Saint-Germain, dont la concession fut faite par une loi du 9 juillet 1835, fut inauguré seulement le 24 août 1837, et, à cette date, la ligne de Saint-Étienne à Lyon avait déjà transporté plusieurs centaines de milliers de voyageurs.

Pour donner une idée de ce que fut notre premier chemin de fer parisien, nous ne pouvons mieux faire que de citer tout au long le récit qu'a laissé Mᵐᵉ de Girardin de son voyage sur la ligne de Saint-Germain, le 25 août 1837 :

« Hier, nous sommes allés à Saint-Germain par le chemin de fer : c'était un devoir pour nous; toute invention nouvelle nous réclame; nous sommes tenus d'en parler à tout prix. Donc, hier nous sommes partis de chez nous à cinq heures du soir pour aller à Saint-Germain, et nous étions de retour à neuf heures ! Nous avons mis quatre heures pour faire ce trajet, pour aller et venir, c'est admirable ! les mé-

chants prétendent qu'on irait plus vite avec des chevaux. Voilà comme cela est arrivé :
nous étions rue de Londres à cinq heures un quart; la foule encombrait la porte qu'on
n'ouvrait pas; nous attendons à la porte. Enfin on ouvre; nous entrons dans une
espèce de couloir en toile verte; il n'y a qu'un seul bureau. Tous les voyageurs sont
mêlés : voyageurs à 2 fr. 50, voyageurs à 1 fr. 50, voyageurs à 1 franc. Il n'y a qu'un
bureau, qu'une entrée : sans doute, les bœufs et les moutons entreront aussi par
le petit couloir; ce sera très commode; mais nous n'en sommes pas encore là.
Nous attendons dans le couloir vert un grand quart d'heure, au milieu de la foule,
comme nous avons attendu à la porte. Enfin nous arrivons au bureau : là, on nous
donne trois petits papiers jaunes, et nous pénétrons dans une vaste salle gothique
remplie de peintures. Ici les voyageurs se séparent; les trente sous vont à droite, les
vingt sous vont à gauche. La salle est vaste et belle; on peut nous croire, nous avons
eu le temps de l'admirer.... Le temps passe et nous attendons toujours; il est six
heures et demie, nous attendons, nous attendons. Enfin, on entend un roulement :
c'est l'arrivée des voyageurs de Saint-Germain; tout le monde se précipite aux
fenêtres; toutes les voitures, tous les wagons s'arrêtent; la cour est vide : çà et là
deux ou trois inspecteurs, rien de plus; mais on ouvre les portières des wagons...
et alors, en un clin d'œil, une fourmilière de voyageurs s'échappe des voitures, et la
cour est pleine de monde subitement. Ceci est véritablement *impossible à décrire*,
mais c'est très amusant à regarder.

« La foule improvisée monte aussitôt vers les galeries de Saint-Germain et disparaît. A notre tour, maintenant. Nous attendons encore un peu, mais ce spectacle
nous avait intéressés, et nous étions plus patients. Enfin, nous descendons dans la
cour. Nous montons dans une berline, nous y sommes fort à l'aise et bien assis. Là,
nous attendons que tous les voyageurs soient emballés; nous étions six cents à peu
près : quelqu'un disait onze cents, ce quelqu'un avait peur sans doute. Enfin, le cor
se fait entendre, nous recevons une secousse et nous partons. Il était sept heures
moins un quart; le voyage a été aussi agréable que l'attente fatigante; le plaisir de
courir si vite nous faisait tout oublier. Dans les voitures, évitez la banquette qui est
près des roues, c'est la moins bonne place. Mais vivent les chemins de fer! Nous
persistons à dire que c'est la manière la plus charmante de voyager; on va avec une
rapidité effrayante, et cependant on ne sent pas du tout l'effroi de cette rapidité; on
a bien plus grand'peur en voiture de poste, vraiment, ou en diligence, quand on descend la montagne de Tarare, ou même la moindre montagne, et il y a aussi beaucoup
plus de danger; malheureusement nous sommes négligents en France, et nous avons
l'art de gâter les plus belles inventions par notre manque de soins; on va à Saint-
Germain en vingt-huit minutes, c'est vrai, mais on fait attendre les voyageurs
une heure à Saint-Germain, ce qui rend la promptitude du voyage inutile. »

LE DÉVELOPPEMENT ACTUEL DES CHEMINS DE FER

Le réseau universel. — Les chemins de fer en Europe et en Amérique. — La construction des lignes. — Les travaux de terrassement. — Les tranchées. — Les tunnels. — Les ponts. — L'exploitation moderne.

La progression des chemins de fer s'est effectuée avec une singulière rapidité, et nous ne saurions entreprendre de suivre pas à pas le développement des voies ferrées dans les divers continents.

Quelques chiffres suffiront à donner une idée de l'importance actuelle des réseaux du monde entier et, par suite, de l'étendue colossale des travaux qui ont été la conséquence de l'invention des chemins de fer.

En 1828, 215 kilomètres étaient ouverts en Europe à l'exploitation ; l'Angleterre en possédait les trois quarts, l'Autriche et la France se partageaient le reste.

Six années après le fameux concours dans lequel Stephenson avait présenté le type de la véritable locomotive, le réseau européen se trouvait quadruplé, d'après les renseignements que nous trouvons à ce sujet dans un travail fort intéressant présenté à l'Académie des sciences par M. Aucoc, membre de l'Institut :

« En 1835, sur un total de 868 kilomètres, l'Angleterre en a 461, la France 141, l'Autriche 245 et la Belgique 20. En 1836, la Bavière commence à exploiter 7 kilomètres. En 1837, la Saxe en exploite 40. En 1838, la Prusse et la Russie exploitent l'une 26 kilomètres, l'autre 28 ; les principautés et villes libres de l'Allemagne en exploitent 25. En 1839, le royaume de Naples en ouvre 42. En 1840, le grand-duché de Bade en exploite 18. En 1844, la Toscane en exploite 93. En 1848, la Hollande en ouvre 83, et le royaume de Sardaigne 80. En 1849, 28 nouveaux kilomètres sont ouverts en Espagne, 32 en Danemark, 27 en Suisse. La Suède et la Norvège n'ont commencé qu'en 1852, et le Portugal en 1854 ; les États pontificaux, la Turquie, la Grèce, la Roumanie sont venus ensuite.

« Quant aux États-Unis d'Amérique, c'est en 1830 qu'on y a ouvert un chemin

de fer de 24 kilomètres, qui a été exploité avec des chevaux jusqu'en 1831. C'est en
1832 seulement que l'usage de la locomotive a commencé à se répandre dans ce
pays. »

Jusqu'en 1855, l'Europe et l'Amérique ont seules possédé des chemins de fer,
et à cette époque la longueur des voies ferrées dépassait déjà 33 000 kilomètres en
Europe et 32 000 kilomètres en Amérique, alors que l'Asie, l'Afrique et l'Australie
venaient seulement d'en con-
struire, chacune respectivement,
251, 146, et 55 kilomètres.

Si maintenant nous arrivons
à la période actuelle, les derniers
documents statistiques nous donnent, pour le réseau des voies ferrées du monde entier en 1886, une
longueur totale de 487 566 kilomètres, représentant plus de douze
fois la circonférence du globe terrestre.

Dans ce nombre, l'Amérique
figure pour 248 684 kilomètres,
l'Europe pour 195 585, l'Asie pour
23 277 et enfin l'Australie et
l'Afrique pour 12 420 et 7 600.

Pour l'Europe, en 1887, la
France venait en seconde ligne,
après l'Allemagne, avec 33 345 kilomètres, puis l'Angleterre avec
31 105 kilomètres, l'Autriche-Hon-
grie avec 23 390 kilomètres.

Quant à l'Allemagne, elle occupait le premier rang avec une
étendue de 39 803 kilomètres, ce

Tranchée de Bloomer (Californie). (Voir p. 12).

qui représentait 7^{km},23 pour 100 kilomètres carrés de surface, tandis que cette proportion était en Angleterre de 9^{km},8 et en France de 6^{km},30 seulement.

De tous les réseaux du monde, c'est sans contredit celui des États-Unis qui est
de beaucoup le plus vaste. En 1886, il atteignait une longueur de 205 556 kilomètres,
et dépassait par conséquent la longueur du réseau total de l'Europe entière. Aujour-
d'hui il comprend plus de 250 000 kilomètres, d'après une évaluation faite pour
l'année 1889.

Ces chiffres indiquent suffisamment quelle peut être l'étendue des travaux exécutés à la surface du globe pour l'établissement des réseaux actuels, et l'on ne peut
évaluer, même approximativement, le nombre de milliards qui ont été absorbés de
notre temps par les chemins de fer.

Il est également impossible de se représenter les armées de travailleurs que la création des chemins de fer a mises en mouvement dans tous les points du globe. Quelles montagnes colossales n'aurait-on pas édifiées en superposant les masses énormes de terrain qui ont été maniées à la pelle et à la brouette par ces légions d'ouvriers !

Pour s'en faire une idée, il suffit de prendre quelques exemples parmi les plus grandes tranchées qu'on a dû creuser pour donner passage à des voies ferrées.

Une des plus connues est celle du Tring, sur le chemin de Birmingham à Londres. Cette tranchée, qui s'étend sur une longueur de 4 kilomètres, et dont la profondeur est de 17 mètres en certains points, a nécessité l'enlèvement de 1 100 000 mètres cubes de déblais; qu'on se figure un cube énorme, dépassant de 24 mètres la hauteur du Panthéon, et l'on pourra se représenter la masse de terre qu'on a dû transporter pour livrer passage à la voie ferrée.

La tranchée de Gadelbach, sur le chemin d'Ulm à Augsbourg, a donné lieu à des travaux presque aussi considérables : les déblais y ont atteint le chiffre respectable d'un million de mètres cubes.

Citons encore, à l'étranger : la tranchée de Bloomer (Californie), sur la ligne du *Central Pacific*, qui est profonde de 21 mètres sur 250 mètres de longueur; la tranchée de Tabatsofen, qui a donné 860 000 mètres cubes de déblais; celle de Cowran, sur le chemin de Carlisle, qui mesure 700 000 mètres cubes; et enfin celle de Blisworth, sur le chemin de Birmingham, pour laquelle on a déplacé 620 000 mètres cubes de terrain.

Le réseau français présente également un certain nombre de tranchées qui sont dignes d'être signalées : telles sont, sur la ligne de Strasbourg, la tranchée de Poincy, qui a 2 kilomètres environ de longueur, avec une hauteur de 16 mètres en quelques endroits, et celle de Pont-sur-Yonne, sur le chemin de Lyon, qui a près de 20 mètres dans sa plus grande hauteur : ces deux tranchées ont fourni chacune environ un demi-million de mètres cubes de déblais.

Mentionnons enfin la grande tranchée de Clamart, que tous les Parisiens connaissent bien, et qui a déplacé près de 400 000 mètres cubes de terrain.

Dans tous les exemples que nous venons de citer, la profondeur des tranchées ne dépasse ordinairement pas 15 à 20 mètres. C'est qu'en effet, chaque fois que la ligne doit passer à une plus grande distance de la surface du sol, il est plus économique de percer un souterrain, qui fournit proportionnellement beaucoup moins de déblais qu'une tranchée.

Le percement des tunnels présente, en revanche, des difficultés toutes particulières, et, dans ce cas, ce n'est plus par le chiffre des déblais que l'on peut juger de la grandeur de l'œuvre accomplie.

Les grands tunnels occupent une place si importante parmi les travaux du siècle, que nous devons leur consacrer un chapitre à part, dans lequel nous étudierons particulièrement le percement des Alpes au Mont-Cenis et au Saint-Gothard; aussi n'y insisterons-nous pas davantage, dans cette revue sommaire des résultats immédiats de l'invention des chemins de fer.

Viaduc du Semmering.

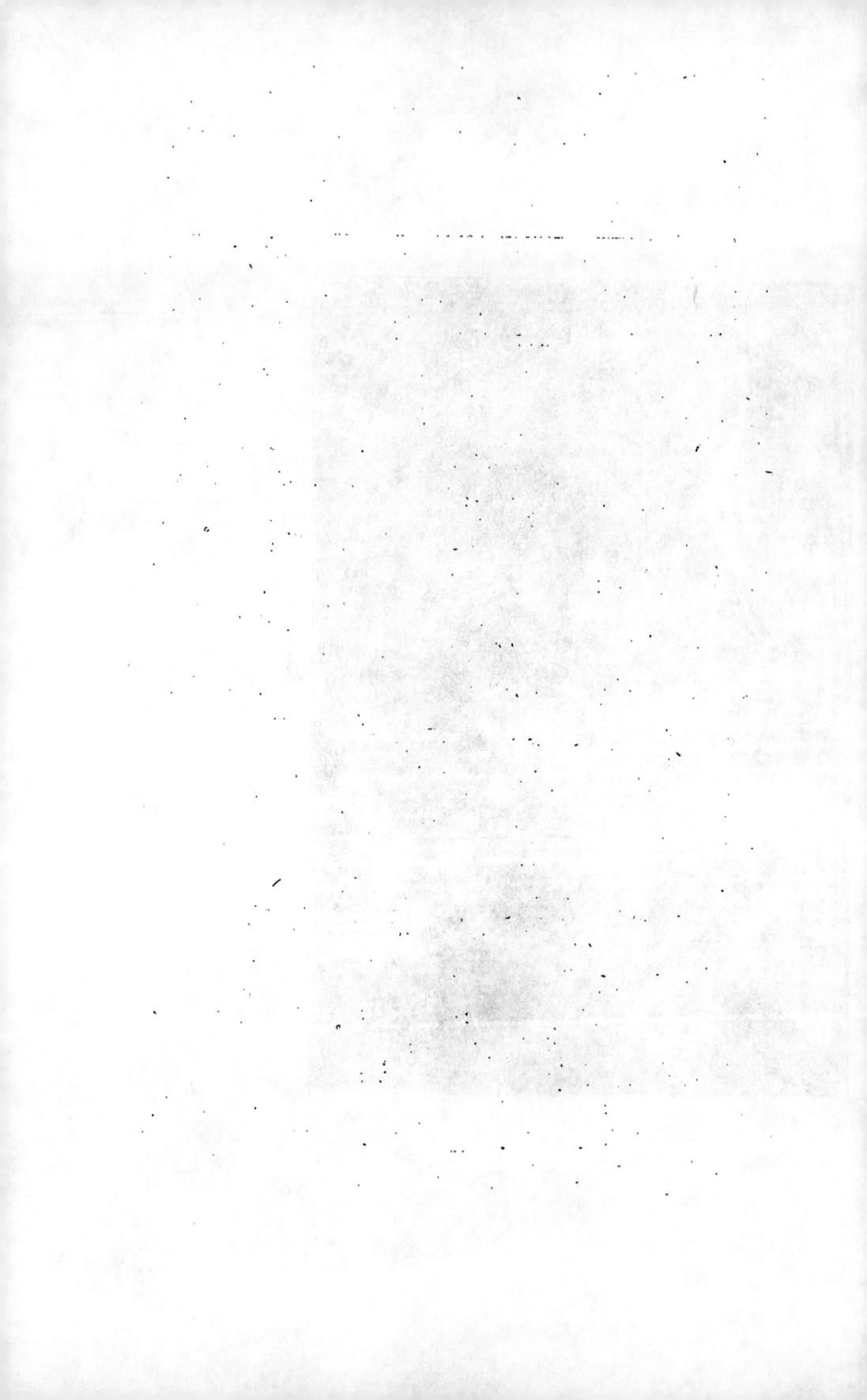

Parmi les grands ouvrages d'art nécessités par la construction des voies ferrées, les ponts occupent une place encore plus importante que les tunnels, en raison de la fréquence des fleuves et des vallées profondes que l'on rencontre dans le tracé des grandes lignes, et, là encore, la statistique est impuissante à nous fournir les chiffres nécessaires à l'évaluation du nombre incalculable de ponts de toute sorte qui se trouvent disséminés dans l'étendue des 500 000 kilomètres du réseau universel.

Les uns sont en maçonnerie, et il faut remonter aux aqueducs romains pour trouver des ouvrages qui puissent leur être comparés ; parmi les plus connus, citons le viaduc du Sœmmering, le viaduc du chemin de fer de Vicence qui traverse les

Viaduc de Nogent-sur-Marne.

lagunes de Venise et qui a plus de 3 kilomètres et demi de longueur, celui de Nîmes, qui dépasse 1 kilomètre et demi, celui de Wittemberg, qui a 1 147 mètres de longueur, celui de Nogent-sur-Marne, qui est de 830 mètres, etc.

D'autres sont en bois : ils sont aujourd'hui, il est vrai, peu employés, du moins en Europe, où ils ne servent guère que d'estacades provisoires. C'est surtout aux États-Unis que ces sortes d'ouvrages se rencontrent fréquemment ; les Américains exécutent très rapidement l'établissement de leurs voies ferrées, sauf à y revenir ensuite, et, pour le commencement de l'exploitation, ils remplacent volontiers les remblais trop coûteux ou les ponts métalliques par des ouvrages en bois, s'élevant parfois à des hauteurs vertigineuses, au risque d'accidents terribles, qui ne se produisent d'ailleurs que trop souvent.

Les Américains ont, en effet, une véritable spécialité au point de vue de la rupture des ponts ; c'est ainsi qu'on a pu relever, du 1er janvier 1877 au 31 décembre 1887, pour les États-Unis et le Canada seulement, *deux cent cinquante et une* ruptures de ponts, qui ne sont pas toutes, à vrai dire, imputables aux constructions en bois ; notons que dans ce chiffre on fait entrer uniquement les ruptures résultant des faiblesses de structure, des surcharges, des collisions, etc., sans tenir compte des accidents produits par des causes étrangères au service, telles que la foudre et les inondations.

Laissant de côté avec intention les ponts métalliques, qui feront l'objet d'une étude spéciale, nous terminerons cet aperçu rapide des chemins de fer modernes en disant quelques mots de l'exploitation actuelle, qu'il est intéressant de rapprocher des premiers résultats que nous avons résumés plus haut.

La première machine que George Stephenson a fait circuler sur une voie ferrée marchait avec une vitesse de 6 kilomètres à l'heure ; aujourd'hui nos grandes compagnies donnent des vitesses moyennes de 60 à 72 kilomètres à l'heure, défalcation faite du temps absorbé par les arrêts aux stations, et en Angleterre on réalise même des vitesses moyennes de 86 kilomètres à l'heure, dans les parcours sans arrêt. Nous ne parlons pas, bien entendu, des vitesses exceptionnelles que peuvent présenter certains trains dans des conditions particulièrement favorables, et qui atteignent parfois le chiffre extraordinaire de 130 kilomètres à l'heure ou de 36 mètres à la seconde.

On se souvient d'une lutte de vitesse qui eut lieu, en août 1888, entre deux des lignes les plus importantes de l'Angleterre, mettant en communication Londres et Édimbourg par deux voies différentes, la voie orientale et la voie occidentale.

Jusqu'à cette époque, le trajet le plus direct s'effectuait en neuf heures sur la ligne orientale, qui comprend 632 kilomètres entre Londres et Édimbourg, tandis que la voie occidentale est de 645 kilomètres ; la vitesse moyenne, défalcation faite des temps d'arrêt, atteignait alors 77^{kil},6 à l'heure.

Les compagnies du *London and North Western* et du *Caledonian Railway*, qui exploitent la voie occidentale, voulurent faire mieux, et le 1er août 1888 elles réussirent à faire exécuter le trajet de Londres à Édimbourg en huit heures, avec une vitesse moyenne de 89^{kil},2 à l'heure, et, dans certains points, avec une vitesse effective de 110^{kil},33.

Les compagnies de la ligne orientale suivirent l'exemple, et réalisèrent également le trajet en huit heures exactement.

Cette lutte dura un mois, avec un égal succès des deux côtés, et, certain jour, une vitesse de 123^{kil},2 à l'heure fut atteinte, pendant 7 kilomètres consécutifs, sur la voie orientale, à la suite d'un retard qu'il s'agissait de regagner.

LE TUNNEL DU MONT-CENIS

I

APERÇU GÉNÉRAL

Les travaux souterrains dans l'antiquité. — Les *émissaires*. — Les tunnels des grandes voies romaines. — Les accidents dans le percement des galeries souterraines. — Le projet du Mont-Cenis. — Les débuts de l'entreprise. — Le travail à la main.

Les peuples de l'antiquité ne reculaient pas devant l'accomplissement des travaux souterrains de la plus grande importance, et parmi les ruines qui ont survécu aux civilisations disparues, les ouvrages souterrains contribuent pour une bonne part, à nous donner une idée de la puissance des moyens dont disposaient alors les souverains, suppléant par le nombre des bras à l'insuffisance de l'outillage.

Indépendamment des ouvrages consacrés à la sépulture des morts ou aux rites du culte, comme les nécropoles creusées sur le territoire de l'ancienne Égypte où les temples souterrains de l'Inde, dont on connaît les vestiges grandioses, les anciens construisaient aussi des galeries destinées à conduire les eaux ou quelquefois même à établir une voie de communication directe entre deux routes voisines.

Les historiens nous parlent notamment d'un tunnel colossal creusé à Babylone, sous le lit de l'Euphrate, et aboutissant aux deux châteaux fortifiés situés à chaque extrémité du pont merveilleux qui unissait les deux rives du fleuve.

Les Étrusques et, à l'exemple de ceux-ci, les Romains eurent surtout l'occasion, pour dessécher leurs marais, d'établir de nombreuses conduites souterraines, telles que l'*émissaire* du lac Albano, l'*émissaire* du lac Fucino, qui n'avait pas moins

2

de 6000 mètres de longueur, ou encore le grand collecteur des égouts de Rome, la *Cloaca maxima*, qui au début servit à dessécher le marais du Vélabre.

Sans méconnaître l'importance des grands travaux souterrains de l'antiquité, on peut dire que la gigantesque entreprise du percement des Alpes surpasse de beaucoup ce qu'ont pu faire les efforts laborieux de milliers d'esclaves chargés d'exécuter les conceptions orgueilleuses de leurs maîtres.

Les tunnels, destinés à établir un passage direct et rapide entre deux points séparés par un relief du sol, n'existaient qu'en nombre très restreint même aux époques relativement récentes; le besoin, d'ailleurs, ne s'en faisait guère sentir, en l'absence des moyens de transport rapide que nous a donnés la vapeur et qui ont eu comme conséquence toute naturelle la création des voies de communication directes.

Il y eut cependant un certain nombre de travaux nécessités par la construction des grandes voies romaines, tels que le fameux passage du Pausilippe, qui relie Naples à Pouzzoles, le souterrain de la voie Flaminienne, que Vespasien fit creuser à travers les Apennins, et enfin le tunnel de Hagdeck que l'on a retrouvé il y a quelques années, et qui, long de 800 à 900 mètres, conduisait d'Avenches à Soleure, en traversant le marais de la vallée de l'Aar.

La découverte de ce tunnel romain a eu surtout comme résultat intéressant de démontrer nettement que les anciens savaient parfaitement employer, dans la construction des tunnels, la méthode, actuellement en usage, qui consiste à creuser, de distance en distance, des puits verticaux tombant sur l'axe de la galerie projetée, de façon à pouvoir attaquer simultanément, en partant de ces puits, autant de tronçons distincts, marchant à la rencontre l'un de l'autre.

Le tunnel de Hagdeck était, en effet, pourvu de nombreux puits, séparés les uns des autres par des intervalles variant entre 50 et 60 mètres; ces puits se sont parfaitement conservés, grâce à la couche de tourbe qui fermait leur extrémité supérieure.

De même, dans les travaux souterrains du lac Fucino, 32 puits, profonds de 20 à 130 mètres, ont été retrouvés, creusés par les Romains dans le calcaire compact.

Percer un tunnel sur une longueur de plusieurs centaines de mètres ou même de plusieurs kilomètres, en divisant le travail en un certain nombre de tronçons partant de puits verticaux préalablement creusés sur l'axe du tunnel, c'est ce que l'on avait fait maintes fois avant le percement des Alpes; c'est ce que faisaient les anciens, en combattant des difficultés plus ou moins grandes, suivant la nature du sol, et en s'exposant à des dangers souvent considérables lorsqu'on traversait des terrains ébouleux.

Les accidents les plus graves se produisent en effet quelquefois, malgré les précautions prises. C'est ainsi que, pendant le percement du tunnel du Hauenstein, sur la ligne de Lucerne à Bâle, plus de soixante ouvriers furent engloutis sous un éboulement, et moururent asphyxiés, avant que l'on ait pu arriver jusqu'à eux.

Le supplice de ces malheureux fut particulièrement atroce; les plus faibles ou ceux qui avaient été blessés par l'éboulement moururent les premiers, et, détail touchant, les survivants, qui se savaient eux-mêmes perdus, eurent le pieux courage

Le mont Fréjus, vue prise de Modane. (Gravure extraite de l'*Illustration*.)

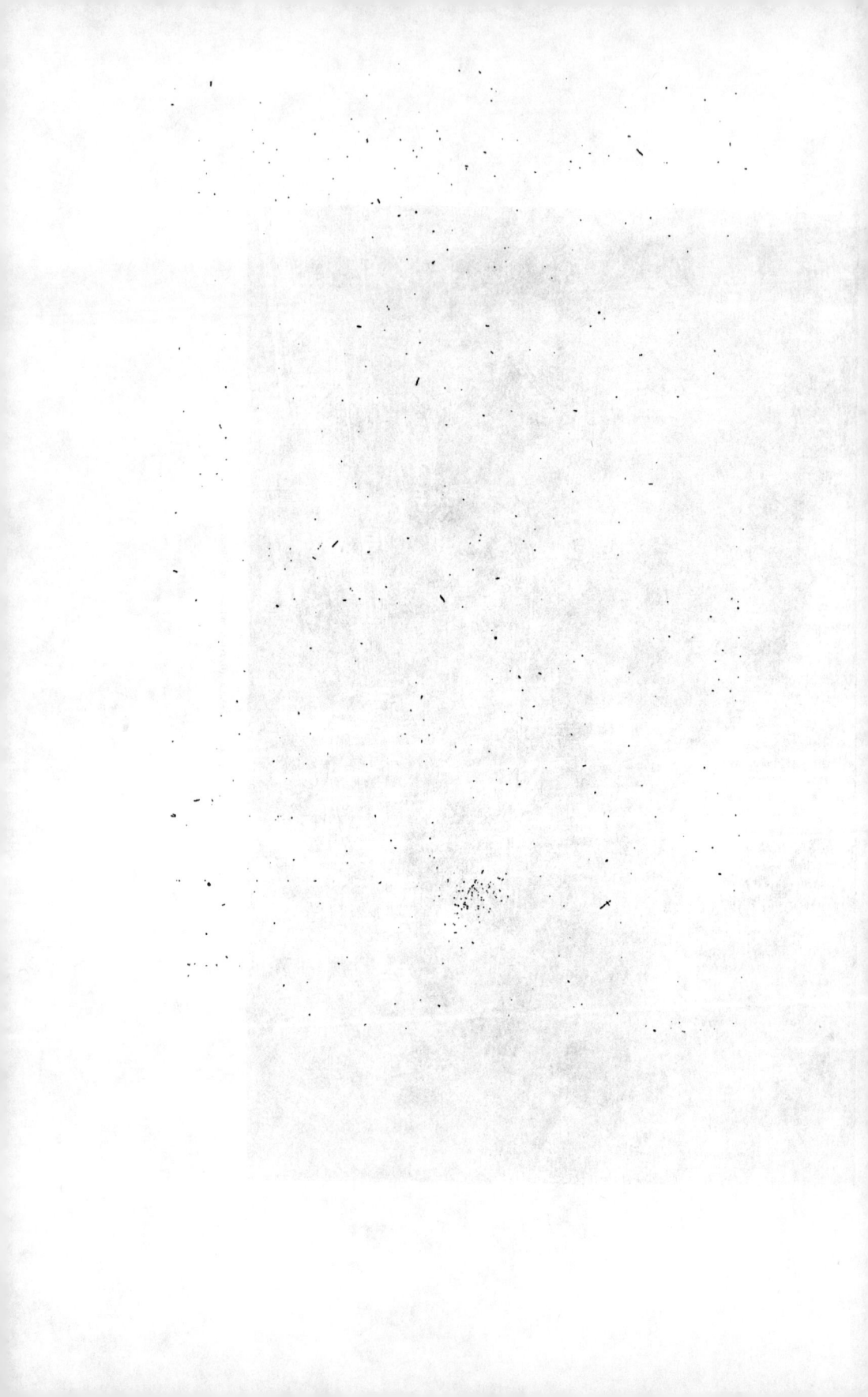

de les ensevelir de leur mieux, rangeant d'un côté les cadavres des maçons et de l'autre côté ceux des mineurs, pliant leurs mains, et disposant sous leur tête une planche et un peu de paille.

Malgré ces dangers, les obstacles de toute nature que l'on est exposé à rencontrer dans la construction d'un tunnel pouvaient être surmontés par les anciens, chaque fois qu'il s'agissait de percer une montagne dont la hauteur n'était pas trop considérable pour empêcher l'emploi de la méthode par puits intermédiaires, que nous avons brièvement résumée.

Mais, jusqu'au milieu de notre siècle, le problème devenait tout autre et paraissait même insoluble lorsque l'on songeait à traverser, au moyen d'un tunnel, une chaîne de montagnes où, dans les points les moins élevés, comme au Mont-Cenis dans les Alpes Cottiennes, il aurait fallu tout d'abord percer des puits de plus d'un kilomètre de hauteur.

Lorsqu'on eut décidé le percement du Mont-Cenis, ou, pour être plus exact, le percement du Mont-Fréjus, on se trouva en présence d'un projet de tunnel ayant une longueur de plus de 12 kilomètres, entre Modane et Bardonnèche, et une largeur suffisante pour donner passage à deux voies ferrées, et il s'agissait de creuser cette galerie sous une masse de roches s'élevant jusqu'à 1611 mètres de hauteur.

Étant donnée la perte colossale de temps et d'argent qu'aurait occasionnée le percement de puits intermédiaires, l'attaque simultanée du tunnel par chacune de ses extrémités était la seule solution à laquelle on devait s'arrêter.

La première mine du tunnel des Alpes éclata au mois d'août 1857, et comme au début on en fut réduit à employer les procédés à la main jusque-là en usage, le travail n'avança tout d'abord qu'avec une lenteur désespérante.

Au mois de janvier 1861, il y avait 921 mètres de tunnel à Modane et 725 mètres à Bardonnèche, ce qui donnait en moyenne un avancement total de 40 mètres par mois.

Le travail s'effectuait simultanément sur les deux tronçons, à raison de 20 mètres par mois pour chacun d'eux; il aurait donc fallu vingt-cinq ans au moins pour achever le tunnel dans ces conditions.

Mais hâtons-nous de dire qu'avant même le commencement des travaux, des expériences avaient eu lieu sur la perforation mécanique des galeries souterraines au moyen de l'air comprimé, et que les difficultés de l'installation retardèrent seules la mise en œuvre des machines sur lesquelles on comptait pour l'achèvement rapide de l'entreprise.

II

L'OUTILLAGE

Les machines. — Le procédé Maus. — Le perforateur Bartlett. — L'emploi de l'air comprimé; la découverte de Colladon. — La perforatrice Sommeiller. — Les compresseurs.

Notre intention n'est pas de décrire tous les procédés qui ont été successivement proposés pour le percement du Mont-Fréjus. Nous nous contenterons d'énumérer rapidement les projets qui n'ont pas été réalisés, mais qui n'en ont pas moins contribué, d'une façon plus ou moins directe, à l'accomplissement de l'œuvre qui restera comme l'une des plus merveilleuses productions du XIXᵉ siècle.

Dans le projet de M. Maus, ingénieur belge, des espèces de ciseaux devaient découper la roche en blocs adhérents seulement par derrière, afin qu'on pût les détacher à l'aide de coins; le mouvement était transmis du moteur, situé à l'entrée de la galerie, aux outils, à l'aide de cordes et de poulies.

On devait prendre la force motrice aux cours d'eau qui descendent sur les versants de la montagne, au moyen de roues hydrauliques.

Des expériences furent faites au moulin du Val d'Oc sur de gros blocs de pierre, et le succès fut tel qu'on put espérer un avancement de 150 mètres par mois, pour chaque moitié du tunnel.

Malheureusement le système de transmission de la force rendait le projet Maus tout à fait inapplicable, attendu que la perte de force occasionnée par les frottements, pour la transmission à une distance de 6 kilomètres, atteignait la valeur des quatre cinquièmes environ de la force primitivement transmise.

M. Bartlett, ingénieur anglais, avait inventé un perforateur destiné à percer des trous de mine, et mû par la vapeur; c'était une machine locomobile pourvue d'un mécanisme spécial qui servait à comprimer l'air destiné à actionner le piston muni d'un fleuret perforateur.

Les expériences faites à ciel ouvert sur des rochers des Alpes montrèrent toutes les qualités de cette machine.

Mais l'emploi d'une machine à vapeur n'était pas possible au fond d'une galerie de plusieurs milliers de mètres, en raison de la chaleur et de la fumée qu'elle aurait dégagées et qui auraient rendu irrespirable l'air du souterrain.

On aurait pu, à la rigueur, songer à faire fonctionner la machine Bartlett en laissant le moteur à vapeur au dehors de la galerie et en amenant la vapeur au moyen d'une canalisation jusqu'à l'outil perforateur, mais là encore on se heurtait à une impossibilité, attendu que la force élastique de la vapeur diminue dans des proportions considérables dès qu'on lui fait parcourir une certaine distance dans des

Batterie de perforatrices Sommeiller. (Voir p. 24.)

tuyaux de conduite; c'est cette raison qui empêche d'employer dans les travaux souterrains la transmission de la force produite par la vapeur.

Cette force qu'on ne pouvait demander à la vapeur, l'*air comprimé* devait la fournir.

C'est à M. Colladon, le célèbre physicien genevois, que revient l'honneur d'avoir démontré que la force donnée par l'air comprimé pouvait, contrairement à ce qui se passe pour la vapeur, être utilisée à de grandes distances, en transportant l'air comprimé au moyen d'une canalisation d'un diamètre restreint.

M. Colladon présenta au gouvernement sarde un projet destiné à faire fonctionner la machine Maus au moyen de l'air comprimé, qui, emmagasiné dans des cylindres sous une forte pression, pouvait être conduit par un tuyau au fond du souterrain et y développer par sa détente le travail nécessaire.

Cet air amassé hors de la galerie ne devait pas servir seulement à creuser le roc en agissant sur le piston dirigeant l'outil ; après avoir fourni le travail mécanique, il pouvait remplir l'espace occupé par les ouvriers, et leur fournir ainsi l'oxygène indispensable à la vie aussi bien qu'à la combustion des lampes.

La découverte de M. Colladon avait résolu la partie essentielle du problème, puisqu'elle devait fournir la force indispensable au fonctionnement des outils perforateurs.

Germano Sommeiller, en inventant la *perforatrice* qui porte son nom, compléta l'œuvre de Colladon, en appliquant à sa machine, comme nous le verrons plus loin, la découverte du savant genevois.

Voici en deux mots le principe de cette perforatrice :

La machine, mue par l'air comprimé, lance un fleuret d'acier contre la roche, le fait tourner autour de son axe, le laisse ressauter après le choc, et le retire à l'instant convenable ; un mince filet d'eau, arrivant sous pression, sert à déblayer le trou de mine. Le tout repose sur un *affût porteur* d'un maniement très simple.

Huit machines pouvaient ainsi percer une soixantaine de trous de 90 centimètres de profondeur en six heures ; en consacrant quatre heures aux explosions successives à l'aide de la poudre et à l'enlèvement des déblais, on obtenait ainsi un avancement de 90 centimètres en dix heures, ce qui devait ramener à moins de dix ans la durée du travail.

La principale difficulté consistait dans la compression de l'air, et il nous suffira de citer quelques chiffres pour donner une idée de l'opération que l'on avait à effectuer.

Les machines perforatrices devaient employer l'air à la pression de 7 atmosphères environ ; telle devait être la pression dans les réservoirs à air.

On évalue à 5 mètres cubes le volume d'air qui est consommé par heure et par ouvrier dans un chantier où brûlent des lampes.

Avec 40 ouvriers mineurs, terrassiers, rouliers, maçons, charpentiers, il fallait donc 200 mètres cubes par heure, soit 4 800 en un jour.

D'autre part, la consommation moyenne de la poudre pour l'explosion des mines était de 25 kilogrammes par jour ; et, pour qu'on pût reprendre le travail après l'explosion, il fallait au moins 250 mètres cubes par kilogramme, et par conséquent 6 250 mètres cubes par jour.

On pouvait donc évaluer à 11 050 mètres cubes la quantité d'air rigoureusement nécessaire pour l'entretien des machines et du souterrain. Il est facile de juger par là quelle devait être la force d'une machine capable de comprimer à 7 atmosphères cette quantité d'air en un jour.

Or les puissantes machines disposées au tunnel du Mont-Fréjus pouvaient donner dix fois plus d'air comprimé que la quantité rigoureusement indispensable, de sorte que le succès de l'entreprise était complètement assuré.

Rappelons en passant comment ces machines destinées à comprimer l'air ont été inventées.

Le gouvernement italien, qui avait fait construire le chemin de fer de Turin à Gênes, faisait étudier les moyens de remonter une pente de 0ᵐ,035 par mètre, et

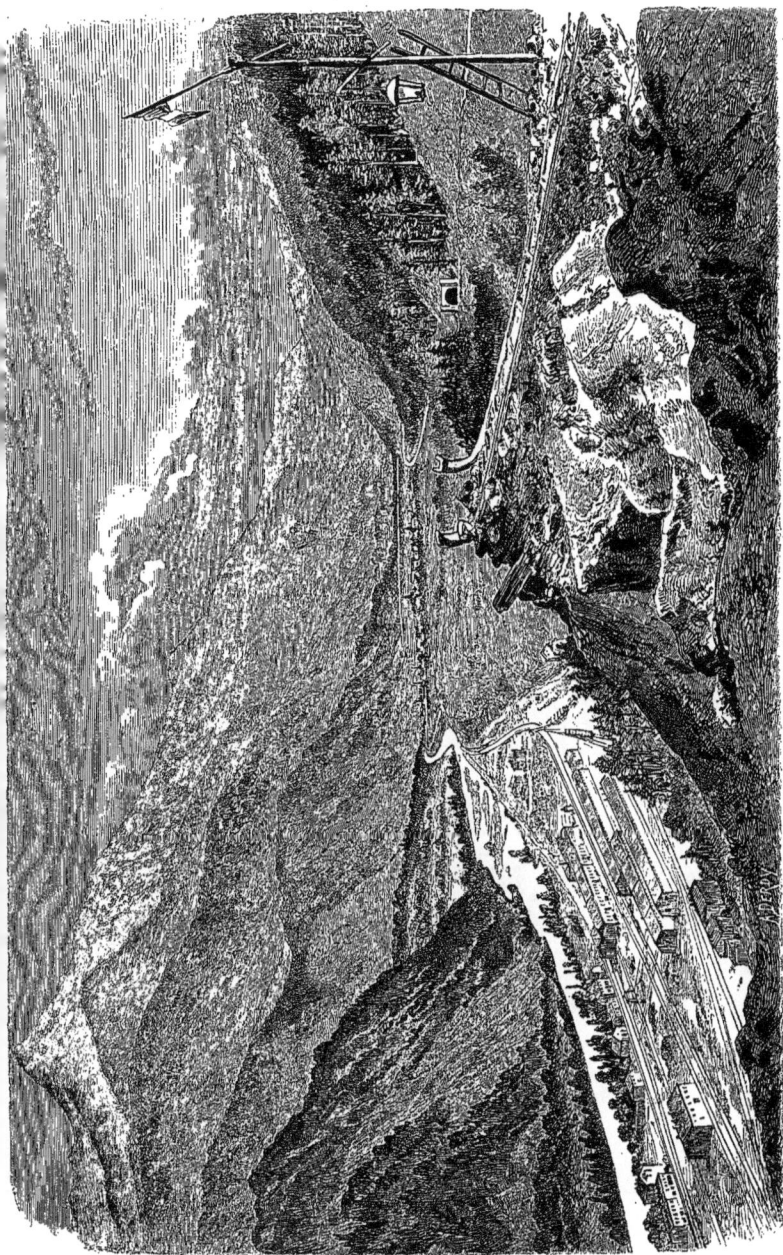

La rampe de Modane. (Gravure extraite de l'*Illustration*.)

les ingénieurs italiens Sommeiller, Grandis et Grattoni pensèrent à employer l'air comprimé par une machine hydraulique, la localité leur offrant les ressources d'une puissante chute d'eau.

Ce fut cette machine qu'ils proposèrent pour le souterrain des Alpes, et dont l'adoption entraîna le vote du Parlement sarde, qui, par la loi du 15 août 1857, décida le percement du Mont-Fréjus.

Il est juste de dire à ce propos que le principe de la nouvelle machine avait été formellement énoncé dans un mémoire sur l'hydraulique publié par un Français, M. de Caligny; la priorité de l'invention appartenait donc à notre compatriote, et l'on est en droit de reprocher aux ingénieurs italiens de n'avoir pas cité son nom

Les compresseurs à pompe du tunnel du Mont-Cenis.

lors de l'application qu'ils ont faite de ses principes à la construction de leur compresseur.

Les premiers compresseurs employés, dits *compresseurs à choc*, furent construits en Belgique par l'usine Cockerill, de Seraing, installés d'abord provisoirement, dès avril 1857, à la Coscia, près Saint-Pierre-d'Arena, ces appareils furent établis ensuite à Bardonnèche au nombre de dix, divisés en deux groupes qui pouvaient fonctionner ensemble ou alternativement.

L'eau nécessaire à leur alimentation était fournie par le torrent du Mélézet, au moyen d'une conduite de 3 kilomètres qui donnait une hauteur de chute suffisante pour le fonctionnement des puissants appareils.

A l'extrémité nord du tunnel, c'est-à-dire aux Fourneaux, près de Modane, l'installation des compresseurs à choc présenta des difficultés énormes, précisément à cause de l'insuffisance de la hauteur de chute que donnait le torrent de l'Arc; il fallut élever l'eau, au moyen de pompes, dans un réservoir situé à une hauteur de 26 mètres, d'où elle s'écoulait ensuite pour alimenter les compresseurs.

On conçoit facilement que cette nécessité d'élever artificiellement l'eau à une pareille hauteur compliquait singulièrement les choses.

Aussi s'empressa-t-on de renoncer à ce système de compression, à Bardonnèche aussi bien qu'aux Fourneaux, dès que Sommeiller eut fait construire de nouveaux appareils dits *compresseurs à pompe*, qui simplifiaient considérablement les installations.

Dans ces nouveaux compresseurs, dont le principe faisait partie du système proposé par Colladon pour la transmission de la force produite par l'air comprimé, un piston se mouvait dans un cylindre horizontal, aux extrémités duquel se trouvaient ajustés deux cylindres verticaux, munis à leur sommet d'une soupape d'aspiration et d'une soupape d'expulsion. Le bas de ces cylindres étant rempli d'eau jusqu'au piston, celui-ci, en se mouvant, abaissait forcément le niveau de l'eau dans l'un des cylindres, et l'élevait dans l'autre; dès lors, l'air entrait dans le premier, tandis que l'air contenu dans le second se comprimait, et ainsi de suite alternativement.

L'atelier de compression des Fourneaux comprenait douze pompes de compression, mises en mouvement par six roues hydrauliques qui recevaient elles-mêmes l'eau de l'Arc. Dix réservoirs de tôle, rangés parallèlement, renfermaient l'air à 7 atmosphères qui devait produire sur chaque fleuret, au fond de la galerie, une force de 90 kilogrammes. Dans une salle voisine se trouvaient quatre autres réservoirs, qui n'avaient pas moins de 50 mètres de longueur sur 2 mètres de diamètre; ces réservoirs, dans lesquels la pression de l'air comprimé était inférieure à 7 atmosphères, servaient de trop-plein aux premiers et étaient employés à l'aérage, laissant échapper des torrents d'air pur au moment des explosions, alors que les gaz de la poudre menaçaient de troubler la respiration des ouvriers.

En sortant de ces réservoirs, l'air comprimé était conduit jusqu'au fond de la galerie par un tuyau de 20 centimètres de diamètre, auquel d'ingénieux artifices permettaient de s'allonger ou de se contracter suivant la température, sans se rompre; les joints étaient si parfaits que les fuites étaient imperceptibles.

Au fond de la galerie, une partie de l'air agissait sur les perforatrices et se trouvait ensuite déversée autour des ouvriers; l'autre s'écoulait sans cesse pour l'aérage, tandis qu'une puissante machine aspirait l'air vicié par la respiration, par la combustion des lampes et de la poudre.

III

L'EXÉCUTION DES TRAVAUX

Visite au Mont-Cenis pendant le percement. — La marche des travaux. — Le premier passage.
L'achèvement du tunnel. — L'inauguration. — Les morts.

Après cette description sommaire des éléments essentiels qui ont présidé à l'accomplissement de ce premier percement des Alpes, nous ne saurions mieux faire, pour donner une idée de la façon dont s'accomplissaient les travaux au fond de la galerie, que de citer textuellement ce passage du récit d'un témoin oculaire, Achille Cazin, le savant physicien français mort il y a quelques années, que ses recherches sur les applications de la théorie mécanique de la chaleur avaient amené à s'occuper de la question du tunnel des Alpes :

« Revêtu d'un costume de mineur et muni comme mon guide d'une lampe à huile, je m'installe sur un wagonnet, et un cheval nous emporte au trot dans la galerie. L'air nous paraît froid ; mais bientôt il devient chaud, et nous nous trouvons plongés dans un bain tiède de vapeur. Le wagon s'arrête environ à 2 kilomètres, et nous continuons la route à pied.

« Les deux voies ne sont pas posées plus loin ; celle du retour seule s'étend jusqu'aux travaux ; elle sert au transport des déblais. A mesure que nous avançons, l'air est de plus en plus troublé par la fumée ; mais nous n'éprouvons aucune gêne, et bientôt nous atteignons la région où se fait l'achèvement. Là, on travaille à la maçonnerie ; chaque ouvrier s'éclaire avec une lampe à huile, la fumée provient surtout des lampes. Tout à coup nous entendons un bruit sourd, sans retentissement ; c'est une explosion de mines qui vient d'avoir lieu au front d'attaque, à 600 mètres de nous. La fumée de la poudre nous envahit ; mais elle se dissipe rapidement. L'efficacité des moyens d'aérage est parfaitement démontrée. Après l'achèvement, nous atteignons l'élargissement. Des piliers de bois soutiennent un plancher qui divise la galerie en deux étages. Les mineurs percent des trous de mine dans tous les sens, en se servant de petites machines faciles à manœuvrer et à maintenir dans diverses positions. On met de la poudre dans ces trous, et son explosion détache le rocher; les déblais sont versés par des trappes dans les wagons placés sur la voie ferrée à l'étage inférieur. On entend siffler l'air comprimé qui sort des conduites; l'atmosphère se purifie, et, lorsque nous arrivons à l'avancement, il n'y a plus de fumée. C'est là, en effet, que s'opère le percement, et de grandes quantités d'air se dépensent pour mettre les machines en activité. Nous voilà à 4 284 mètres de l'entrée du souterrain (2 octobre 1869). La chaleur est modérée, l'air est transparent, mais le fracas est insupportable, car, devant nous, agissent dix forets, frappant la roche 200 fois par minute, avec une force de 90 kilogrammes. La petite galerie d'avancement n'a que 2ᵐ,70 de largeur sur 2ᵐ,60 de hauteur. L'affût qui porte les dix ma-

Les chantiers du tunnel du Mont-Cenis, du côté de Bardonnèche.

chines perforatrices peut rouler sur deux rails; il est muni de diverses pièces, à l'aide desquelles on oriente les machines, qui doivent percer une centaine de trous de 30 à 90 centimètres de profondeur en six heures, sur une section de 7 mètres carrés. Une machine à air spéciale, montée sur le même affût, permet de le faire avancer ou reculer, et un frein sert à le fixer sur les rails pendant la perforation:

« Enfin, un second chariot, ou *tender*, est à la suite de l'affût et porte des réservoirs qui contiennent de l'eau et de l'air comprimé. Cette eau est injectée à l'aide d'un tuyau flexible autour de chaque foret dans le trou de mine; elle empêche l'échauffement de l'outil et entraîne les matières broyées. Une pompe mise en mouvement par l'air comprimé puise l'eau dans les puits pratiqués de distance en distance et l'introduit dans les réservoirs du tender.

« Lorsque les trous sont creusés, on les sèche avec un jet d'air, et l'on introduit un certain nombre de cartouches dans les trous centraux, en laissant certains trous vides, afin de déterminer une ligne de moindre résistance. Alors on retire l'affût et le tender à 30 mètres environ du front d'attaque, et les ouvriers s'éloignent à 300 mètres. Quand la première explosion a eu lieu, il y a une brèche au centre de la roche; on introduit des cartouches dans d'autres trous et l'on y met le feu; on continue ainsi par séries de huit. Au moment des explosions, toutes les conduites d'air sont ouvertes, afin de chasser la fumée le plus rapidement possible.

« Quand toutes les mines ont sauté, on charge les éclats sur de petits wagons qui glissent de chaque côté de l'affût, et on les transporte sur les wagons de déblai que les chevaux traînent sur la voie ferrée.

« Ainsi avance peu à peu cette légion de travailleurs, réalisant avec un succès inespéré une œuvre gigantesque, une des merveilles de notre civilisation. Chaque jour éclatent 120 trous de mine à l'avancement et 600 à l'élargissement; ce qui représente de 216 à 250 kilogrammes de poudre, produisant 100 mètres cubes d'air irrespirable, réduit aux circonstances normales.

« La série complète des opérations forme une *reprise* qui dure de dix à onze heures; mais les *postes* d'ouvriers sont renouvelés trois fois par jour; un ouvrier ne travaille que huit heures sur vingt-quatre.

« En repassant au milieu des travaux d'achève-ment, nous retrouvons la fumée; c'est qu'en effet elle reste là où l'aqueduc commence, entre deux courants d'air opposés; l'un venant du fond du souterrain, lancé par les compresseurs, l'autre venant de l'en-

Germano Sommeiller.

trée, sous l'influence des aspirateurs. Puis l'air redevient limpide, et nous remon-tons dans notre wagonnet, qui, cette fois, descend de lui-même la pente de la voie ferrée.

« L'entrée du tunnel nous apparaissait au loin, comme la pâle lueur d'une lampe; peu à peu cette lueur s'agrandissait; le bruit des mineurs s'éteignait, et nous étions rendus à la lumière du jour, un peu mouillés et noircis par la fumée, mais bien dédommagés par l'intéressant spectacle auquel nous venions d'assister. »

Ainsi que nous l'avons dit plus haut, le travail à la main n'avait donné, depuis le commencement des travaux jusqu'en janvier 1861, qu'un avancement mensuel de 40 mètres environ, en additionnant les moyennes du travail obtenu simultané-ment aux deux embouchures du souterrain.

Le 12 janvier 1861, les machines perforatrices de Sommeiller commencèrent à fonctionner à Bardonnèche; à partir de ce moment, l'avancement moyen qui, de ce côté, n'avait été jusque-là que de 23 mètres par mois, atteignit rapidement et dépassa même 60 mètres par mois.

Du côté français les machines à air comprimé ne purent être installées qu'en janvier 1863, de sorte que le percement de cette partie du tunnel se trouva proportionnellement retardé; d'autre part, la marche du travail fut singulièrement ralentie de ce côté par la présence d'une couche de quartzite d'une dureté extrême, qu'il fallut perforer sur une épaisseur de 375 mètres.

Grâce à l'énergie incessante des promoteurs de l'entreprise, et surtout grâce aux perfectionnements successifs apportés sans relâche à l'outillage, la rapidité de l'avancement ne cessa pas d'augmenter graduellement jusqu'au dernier mois du travail, et le 25 décembre 1870, le jour de Noël, les deux galeries nord et sud s'étant trouvées mises en communication, l'ingénieur Grattoni put envoyer à Turin la dépêche suivante :

« Quatre heures vingt-cinq minutes. La sonde passe à travers le dernier diaphragme de 4 mètres, juste au milieu. Nous nous parlons d'un côté à l'autre. Le premier cri poussé des deux parts a été : « Vive l'Italie! Vive la France! »

Sept mois furent employés à mettre le souterrain en état d'exploitation, et le 17 septembre 1871 le tunnel du Mont-Cenis était inauguré officiellement, sans qu'on pût fêter le succès des deux plus illustres triomphateurs, Cavour, l'ardent promoteur de l'œuvre, et Sommeiller, que la mort, en l'empêchant de voir la consécration officielle de son œuvre, n'avait cependant pas privé du bonheur d'assister à la réalisation complète de l'entreprise, dont il avait pu diriger les travaux jusqu'à leur achèvement[1].

Le percement du tunnel du Mont-Cenis avait coûté 75 millions environ; le travail complètement achevé, le prix du mètre était revenu à une somme variant, suivant les points, entre 4 000 et 7 000 francs.

La France contribua à la dépense pour une somme de 19 millions qu'elle avait pris l'engagement, après la cession de Nice et de la Savoie, de payer sur le montant des travaux qui restaient à faire; d'autre part elle avait promis une prime de 500 000 francs pour chaque année qui serait gagnée sur le délai de vingt-cinq années fixé pour l'achèvement du tunnel.

Disons-le en terminant, le premier percement des Alpes n'avait pas seulement englouti des millions; sans parler des maladies nombreuses résultant des conditions particulièrement dures de la vie souterraine, les accidents, quoique relativement rares, n'en firent pas moins trop de victimes.

Le 6 novembre 1865 la poudrière de Bardonnèche, qui contenait 13 000 kilogrammes de poudre, fit explosion et coûta la vie à une dizaine d'ouvriers, dont on retrouva les cadavres affreusement mutilés sous les amas de décombres.

Les éboulements, les explosions de la mine, les rencontres dans l'obscurité avec les wagons de déblais causèrent bien des accidents, souvent suivis de mort; c'est ainsi que, pour une seule embouchure du tunnel, il y eut plus de quarante morts violentes dans l'espace de temps qui s'écoula de 1858 à 1870.

---

1. Germano Sommeiller est mort le 11 juillet 1871, 36 jours avant l'inauguration du tunnel du Mont-Cenis.

LE TUNNEL DU SAINT-GOTHARD

I

LES MOYENS D'EXÉCUTION

Le passage du Saint-Gothard. — Le tracé du tunnel. — Les perfectionnements de l'outillage.
L'entrepreneur.Louis Favre. — Le compresseur de M. Colladon.

Le Saint-Gothard, sans avoir été aussi fréquenté dans les siècles passés que les routes du Splügen ou du Bernardino, donnait lieu cependant, dès le XIVᵉ siècle, à des échanges commerciaux assez importants entre la Suisse et l'Italie, ainsi qu'on peut en juger par les tarifs douaniers de l'époque, qui donnent la nomenclature des objets soumis aux droits d'impôt.

Au XVIIIᵉ siècle, l'hospice du Saint-Gothard, créé vers la fin du siècle précédent, donnait déjà asile à de nombreux voyageurs; les capucins qui le desservaient avaient, comme les religieux du Grand-Saint-Bernard, des chiens de montagne parfaitement dressés, qui aidaient leurs maîtres à sauver les malheureux surpris au niveau du col par les tourmentes de neige.

Jusqu'au commencement de notre siècle, la route du col n'était qu'un chemin muletier, où passaient cependant plus de 15 000 voyageurs par an.

De 1820 à 1830 on construisit à grands frais une route de voitures, qui, par suite de l'invention des chemins de fer, ne devait pas être d'un très long usage.

En 1870, le Saint-Gothard était de tous les cols alpestres celui qui présentait le plus grand mouvement de voyageurs et de marchandises entre la Suisse et la Lombardie.

Les voitures publiques, à elles seules, y faisaient passer chaque année, dans un sens ou dans l'autre, plus de 60 000 voyageurs, auxquels venait s'ajouter un nombre de piétons plus considérable encore.

Le tunnel du Mont-Cenis achevé, et la possibilité de la réalisation de pareilles entreprises étant ainsi nettement démontrée, le percement du Saint-Gothard, en raison même de l'importance du passage, se trouvait tout naturellement indiqué.

Le 31 octobre 1871, un traité, ayant pour objet l'accomplissement de ce travail, fut signé entre la Suisse, l'Italie et l'Allemagne.

Le tunnel, partant de Gœschenen, dans le canton d'Uri, passant sous Andermatt, puis sous le glacier Sainte-Anne et le lac d où sort le Tessin, aboutissait à

Hospice du Saint-Gothard.

Airolo, bourg tessinois, et mettait ainsi en communication directe la Suisse septentrionale et la Haute-Italie.

Le souterrain devait avoir, de Gœschenen à Airolo, 15 000 mètres de longueur, soit 3 000 mètres environ de plus que celui du Mont-Cenis. D'autre part, les roches qu'il fallait percer devaient être pour la plupart beaucoup plus dures qu'au mont Fréjus.

Le percement du Gothard aurait donc dû demander un temps plus considérable que le percement du Mont-Cenis, et cependant il n'en a rien été; tout au contraire, le travail a marché beaucoup plus rapidement que pour le premier tunnel des Alpes.

C'est qu'en effet de nouveaux perfectionnements avaient amélioré sensiblement le fonctionnement des deux éléments fondamentaux sur lesquels repose aujourd'hui tout le succès des grands travaux souterrains, le *compresseur* et la *perforatrice*.

Indépendamment des perfectionnements apportés à l'outillage, l'usage de nouveaux explosifs, tels que la dynamite et la nitro-glycérine, devait, en produisant des effets bien supérieurs à ceux de la poudre ordinaire, permettre de diminuer considérablement le nombre des trous de mine, et de réaliser par suite, sur le travail mécanique, une économie de temps proportionnellement très grande.

Pour s'en rendre compte, il suffit de faire le simple rapprochement suivant.

Sur le front d'attaque de la galerie de direction du tunnel du Mont-Cenis, il était nécessaire, pour le sautage de la roche, de percer en moyenne 9 à 10 trous par mètre carré de surface. Au Saint-Gothard 3 à 4 trous par mètre carré furent jugés suffisants, avec l'emploi de la dynamite.

Grâce à tous ces progrès, le percement des *quinze* kilomètres du tunnel du Saint-Gothard a pu être fait en *huit* années, tandis que le Mont-Cenis, avec ses *douze* kilomètres, avait demandé *quatorze* ans.

Malgré le fait acquis, on ne peut s'empêcher de s'étonner de l'audace de cet homme qui, lors de la mise en adjudication des travaux du Saint-Gothard, osa signer l'engagement aux termes duquel il devait terminer l'œuvre du percement dans l'espace de huit années, sous peine de perdre 5 000 francs par jour de retard pour les six premiers mois qui dépasseraient les délais fixés, et 10 000 francs par jour dans le cas où le retard excéderait six mois.

Louis Favre, l'entrepreneur qui assumait cette tâche colossale, en demandant un an et 15 millions de moins que ses concurrents, était un ancien ouvrier charpentier de Genève, qui, grâce à son énergie et à sa haute intelligence, avait déjà su concourir pour une part importante aux travaux de construction du réseau de Paris-Lyon.

Favre fut d'ailleurs bien inspiré en s'assurant, dès le début de l'entreprise, le concours de M. Colladon, le savant genevois auquel revenait déjà une si grande part dans l'œuvre du premier tunnel des Alpes, sans qu'il en eût pourtant retiré toute la part de gloire et de bénéfices à laquelle ses inventions auraient dû lui donner droit.

Un des premiers soins de M. Colladon fut d'apporter d'ingénieuses modifications aux appareils à comprimer l'air. Les compresseurs, tels qu'ils fonctionnaient au Mont-Cenis, actionnés par des roues hydrauliques à mouvement très lent, n'auraient pu être employés au Saint-Gothard, en raison des conditions dans lesquelles se présentaient les forces motrices naturelles qu'il s'agissait d'utiliser. M. Colladon, en imaginant son compresseur à grande vitesse, sut trouver l'engin qui convenait admirablement aux conditions nouvelles auxquelles on devait se conformer.

Nous ne pouvons donner ici une description détaillée de cet appareil, qui, malgré l'importance des perfectionnements apportés à ses diverses parties, reproduit toutefois le principe essentiel de la machine que nous avons vue fonctionner au Mont-Cenis.

Nous dirons donc seulement que, dans le compresseur nouveau de M. Colladon, le piston se trouvait en contact direct avec l'air, sans qu'il y eût besoin de la colonne d'eau, qui, dans les compresseurs du Mont-Cenis, se trouvait soulevée à chaque oscillation de la machine.

Ici, en effet, le piston compresseur, établi à double effet, servait alternativement, grâce à un double jeu de soupapes, à aspirer d'un côté l'air atmosphérique, et à refouler de l'autre côté l'air comprimé, qui, sortant par un canal de dégagement, allait s'accumuler dans un réservoir.

Une des particularités essentielles du compresseur de M. Colladon consistait dans le mode de refroidissement de l'air, dont la compression développe une telle quantité de chaleur que, lors des premiers essais faits au Mont-Cenis, des ingénieurs avaient émis la crainte de voir les compresseurs « chauffés à blanc » par le fait même de leur fonctionnement.

Pour remédier à l'échauffement de l'air comprimé dans ses appareils, M. Col-

Embouchure nord du tunnel du Saint-Gothard.

ladon avait eu soin de ménager à l'intérieur des pistons compresseurs, au moyen d'une disposition fort ingénieuse, une circulation continue d'eau froide.

A l'embouchure nord du tunnel du Saint-Gothard fonctionnaient cinq groupes de trois compresseurs, fournissant ensemble, par minute, 20 mètres cubes d'air comprimé à 7 atmosphères ; chacun de ces groupes était actionné par une grande roue dentée que mettait en mouvement une turbine à axe horizontal alimentée par les eaux de la Reuss.

Du côté d'Airolo, à l'embouchure sud du tunnel, l'installation était à peu près identique ; les difficultés y furent cependant plus grandes qu'à Gœschenen, à cause du faible débit de la Trémola, qui nécessita des travaux de canalisation assez coûteux. Dans les dernières années de l'entreprise, on dut même avoir recours aux eaux du Tessin, malgré les frais qu'entraîna cette nouvelle canalisation.

L'air comprimé servit également à remplacer la vapeur sur les locomotives qui circulaient dans la partie achevée du tunnel, apportant les outils, les provisions, les matériaux et ramenant au dehors les déblais provenant de l'intérieur de la

Le Saint-Gothard.

galerie. Chaque locomotive était munie, en effet, d'un vaste réservoir cylindrique en tôle solide, établi sur un wagon et renfermant de l'air comprimé que l'on faisait agir sur les pistons moteurs.

Parmi les progrès de l'outillage qui ont singulièrement facilité le percement du Saint-Gothard nous avons déjà mentionné les perfectionnements apportés à la perforatrice Sommeiller, que nous avons vue fonctionner au tunnel du Mont-Cenis.

Les nouvelles perforatrices mises en œuvre au Saint-Gothard étaient les machines construites en Angleterre par M. Mac-Kean, en Belgique par MM. Dubois et François, en Suisse par MM. Ferroux et Turrettini.

Ces perforatrices comportaient toujours le même mécanisme essentiel que la

Locomotive employée à l'extraction des déblais.

perforatrice Sommeiller, mais elles réalisaient chacune des progrès importants dans les détails du fonctionnement.

Le principal perfectionnement caractérisant la perforatrice Dubois-François consistait dans le mode de rotation du fleuret-percuteur, qui se faisait par un mécanisme nouveau; d'autre part elle différait de la machine Sommeiller en ce que l'on produisait à la main, au moyen d'une longue vis commandée par une manivelle placée à l'arrière de la perforatrice, le mouvement d'avancement du fleuret, qui doit mettre constamment celui-ci en contact avec la roche, malgré la profondeur du trou déjà creusé. Dans la perforatrice Sommeiller, en effet, le rapprochement du fleuret se faisait automatiquement, ainsi que nous l'avons vu, à mesure que le trou augmentait en profondeur. On retrouvait d'ailleurs encore cette disposition dans la perforatrice Mac-Kean, employée au Saint-Gothard.

II

LES PARTICULARITÉS DE L'ENTREPRISE

Les méthodes employées dans le percement des tunnels ; la méthode *française*, la méthode *allemande*. — Les difficultés de l'entreprise du Saint-Gothard. — La lutte contre l'inondation. — La mort du chef. — L'achèvement des travaux. — Les tunnels hélicoïdaux des rampes d'accès au grand tunnel.

Nous ne décrirons pas dans ses détails la marche suivie dans le travail inte rieur du souterrain, et nous nous bornerons à signaler les particularités les plus importantes qu'ont présentées les travaux du percement du second tunnel des Alpes.

Au Mont Fréjus on avait suivi, dans le percement du tunnel, la méthode dite *allemande*, dans laquelle on attaque le souterrain par sa partie inférieure, en creusant tout d'abord une galerie étroite, dite *galerie de direction* ou *d'avancement*, au niveau même de la partie inférieure du tunnel définitif.

Au Saint-Gothard, l'entrepreneur Louis Favre avait, au contraire, adopté la méthode *française*, dans laquelle on commence par creuser une galerie d'avancement, haute et large de $2^m,50$ environ, de façon que cette galerie corresponde à la partie supérieure, à la voûte du souterrain ; pour achever le tunnel, il ne reste donc plus qu'à creuser à droite, à gauche et en bas. On complète d'abord la partie supérieure du tunnel en agrandissant latéralement la galerie primitive, jusqu'à ce que l'on ait dégagé complètement toute la surface de la voûte du tunnel. Puis on attaque le massif qui remplit encore toute la partie inférieure, en creusant en son milieu une petite galerie, ce qui permet de laisser encore quelque temps intactes les parties latérales du massif, et d'y établir une voie de service servant au transport des déblais. Enfin, lorsque cette galerie inférieure s'est trouvée considérablement élargie par l'enlèvement des massifs latéraux, la section totale du tunnel se trouve ainsi ouverte.

Du côté de Gœschenen l'accomplissement du travail put se faire, sauf en quelques points, dans des conditions à peu près normales, malgré la très grande dureté de la plupart des roches qui composent le massif que l'on avait à traverser.

Il n'en fut pas de même sur le versant italien, vers l'embouchure sud, partant d'Airolo. De ce côté, en effet, la roche présentait des fissures nombreuses et l'on eut à lutter, dès le début, contre les fréquents éboulements qui entravaient constamment le travail.

De plus, l'eau provenant des infiltrations s'écoulait en grande abondance dans l'intérieur de la galerie, où elle forma bientôt un petit torrent qui débitait jusqu'à

Airolo, à l'embouchure sud du tunnel.

300 litres par seconde, lorsqu'on eut avancé de quelques centaines de mètres dans le souterrain.

Il est facile de s'imaginer les difficultés de toutes sortes que créa cette inondation ; l'eau, paraît-il, jaillissait au niveau des trous de mine avec une telle force qu'elle faisait reculer le fleuret de la perforatrice. A plus forte raison avait-on les plus grandes peines à fixer dans chaque trou une cartouche de dynamite ; il fallait la placer au préalable dans un étui de fer-blanc, que l'on enfonçait ensuite dans le trou en le fixant solidement au moyen de coins.

Malgré ces difficultés nouvelles, que l'on avait eu la chance de ne pas rencontrer au Mont Fréjus où le maximum des infiltrations ne donna que 2 à 3 litres d'eau par seconde, malgré les dangers supplémentaires que créaient les éboulements, d'une part, et le maniement de la dynamite, d'autre part, malgré l'élévation de la température qui, dans le souterrain, n'était pas inférieure à 30 degrés centigrades, les ouvriers se comportèrent vaillamment contre les fatigues qui les accablaient, l'anémie qui les rongeait et les maladies de toute sorte qui faisaient de nombreux vides dans leurs rangs. A plusieurs reprises cependant le découragement les éloigna momentanément des chantiers, mais chaque fois ils revinrent à l'ouvrage, s'acharnant à leur œuvre, qu'ils ne doutaient pas de voir terminée à temps, grâce à l'énergie et à la vaillance du chef adoré qu'ils avaient à leur tête.

Mais leur découragement fut réel le jour où, foudroyé par la rupture d'un anévrisme, Louis Fabre expira sous leurs yeux, au retour d'une visite qu'il venait de faire au fond du souterrain de Gœschenen.

Ce triste événement survint le 10 juillet 1879, et, moins bien partagé que Sommeiller, l'audacieux entrepreneur ne put voir tomber le dernier obstacle séparant les deux portions du tunnel.

Lorsque, le 28 février 1880, sept ans et cinq mois après le commencement des travaux, la sonde rencontra le vide, les amis de Fabre voulurent, par une idée touchante, que la photographie du chef regretté fût la première à franchir le trou de sonde qui unissait enfin les deux galeries.

« S'il n'a pu franchir vivant ce passage, disaient-ils, il le franchira en effigie, et sera ainsi le premier à inaugurer son œuvre. »

Le tunnel dont nous venons de résumer l'histoire constitue l'œuvre capitale du Gothard, mais ce n'est pas le seul ouvrage important qui ait été nécessité par l'établissement de la ligne. Les voies d'accès qui mènent au grand souterrain ne comportent pas moins, en effet, de 50 souterrains, représentant une longueur totale de 20 kilomètres, et de 45 ponts principaux, auxquels il faut ajouter encore 9 viaducs et 7 galeries couvertes, destinées à garantir la ligne contre les avalanches et les crues des torrents pendant la saison de la fonte des neiges.

Lorsqu'on se dirige vers le grand tunnel, en allant du lac de Zug à la frontière italienne, on rencontre déjà entre Brunnen et Fluelen 9 souterrains qui forment près de la moitié des 12 kilomètres séparant ces deux points ; l'un d'eux, celui d'OElberg, mesure à lui seul près de 2 kilomètres.

Plus loin, avant d'aborder le tunnel principal, la voie est encore souterraine d'Erstfeld à Gœschenen, sur un quart du parcours, et traverse successivement 16 tunnels, dont 4 ont plus d'un kilomètre de longueur.

Parmi ces derniers, il en est trois qui présentent une particularité intéressante par leur tracé curviligne au moyen duquel les ingénieurs ont pu franchir des rampes trop rapides dans les vallées qu'il s'agissait de traverser.

La vallée de la Reuss qui, du lac des Quatre-Cantons à Erstfeld, ne présente qu'une pente assez faible, ne tarde pas à se redresser fortement et suit alors une inclinaison qui dépasse de beaucoup celle que l'on peut donner aux voies ferrées, Il fallait donc exhausser la plate-forme de la voie, ce que l'on a réalisé sur beaucoup de lignes au moyen de rebroussements, comme ceux qui existent sur la ligne de Neuchâtel à la Chaux-de-Fonds; les ingénieurs du Saint-Gothard sont arrivés au même résultat en donnant à la voie un trajet en hélice, qu'il a fallu creuser en souterrains, la vallée de la Reuss étant trop étroite pour qu'on pût donner à la ligne ce développement à ciel ouvert.

C'est ainsi qu'à l'aide des trois tunnels hélicoïdaux du Pfaffensprung, de Wattingen et de Leggistein, qui ont ensemble plus de 3 kilomètres et demi de longueur,

Gœschenen, à l'embouchure nord du tunnel, pendant les travaux.

on a pu élever la voie de 136 mètres en lui conservant une rampe variant entre $0^m,023$ et $0^m,026$.

On pouvait au début concevoir quelques inquiétudes sur la façon dont se ferait l'échappement de la fumée des locomotives dans ces tunnels hélicoïdaux; l'expérience a montré que la ventilation s'y effectuait d'une façon bien suffisante, grâce à la différence d'altitude des têtes de chaque souterrain.

Du côté de l'Italie, les ouvrages d'art destinés à établir les rampes d'accès au grand tunnel ont également une importance considérable; là encore, il a fallu, entre Dazio et Faido, puis entre Lavorgo et Giornico, recourir aux tunnels hélicoïdaux; quatre de ces tunnels existent sur la ligne sud, et chacun d'eux a une longueur d'environ 1 kilomètre et demi ; vingt-deux autres tunnels, à tracé rectiligne, complètent le développement souterrain de la ligne sud.

· En terminant ce résumé des travaux du Saint-Gothard, nous ne devons pas oublier de citer la tranchée colossale de 2 240 mètres de longueur, qui se trouve entre le tunnel de Stalvedro et le pont de Sordo, et qui n'a pas donné moins de 215 000 mètres cubes de déblais.

Tels sont, dans leurs traits principaux, les travaux gigantesques qu'il a fallu accomplir pour ouvrir au commerce du Nord une communication rapide avec l'Italie septentrionale et la route des Indes. Considérée dans son ensemble, l'œuvre du Saint-Gothard est certainement la plus importante qu'on ait jusqu'ici réalisée dans ce genre d'entreprises.

LE TUNNEL DE L'ARLBERG

Les innovations. — La perforatrice Brandt. — L'eau comprimée actionnant la machine. La ventilation. — La rapidité de l'exécution.

Après nous être étendu sur le percement des tunnels du Mont-Cenis et du Saint-Gothard, aussi longuement que nous le permettait le cadre de cet ouvrage, nous nous exposerions à des redites nombreuses en décrivant dans ses détails l'installation des travaux du grand tunnel de l'Arlberg, ouvert en 1883 dans les Alpes tyroliennes, sur la ligne d'Innsbruck à Bludenz.

Nous nous bornerons donc à signaler quelques-unes des particularités importantes qu'a présentées le percement de ce souterrain, en consacrant quelques lignes à la méthode de creusement adoptée par l'entrepreneur de l'Arlberg, et en nous arrêtant particulièrement sur les installations mécaniques qui ont servi à la perforation des trous de mine, et qui différaient sensiblement de celles que nous avons décrites dans les chapitres précédents.

Au Mont Fréjus la méthode employée pour le percement du tunnel consistait, ainsi que nous l'avons vu, à attaquer le souterrain par sa partie inférieure en creusant la galerie d'avancement au niveau de la voie définitive; Fabre, l'entrepreneur du Gothard, avait tenu au contraire à placer dans le haut le front d'attaque, et, malgré les nombreuses objections qui lui avaient été faites, il avait réussi à démontrer les avantages de cette méthode dans l'entreprise qu'il dirigeait.

Le tunnel de l'Arlberg a été exécuté au moyen d'une combinaison des deux méthodes précédentes; on creusa une petite galerie à la base du profil du souterrain projeté, comme on l'avait fait au Mont Fréjus; mais, en même temps, on fit suivre cette galerie par une galerie de faîte, qui se trouvait reliée à la première par des cheminées verticales, servant à l'écoulement des déblais.

L'établissement de la galerie inférieure présentait des avantages réels au point de vue de la ventilation du tunnel et du départ de l'air vicié par les explosions, les cheminées verticales unissant les deux galeries formant en quelque sorte cheminée d'appel vers la partie supérieure du souterrain ; la combinaison des deux méthodes évitait en outre de nombreux raccordements de niveaux différents et permettait également de faire succéder plus rapidement les travaux de revêtement à ceux du front d'attaque.

Perforateur Leschot.

Une des innovations les plus intéressantes qui ont été réalisées à l'occasion de l'entreprise de l'Arlberg consiste dans l'emploi qui fut fait, pour une moitié du tunnel, d'une machine perforatrice nouvelle due à l'ingénieur Brandt : dans cette machine l'outil perforateur, au lieu d'agir par percussion, agissait par rotation, comme une tarière, et, d'autre part, la force motrice, au lieu d'être, comme au Saint-Gothard, fournie par l'air comprimé, était due à l'*eau comprimée*.

Les premières machines de ce genre, dans lesquelles l'outil perforateur, constitué par un cylindre métallique garni de diamants à son extrémité, reçoit un double mouvement d'avancement et de rotation, obtenu par la pression de l'eau, sont dues en réalité, non pas à l'ingénieur allemand Brandt, mais bien à deux de nos compatriotes, MM. Leschot et Perret.

Il est intéressant de rappeler à cette occasion l'histoire de cette invention.

Georges Leschot, horloger à Genève, fut appelé par hasard à examiner une plaque de porphyre rouge qu'un de ses amis avait rapportée d'Égypte et qui paraissait être d'origine ancienne, et il fut surpris de constater que cette plaque présentait de fines stries disposées parallèlement avec une régularité parfaite : étant donnée la dureté du porphyre, ce ne pouvait être qu'au moyen du diamant que l'ouvrier des temps anciens avait exécuté un pareil travail.

Leschot songea alors à l'oubli dans lequel on laissait le diamant, au point de vue du parti qu'on pouvait en tirer dans les travaux pour lesquels l'acier le mieux trempé n'est pas suffisant, et, en 1862, comme son fils, ingénieur italien, avait précisément, à cette époque, à exécuter le percement d'une galerie dans une roche fort dure, pour le compte d'une compagnie de chemin de fer, l'horloger s'ingénia à réaliser une machine perforatrice de son invention, dans laquelle il garnit son fleuret d'une couronne de *diamants noirs*, dont la dureté ne le cède en rien à celle des diamants de luxe, et dont le prix est, en revanche, moins élevé.

L'invention de Leschot, plus ou moins modifiée, passa peu à peu dans la pratique courante en Allemagne, en Angleterre, en Amérique, et une vingtaine d'années après la construction de la première machine de Leschot, l'ingénieur Brandt présenta aux chantiers du Saint-Gothard, puis à ceux de l'Arlberg, une machine qui tenait à la fois, par plusieurs points, de la machine de Leschot et de celle de Colladon : les pointes de diamant y étaient remplacées par des pointes d'acier, qui devaient suffire à percer les roches que traversait le tunnel.

Ces machines furent installées dans la galerie Ouest du tunnel de l'Arlberg, du côté de Langen, dans la vallée de l'Alfenz. La pression hydraulique était fournie par des pompes à haute pression, actionnées par des turbines verticales Girard et donnant chacune par minute 120 litres d'eau comprimée à *quatre-vingt-dix* ou *cent* atmosphères : la force ainsi produite était amenée jusqu'aux perforatrices Brandt par des conduits métalliques à parois résistantes.

Pendant que ces machines fonctionnaient dans le chantier de Langen, l'autre moitié du tunnel, correspondant à son extrémité Est, était percée au moyen des machines perforatrices à percussion du système Ferroux, mues par l'air comprimé comme les perforatrices employées au Saint-Gothard.

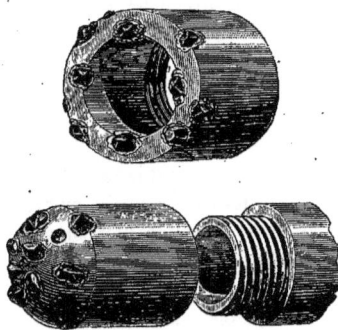

Perforateur à diamants.

Ces deux systèmes rivalisaient d'activité : dans le chantier Est, les machines Ferroux donnaient un avancement moyen qui dépassait parfois 4 mètres par jour, malgré la dureté des roches traversées. De son côté la machine Brandt donna assez régulièrement, dans certains moments, un progrès quotidien de $3^m,36$.

Les entrepreneurs étaient d'ailleurs directement intéressés à la rapidité du travail ; leur traité avec l'État autrichien leur imposait un avancement quotidien de $3^m,30$ en moyenne, chaque jour de retard ou d'avance devant représenter une perte ou un gain de 1 700 francs.

Grâce à l'expérience acquise par les travaux antérieurs du Mont Fréjus et du Gothard, l'entreprise fut menée avec une telle rapidité que le tunnel était percé au bout de trois ans, c'est-à-dire cinq mois plus tôt que le traité ne l'avait prévu ; or la longueur du souterrain de l'Arlberg dépassait 10 kilomètres, et l'on se souvient qu'on avait mis huit ans pour les 15 kilomètres du Gothard, et quatorze ans pour les 12 kilomètres et demi du Mont-Cenis ; on peut juger par là des progrès accomplis dans les arts mécaniques, en quelques années seulement, surtout si l'on songe que les dépenses avaient été notablement moins élevées que dans les travaux antérieurs, le prix de revient du mètre ayant été diminué de moitié pour l'Arlberg, par comparaison avec le tunnel du Mont-Cenis, et d'un quart par rapport aux travaux de percement du Gothard.

Nous avons déjà signalé, en parlant de la disposition générale du travail souterrain, les conditions favorables à la ventilation qui résultaient de l'existence d'une galerie supérieure communiquant avec la galerie inférieure au moyen de puits verticaux. Nous devons ajouter quelques détails sur la façon dont la ventilation se trouvait assurée au tunnel de l'Arlberg, ce qui avait une grande importance pour les centaines de travailleurs qui devaient passer plus de trois ans dans l'atmosphère viciée du souterrain.

Au Saint-Gothard, c'était la même conduite qui distribuait l'air comprimé aux perforatrices et qui servait à l'aération du souterrain ; cette disposition présentait plusieurs inconvénients, d'abord parce que, la ventilation n'exigeant pas une forte pression, l'air comprimé se trouvait en quelque sorte gaspillé inutilement, et ensuite parce que, dans les cas où l'air comprimé venait à manquer, en hiver par exemple, lorsque la force hydraulique se trouvait diminuée, c'était surtout la ventilation qui en souffrait, les machines devant fonctionner avant tout.

Dans les chantiers de l'Arlberg on avait adopté, au contraire, une conduite spéciale pour la ventilation, distribuant l'air pur à faible pression, dans les différentes parties du souterrain, au moyen d'embranchements suffisamment nombreux. D'autre part l'aération était complétée par un ventilateur à force centrifuge, placé en dehors du tunnel, et aspirant l'air vicié de la galerie.

Les travaux de l'Arlberg ont présenté, comme on le voit, indépendamment de la remarquable rapidité de leur exécution, quelques perfectionnements qui méritaient bien de nous arrêter un instant:

LES PONTS MÉTALLIQUES

I

LES PONTS SUSPENDUS

L'origine des ponts suspendus. — Les ponts à chaînes. — Le pont du Niagara. — Le pont de Brooklyn.
— La fondation des piles au moyen de l'air comprimé. — La pose des câbles. — L'inauguration.

L'origine des ponts suspendus paraît remonter à une époque très ancienne, au moins pour l'Amérique, où les indigènes ont dû songer dès les temps les plus reculés à se servir de lianes pour jeter sur les rivières des ponts suspendus de construction toute primitive, ainsi qu'ils le font encore aujourd'hui dans certaines régions.

L'usage des cordes, puis des chaînes, appliquées au même but, entra peu à peu dans la pratique, et, vers la fin du siècle dernier, on construisait déjà en Amérique de véritables ponts suspendus constitués par un plancher horizontal suspendu à des chaînes. Mais ce n'est qu'en 1820 que fut réalisée, en Angleterre, la première application importante de ce système, lorsqu'on éleva sur la Tweed le pont de Berwick, d'une portée de 110 mètres.

Ce fut le point de départ d'une véritable révolution dans l'art de l'ingénieur.

Bientôt l'on construisit, sur le détroit de Menai, un pont plus hardi qui franchissait une portée de 177 mètres, et l'emploi des ponts suspendus, dans lesquels

4

les chaînes étaient remplacées par des câbles métalliques, se répandit alors rapidement dans toute l'Europe.

C'est ainsi que l'on vit successivement élever le pont de Fribourg, de 271 mètres
de portée, en 1834; le pont de Pest, en Hongrie; le pont de la Roche-Bernard, de
198 mètres de portée, en France, et toute une série d'autres ponts suspendus, à ouverture variant entre 100 et 200 mètres.

Malgré les avantages qu'ils présentent, les ponts suspendus offrent un certain nombre d'inconvénients, dont le principal résulte des oscillations auxquelles ils se prêtent trop facilement, et qui ont parfois donné lieu à des catastrophes; c'est cette raison qui a peu à peu jeté en Europe un discrédit sur ces constructions, que l'on a toujours regardées comme ne présentant pas une sécurité suffisante, pour le passage des trains de chemin de fer en particulier.

Mais il est possible d'écarter tout danger, en donnant au tablier du pont une rigidité convenable et en reliant le tablier aux câbles de support par un nombre suffisant de liaisons résistantes.

Les Américains ont pu de cette façon réaliser dans la construction des ponts suspendus d'importants perfectionnements qui leur ont permis d'employer ces ouvrages sur les lignes de chemin de fer.

Un des ponts suspendus les plus remarquables est celui que l'ingénieur Rœbling a jeté sur le Niagara, de 1851 à 1855.

Un pont de lianes en Amérique.

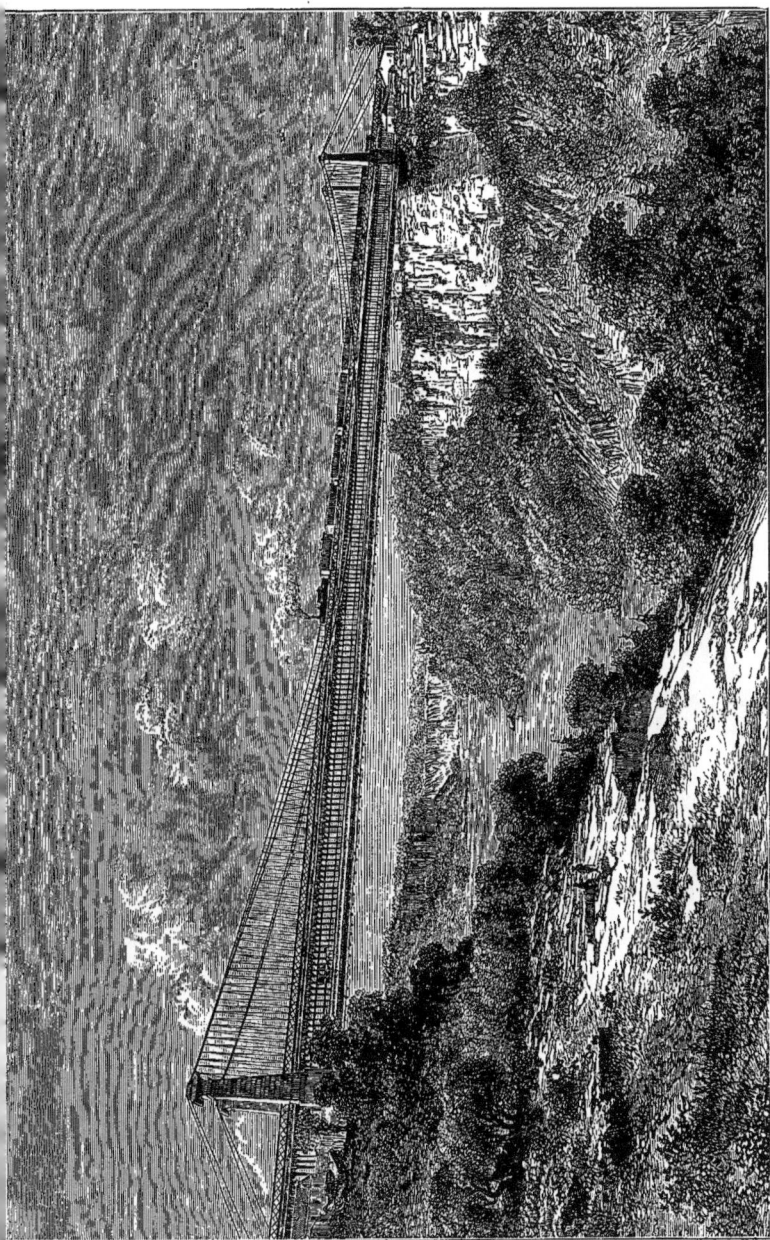

Le pont du Niagara.

Ce pont, qui sert à la fois à une voie de chemin de fer et à une voie charretière placée au-dessous de la première, a 249ᵐ,75 de longueur en une seule travée et domine la rivière de 74 mètres.

Quatre câbles de 25 centimètres de diamètre partent des deux piles placées sur chacune des rives; les deux premiers supportent le tablier supérieur, réservé aux convois des chemins de fer de New-York, de l'Érié et du Grand Occidental, et les deux autres supportent le tablier inférieur, sur lequel passent les piétons et les voitures.

Des haubans, fixés à la roche d'une part et au tablier d'autre part, permettent à celui-ci de résister aux grands vents qui soufflent dans ces parages.

Un autre ouvrage, d'une importance plus considérable encore, est le pont suspendu de l'East-River, qui franchit le bras de mer situé entre New-York et Brooklyn, unissant ainsi le faubourg à la cité.

La longueur du pont est de 1053 mètres, comprenant une travée centrale de 486ᵐ,60 et deux travées extérieures de 283ᵐ,60, reposant d'un côté sur la rive et de l'autre sur deux piles en granit, qui s'élèvent à 84 mètres au-dessus du niveau de la haute mer et qui supportent d'autre part les extrémités de la grande travée du milieu.

Les viaducs d'accès ont une longueur de 296 mètres pour celui de Brooklyn, et de 476 mètres pour celui de New-York, ce qui donne au pont une longueur totale de 1825 mètres.

Lorsque l'on songea à établir ce pont, l'accroissement de la population de Brooklyn et le mouvement entre ce faubourg et New-York prenaient de telles proportions que les cinquante ou soixante lignes de « ferries » ou bateaux à vapeur, servant exclusivement à la traversée du fleuve, étaient à peine suffisantes.

Pour établir une communication rapide avec Brooklyn, il fallait donc résoudre le problème d'un pont jeté sur un bras de mer de 900 mètres de largeur, sans qu'il en résultât un obstacle au passage des plus grands navires.

John A. Rœbling, l'auteur du projet hardi qui s'est trouvé réalisé au prix de travaux énormes, sut mettre habilement à profit les conditions topographiques toutes spéciales qui devaient faciliter l'accès d'un pont situé à une hauteur suffisante, au-dessus du niveau de la mer, pour permettre le passage des navires.

New-York se trouve en effet, comme on le sait, sur la presqu'île de Manhattan, qui forme une sorte de dos d'âne, s'abaissant vers la mer en pente douce; d'autre part, Brooklyn est bâtie également sur la déclivité d'une colline qui borde la rivière de l'Est. On pouvait donc, grâce à cette double disposition, atteindre le niveau du pont sans avoir à franchir des rampes trop marquées.

Les travaux furent commencés le 26 décembre 1869, et le 24 mai 1883 seulement le pont put être livré à la circulation.

Il fallut d'abord construire les deux piles qui devaient diviser en trois travées le pont de 1053 mètres.

Le système de fondations par l'air comprimé qui, à ce moment, avait déjà reçu de nombreuses applications, fut employé pour la fondation de ces piles.

Nous rappellerons en quelques mots le principe sur lequel repose ce système qui rend de si grands services pour l'établissement de fondations dans les terrains immergés ou seulement infiltrés par les eaux, et dont l'idée première est indiquée dans un passage d'un mémoire de Papin, daté de 1691, où celui-ci admet la possibilité de faire des constructions sous l'eau en se servant d'une cloche dans laquelle on comprimerait de l'air qui chasserait l'eau devant lui.

C'est ce que l'on réalise aujourd'hui au moyen de caissons en tôle, dont les parois sont soigneusement boulonnées : leur partie inférieure est ouverte, et leur partie supérieure, hermétiquement fermée, laisse passer seulement des cheminées dont les unes, pénétrant à l'intérieur des caissons, servent à l'entrée de l'air comprimé, tandis que les autres, descendant jusqu'au niveau de la base des caissons, servent à la sortie de l'eau refoulée par l'air comprimé.

Ces caissons métalliques, suffisamment chargés pour qu'ils puissent atteindre le fond de la nappe liquide, sont immergés aux points correspondant à l'emplacement des piles que l'ont veut édifier.

A ce moment l'eau s'élève au même niveau dans toutes les cheminées; mais dès que l'on comprime de l'air, au moyen de fortes machines à vapeur installées au dehors, dans les cheminées destinées à cet usage, la pression de cet air comprimé refoule peu à peu l'eau qui remplit les caissons et la force à s'échapper par les cheminées d'écoulement.

Les ouvriers peuvent alors descendre dans les caissons, où l'air comprimé remplace maintenant l'eau qui les remplissait complètement au moment de leur immersion. Avant d'arriver au fond de la rivière, ils traversent une série de chambres intermédiaires qui sont munies de soupapes, et entre lesquelles la pression s'équilibre chaque fois qu'un ouvrier passe de l'une à l'autre: de cette façon on évite une transition trop brusque de l'air libre à l'air comprimé, ce qui pourrait donner lieu à de graves accidents.

La pression sous laquelle on doit maintenir l'air pour faire équilibre à l'eau dépasse, en effet, trois atmosphères dès que l'on atteint une profondeur de 30 mètres au-dessous de la surface de l'eau, et il faut bien dire que, malgré toutes les précautions prises, lorsqu'on arrive à cette profondeur, les ouvriers ne peuvent se soustraire à un malaise très grand, suffisant pour les gêner considérablement dans leur travail, qui consiste simplement à fouiller le gravier, qu'on remonte au dehors, le plus souvent au moyen d'une chaîne à godets.

Pendant que l'on creuse ainsi le sol sur lequel repose chaque caisson, on construit la maçonnerie de la pile à l'air libre, sur le plancher supérieur du caisson, de sorte que celui-ci, surchargé par le poids des matériaux qui augmente progressivement, descend peu à peu, guidé par des engins spéciaux.

Lorsqu'on a atteint la profondeur voulue, il ne reste plus qu'à remplir de béton les caissons et toutes leurs cheminées, et les fondations des piles sont alors représentées par autant de masses compactes reposant sur un terrain résistant, et sur lesquelles on peut alors édifier les piles avec une sécurité complète.

Les deux caissons qui ont servi à établir les fondations des piles du pont de Brooklyn n'avaient pas moins de 53 mètres de longueur sur 31 mètres de largeur; ils

Les travaux du pont de Brooklyn à New-York.

devaient atteindre le fond de la mer à 5 mètres et demi sous l'eau et pénétrer ensuite dans le sol à une profondeur qui, pour la pile située du côté de New-York, était de 30 mètres environ au-dessous du niveau de la mer.

L'étage inférieur du caisson occupait 236 ouvriers, pendant que 360 hommes construisaient la pile à l'étage supérieur. Deux écluses à air, faisant communiquer les deux étages, servaient au passage des ouvriers, tandis que les déblais étaient évacués par deux puits munis d'une chaîne à godets.

A mesure que chaque caisson s'enfonçait davantage, on ajoutait de nouvelles assises de pierres sur les maçonneries que portait le caisson, de façon à augmenter constamment sa charge et à maintenir en même temps le niveau de la pile au-dessus de l'eau.

Du côté de Brooklyn, il fallut onze mois pour amener le caisson dans sa situation définitive; immergé le 2 mai 1870 sur l'emplacement qu'il devait occuper, il ne fut rempli de ciment que le 11 mars 1871. Les travaux avaient été inter-

Pont de Brooklyn. — Vue de la travée médiane pendant la pose des câbles.

rompus par un incendie qui se produisit à l'intérieur du caisson immergé, et que l'on dut éteindre en inondant le chantier sous-marin.

Les fondations ainsi établies, on éleva les piles en granit, qui, comme nous l'avons dit plus haut, ont une hauteur de 84 mètres au-dessus du niveau de la mer et qui dépassent par conséquent les tours de Notre-Dame de Paris de la hauteur d'une maison à six étages.

Ces piles ont, au niveau du tablier, 46 mètres de longueur sur 16 mètres de largeur; elles sont massives sur une hauteur de 36 mètres, et forment ensuite trois étages séparés par deux arches ogivales qui n'ont pas moins de 30^m,75 de hauteur.

On a sous les yeux un panorama véritablement splendide du sommet de ces tours, auquel on arrive en suivant un escalier minuscule s'accrochant sur leurs flancs comme une vis sans fin, et ce spectacle devait être particulièrement curieux pendant l'exécution des travaux, ainsi qu'on peut en juger par une description qu'en donnait M. de Laveleye en 1882 :

« D'un côté s'étend New-York avec son océan de toitures, d'où surgit çà et là, comme un récif, un monument plus élevé que les autres. C'est d'abord le bâtiment du journal le *New-York Tribune*, avec ses sept étages et son clocheton pointu; plus loin, la masse imposante du *Post-Office* et ses deux dômes où flottent les drapeaux de l'Union, puis l'édifice du journal le *New-York Herald*; au delà, le clocher en pierre rouge de l'église de la Trinité; plus loin encore, le palais de la *Western Union Telegraph Company*, reconnaissable à son dôme surmonté d'une flèche très élevée. L'Hudson entoure la ville de sa ceinture étincelante au soleil; puis viennent les mâtures des vaisseaux ancrés à Jersey-City, et Jersey-City elle-même avec son amphithéâtre de collines perdues dans la brume. Au-dessous s'allongent les quais de New-York sur la rivière de l'Est et leurs *piers* bordés de navires, dont les mâts les plus élevés ne paraissent pas se dresser plus haut que les épis d'un champ de blé.

« L'eau scintille à 100 mètres en dessous de la tour; de l'autre côté du bras de mer s'élève la sœur jumelle de celle où je me trouve, et les quatre grandes raies noires, épaisses comme un tronc d'arbre, se réduisent vers l'autre extrémité à la grosseur d'une ficelle à peine assez forte pour retenir un cerf-volant.

« Les ouvriers, occupés à travailler sur leur échafaudage, ressemblent à des mouches placées en équilibre sur un fil d'araignée. Vers le bord, Brooklyn, avec ses maisons rouges à volets verts, découpées par les stries des arbres de ses rues, se perd dans la couronne de verdure des parcs et du cimetière de Green-Wood, au-dessus de la ville. La passerelle, à claire-voie, est formée de petites lattes en bois, larges de quelques centimètres, laissant entre elles un espace de deux doigts à peu près, fixées sur deux cordes en fil d'acier grosses comme le poignet d'un enfant. Pour toute rampe, une cordelette est soutenue par des tiges en fer espacées de plusieurs mètres... »

Nous devons dire quelques mots de la pose des câbles du pont de Brooklyn, qui n'était certainement pas la partie la moins intéressante du travail.

Quatre câbles ont été jugés nécessaires pour supporter le poids énorme du tablier, construit entièrement en acier, sur une largeur de 26 mètres.

Ces câbles, dont on a pu voir des échantillons à l'Exposition universelle de 1878, dans la section américaine du Champ-de-Mars, sont presque aussi gros que le corps d'un homme et ils sont formés de 5 296 fils d'acier de 3 millimètres d'épaisseur.

Leur longueur est de 1 090 mètres et le poids de chacun d'eux dépasse 353 500 kilogrammes.

On conçoit qu'il aurait été impossible de transporter de pareilles masses et de les tendre d'une extrémité du pont à l'autre. Il fallut donc construire les câbles sur place, en réunissant, pour former chacun d'eux, 19 câbles secondaires, composés eux-mêmes de 278 fils.

Le premier fil fut immergé au fond de l'eau, puis, dès qu'on put saisir l'instant où il ne passait aucun navire entre les deux piles, il fut hissé rapidement et tendu entre les deux rives.

Un second fil fut établi de la même façon, enroulé des deux côtés du pont sur une poulie, et réuni au premier fil par ses deux extrémités; on obtint ainsi une corde sans fin à laquelle on pouvait imprimer un mouvement de va-et-vient, ce qui permit d'installer directement une seconde corde sans fin, puis une troisième, et ainsi de suite, jusqu'à ce que l'on eût un câble provisoire assez solide pour supporter le poids d'une passerelle légère et de berceaux transversaux sur lesquels les ouvriers purent s'installer pour achever la fabrication des câbles définitifs.

L'inauguration du pont, portant 5 voies parallèles, dont deux lignes ferrées destinées aux tramways, eut lieu en 1883.

L'honneur de la première traversée avait été réservé à Mme Rœbling, veuve et belle-fille des deux ingénieurs qui avaient établi les plans de ce pont merveilleux et qui avaient dirigé les premiers travaux.

Ni l'un ni l'autre n'avaient pu assister à l'achèvement de leur œuvre; le père était mort du tétanos en 1869, après avoir eu le pied écrasé entre deux bateaux, au moment où il étudiait l'emplacement de la pile de Brooklyn, et le fils avait succombé trois ans plus tard aux fatigues supportées dans les caissons à air comprimé.

L'inauguration fut elle-même attristée par une véritable catastrophe. L'enthousiasme de la population était tel que plus de 50 000 personnes se trouvèrent bientôt massées sur le pont, formant une foule compacte. A ce moment, une panique effroyable se produisit, sans motif apparent : des pick-pockets, dit-on, l'avaient provoquée pour pouvoir se livrer à leur aise à un véritable pillage. Dans la hâte que chacun avait de regagner la terre ferme, la bousculade fut si épouvantable qu'il y eut plus de 20 morts et de 80 blessés.

II

LES PONTS A POUTRES DROITES

Les ponts en tôle, constitués par des fers laminés qu'on assemble au moyen de rivets, ont été inventés en Angleterre. C'est en 1844 que Harrison employa, le premier, le fer laminé dans la construction des ponts; deux ans plus tard, en 1846, Fairbairn prenait un brevet pour les poutres en fer creux et construisait alors un certain nombre de ponts sur les lignes des chemins de fer anglais.

Le grand pont Britannia, sur le détroit de Menai, en Angleterre, achevé en 1850, sous la direction de l'ingénieur Robert Stephenson, montra d'une façon évidente les importants résultats que pouvait donner la tôle dans la construction des ponts.

Ce magnifique ouvrage, qui se compose de deux travées centrales de 144 mètres et de deux travées latérales de 74 mètres, a la forme d'un immense tube rectangulaire, à parois pleines, dominant la mer d'une hauteur de 30 mètres.

Robert Stephenson, pour satisfaire aux exigences de l'amirauté britannique, qui lui imposait de n'employer aucun échafaudage ni aucun cintre, fit construire d'abord les piles qui devaient supporter les extrémités des quatre travées du pont.

Une pile centrale, d'une hauteur de 50 mètres, fut élevée au milieu du détroit, sur un rocher qui se trouvait fort bien placé pour cet usage; deux autres piles, moins hautes, furent construites sur les bords du détroit, et enfin deux culées furent adossées aux levées d'Anglesey et de Carnarvon.

Pendant ce temps on assemblait sur des bateaux les quatre tronçons correspondant aux quatre travées; ce travail suffit à absorber 900 000 kilogrammes de clous, ce qui donne une idée de l'importance de l'œuvre. Quand la construction de ces tubes gigantesques fut achevée, on les hissa en place sur les flancs des piles, au moyen de puissantes presses hydrauliques mues par la vapeur.

Les premiers ponts en tôle construits en France sont ceux de Clichy et d'Asnières sur le chemin de fer de Saint-Germain.

Le pont d'Asnières, qui remplaçait le pont de bois brûlé en 1848, fut construit sous la direction de M. Flachat, alors ingénieur en chef du chemin de fer de l'Ouest.

Il est composé de cinq travées de 31ᵐ,40; comme l'a fait remarquer M. Eiffel, malgré ses dimensions modestes, ce pont réalisait un grand progrès, non seulement par les dispositions adoptées, qui, au point de vue théorique, sont bien supérieures à celles du pont Britannia dont nous venons de parler, mais aussi par les calculs qui ont servi de base à sa construction et dont les méthodes, applicables aux ponts à poutres continues, sont demeurées classiques.

Parmi les ponts à poutres en treillis, un des plus connus est le pont de Kehl,

Pont de Kehl, sur le Rhin.

qui réunit le duché de Bade à l'Alsace, traversant le Rhin sur une largeur de 255 mètres. Il se trouve relié aux deux rives du fleuve par deux ponts tournants en fonte, qui permettent d'établir ou d'interrompre alternativement la communication entre les extrémités du pont, et qui, malgré leur masse énorme, peuvent être mis en mouvement par trois ou quatre hommes seulement.

Les poutres à treillis du pont de Kehl sont à mailles très serrées, comme on le faisait au début, tandis que, actuellement, on ne fait plus que des poutres à grandes mailles, constituées par des croix de Saint-André ou de simples diagonales.

Ce sont les fondations de ce pont, établies dans des conditions particulièrement difficiles, qui lui ont valu surtout sa réputation. Le lit du fleuve, au niveau de Kehl, est entièrement composé de graviers, atteignant 60 à 70 mètres en certains endroits. Il était donc absolument nécessaire de faire descendre les fondations à une grande profondeur, et, après les études préliminaires, on décida que ces fondations devaient prendre leur point d'appui à 20 mètres au-dessous du lit normal.

On ne pouvait songer, dans ces conditions, à se servir des procédés ordinaires de fondation. C'est alors qu'on eut recours à l'emploi de l'air comprimé, dont nous avons plus haut rappelé le principe, et les quatre piles du pont furent fondées sur des caissons métalliques analogues à ceux dont nous avons donné une description sommaire; nous n'y insisterons donc pas.

Nous devons citer, pour ses dimensions, le pont Victoria, qui franchit le Saint-Laurent près de Montréal, au Canada, et qui n'a pas moins de 3 130 mètres.

Ce pont comporte une galerie tubulaire formée de 25 tubes en fer d'une longueur totale de 1 871 mètres, supportés à 20 mètres environ au-dessus du fleuve par deux culées et 24 piles de calcaire noir.

Le pont de la Tay, en Écosse, construit de 1872 à 1876, était plus grand encore que le pont Victoria; il dépassait en effet 3 kilomètres et comprenait 89 travées.

L'histoire de ce pont est célèbre, depuis la catastrophe de 1879, dans laquelle une partie du pont s'écroula sous l'effort d'un ouragan.

Voici en quels termes M. Walker, directeur du chemin de fer North-British, donna le premier récit de cet accident :

« D'après les rapports qui nous ont été faits sur le terrible malheur survenu au pont de la Tay, il paraît que plusieurs traverses du pont ont été précipitées, en même temps que le dernier train venant d'Édimbourg, hier au soir, 28 décembre, vers 7 heures et demie, dans la rivière. Il y avait, je déplore profondément d'avoir à le dire, près de *trois cents* voyageurs dans le train, sans compter les employés de la Compagnie qui en faisaient le service.

« Les premières nouvelles de l'accident transmises à Dundee n'y provoquèrent qu'un sentiment d'incrédulité, tant la catastrophe paraissait effroyable, et ce sentiment ne tarda pas à faire place à une consternation profonde.

« Le train qui était parti d'Édimbourg dimanche, à 4 h. 15, était composé de quatre wagons de troisième classe, un de deuxième, et un de première classe, un fourgon de bagages et la machine, en tout huit véhicules.

« Le train avait quitté Burntisland à l'heure réglementaire, et à toutes les stations du Fifeshire la même régularité s'était maintenue, en prenant des voyageurs dans les principales gares. A celle de Saint-Fort, le train avait juste cinq minutes de retard. Il fut signalé à partir de là au garde-barrière de l'extrémité méridionale du pont, qui transmit le signal à son collègue de l'extrémité nord et de là à Dundee. En ce moment, un vent des plus violents, véritable ouragan, faisait rage, et à peine une minute ou deux après la communication télégraphique d'une extrémité du pont à l'autre, le pont s'écroula subitement. On crut d'abord que le train avait pu rétrograder, et l'on essaya de s'en assurer en se mettant en communication avec la rive du Fifeshire de la Tay. Mais les employés de la Compagnie durent enfin se rendre à l'évidence et reconnaître que le train avait été précipité dans la rivière.

« Le vapeur qui, parti à 11 heures du soir, eut toutes les peines du monde à arriver sur le théâtre de la catastrophe, y parvint à un moment où la lune commençait à se cacher derrière d'épais nuages.

« Ceux qui le montaient purent néanmoins s'assurer que, sur une longueur de

1 000 mètres, tout avait cédé. Il n'y restait pas même un simple bout de barre de fer. C'était une grande ouverture béante où quelques extrémités de poutres passaient seules de chaque côté. Au milieu de l'obscurité, les passagers du *steamboat* crurent distinguer des êtres humains sur l'une ou l'autre des deux berges; mais c'était une illusion d'optique; la rivière n'avait rien rendu, et ce que l'on avait pris pour des hommes, c'étaient les bouts de câble restés fixés aux culées maçonnées du pont.

« On se perd en conjectures pour expliquer comment 13 massives traverses ont pu être enlevées si complètement qu'elles n'ont laissé aucune trace. L'explication la plus plausible paraît être celle qui attribue leur rupture à la pression latérale

Pont de la Tay après la catastrophe.

exercée par le vent au moment où le poids du train en exerçait une verticale, et provoquait des vibrations qui ont été contrariées par l'action opposée simultanée de l'ouragan. Dans cet état de choses, quelque partie plus faible ayant cédé, la lourde masse du train aura accéléré la rupture totale. Une chose surprenante, c'est que le bruit d'une chute pareille n'ait pas été entendu dans la ville, probablement à cause de la violence du vent. En somme, il n'est resté du pont que les fondations en pierre et une partie des culées en maçonnerie encore garnies de bouts de montant en fer. »

Quelques années après cette catastrophe, on construisit un second viaduc à côté de l'ancien, en remplaçant en grande partie par le fer, dans la construction des piles, la fonte, à laquelle on pouvait attribuer le désastre, à cause des soufflures dont les colonnes étaient traversées. On utilisa seulement un certain nombre des travées métalliques de l'ancien viaduc, en les transportant directement de celui-ci sur le nouveau viaduc, à l'aide d'un ponton composé de deux caissons flottants qui se trouvaient munis d'appareils hydrauliques, au moyen desquels on pouvait soulever chaque travée, en profitant de la marée haute, et la laisser descendre ensuite sur les nouvelles piles, après le déplacement du ponton.

Le pont actuel du golfe de Tay a une longueur totale de 3 208^m,56; il comprend 86 travées, dont 81 sont métalliques, les 5 autres étant constituées par des voûtes en briques. Les travées métalliques ont des portées variant entre 20 et 50 mètres dans les parties correspondant aux deux extrémités du viaduc et atteignent dans le milieu du pont des portées variant de 70 à 75 mètres.

Le plancher est tout entier en acier et supporte deux voies ferrées, tandis que l'ancien viaduc était à voie unique; les piles du second pont sont, par conséquent, plus larges, ce qui donne à l'ouvrage une stabilité plus grande.

Ajoutons que, dans la nouvelle construction, on a établi les travées de façon à obtenir une résistance correspondant à une pression de vent de 270 kilogrammes par mètre carré, et dépassant le sextuple du chiffre primitivement admis. On a tout lieu d'espérer, dans ces conditions, que la tempête la plus furieuse ne saurait produire une catastrophe semblable à celle de 1879.

III

LES PONTS EN ARC

Les premiers ponts métalliques en arc. — Ponts en fonte. — Ponts en fer. — Le pont de Saint-Louis sur le Mississipi. — Le pont « Maria Pia » sur le Douro. — Le viaduc de Garabit. — Tracé de l'ingénieur Boyer. — L'œuvre de M. Eiffel.

La forme d'arc est certainement celle qui donne aux ponts l'aspect le plus élégant; aussi l'a-t-on bien souvent adoptée dans la construction des ponts de nos villes, destinés au passage des voitures. D'autre part, les arcs se prêtent très avantageusement aux longues portées, surtout dans les cas où le pont doit s'élever à une grande hauteur, et c'est pour cette raison que dans beaucoup de circonstances les ponts en arc doivent être préférés aux ponts à poutres droites, dont nous venons de nous occuper.

Les ponts en arc, primitivement construits en fonte, ont formé, dans l'histoire des ponts, comme une sorte de transition entre l'emploi de la pierre et celui du métal.

Le premier pont métallique en arc a été construit à la fin du siècle dernier, en Angleterre, par l'ingénieur Darby, qui construisit à Cool Brookdale une arche dont la portée était de 30 mètres environ.

Parmi les très nombreux ponts de ce genre qui ont été construits depuis, nous citerons seulement le pont des Arts, établi en 1803, le pont du Carrousel (1835), les ponts de Solférino, de Saint-Louis et de Sully sur la Seine (1859).

L'emploi du fer vint ensuite se substituer peu à peu à la fonte dans la construction des ponts en arc, et ce fut alors que nos ingénieurs purent progressivement devenir plus hardis et franchir, au moyen d'arcs métalliques, des portées de plus en plus considérables, ainsi qu'on peut en juger par les quelques exemples que nous allons citer.

Le pont de Szegedin, un des premiers grands ouvrages de M. Eiffel, a été construit par le célèbre ingénieur, à la suite d'un concours entre tous les constructeurs de l'Europe, avec une travée de 110 mètres.

5

Le pont de Saint-Louis, établi sur le Mississipi, en 1875, comprend une travée centrale de 158^m,50. Rappelons en passant que l'exécution des piles de ce pont présenta de très grandes difficultés, en raison des courants extrêmement violents qui se produisent dans le Mississipi et qui, en remuant des masses énormes de sables et de graviers, occasionnent des affouillements considérables.

Citons ensuite le pont « Maria Pia », construit par M. Eiffel à Porto, sur le Douro. Au moment où ce pont fut terminé, c'est-à-dire en 1878, il constituait par sa partie centrale la plus grande arche du monde, avec une portée de 160 mètres, qui dépassait de 1^m,50 celle du pont de Saint-Louis. Indépendamment de l'arc gigantesque qui soutient le tablier central du pont, ce magnifique ouvrage comprend deux tabliers latéraux, dont l'un, situé du côté de Lisbonne, a 169^m,87 de longueur, le second, qui répond au côté de Porto, ayant une longueur de 132^m,80.

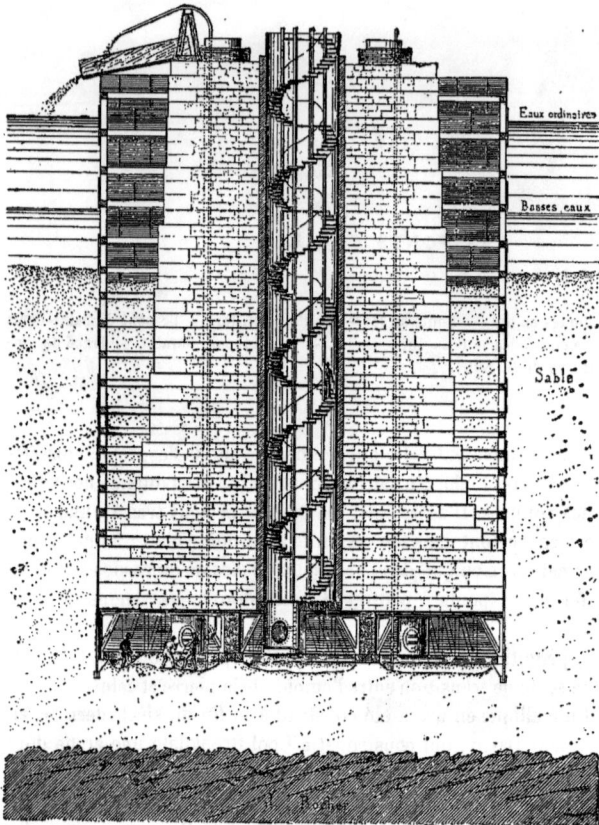

Pont de Saint-Louis sur le Mississipi; fondation de l'une des piles à l'air comprimé.

Le viaduc de Garabit, élevé dans le Cantal par MM. Eiffel et Seyrig, est d'une hardiesse plus grande encore que le pont du Douro. Il comprend, en effet, un grand arc central de 165 mètres de portée, sur lequel repose la voie, à 122 mètres au-dessus de la vallée.

« Pour donner une idée de la hauteur de 122 mètres, dit M. Eiffel, je l'ai comparée à celle de la colonne Vendôme placée sur Notre-Dame; c'est à une hauteur

Viaduc de Garabit. (Gravure extraite de l'*Illustration*.)

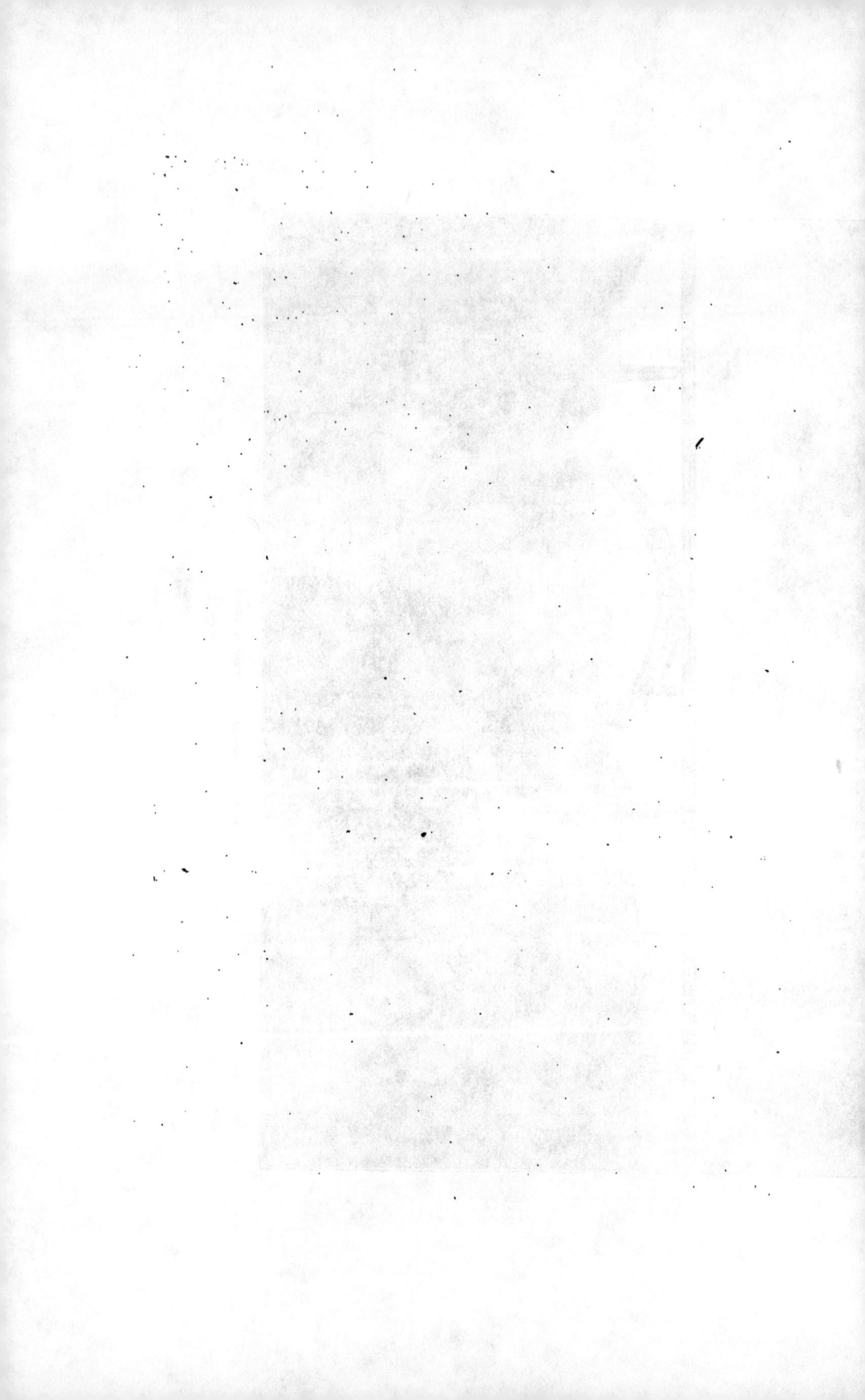

qui dépasse celle de ces deux monuments superposés qu'est placée la voie du chemin de fer. Il n'était naturellement pas possible d'élever des échafaudages à cette hauteur; le montage a dû être fait entièrement en porte-à-faux, en partant des deux côtés et en soutenant la construction par des faisceaux de câbles en fils d'acier amarrés aux tabliers, lesquels étaient à leur tour amarrés à leurs extrémités dans les maçonneries. »

Il est juste de dire que l'idée de traverser la vallée à une telle hauteur, à l'aide d'un viaduc métallique, revient à l'ingénieur Boyer, mort à Panama, il y a quelques années. Le jeune ingénieur, chargé des études du chemin de fer de Marvejols à Neussargues, sut faire ressortir les avantages de son projet, qui, diminuant considérablement la longueur du trajet, promettait une économie de 3 à 4 millions sur les premières prévisions, et il réussit à faire adopter le tracé dont il était l'auteur, en même temps que le projet du grand viaduc, présenté par M. Eiffel.

Comme nous venons de le voir, la partie essentielle du viaduc est constituée par un arc colossal jeté au-dessus de la vallée. Cet arc métallique repose par ses deux extrémités sur des cylindres d'acier, placés eux-mêmes sur des coussinets en acier ancrés dans la maçonnerie des piles : ce sont là, pour employer le langage du métier, des *rotules*, qui servent à donner une sorte d'articulation aux grands ouvrages métalliques, de façon à leur laisser un certain jeu et à leur permettre de subir les dilatations ou les rétractions résultant des changements de température sans qu'il en résulte aucun effet fâcheux pour la solidité de l'ensemble.

La forme de l'arc est parabolique; M. Eiffel, en substituant cette forme à la forme circulaire, pensa avec raison qu'elle convenait mieux aux besoins du pont; avec la forme circulaire, en effet, pour des raisons que nous ne saurions invoquer sans entrer dans des considérations trop techniques, l'arc se serait certainement trouvé dans des conditions de résistance bien inférieures.

L'immense travée centrale, qui franchit la vallée en s'appuyant sur l'arc gigantesque dont nous venons de parler, se continue du côté de Marvejols avec un viaduc également métallique de 270 mètres de longueur, formé de cinq travées solidaires reposant sur quatre piles métalliques supportées elles-mêmes par des socles en maçonnerie qui s'étagent sur les flancs de la vallée, comme les marches d'un escalier de géants. Du côté de Neussargues il existe un viaduc métallique analogue, mais de moindre longueur : il n'a, en effet, que 103 mètres de longueur, répartis en deux travées de 51 et de 52 mètres.

Le tablier métallique, considéré dans son ensemble, n'a pas moins de 450 mètres, et pèse à lui seul 1 350 tonnes.

Enfin il est un détail qui n'est pas sans importance : cet ouvrage merveilleux, qui est un des beaux exemples des résultats obtenus grâce aux progrès de la métallurgie et de la mécanique, n'a guère coûté plus de *trois millions*.

IV

LE PONT DU FORTH

Le plus grand pont métallique du monde. — Les projets. — La construction des piles. — Le montage
des travées métalliques. — Les essais du pont. — L'achèvement des travaux.

Le plus grand pont métallique du monde est actuellement le pont que l'on a construit sur le Forth, près d'Édimbourg, et dont l'inauguration est encore toute récente. Sa longueur totale est d'environ 2 kilomètres et demi, le pont proprement dit ayant 1 631 mètres de longueur, et les deux viaducs d'approche ayant l'un 291 mètres et l'autre 594 mètres.

Ce pont, dont on a pu voir un modèle en réduction dans la section des arts libéraux de l'Exposition universelle de 1889, réunit les rives de l'embouchure du Forth, au point où le fleuve se jette dans le golfe du même nom, par un estuaire de 1 500 mètres de largeur.

En 1872, sir Thomas Bouch avait soumis au Parlement anglais un premier projet, inspiré du pont de Tay, dont il était l'auteur ; mais, après la catastrophe de 1879, que nous avons rapportée, ce projet fut abandonné complètement.

Un second projet fut alors préparé par les ingénieurs Harrison, Fowler et Baker ; il différait tout à fait du premier, comme nous allons le voir, et fut adopté par les quatre compagnies de chemins de fer, le *Great-Northern*, le *Midland*, le *North-Eastern* et le *North-British*, qui s'associèrent pour réaliser l'entreprise.

Les travaux ont commencé en janvier 1883 ; il a donc fallu sept ans pour achever la construction du pont.

L'espace qu'il s'agissait de franchir est divisé, en son milieu, par l'îlot d'*Inch-garvie* ; on pouvait donc traverser la rivière au moyen d'une seule pile centrale établie sur cet îlot, et supportant le pont avec deux autres piles construites sur les rives opposées, l'une à *South Queensferry*, l'autre à *North Queensferry*.

Pour cela, il fallait construire deux immenses travées de 521^m,55 chacune ; nous allons voir comment ce résultat a pu être atteint.

Le pont du Forth.

Aux points que nous venons d'indiquer, c'est-à-dire sur chacune des rives et sur l'îlot d'Inchgarvie, trois grandes piles de fer et d'acier, composées de quatre piliers tubulaires, ont été élevées sur des blocs de maçonnerie en ciment et en pierres, sans échafaudage proprement dit.

Ces piles, qui n'ont pas moins de 109 mètres de hauteur, une fois montées, on a procédé à la construction des travées, toujours sans échafaudage : la profondeur de la mer, qui dépasse 60 mètres en certains points, n'aurait d'ailleurs pas permis d'en établir dans l'intervalle des piliers.

Voyons maintenant comment sont constituées ces deux travées de 521 mètres, dont la réalisation formait le point délicat du problème à résoudre.

Chacune des deux travées se compose essentiellement de deux grandes consoles prenant leur point d'appui, l'une sur la pile d'une rive, l'autre sur la pile de l'îlot d'Inchgarvie, et marchant à la rencontre l'une de l'autre.

La pile centrale sert ainsi de point d'appui à deux de ces consoles, formant chacune une moitié de travée, et les deux piles extrêmes supportent également deux consoles, dont l'une complète la travée correspondante, l'autre reliant l'ensemble du pont à la rive. On comprend comment ces grandes masses métalliques, qui forment les consoles, ayant la forme d'un triangle isocèle dont la base correspond à l'axe vertical des piles, et se trouvant par conséquent réunies base à base par l'intermédiaire de la pile qui leur sert de soutien, se font parfaitement équilibre et constituent avec la pile qui les porte un ensemble absolument stable.

C'est ainsi que le montage des travées a pu s'opérer sans aucun échafaudage, en construisant simultanément, à partir de chaque pile, les deux consoles qui s'en détachent, comme nos bras se détachent de notre corps ; ces deux grandes armatures de fer, qui se faisaient équilibre, se sont avancées dans le vide, chacune de leur côté, et leurs extrémités, de plus en plus amincies à mesure qu'on s'éloignait de la pile dont elles partaient, marchaient ainsi à la rencontre de l'extrémité semblable de la console partant de la pile opposée.

Quand les piles, avec leurs consoles formant ce que les Américains et les Anglais appellent les *cantilevers*, ont été terminées, il restait un vide correspondant à la partie centrale de la travée, les *cantilevers* n'ayant que 210 mètres environ de chaque côté de la pile ; chaque travée s'est trouvée alors complétée par une fraction du tablier de plus de 100 mètres de long, qu'on a fait glisser à la façon dont on jette un pont de fer sur des piliers.

Chacune des grandes travées du pont du Forth constitue un balancier équilibré, et les deux piles qui la supportent, soutiennent le tablier par des arcs de compression à la partie inférieure et par des tirants travaillant par traction, rattachés au sommet des piles.

Ainsi constitué dans son ensemble, avec ses trois piles, ses deux grandes travées et les deux masses métalliques qui le relient aux rives et mettent en équilibre les deux piles extrêmes, le pont du Forth, suivant l'ingénieuse comparaison faite par M. Benjamin Baker, donne absolument la solution du problème suivant que l'on pourrait, d'une façon très simple, chercher à résoudre.

Supposons trois hommes assis sur autant de chaises, disposées en ligne droite, séparées par des intervalles sensiblement égaux et suffisamment écartées l'une de l'autre pour que les trois hommes, en mettant les bras en croix, n'arrivent pas à se toucher mutuellement par les mains.

Étant assis parallèlement, leur tête regardant du même côté, le corps bien immobile, les bras étendus, faisant un angle de 60 et 70 degrés environ avec le tronc, et leurs mains s'appuyant sur deux cannes, qui prennent, d'autre part, un point d'appui sur la chaise, et qui se trouvent inclinées autant que possible suivant le même angle que les bras, nos hommes figurent assez exactement les trois piles du pont du Forth, et les distances séparant celui du milieu des autres correspondent aux deux grandes travées du pont. Quant aux bras, étendus et soutenus comme nous venons de l'indiquer, ils représentent absolument les *cantilevers* décrits plus haut.

Cela fait, qu'on suspende entre l'homme du milieu et chacun de ses voisins un siège supportant également une personne, en leur mettant les poignées des sièges dans les mains tendues l'une vers l'autre, et qu'on ait soin, pour mettre en tension tout l'ensemble, d'établir un contrepoids suffisant entre les mains restées libres des deux hommes situés à l'extrémité de la chaîne ainsi formée, les trois individus assis supporteront, sans perdre en rien leur équilibre, le poids de leurs deux camarades, qui figurent le tablier du pont.

En réalisant seulement sur un croquis cette petite expérience, on aura sous les yeux, d'une façon très exacte, le principe qui a permis au pont du Forth de franchir des portées de 500 mètres.

Pour ce qui concerne le montage des grandes masses métalliques constituant les piles et les travées du pont du Forth, il est intéressant de constater que la méthode employée a été toute différente de celle que M. Eiffel a mise en œuvre pour la construction de sa tour.

Dans le chantier du Champ-de-Mars, ainsi que nous le verrons plus loin, toutes les pièces arrivaient de l'usine complètement achevées, ayant les trous percés d'avance pour chacun des rivets, et on les assemblait sans aucune retouche, toutes les dimensions étant d'avance vérifiées à 1 dixième de millimètre près.

Au pont du Forth, au contraire, les pièces n'étaient fabriquées que d'après des cotes approximatives, et ce n'était qu'au moment de les assembler qu'on achevait l'ajustage et que l'on faisait les corrections nécessaires, en perçant même au besoin des trous nouveaux.

Sans vouloir comparer les résultats de ces deux méthodes, il semble que la méthode française, avec ses procédés d'une rigueur toute scientifique, offre une élégance et une précision qui mettent davantage en lumière la science de l'ingénieur.

Le 22 janvier 1890, c'est-à-dire sept années après le commencement des travaux, les premiers essais du pont purent avoir lieu : deux trains pesant ensemble 2 000 tonnes environ, c'est-à-dire le double du poids que le pont est appelé à supporter dans la pratique, parcoururent les deux voies du pont, l'un à côté de l'autre, et l'on mesura minutieusement les flexions qui se produisaient sur les travées de

521 mètres. Aucune des flexions observées ne fut trouvée supérieure aux prévisions des ingénieurs, la flexion maximum ayant été de 125 millimètres et de 186 millimètres au niveau des parties les plus chargées.

Le 4 mars, le pont était inauguré par le prince de Galles, qui enfonça le dernier rivet, sur la tête dorée duquel étaient gravés ces mots : « Dernier rivet fixé par S. A. R. le prince de Galles ».

A côté des ingénieurs, sir John Fowler et M. Benjamin Baker, auxquels revient l'honneur d'avoir mené à bonne fin cette grande entreprise, il convient de citer le nom de notre compatriote M. Coiseau, qui a pris une part importante à l'établissement des fondations pneumatiques, et qui a su par d'ingénieuses dispositions triompher des difficultés sérieuses que l'on a rencontrées.

Le pont du Forth, pour lequel le coût d'exécution avait été évalué au début à 40 millions, a finalement absorbé plus de 75 millions, qui ont été fournis par les quatre compagnies de chemin de fer dont nous avons donné les noms et qui s'étaient syndiquées dans ce but sous le nom de *Forth Bridge Railway Company*.

Les fondations des piles ont demandé 25 040 tonnes de ciment et de pierres d'Aberdeen ; les constructions métalliques ont nécessité l'emploi de 54 000 tonnes de fer et d'acier, et de 8 millions de rivets.

V

LE PROJET DU PONT DE LA MANCHE

Le tunnel de la Manche. — Les idées de Thomé de Gamond. — Ses explorations sous-marines. — Le projet de MM. Schneider et Hersent. — Les difficultés prévues. — L'évaluation des dépenses.

On se souvient des discussions du Parlement anglais auxquelles a donné lieu, il y a quelques années, le projet d'un tunnel sous-marin entre la France et l'Angleterre; on sait l'échec définitif qu'a subi cette idée audacieuse, qui, d'après l'opinion des ingénieurs les plus compétents, basée sur de longues et consciencieuses études de la constitution géologique du sol, était parfaitement réalisable, et qui, d'ailleurs, avait déjà reçu un commencement d'exécution. Il a donc fallu renoncer au tunnel de la Manche et c'est alors que l'on en est peu à peu revenu à l'idée d'un pont métallique qui unirait notre pays à l'Angleterre. La question d'un pont sur la Manche a été étudiée dès le commencement du siècle, et plusieurs projets ont été élaborés par différents ingénieurs; mais c'est surtout à Thomé de Gamond que revient l'honneur d'avoir fait sur ce sujet les études les plus approfondies, et d'avoir en quelque sorte lancé l'idée que nous verrons peut-être mettre à exécution.

Thomé de Gamond avait d'abord songé à traverser le détroit au moyen d'un tube de fer doublé de maçonnerie, reposant sur le fond de la mer; puis il avait pensé ensuite à jeter un pont entre le cap Blanc-Nez et le South Foreland.

Ayant reconnu les difficultés, presque insurmontables à cette époque, de ce dernier projet, Thomé de Gamond conçut alors l'idée d'un tunnel creusé dans le sol sous-marin. Dans ce but il se livra à une étude géologique complète des deux côtes et du fond même du détroit.

Pour l'exploration du lit du détroit, il ne se contenta pas des renseignements que lui fournissaient la sonde et la lance; il voulut descendre lui-même au fond de la mer, en différents endroits, pour rapporter des échantillons du sol.

Le courageux ingénieur plongeait dans l'eau à des profondeurs de 30 à 35 mètres, lesté avec des sacs remplis de cailloux, après s'être bouché les oreilles avec des tampons de charpie huilée, et après avoir rempli sa bouche d'huile d'olive.

Dès qu'il touchait le fond, il se hâtait de saisir quelques échantillons et de les mettre dans sa poche, puis il coupait les cordes qui attachaient le lest à ses jambes et remontait à la surface.

« Dans ces rapides descentes, dit-il, je ne pouvais jeter qu'un très furtif coup d'œil sur le lit de la mer, qui était en cet endroit tout à fait sombre quand le soleil était obscurci. Les ténèbres provenaient de la couleur très foncée du fond de cette région. Mais quand le soleil luisait, et ce fut le cas pendant mes deux premières descentes, le milieu liquide prenait une apparence quelque peu laiteuse, quoique transparente, et on pouvait très bien distinguer les restes de coquilles blanches dont le lit foncé de la mer semblait jonché. Je voyais encore des corps tachetés passer d'un mouvement rapide, et je jugeais que c'étaient des bancs de poissons plats de la famille de la sole ou de la raie. Ce fut en remontant de ma troisième et dernière visite au lit de la mer que je fus attaqué par quelques poissons carnivores qui me saisirent par les jambes et par les bras. L'un d'eux me mordit au menton et m'aurait en même temps attaqué la gorge si elle n'avait été préservée par un foulard épais. Je me dégageai promptement de cette étreinte, qui me causait une douleur aiguë, et qui me quittait aussitôt que ma main la touchait. Je me croyais perdu. Néanmoins, préservé plutôt par une énergie instinctive que par un acte de volonté, je fus assez heureux pour ne pas ouvrir la bouche, et je réapparus à la surface de l'eau après une immersion de cinquante-deux secondes. Mes hommes virent un des monstres qui, m'ayant assailli, ne me quitta que quand j'eus atteint la surface. C'étaient des congres. »

C'est ainsi que Thomé de Gamond, après avoir déterminé d'une façon précise la nature géologique du lit du détroit, put présenter, en 1856, le projet d'un tunnel allant d'Eastware-Bay, près Folkestone, jusqu'au cap Gris-Nez. Il exposa de nouveau son projet en 1867, à l'Exposition universelle de Paris, sans réussir davantage à convaincre les incrédules; mais son étude géologique du détroit n'en restait pas moins entière, et c'est à ce point de vue qu'il est juste de dire que Thomé de Gamond aura contribué pour une grande part à la réalisation de la traversée de la Manche, soit au moyen d'un tunnel, soit au moyen d'un pont, car les ingénieurs auront, dans un cas comme dans l'autre, le plus grand parti à tirer des résultats de ses savantes et courageuses explorations.

Les immenses progrès que l'on a réalisés depuis quelques années dans les grandes constructions métalliques permettent aujourd'hui de regarder comme certain le succès du projet actuel de pont sur la Manche; d'ailleurs les exemples à l'appui de ce projet sont maintenant nombreux, ainsi qu'on peut en juger par ceux que nous avons cités.

Le pont sur la Manche ne pourrait avoir moins de 35 kilomètres, cette longueur représentant la distance minima qui sépare la France de l'Angleterre dans le détroit dit le Pas de Calais. En réalité, dans le projet actuel, établi sous les auspices d'une société anglaise, la *Channel Bridge C°*, par MM. Schneider, directeur des usines du

Creusot, et Hersent, entrepreneur des travaux du canal de Suez, le pont, partant du cap Gris-Nez pour aboutir à Folkestone, devrait atteindre une longueur de 38 kilomètres, le trajet n'étant pas en ligne directe, mais formant deux coudes pour aller prendre un point d'appui sur deux bancs, le *Warne* et le *Colbart*, qui sont au milieu du détroit à 6 kilomètres l'un de l'autre, et au niveau desquels il n'y a que 7 à 8 mètres d'eau au-dessous des basses mers.

Le pont serait composé d'une série de travées métalliques reposant sur des piliers séparés par des intervalles de 100 à 500 mètres.

La longueur des portées n'est pas ce qui peut donner lieu à de grandes difficultés dans la construction du pont; les portées de 500 mètres n'effrayent plus les ingénieurs, et on les réalise aujourd'hui avec une sûreté parfaite; l'expérience toute récente que nous offre le pont du Forth est là pour le prouver.

Ce pont, comme on l'a vu, comporte en effet deux travées de 521 mètres, représentant les plus longues portées réalisées jusqu'à ce jour. Le pont de la Manche, à ce point de vue, ne serait donc que la réunion d'une série de ponts analogues à celui du Forth, ajoutés bout à bout.

Les grandes difficultés que l'on pourrait avoir à surmonter, lors de la construction du pont de la Manche, paraissent devoir résider dans la construction des piles.

La profondeur de la mer, au niveau du point de départ de la ligne que suivrait le pont, c'est-à-dire au cap Gris-Nez, va en augmentant, de 10 à 40 mètres, pendant 6 kilomètres; puis elle atteint 50 et même 55 mètres sur un trajet de 9 kilomètres environ. Sur le Colbart, ainsi que nous l'avons dit plus haut, il n'y a guère que 7 à 8 mètres d'eau; mais de l'autre côté de ce récif la profondeur retombe à une trentaine de mètres, pendant 4 kilomètres environ, se relève à 6 ou 7 mètres sur le récif du Warne, et, à partir de ce point jusqu'à Folkestone, elle se maintient à une moyenne de 25 mètres. Les plus grandes profondeurs se rencontrent donc à 6 kilomètres environ de la côte française, et dans cette partie du trajet, qui comprend au moins un quart de la longueur totale, il faudra établir les fondations d'une vingtaine de piles à une cinquantaine de mètres au-dessous du niveau de la mer. C'est là une entreprise qu'on n'eût certes pas osé aborder il y a trente ans; mais aujourd'hui la chose paraît parfaitement possible, tout en nécessitant des dispositions nouvelles, qui ont été établies par M. Hersent dans le projet qu'il a élaboré avec le concours de MM. John Fowler et Benjamin Baker, ingénieurs en chef du pont du Forth.

Les piles se composent de deux cylindres métalliques, hauts de 40 à 43 mètres, réunis entre eux au moyen d'un poutrage métallique et fixés sur des piliers en maçonnerie qui reposent sur le fond de la mer, et dont la plate-forme doit dépasser de 15 mètres environ le niveau des hautes mers.

Les travées métalliques jetées d'une pile à l'autre se trouvent donc séparées de la surface de la mer par une élévation qui variera de 54 à 61 mètres, suivant le moment des hautes mers ou des basses mers, ce qui suffit évidemment à n'entraver d'aucune façon le passage des navires à grande mâture.

Les piliers de maçonnerie ne doivent pas avoir moins de 25 mètres de largeur, et ceux que l'on construira au niveau des fonds de 50 et 55 mètres, auront à leur base plus de 1 500 mètres carrés de superficie. Ces piliers seront construits dans un caisson métallique, et chacun de ces caissons, préparés soit à Ambleteuse, soit à Folkestone, sera remorqué jusqu'au point où il sera coulé au fond de la mer.

Pour donner une idée de l'importance de ces fondations, il nous suffira de

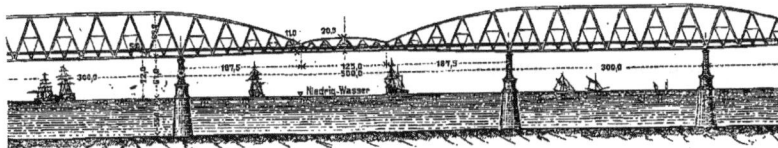

Dimensions des piles et travées du pont projeté sur la Manche.

dire que, d'après le devis de MM. Hersent et Schneider, les cinquante-cinq piles du projet n'absorberont pas moins de 4 millions de mètres cubes de maçonnerie et de 76 000 tonnes de fer. Les auteurs du projet estiment que la construction d'une pile

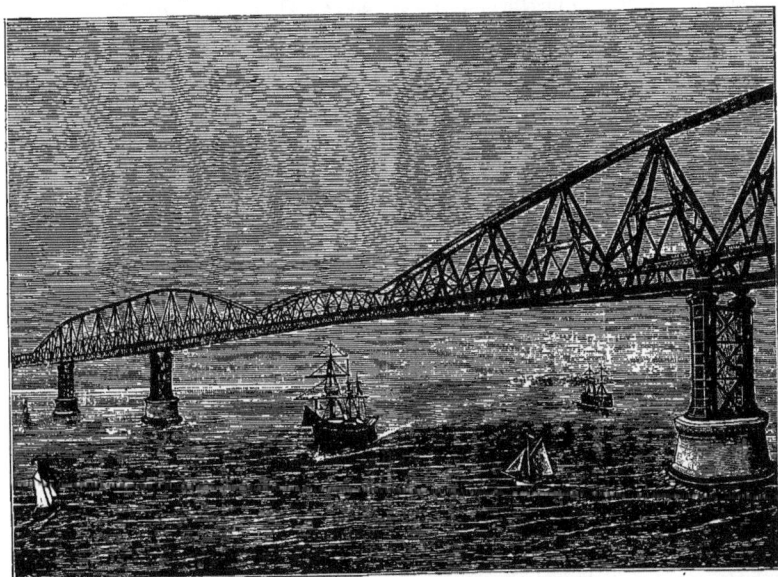

Pont projeté sur la Manche.

demandera en moyenne quatre cent soixante-dix-sept jours de travail, en y comprenant les opérations qui pourront se faire à terre, ainsi que les jours de chômage occasionnés par les fêtes et les intempéries ; c'est qu'en effet la pose des piliers ne pourra se faire que pendant les basses mers et par les temps calmes.

Il nous reste à parler des travées métalliques qui, étendues de la première pile à la seconde, de la seconde à la troisième, et ainsi de suite, formeront le passage unissant l'Angleterre à la France.

Ces travées seront établies suivant trois types : 1° travées alternées de 300 et de 500 mètres ; 2° travées alternées de 200 et de 350 mètres ; 3° travées alternées de 100 et de 250 mètres.

Chacune des travées de 500 mètres se composerait de trois parties, dont deux correspondraient aux extrémités de la travée ; celles-ci, longues de 187^m,50, prenant leur point d'appui sur les piliers et constituant en quelque sorte le prolongement des travées de 300 mètres alternant avec celles de 500 mètres, supporteraient elles-mêmes les deux extrémités de la partie centrale, dont la longueur serait seulement de 125 mètres.

La superstructure métallique serait construite avec l'acier, qui donne sur le fer une économie de poids de 50 pour 100.

Le tablier, portant deux voies de chemin de fer qui seront placées dans des ornières, afin d'éviter le déraillement, a 8 mètres de largeur et comporte sur toute sa longueur un parquet en tôle striée pour la circulation des employés. De plus, il y aurait, de distance en distance, quelques voies de garage et des postes de surveillance.

On ne peut évidemment pas donner une évaluation précise du prix total de l'exécution d'un travail aussi colossal.

En estimant, avec M. Hersent, à 360 millions la dépense que nécessiteront les fondations, et à 500 millions au minimum le prix de la construction métallique, on arrive déjà à la somme de 860 millions ; d'autre part, il y aura, sur la côte française et sur la côte anglaise, des travaux importants à exécuter pour raccorder le pont aux voies de chemin de fer des deux pays, et l'on évalue ces dépenses à une soixantaine de millions, ce qui portera le chiffre total des dépenses à près d'un milliard.

Tel est le projet qui remplace aujourd'hui celui du tunnel sous-marin rejeté par nos voisins. Ajoutons que, pour prévenir les objections soulevées en Angleterre à l'occasion de ce dernier projet, MM. Hersent et Schneider proposent de faire des travées tournantes aux deux extrémités du pont, de telle sorte que la communication pourrait être interrompue presque instantanément au gré de chacun des deux pays.

L'exemple du pont du Forth suffit à démontrer la possibilité de la réalisation du projet de pont sur la Manche, entre la France et l'Angleterre, car il n'y a pas lieu de craindre qu'on rencontre dans ce travail des difficultés matérielles insurmontables ; les seules difficultés que peuvent redouter les auteurs du projet sont d'un autre ordre, mais il faut espérer que les raisons politiques et commerciales qui ont fait rejeter le projet du tunnel sous-marin finiront par céder devant les nécessités du progrès moderne, qui exigent sans cesse l'augmentation progressive de la rapidité des communications, à quelque prix que ce soit et quels que soient les obstacles à franchir.

LES GRANDES VOIES FERRÉES

I

LES CHEMINS DE FER EN AMÉRIQUE

Les lignes du Pacifique. — Généralités. — Tranchées et viaducs. — Exploitation des forêts. Trains de *ballast*. — Wagons américains. — *Sleeping-cars, palace-cars* et *state-rooms*.

L'Amérique du Nord possède six lignes qui permettent de se transporter de l'océan Atlantique à l'océan Pacifique. Ce sont le *Canadian Pacific*, qui s'étend de Montréal à Port-Moody; le *Northern Pacific*, qui va de Saint-Paul à San Francisco par Portland; le *Central Pacific*, qui part d'Omaha et aboutit aussi à San Francisco; le *Denver and Rio Grande* qui va de Denver à Ogden d'où il rejoint le *Central Pacific*; l'*Atlantic Pacific*, qui s'étend de Saint-Louis à The Needles, d'où il rejoint le *Central*; et enfin l'*Atchison Topeka and Santa Fe*, qui part de Topeka, passe par Santa Fe et par Albuquerque où l'on trouve le *Southern Pacific*, qui va d'Albuquerque à San Francisco.

Avant de parler du *Central Pacific* et du *Canadian Pacific*, qui sont les lignes les plus importantes, nous signalerons quelques particularités qui leur sont communes et qui caractérisent les chemins de fer d'Amérique en général.

La façon dont les voies ferrées sont établies dans le Nouveau Monde nous déconcerte, et la hardiesse et même l'insuffisance des travaux d'art nous surprennent extrêmement.

Ainsi, dans les montagnes, on ne rencontre pour ainsi dire pas de tunnels; ils sont remplacés par des tranchées à ciel ouvert, telles que celle de Bloomer, en Cali-

6

fornie, qui se trouve sur le trajet du *Central Pacific* et dont nous avons déjà eu l'occasion de parler.

La hardiesse des viaducs nous étonne encore davantage. Un des exemples les plus frappants de ces ponts est celui de Secrettown, en Californie, que l'on rencontre également sur le *Central Pacific* et qui n'a pas moins de 1 100 pieds de longueur.

L'établissement de la voie et particulièrement la construction des nombreux ponts de bois qu'on emploie pour les chemins de fer d'Amérique nécessitèrent et nécessitent encore de grands approvisionnements de poutres de bois, et les forêts du Nouveau Monde ont été dévastées à cette occasion.

Des milliers d'arbres ont été abattus pour l'usage des compagnies. Mais le transport de tout ce bois offre souvent de grandes difficultés, étant données les longues distances à parcourir et l'absence complète des moyens de communication.

Les Américains tranchent ces difficultés en lançant à travers les forêts vierges qu'on exploite des chemins munis de *longrines* en bois, et établis à peu près comme le sont les voies ferrées. Le matériel roulant destiné à circuler sur ces voies de bois est aussi analogue à celui qui circule sur les voies ferrées.

Les longrines qui servent de rails sont de forme carrée et de $0^m,15$ de côté; elles se posent directement sur des traverses qui sont écartées de $0^m,60$ d'axe en axe et dont la section est la même. Les longrines sont fixées aux traverses par des coins extérieurs de bois. Quand les rails sont usés, ce qui se produit assez fréquemment, on les retourne, et enfin, quand ils sont hors d'usage, on les coupe pour en faire des traverses. Une voie de cette nature s'établit sans aucune espèce de travail préparatoire; les rails suivent les nécessités du sol; on évite autant que possible les terrassements, et s'il faut traverser un bas-fond, on établit la voie sur des tréteaux en bois.

Ce genre de voie offre plus d'un inconvénient : les rails en bois deviennent fort glissants, par l'humidité, et dans ce cas les locomotives patinent sur place; puis l'usure est considérable. Mais, en compensation, le prix de l'établissement de cette voie en bois ne s'élève qu'à 1 500 ou 1 600 francs par kilomètre, et elle peut supporter des locomotives du poids de 6 à 7 tonnes, tandis que la moindre voie métallique ne coûterait pas moins de 8 à 10 000 francs en Amérique. Nous disons en Amérique, car en France, étant donnée la différence de construction, nos nouvelles lignes coûtent de 2 à 300 000 francs par kilomètre.

Ce procédé pour l'exploitation du bois caractérise bien l'esprit essentiellement pratique des Américains. Nous trouvons d'autre part une preuve de leur ingéniosité dans le système que les compagnies emploient sur leurs voies ferrées.

Quand une ligne a été construite à la hâte, pour être livrée le plus rapidement possible à la circulation, et que le succès a répondu aux prévisions de la compagnie, on procède, à mesure que l'exploitation devient plus active, à des travaux d'amélioration et de reconstruction. C'est ainsi qu'entre autres réparations on rétablit l'assiette de la voie, souvent posée directement sur le sol sans *ballast*.

La répartition du ballast offre principalement un travail considérable, et, comme le prix de la main-d'œuvre est très cher en Amérique, les compagnies ont recours à des moyens mécaniques. Le procédé que l'on emploie à cet effet est très ingénieux. Les wagons qui servent au transport du ballast sont munis d'un rail, qui est fixé au milieu de leur plate-forme et qui la partage en deux parties égales dans le sens de la longueur. Ce rail central s'étend aux autres wagons qui composent les trains de ballast et règne ainsi d'une extrémité à l'autre du train. On fait circuler, le long de ce rail, une sorte de double versoir, offrant à peu près l'apparence d'un chasse-neige, et ayant la même largeur que le wagon. Avant de faire glisser cet engin, on a soin d'enlever les panneaux latéraux des wagons, qui se réduisent ainsi à de

State-room, wagon du chemin de fer du Pacifique.

simples plates-formes. Le double versoir est commandé par un câble de remorquage, qui est lui-même accroché au crochet de traction de la locomotive.

On serre les freins des wagons, et quand le train est immobilisé, on fait avancer la locomotive seule, qui tire ainsi le câble du versoir. De cette façon le ballast est répandu à terre et se trouve en même temps réparti par quantités égales de chaque côté de la voie.

Nous terminerons ces généralités en empruntant à M. Limousin la description des wagons américains, dont le confort est particulièrement remarquable.

« Il n'existe, écrit M. Limousin, qu'une seule classe de voitures; s'il y a des wagons plus confortables, c'est seulement pour les dames et les personnes qui les accompagnent. Chaque wagon peut contenir 50 voyageurs. Les sièges sont disposés sur deux rangs; entre chaque rang existe un couloir que l'on peut parcourir à sa guise. Les sièges peuvent basculer autour d'une charnière : par conséquent on peut aller à volonté en arrière ou en avant.

« On peut aussi passer en toute liberté d'un compartiment dans un autre.

Enfin on a la faculté de se tenir au dehors, sur la plate-forme, entre deux comparti-ments, pour admirer à son gré le paysage. Un homme, un gamin parcourent sans cesse le couloir libre entre les sièges pour vendre des livres, des journaux, des fruits, des comestibles.

« Le contrôleur ne vous dérange jamais pour la vérification des billets, si vous avez pris soin de fixer votre *ticket* au ruban de votre chapeau.

« Il y a dans chaque compartiment un lavabo, une fontaine, un verre à boire et un poêle qu'on chauffe en hiver. Des *sleeping-cars*, ou wagons-dortoirs, accom-pagnent chaque train pour la nuit. Là, moyennant un faible supplément, un dollar, ou 5 francs par personne, on jouit d'un bon lit. Les couchettes sont superposées

Palace-car, wagon du chemin de fer du Pacifique.

deux par deux. La construction en est établie d'après un système fort ingénieux.

« Le matin, tous les lits disparaissent pour être remplacés, sur le rang infé-rieur, par les sièges habituels. On repose beaucoup mieux dans les lits des chemins de fer américains que dans les couchettes des bateaux à vapeur. Le mécanisme ne se dérange jamais, et l'on peut dormir sans crainte, même si l'on a au-dessus de sa tête quelque voisin dont le poids donne à réfléchir.

« Une amélioration en amène bien vite une autre, surtout en Amérique, où l'esprit d'invention ne s'arrête jamais. Après les *sleeping-cars*, d'installation assez récente, on a eu les *palace-cars* et les *state-rooms*, ou les wagons-palais et les salons d'État, comme les nomment les Américains dans leur langue imagée et si souvent ampoulée. Nous prîmes un de ces wagons-palais de Syracuse à Chicago, et jamais prince européen ne voyagea avec autant de confort que nous. Qu'on se figure un immense salon, que nous occupions seuls, mais où il y a place pour quatre voya-geurs. Les meubles, fauteuils et canapés, y sont du meilleur goût; les boiseries, artistiquement fouillées. Deux tables qui, par le moyen d'une charnière, se rabattent quand on n'en a plus besoin, permettent de prendre ses repas, d'écrire, de dessiner, de jouer aux cartes, aux dominos, pendant la marche du train. Une sonnette est à portée du voyageur. Il peut appeler un nègre à tout instant et lui commander son dîner. La cuisine, la chambre à provisions sont là, à côté de ce palais roulant. Le soir, on dresse les lits, et le salon se métamorphose en chambre; le lendemain matin, de bonne heure, le serviteur fait l'appartement, et vous revoilà au salon. Des familles, des amis voyagent ainsi en commun, et chaque train a toujours trois ou quatre *palace-cars* ou *state-rooms*. Le prix est de 3 dollars par personne, ou de 12 dollars par compartiment. »

Il y a un contraste très frappant entre le confort que les compagnies américaines offrent aux voyageurs, et d'autre part le danger que l'on court à chaque instant sur ces voies ferrées dont la construction est si hardie et dont la sécurité laisse tant à désirer.

II

LE CENTRAL PACIFIC

Une ligne célèbre. — Rapidité de construction. — Rivalité de deux compagnies. — Les *Centraux* et les *Unionistes*. — Inauguration solennelle. — *Victory-Point* et *Promontory-Point*. — Pose des derniers boulons et des derniers rails. — Le dernier coup de marteau. — Les Peaux-Rouges. — La neige dans la Sierra Nevada. — Les chasse-neige, les *snow sheds*. — Développement de la civilisation.

Au moment de sa construction, le chemin de fer *Central Pacific* a excité un véritable enthousiasme dans le monde entier, car c'était la plus grande et la plus audacieuse entreprise que la civilisation eût encore réalisée. Le canal de Suez n'était pas encore terminé, et le tunnel du Mont-Cenis était à peine commencé.

L'établissement de cette ligne est remarquable à tous les points de vue. Les difficultés qu'elle a eu à surmonter sont nombreuses, et, d'autre part, la longueur de son trajet était sans précédent. Qu'il nous suffise de dire que la distance qui sépare les deux points extrèmes, Omaha et Sacramento, est d'environ 2 800 kilomètres.

La rapidité avec laquelle ce chemin de fer fut construit est surprenante. Décrété le 1er juillet 1862, par le président Lincoln, il fut terminé et inauguré le 10 mai 1869. Deux compagnies avaient été mises en concurrence. L'une, dite l'*Union Pacific*, entamait les travaux à partir d'Omaha; l'autre, la *Central Pacific*, partait de la capitale de la Californie. La subvention que le gouvernement leur accordait devait être fixée en raison directe de la longueur de la ligne que chacune de ces compagnies aurait établie. De plus, leur concession pour l'exploitation serait limitée par le point où les deux compagnies rivales se rencontreraient dans l'établissement de la voie ferrée; or le point visé par les compagnies était la station qui desservirait la région du lac Salé, où le commerce devait prendre une grande importance. Ces conditions étaient bien faites pour stimuler leur activité. Mais d'autre part l'amour-propre des Yankees et des Californiens était aussi en jeu, et ce ne fut peut-être pas la moindre des raisons qui expliquent la rapidité avec laquelle les travaux furent menés.

L'inauguration de la ligne du *Central Pacific* restera à jamais célèbre dans les annales des États-Unis. Nous empruntons le récit de cette journée solennelle à L. Simonin :

« Quelques jours avant l'inauguration, la pose des rails avait été poursuivie d'une façon fiévreuse. Les travailleurs du Central, ayant un jour posé jusqu'à 10 kilomètres de rails, avaient nommé l'endroit où ils s'étaient arrêtés *Challenge-Point*, comme qui dirait le lieu du Défi, indiquant qu'ils provoquaient les ouvriers de la

Station d'Omaha, point de départ du chemin de fer du Pacifique.

compagnie de l'Union à en faire autant. Ceux-ci avaient relevé le gant, et posé à leur tour, dans une journée, près de 12 kilomètres de rails ; mais les Californiens ne voulaient admettre aucune supériorité, et, continuant la lutte, ils avaient posé, en 11 heures de travail continu, le 28 avril 1869, 10 milles de rails, ou 16 kilomètres 2 tiers.

« Le lieu où, le 28 avril, s'arrêta le travail sur le Chemin Central fut nommé *Victory Point*, ce qui indiquait que les *Centraux* avaient battu les *Unionistes*, sans laisser à ceux-ci aucun espoir de revanche.

« Les principaux travaux de terrassements sur le chemin de fer Central avaient été faits par les Chinois, fort habiles en ce genre d'ouvrage. Sur le chemin de l'Union, c'étaient des Irlandais qui avaient accompli la même besogne. Sur l'une et l'autre voie, la pose des rails était faite par des ouvriers de choix, presque tous Américains, dressés de longue main à ce délicat exercice.

« Ce fut le 10 mai, on l'a dit, que se posa le rail réunissant les deux sections de la grande ligne. La jonction fut effectuée à Promontory-Point, territoire d'Utah, vers la partie la plus septentrionale du Grand Lac Salé. Ce lieu est à 4 943 pieds au-dessus du niveau de l'océan, et situé entre 40 et 41 degrés de latitude nord (exactement 41° 45'), et entre 114 et 115 degrés de longitude ouest (méridien de Paris). Il est environ à 800 milles de San Francisco et 2 500 milles de New-York.

« A la date précitée, un millier de personnes, représentant toutes les classes de la société américaine, se trouvèrent réunies en cet endroit pour célébrer l'achèvement de la grande ligne nationale. Un millier de personnes seulement, c'est bien peu, quand il est question de l'Amérique, où ce genre de fêtes est si répandu et en si grand honneur ; mais, pour des raisons diverses, on tint à ne donner à cette cérémonie aucun caractère trop marqué.

« Le *Central Pacific*, entre Sacramento et Promontory-Point, avait une longueur de 689 milles, soit 1 148 kilomètres, et l'*Union Pacific*, entre Omaha et ce point de jonction, une longueur de 1 083 milles ou 1 810 kilomètres. Depuis, le point de jonction définitif entre les deux lignes a été reporté à Ogden, à 53 milles au sud-est de Promontory-Point, près de la rive orientale du Grand Lac Salé.

« On eut bientôt fait les préparatifs pour poser d'une manière solennelle les derniers rails. On avait laissé entre les deux extrémités des lignes un espace libre d'environ 100 pieds. Deux escouades, composées d'Irlandais du côté des Unionistes, et de Chinois du côté des Centraux, s'avancèrent en tenue correcte pour combler cette lacune. On avait, dans les deux camps, choisi l'élite des travailleurs. Les Chinois, graves, silencieux, alertes, s'entr'aidant adroitement l'un l'autre, furent l'objet de l'admiration générale. « Ils travaillent comme des prestidigitateurs », dit un témoin oculaire ; et pour qui a vu avec quel art opèrent les Chinois, même dans les plus petites choses, cette expression est des plus justes.

« Bientôt deux locomotives s'avancèrent l'une au-devant de l'autre, et exhalèrent dans un jet de vapeur un salut qui fut comme le prélude de la rencontre des deux océans. Les fils de la grande ligne télégraphique, qui correspond avec les États de l'Est et de l'Ouest, avaient été mis en communication électrique avec l'endroit même où le dernier boulon allait être posé. A Omaha on s'était mis en relation directe avec Chicago, New-York, Washington, Saint-Louis, Cincinnati, Boston, la Nouvelle-Orléans et autres grandes cités ; et partout on avait pris des dispositions particulières, à l'aide desquelles les lignes télégraphiques communiquaient avec les signaux électriques à incendies établis dans les principales villes. Grâce à ces ingénieux moyens, les coups de marteau frappés à Promontory-Point pour fixer le dernier rail du chemin de fer interocéanique allaient trouver un écho immédiat dans tous les États de l'Union.

« Le dernier rail devait reposer sur une traverse de bois de laurier. Un des boulons qui allaient unir la traverse au rail était en or massif, et en argent le marteau dont on devait se servir pour enfoncer le boulon dans la traverse. Le docteur Harkness, délégué de la Californie, que depuis j'ai eu l'honneur de voir à Paris et qui m'a raconté les détails de cette cérémonie imposante, remit aux présidents des

deux railways, MM. Stanfort et Durant, la traverse et le boulon. « Cet or, extrait
« des mines, et ce bois précieux coupé dans les forêts de la Californie, dit-il, les
« citoyens de l'État vous les offrent pour qu'ils deviennent partie intégrante de la
« voie qui va unir la Californie à ses *sœurs* les États de l'Est, le Pacifique à l'Atlan-
« tique. »

« Le général Sanfford, délégué du territoire d'Arizona, offrit un autre boulon,
formé de fer, d'or et d'argent. « Riche en fer, en or et en argent, dit-il, le territoire
« d'Arizona présente cette offrande à l'entreprise qui est comme le grand trait
« d'union des États américains et qui ouvre une nouvelle voie au commerce. »

« Les derniers rails avaient été apportés par la compagnie de l'Union. Le général Dodge, cet infatigable ingénieur que j'avais rencontré à Chayennes moins de
deux ans auparavant, au pied même des montagnes Rocheuses, et qui m'avait pré-
dit qu'avant dix-huit mois le chemin de fer du Pacifique serait achevé, ce qui faisait
alors sourire les plus confiants, le général Dodge présenta les rails, forgés en fer de
Pensylvanie, et prononça, en les désignant, un discours qui finissait par cette péro-
raison prophétique : « Vous avez accompli l'œuvre de Christophe Colomb; ceci est
« le chemin qui conduit aux Indes. »

« Enfin le dernier délégué, celui de l'État de Nevada, offrit un boulon d'argent,
et dit : « Au fer de l'Est et à l'or de l'Ouest, Nevada joint son lien d'argent. »

« Les présidents des deux chemins de fer auxquels était échu l'honneur de
fixer le dernier rail, MM. Durant et Stanfort, s'avancèrent pour accomplir cette
œuvre. Au même moment, la dépêche suivante fut transmise dans toute l'Union, à
San Francisco, à Chicago, à New-York : « Tous les préparatifs sont terminés, ôtez
« vos chapeaux, nous allons prier. » Chicago, prenant la parole au nom des États
atlantiques, répondit : « Nous comprenons, et nous vous suivons; tous les États
« de l'Est vous écoutent. » Quelques secondes s'étaient à peine écoulées, que les
signaux électriques, répétant chaque coup de marteau frappé en ce moment au
milieu du continent américain, apprirent à toute l'Union que la grande œuvre
venait d'être accomplie, et qu'une ligne ferrée continue joignait désormais les deux
océans. »

Les difficultés que le *Central Pacific* eut à surmonter furent nombreuses. Les
Peaux-Rouges déclarèrent la guerre, dès le début, aux constructeurs de chemins de
fer et s'efforcèrent par tous les moyens possibles d'entraver les travaux. Encore
aujourd'hui, des détachements de troupes assurent la sécurité des gares.

Enfin les amas considérables de neige qui s'accumulent sur la montagne de la
Sierra Nevada causent encore de grandes difficultés à la compagnie.

Quand la hauteur de la couche de neige n'est pas trop grande, on déblaye la
voie avec des locomotives, dont on fait des chasse-neige en leur assujettissant à
l'avant un double soc de charrue, formé de feuilles de tôle. Cet appareil suffit pour
traverser des bancs de neige de plusieurs centaines de mètres sur 1 mètre environ
d'épaisseur. La locomotive doit être animée d'une vitesse de 45 kilomètres à l'heure
au moins.

Comme la neige se trouve ainsi refoulée sur l'autre voie, il est nécessaire que le chasse-neige soit suivi d'un certain nombre de terrassiers, dont le rôle est de déblayer la seconde voie, à l'aidé de pioches et de pelles.

Il faut également que la locomotive servant de chasse-neige transporte plusieurs ouvriers qui doivent, en cas de besoin, déblayer la voie pour faciliter son passage.

La locomotive disparaît presque tout entière dans l'immense déblai qu'elle chasse devant elle. Le train n'éprouve aucun ralentissement sensible tant que l'épaisseur de la neige ne dépasse pas 50 centimètres. Quand elle s'élève davantage, on ajoute une, deux ou trois locomotives, et dans les moments difficiles on détache les wagons, et les locomotives sont lancées à toute vapeur.

Il en est ainsi dans les sections les moins exposées aux amas de neige, et, par

Train de la ligne du Pacifique bloqué par la neige.

exemple, dans les endroits où la voie est construite sur le versant d'une montagne abritée contre le vent. Mais, dans les sections où la neige tombe en abondance et où le sol est souvent couvert d'une épaisseur de 3 à 12 mètres de neige, on emploie des chasse-neige perfectionnés, mis en mouvement par plusieurs locomotives.

Pour éviter que le convoi du chasse-neige ne soit bloqué dans les neiges et que, se trouvant dans l'impossibilité de pénétrer plus en avant, il ne puisse plus revenir en arrière, on adapte généralement en queue et par précaution un second wagon chasse-neige.

Un des hivers les plus rigoureux pour le *Central Pacific* fut celui de 1880 à 1881, pendant lequel on compta plus de soixante bourrasques de neige, et qui est resté célèbre dans les annales du Nord-Ouest.

La première neige tomba dès l'automne, en octobre, et depuis cette époque jusqu'en avril, l'hiver fut d'une rigueur inaccoutumée. La neige avait une épaisseur de 2 à 6 mètres; en quelques points elle en atteignait 15. Tout était enseveli sous ces masses énormes; les hommes enduraient de grandes souffrances et les animaux périssaient par milliers. Partout les communications étaient interrompues; les passagers des chemins de fer étaient souvent condamnés à des arrêts de plusieurs jours au milieu des plaines désertes; on cite des trains dont les voyageurs allaient être privés de provisions quand ils furent enfin délivrés. De semblables faits se renouvelèrent pendant l'hiver 1885-1886.

Tranchées dans la neige sur la ligne du Pacifique.

Ces deux hivers causèrent de grandes difficultés au *Central Pacific* et les travaux qui durent être entrepris pour débarrasser la voie ferrée furent très importants.

Percement des blocs de neige sur la ligne du Pacifique.

La Compagnie dépensa plus d'un million et demi en 1881. Trente-quatre puissants chasse-neige étaient constamment en mouvement, et encore de pareils efforts étaient-ils impuissants en présence des formidables masses de neige qui couvraient la voie à la traversée des montagnes Rocheuses.

Pour donner une idée de ces masses énormes, il suffit de citer l'exemple d'un chasse-neige chargé de 40 000 kilogrammes de fer que refoulaient six locomotives attelées les unes derrière les autres, et qui fut réduit à l'impuissance la plus absolue en présence d'une paroi de neige de 16 mètres d'épaisseur. Dans un choc formidable, ce chasse-neige monstre, dont le poids total atteignait le chiffre de 64 000 kilogrammes, fut repoussé violemment et rejeté sur un massif d'arbres, où il resta engagé avec les six locomotives jusqu'à la fonte des neiges, au printemps.

Quelques compagnies de chemins de fer s'efforcèrent de maintenir les lignes libres en employant des milliers d'ouvriers, qui creusaient des tranchées dans la neige et y découpaient des cubes ne mesurant pas moins de 4 mètres de longueur, et dont la largeur était égale à celle de la voie tout entière.

Vue intérieure des abris contre la neige sur le chemin de fer
Central Pacific, dans la traversée de la Sierra Nevada.

Ces blocs, maintenus à l'aide d'une ceinture de planches reliées par des cordes, étaient ensuite traînés par une locomotive et transportés dans des terrains situés en dehors de la ligne, et où l'on pouvait plus facilement les briser.

Mais les résultats n'étaient pas toujours en rapport avec ces coûteux efforts. Ainsi l'on vit, en 1886, une tourmente subite combler en l'espace de huit heures toute une tranchée d'où l'on venait d'enlever environ 324 000 mètres cubes de neige.

Outre le chasse-neige et le système d'enlèvement des neiges par tranchées, le long de la voie encombrée, la Compagnie du *Central Pacific* a adopté dans la montagne un moyen préventif qui rappelle les galeries de bois établies sur les routes alpestres.

Lorsqu'on traverse la Sierra Nevada, après avoir longé des précipices, dont l'œil peut à peine sonder la profondeur, et après avoir franchi des gouffres béants, sur des ponts dont la solidité paraît douteuse, on parcourt enfin, sur un trajet de 80 kilomètres environ, une série de tunnels en planches, qui, presque sans interruption, couvrent la voie entière, à travers la région des neiges. Ces tunnels ou abris (*snow sheds*) sont certainement une des curiosités du pays.

Signalons enfin pour mémoire un ventilateur pneumatique, récemment inventé par un Américain, M. Stock, qui non seulement doit déblayer la voie, mais qui rejette la neige à droite et à gauche.

Comme on le voit, les efforts ont été grands et multiples pour éviter les inconvénients des grandes chutes de neige, et les compagnies de chemins de fer n'ont

Le coche pour Virginia-City, station de Reno (Nevada), sur le chemin de fer *Central Pacific*. (Voir p. 95.)

rien négligé pour empêcher la circulation des trains d'être ainsi entravée ; mais, quelque audacieux et quelque puissants qu'aient été ces efforts, les progrès de la science sont souvent restés impuissants devant les forces de la nature.

Quoi qu'il en soit, l'établissement de cette ligne considérable, qui s'étend à travers les prairies du Dakota, les montagnes Rocheuses, le bassin intérieur, la Sierra Nevada et la vallée du Sacramento, a fait faire un grand pas à la civilisation, en permettant aux colons de venir s'établir dans des régions pour ainsi dire désertes où les explorateurs avaient à peine pénétré et où il y avait de grandes richesses à exploiter.

C'est ainsi que des villes se sont élevées comme par enchantement sur le parcours du *Central Pacific*, des villes qui ont commencé par être des agglomérations de baraques de bois, telles que la station de Reno, en Nevada, de Cisco et de Pollard en Californie, et qui se sont bientôt transformées en villes importantes, sous l'influence du commerce que le chemin de fer a développé.

Ajoutons que, depuis la création de ce chemin de fer, le voyage du tour du monde est devenu chose facile.

« En moins de trois mois, dit M. Simonin, si l'on est pressé, ce trajet peut être effectué. A leur tour, les émigrants ne prennent

Vue extérieure des abris contre la neige sur le chemin de fer
Central Pacific, dans la traversée de la Sierra Nevada.

plus d'autre route pour aller dans le Nebraska, le Wyoming, le Colorado, l'Utah, le Montana, l'Idaho, le Nevada, l'Arizona, la Californie, l'Orégon, le territoire de Washington. Il ne faut pas plus de six à sept jours pour franchir ainsi la distance totale qui sépare New-York de San Francisco, et qui peut être évaluée à 3 181 milles, soit 5 300 kilomètres. »

Nous avons déjà dit avec quel confort se fait la traversée de l'Amérique.

« Le prix ordinaire du passage, écrit M. Simonin, est de 100 dollars, avec la faculté de porter 100 livres de bagages ; c'est le tiers de ce que coûtait le voyage par la malle *overland* en 1868. Ajoutons que celle-ci vous réclamait en outre un dollar par livre d'excédent de bagages, ne vous accordant que le droit de porter gratis 25 livres.

« Les marchandises elles-mêmes ont pris peu à peu cette route, surtout les marchandises précieuses : les thés, les cocons, les graines de vers à soie, les soies de Chine et du Japon, les lingots d'or et d'argent de Californie et de Nevada, le mercure de Californie. »

C'est ainsi que fut créé ce nouveau mouvement du commerce qui a pris tant d'extension depuis cette époque, et qui a fait faire un si grand pas à la civilisation.

« La mystérieuse loi de l'histoire, dit M. Simonin, qui veut que les peuples, dans leur marche progressive, se soient toujours avancés vers l'ouest, loi qui ne s'est jamais démentie, a trouvé une éclatante confirmation dans la construction du chemin de fer du Pacifique. Bien mieux, par l'établissement du grand railway, on peut dire que la civilisation a fait maintenant le tour du globe, et qu'elle est revenue au point initial, d'où elle était partie.

« Qui ne devine les conséquences de ce merveilleux résultat? C'est l'Europe, c'est l'Amérique qui, sur cette voie de fer, donnent la main à l'Asie; c'est la grande route commerciale du monde qui est enfin trouvée, c'est le parcours le plus direct, le plus rapide vers l'extrême Orient, et voyez quelles étapes! Au départ, Paris ou Londres, le Havre ou Liverpool; puis New-York, Chicago, San Francisco; puis Yokohama, Changhaï, Hong-Kong, Calcutta ou Bombay; enfin Suez, Port-Saïd et Marseille. Quelle ceinture on a mise au globe, et quelle route nous avons ouverte pour nos neveux et aussi pour nous-mêmes, si nous savons enfin laisser dormir les arts de la guerre pour ne plus songer qu'aux arts de la paix!... »

Le succès de cette nouvelle ligne entraîna la construction des autres chemins de fer transcontinentaux dont nous avons déjà parlé, et entre autres l'établissement du *Canadian Pacific*, dont les travaux offrirent des particularités intéressantes.

III

LE CANADIAN PACIFIC

Répartition de la ligne entre plusieurs entrepreneurs. — Réglementation du travail. — Les diverses équipes d'ouvriers. — Pose des traverses et des rails. — Inconvénients de la rapidité du travail. — Trajet de la ligne. — La route du Japon. — Développement de l'élément franco-canadien.

La ligne transcontinentale du *Canadian Pacific* a eu des débuts malheureux, pour des raisons administratives et politiques. Décrétée en 1871, elle n'a été commencée qu'en 1880. Mais dès que le premier coup de pioche eut été donné et que les travaux furent entrepris, l'établissement du chemin de fer fut mené avec une très grande rapidité.

Le système employé pour stimuler le zèle des entrepreneurs fut cependant différent de celui qui avait si bien réussi au gouvernement des États-Unis.

Le tracé de la ligne fut divisé en un certain nombre de tronçons qui furent mis en adjudication et répartis ainsi entre plusieurs entrepreneurs, de sorte que les travaux furent commencés sur différents points en même temps. Pour activer l'établissement de la voie, le gouvernement promit aux entrepreneurs une prime par jour qu'ils gagneraient sur les délais qu'on leur imposait. — Les travaux furent terminés en six ans.

Le travail fut très bien réglementé par les entrepreneurs.

Voici, d'après un rapport publié à ce sujet, dans quelles conditions on opérait :

Les matériaux arrivaient, prêts à être posés, par les trains déjà en circulation. A l'arrêt des trains, une première équipe de trente hommes déchargeait les trains de traverses et replaçait celles-ci sur vingt-cinq wagons à deux chevaux qui les menaient jusqu'au point où les rails étaient interrompus. Là une seconde équipe de six hommes déchargeait définitivement les traverses et les livrait à une troisième équipe de vingt ouvriers qui étaient chargés de les mettre en place sur la voie.

L'opération de l'établissement de la voie se faisait généralement sur une longueur d'un demi-mille, c'est-à-dire de 800 mètres.

7

D'autre part les rails étaient déchargés, à l'arrivage des trains de rails, par une

Station de Pollard sur le lac Donner (Californie).

équipe de douze hommes qui les plaçaient sur des wagons de fer à quatre roues, et attelés de deux chevaux.

Ces wagons étaient assez bas pour faciliter le transbordement des rails, qui s'effectuait à l'aide de rouleaux. Ils étaient dirigés à la suite des wagons de traverses, à la tête des travaux, où les poseurs s'en emparaient et les plaçaient sur les traverses.

Station de Cisco, comté de Placer (Californie).

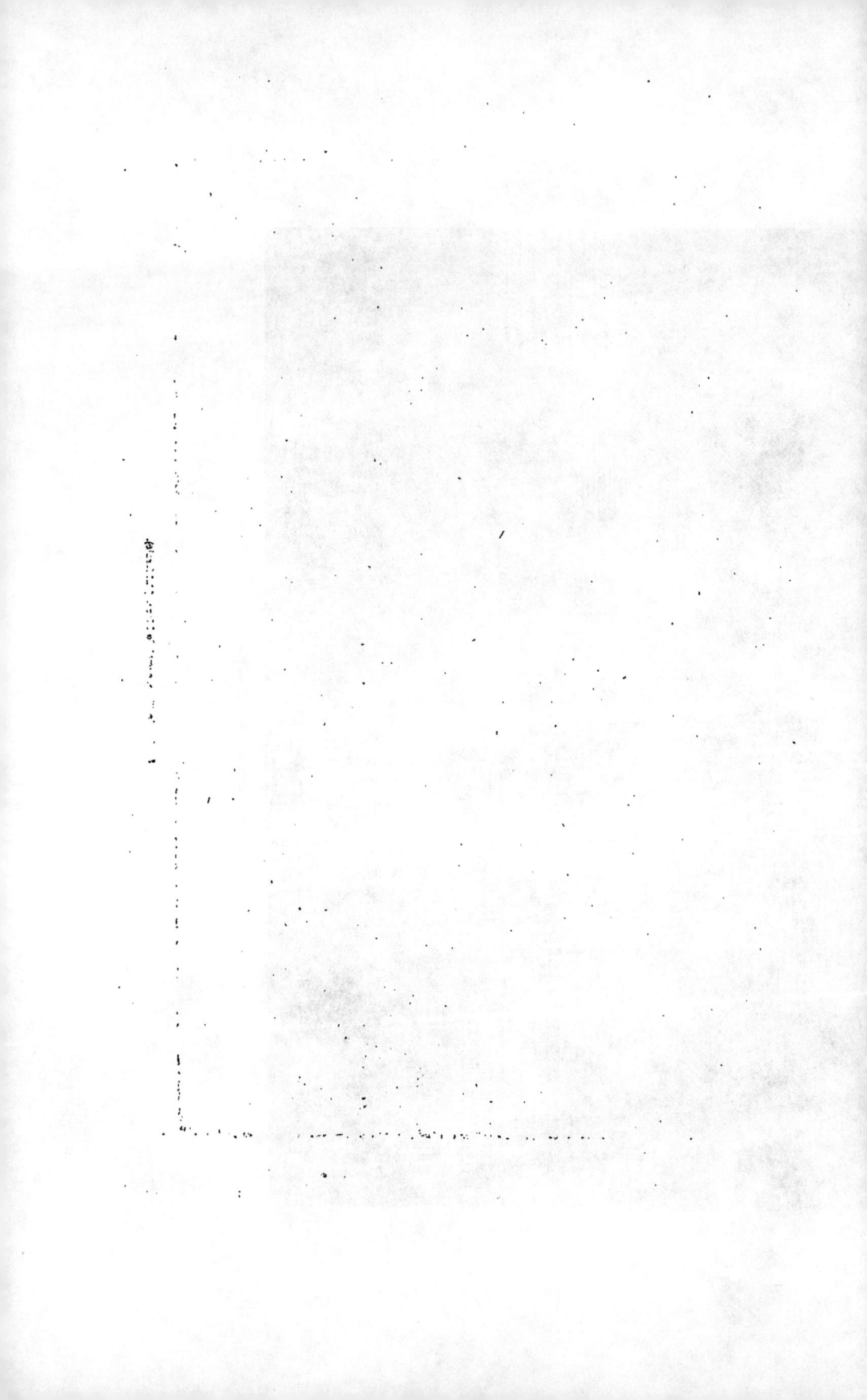

Quant à la pose proprement dite, nous dit le rapport, elle comportait soixante hommes. Douze ouvriers, placés devant le wagon des rails, posaient les éclisses et les boulonnaient, en suivant la pose des rails. Les hommes chargés de cette dernière opération étaient disposés par rail de la façon suivante : 1° six ouvriers occupés à distribuer les tire-fonds; 2° trois équipes successives comprenant chacune deux poseurs et un troisième homme, muni d'un levier, pour soulever la traverse, pendant qu'on frappait sur le tire-fond. Une de ces équipes vérifiait en outre l'écartement des traverses. Notons en passant qu'on plaçait quinze traverses par rail de 30 pieds de long.

On comptait donc par rail vingt-quatre poseurs de tire-fonds, en comprenant dans ce nombre les distributeurs, ce qui faisait, pour les deux rails qu'on plaçait parallèlement, quarante-huit hommes, et soixante en comptant les ouvriers chargés de boulonner les éclisses. Après ce travail, un contremaître, accompagné de six hommes, venait rectifier la direction de la voie, et enfin on procédait au nivellement du sol et l'on donnait autant que possible aux rails la même pente que celle du terrain.

On employait en tout cent cinquante-neuf ouvriers, et en outre trente-cinq chariots à deux chevaux, avec leurs conducteurs, pour le transport des traverses. Les conducteurs des chariots étaient placés sous la direction de deux contremaîtres. Il faut donc compter cent quatre-vingt-seize hommes et soixante-dix chevaux.

Cette réglementation du travail dans l'établissement de la voie était particulière aux entrepreneurs, MM. Langdon et Shephard, qui avaient traité avec la compagnie du *Canadian Pacific Railway* pour une longueur de 800 kilomètres, dans la direction de l'ouest, à partir d'un point situé à 274 kilomètres de Winnipeg (Canada).

Dans cette région, qui est connue sous le nom de Prairies de l'Ouest, le sol est légèrement accidenté, et le tracé de la ligne offrait des courbes à fort rayon et des rampes de $0^m,01$ par mètre. Malgré ces difficultés, avec l'organisation que nous avons exposée, la rapidité de la pose a été telle que les 800 kilomètres dont MM. Langdon et Shephard avaient pris l'entreprise ont été entièrement terminés en quatre mois environ.

On a été jusqu'à placer 7 245 mètres en un jour. M. Donalt Grant, qui dirigeait les travaux, a fait poser, en présence de l'association de la Presse canadienne, un demi-mille ou 800 mètres de voie en une demi-heure. Il faut dire que la compagnie livrait à pied d'œuvre le matériel et les approvisionnements.

Une telle rapidité est due évidemment en grande partie à la bonne organisation des opérations et à l'habileté des ouvriers qui sont rompus à ce travail.

Mais il faut ajouter que l'établissement de la voie est bien élémentaire en Amérique et que la manière dont ce travail est simplifié facilite singulièrement la rapidité de la pose.

Il en résulte nécessairement que la voie est moins solidement établie et qu'elle est moins durable.

Il est vrai que la vitesse des trains est moindre en Amérique qu'en Europe, surtout pendant les premiers temps de la circulation. Il n'en est pas moins vrai cependant que les accidents de chemin de fer sont, en proportion, plus nombreux dans le Nouveau Monde.

La ligne du *Canadian Pacific*, qui part de Montréal pour s'étendre, par Winnipeg, les grandes prairies canadiennes et les montagnes Rocheuses, jusqu'à Port-Moody, est devenue la route la plus courte pour se rendre d'Europe au Japon.

Son influence civilisatrice et colonisatrice s'est déjà manifestée par la création de plusieurs centres importants. Enfin le *Canadian Pacific* doit contribuer considérablement au développement de l'élément franco-canadien sur l'étendue du Canada où les descendants de nos colons forment toujours un parti bien distinct et bien homogène.

IV

LE CHEMIN DE FER TRANSCASPIEN

De Paris à Samarkand. — Origine du chemin de fer transcaspien. — Prise de Ghéok-Tépé. — Construction du port d'Ouzoun-Ada. — Travaux d'art. — Dunes et sables mouvants. — La question de l'eau sur la ligne. — Les trains de ravitaillement d'eau. — Les digues de Merv. — Le pétrole employé pour les locomotives. — Visite aux chantiers, le train de pose, les bataillons de chemin de fer. — Pose de la voie. — L'Anglais O. Donovan à Merv. — Inauguration du chemin de fer de Samarkand.

Depuis plus de deux ans, le voyage de Paris à Samarkand est devenu chose possible aux personnes les moins entreprenantes, et c'est au milieu du plus grand confort que l'on peut faire ce voyage qui était autrefois de nature à faire hésiter les explorateurs.

Ce voyage est des plus attrayants et il suffit, pour s'en convaincre, d'en évoquer par la pensée les principales étapes, qui se nomment Ulm, Munich, Vienne, Cracovie, Lemberg, Odessa, la mer Noire, Eupatoria, Sébastopol, Théodosie, Kertch, Anapa, Novorossiisk, Thonaspé, Sctoch, Adler, Ghoudaout, Soukhoum, Poti, Batoum, Tiflis, Bakou, la mer Caspienne, Merv et Samarkand.

La première partie de cette ligne, celle qui s'étend jusqu'à Bakou, date d'une époque antérieure, mais cette partie a pris beaucoup plus d'importance depuis la construction de la voie ferrée qui s'étend d'Ouzoun-Ada à Samarkand.

En descendant de la gare de Bakou, qui a l'aspect d'un palais hindou, on traverse la mer Caspienne et l'on trouve, à l'île d'Ouzoun-Ada, la tète de ligne du chemin de fer transcaspien.

C'est là le point de départ de cette voie ferrée de 1 400 kilomètres environ, dont l'établissement a fait autant de bruit dans le monde entier que la création du *Central Pacific*.

Pour que la Russie entreprît un travail aussi considérable, à travers le désert turcoman et les sables mouvants qu'on rencontre de Merv à Samarkand, il fallait un mobile puissant, outre les intérêts commerciaux que cette ligne peut faire valoir.

On sait en effet quel est le peu d'extension des voies ferrées en Russie, où ces travaux restent en souffrance, faute de capitaux.

Or il faut considérer, pour bien comprendre l'intérêt de cette nouvelle ligne, que le désert turcoman confine, à l'est, aux frontières récemment délimitées de l'Afghanistan. M. Edgar Boulangier, l'éminent voyageur français qui connaît parfaitement ce pays et son histoire, démontre comment le gouvernement russe fut amené à établir le commencement de cette ligne pour réduire les Turcomans.

« Les premiers travaux du chemin de fer transcaspien, écrit M. Boulangier, remontent à l'année 1880. A cette époque, l'armée russe venait de subir un échec sous les murs de Ghéok-Tépé, une citadelle presque imprenable.

« Le général Lomakine, puis son successeur le général Lazareff, avaient tenté de réduire les sauvages Turcomans de l'oasis d'Akhal-Tekké, race de pillards

BAKOU. — Gare du chemin de fer.

endurcis qui s'étaient rendus, de mémoire d'homme, coupables d'exactions sans nombre sur les pacifiques Persans, professaient la maxime qu'aucun *chiite* persan ou *giaour* européen ne devait entrer sur leurs terres « autrement qu'au bout d'une corde », et poussaient l'audace jusqu'à faire acte de piraterie sur la mer Caspienne.

« Or cette mer est un lac russe; la police des côtes persanes appartient à la Russie; en vertu des traités, aucune Compagnie persane ne peut y armer de bateaux de commerce, et, bien que l'eau y soit salée, le pavillon anglais n'a pas flotté encore sur ce réservoir intérieur. C'était donc pour le Tsar un droit, et même un devoir, de couper court aux brigandages turcomans; dans ce seul but — et après l'insuccès de pourparlers pacifiques que la Russie ne manque jamais d'essayer avec les tribus asiatiques, par application du principe : *Divide et impera* — furent organisées les expéditions conduites successivement par le général Lomakine (1878) et le général Lazareff (1879).

« Or il arriva que, faute d'eau, faute de moyens de transport et de ravitaillement, cette expédition échoua et dut opérer une retraite désastreuse. Ghéok-Tépé, qui était l'objectif, ne se trouve cependant situé qu'à 380 verstes du rivage oriental de la mer Caspienne.

« Cet insuccès, qui compromettait l'empire du Tsar dans l'Asie Centrale, devait être vengé, et il le fut de la belle manière. Chargé de l'opération, et puissamment secondé par un lieutenant dont la haute science et le froid courage tempéraient la bouillante ardeur du général en chef, le général Skobeleff transporta sa base à Krasnovodsk et Mikhaïlovsk; ce dernier point est plus rapproché de l'Akhal que Tchikislar. En même temps il fit venir un approvisionnement considérable de rails emmagasiné à Bender en prévision d'un échec du congrès de Berlin, et la construction d'une voie ferrée stratégique fut confiée par l'empereur au lieutenant général Annenkoff, ancien attaché militaire à l'ambassade de Russie à Paris, chef de la mobilisation des armées russes.

« Le général était secondé par MM. le prince Hilkoff, directeur; Dusoff, ingénieur en chef; le colonel d'état-major Tsarmine, etc. MM. Sougovitch, Lessar et Faraguella, ingénieurs civils, auxquels on adjoignit MM. Kronenberg et Aladouroff, officiers du 1er bataillon de chemins de fer, firent les études préliminaires de la ligne. »

C'est donc de 1880 que date le début du chemin de fer transcaspien. La section qui fut construite

Le général Annenkoff.

cette année-là se terminait à Kizil-Arvat, qui dessert l'oasis de Ghéok-Tépé. Il est inutile d'ajouter que la citadelle de Ghéok-Tépé fut enlevée à la suite de la construction du chemin de fer. Les années suivantes, encore pour des raisons stratégiques et à divers intervalles, la ligne fut prolongée, sous la direction du général Annenkoff, à Askhabad, à Douchak où se trouve l'embranchement d'Hérat; puis à Merv, Boukhara et enfin, en mai 1888, à Samarkand.

Les difficultés que le général Annenkoff eut à surmonter pour établir cette ligne ont été considérables. Ainsi, dans ces contrées qui n'offraient pas les moindres ressources, les matériaux et une grande partie des approvisionnements durent être envoyés des grands centres de la Russie.

Pour la création du port d'Ouzoun-Ada, la plupart des bâtiments, construits en bois, furent expédiés par le Volga, par pièces numérotées, de sorte qu'il ne restât plus que le montage à faire sur place. Grâce à ce système on improvisa en trois mois cette station, qui fut bâtie en grande partie en constructions de bois. Telles sont entre autres toutes celles qui sont affectées aux employés du chemin de fer. Notons incidemment cette analogie avec la construction des villes qui se sont élevées sur le trajet des chemins de fer du Pacifique. Au bout de ces trois mois le nouveau port comprenait tout ce qui était nécessaire au débarquement des navires, qui affluèrent aussitôt, apportant les matériaux du chemin de fer.

Plusieurs voies ferrées avaient été immédiatement établies sur le port, et les matériaux étaient chargés aussitôt et dirigés sur les chantiers de construction.

Il est vrai que cette ligne ne comporte pas de grands travaux d'art. Elle traverse

Demeure du général Annenkoff.

le Tedchend et le Mourgab dont la largeur est sans importance, et plus loin, à Tchardjoui, l'Amou-Daria qui a été un obstacle plus sérieux; mais les difficultés les plus graves que le général Annenkoff ait eu à vaincre ont été les dunes mouvantes et les sables du désert.

Dans les dunes la voie a dû être consolidée pour empêcher la bise sibérienne de déchausser les traverses. Pour cela on fut obligé de couvrir les talus et les tranchées d'une couche de terre argileuse qu'on arrosait avec de l'eau salée.

De cette façon, non seulement les traverses sont protégées, mais aussi le sable apporté par le vent glisse sur les talus sans s'y fixer ni s'y amasser. Pour protéger la voie contre le sable que le vent soulève en certains endroits, on a eu recours à un autre procédé.

« Le train, dit M. Boulangier, ne sera-t-il pas enseveli quelque jour dans ces tranchées de 5 à 10 mètres de hauteur, qu'une bourrasque comblerait en quelques minutes? L'objection a été faite aux promoteurs du canal de Suez; on sait que l'événement lui a donné tort. Il en sera de même pour les dunes transcaspiennes, et, au demeurant, le général Annenkoff a pris ses précautions.

« Voyez-vous ces petites palissades à claire-voie qui courent parallèlement à la ligne et couronnent les monticules sablonneux? Assujetties au moyen de piquets enfoncés dans le sol tous les 8 ou 10 mètres, elles paraissent bien fragiles, leur hauteur ne dépasse pas 1 mètre, et pourtant elles suffisent à prévenir tout danger. Le chemin de fer, dans cette partie, est orienté de l'ouest à l'est; les vents régnants

Port d'Ouzoun-Ada.

soufflent du nord et du nord-est; les sables qu'ils soulèvent s'amoncellent entre les palissades et ne vont pas plus loin.

« C'est là le procédé suivi dans la Russie septentrionale pour lutter contre l'invasion des neiges. »

Sur d'autres points on a utilisé un arbrisseau connu sous le nom de *saksaoul* (*Haloxylon ammodendron*), dont les racines sont très profondes et grâce auquel on parvient à consolider les dunes sur le parcours du chemin de fer.

Mais ces précautions sont impuissantes contre l'ouragan. Dans ce cas, les hommes du bataillon de chemin de fer, chargés de la surveillance de la voie et des réparations, sont réunis, sous la direction de l'ingénieur de la section, à des Turcomans réquisitionnés, pour déblayer la voie; mais, malgré leurs efforts, il arrive parfois qu'un train est obligé de stationner en attendant que la circulation soit libre.

Ce ne furent pas encore les seules difficultés que rencontra le célèbre créateur du chemin de fer transcaspien.

En effet, l'eau manque absolument dans ces contrées désolées et le général a dû faire établir des conduites de fonte, qui ont été capter de maigres sources dans les montagnes voisines de la voie.

Il lui arriva ainsi de frapper l'imagination des nomades, qui s'étonnèrent de trouver, comme à la gare de Ghéok-Tépé, un jet d'eau jaillissant d'un bassin, quand ils ne connaissaient pas de source à moins de trois lieues de là et qu'ils ne voyaient l'eau venir par aucun canal apparent.

Ailleurs on a établi des canaux, dont le plus important est le canal Alikhanov,

Maisons des employés du chemin de fer.

près de Merv, dont l'eau sert à approvisionner un grand nombre de stations de la ligne. Des trains spéciaux, composés de wagons-réservoirs couverts, sont affectés à cet usage.

Au bord de la mer Caspienne on distille l'eau de mer, comme on le fait en Tunisie, à Gabès et à Zarzis. Cette eau distillée est distribuée par un train de ravitaillement aux stations qui se trouvent entre Ouzoun-Ada et Kizil-Arvat, c'est-à-dire sur un parcours de 160 kilomètres.

Ces trains de ravitaillement approvisionnent chaque jour toutes les gares dépourvues d'eau potable, et alimentent les réservoirs et les postes des gardiens de la voie qui sont établis aux endroits exposés.

Et cependant les villes de cette contrée n'ont pas été de tout temps aussi dépourvues d'eau.

Autrefois des digues formaient des bassins auprès des grandes cités qui sont aujourd'hui en ruine, et qui comptaient jadis 100 000 habitants et davantage,

Déblaiement de la voie par les Turcomans (Gravure extraite de l'*Illustration*).

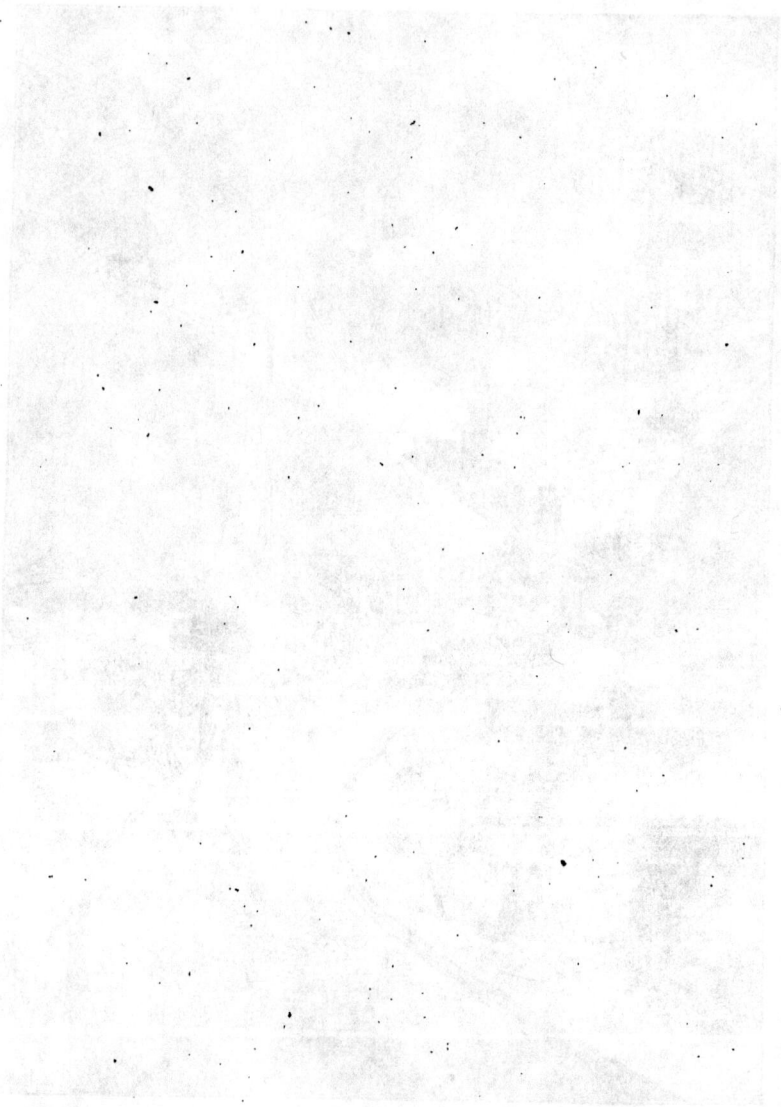

comme Merv, par exemple. La richesse de ces villes était la culture des oasis qui devaient leur fertilité à l'eau contenue par des digues. Mais depuis lors un envahisseur est venu, Tamerlan ou Nadir-Chah; les digues ont été rasées et l'eau des oasis s'est perdue dans le sable du désert.

On rapporte que l'empereur de Russie a l'intention de faire reconstruire les digues de Merv, et de rendre à cette antique cité son ancienne splendeur.

Il est évident que la colonisation de ces contrées, qui peut être très productive, ne peut se réaliser que par des travaux de ce genre qui reconstitueraient les oasis d'autrefois ou bien en créeraient de nouvelles en d'autres points.

Dunes de sable et palissades à claire-voie.

Ces travaux seront sans doute la suite de l'établissement du chemin de fer transcaspien.

Une autre difficulté des plus graves, d'après M. Leroux, était le manque de combustible pour les locomotives. Au cours des études préparatoires, quand le chemin de fer transcaspien n'était encore qu'en projet, on avait parlé de suppléer à la houille, qui fait défaut dans ces régions, par le bois du *saksaoul*, qui est assez abondant en Asie centrale, mais qui est très inégalement réparti dans ses diverses régions. Le transport de ce combustible offrait de grandes difficultés, et le prix de revient devenait fort cher.

Par bonheur pour leur entreprise, les Russes purent bientôt le remplacer par le pétrole. On sait combien il est abondant à l'ouest de la mer Caspienne. Les puits à pétrole de Bakou ont déjà acquis une renommée universelle; non seulement ils alimentent de combustible une flotte nombreuse, mais ils menacent le commerce américain d'une concurrence redoutable.

Des sondages récents ont démontré que cette huile minérale n'est pas moins abondante à l'est qu'à l'ouest de la Caspienne. Les Russes ont immédiatement tiré parti de cette richesse, en creusant à 35 verstes de la station de Bala-Ichem cinq gigantesques citernes à pétrole, desservies par un chemin de fer Decauville.

Ce pétrole est maintenant le seul combustible en usage sur la ligne, pour l'éclairage, pour le chauffage et même pour la cuisson du pain, aussi bien que pour les locomotives. A toutes les stations, au lieu de voir, comme en Europe, des tas de houille, on aperçoit des tonneaux de pétrole.

Né parlons que pour mémoire de l'extrême chaleur du climat; chaleur telle que les ouvriers russes se sont presque toujours trouvés hors d'état de la supporter et ont dû céder la place à d'autres pionniers.

Et cependant les ouvriers étaient pour la plupart Persans, Turcomans, Bokhariotes et Khiviens, c'est-à-dire des hommes habitués au climat du pays.

Ces ouvriers, très nombreux, étaient répartis dans les trains de pose et de transport, qui étaient aménagés d'une façon particulière et dont le fonctionnement mérite d'être décrit.

Nous empruntons à M. Boulangier le récit très intéressant de la visite qu'il a faite aux chantiers du chemin de fer transcaspien.

« A huit heures du matin, dit M. Boulangier, nous rejoignons le général Annenkoff dans son train, qui est prêt à partir. Le soleil est plus ardent que la veille; nous montons sur le wagon plate-forme attelé en queue. Depuis longtemps les ouvriers civils et militaires sont à l'ouvrage.

« En passant devant les groupes de soldats, le général dit à haute voix :

« — *Zdorovo, rébiata !*

« Ce qui signifie : « Bonjour, mes enfants ! »

« Et les soldats quittent leur ouvrage, se mettent au port d'armes, « le petit « doigt sur la couture du pantalon », et crient en chœur :

« — *Zdraviia jélaïem, vaché prévoskhoditelstvo !*

« Cela veut dire : « Nous souhaitons une bonne santé à Votre Excel-« lence... »

« Rien ne peut rendre l'effet produit sur un étranger par ce salut si touchant, en usage dans l'armée russe. Quelle force de discipline il révèle ! Le général est le père de ses soldats; ceux-ci se jetteraient, sur son ordre, par la fenêtre d'un sixième étage, sans hésiter.

« La voie sur laquelle nous roulons vient d'être posée dans ces derniers jours, depuis la reprise des travaux, interrompus par les fortes chaleurs. Nous marchons pourtant à raison de 20 kilomètres à l'heure; mais les grands trains de matériel, qui comprennent jusqu'à cinquante wagons, ne font pas plus de 15 kilomètres.

« Après avoir traversé l'ancienne citadelle turcomane, où ne s'élève désormais aucune *kibitka*, la ligne remontant au nord-est pénètre dans une partie irriguée, mais peu habitée, de l'oasis.

« A quelques kilomètres de Merv nous passons sur une branche assez importante du Mourgab; on sait que ce fleuve, ancien tributaire de l'Amou-Daria, se perd dans les sables du désert de Karakoum, en formant à son embouchure une espèce de delta.

« Le pont métallique du bras que nous franchissons va bientôt être achevé; le général nous le fait essayer en lançant son train à la vitesse de 40 kilomètres à l'heure. L'expérience est bonne : nous ne sommes pas précipités dans la rivière.

« Deux heures après le départ, nous arrivons au *train de pose*, à ce train fameux qui peut abriter quinze cents hommes et s'avance tous les jours d'une étape vers l'Orient.

« Il est arrêté devant nous, et je compte trente-quatre wagons, savoir :

« Quatre wagons à deux étages pour les officiers (en haut, les brosseurs);

« Un wagon-salle à manger pour les officiers;

« Un wagon-cuisine pour les officiers ;

Un train de pose du chemin de fer transcaspien.

« Trois wagons-cuisine pour la troupe (trois compagnies de deux cents hommes chacune);

« Un wagon-ambulance;

« Un wagon-télégraphe

« Un wagon-forge;

« Un wagon-vivres;

« Un wagon-réserve pour les boulons et les accessoires de pose nécessaires à une longueur de 2 kilomètres;

« Vingt wagons à deux étages pour logement de la troupe et des ouvriers (six cents soldats russes et trois cents terrassiers indigènes).

« Les soldats russes et les ouvriers asiatiques n'habitent pas les mêmes wagons.

« Un wagon russe mesure 7 mètres de longueur sur 3 mètres de largeur (la voie est de 9 centimètres plus large que la voie française), et peut recevoir vingt-cinq hommes par étage sur des couchettes superposées.

« Avant l'inauguration de la gare de Merv, le train se composait de quarante-

8

cinq wagons et renfermait quinze cents soldats et ouvriers; on avait alors des motifs de se hâter, qui ne subsistent plus aujourd'hui. Au delà de Merv, le chemin de fer transcaspien perd une grande partie de son importance stratégique. En effet, question des Indes à part, le but spécial et immédiat du chemin de fer est d'assurer la pacification des oasis turcomanes : or ce but a été atteint le 14 juillet 1886.

« Dans cette longue file de wagons à un ou deux étages nous cherchons vainement une voiture à laquelle je suppose *a priori* trois étages. J'ai lu quelque part que le train de pose renferme un *wagon-chapelle*. Je dois à la vérité de dire que ce temple roulant n'a jamais existé. Ici l'on ne sacrifie rien à la forme, et dans le désert la voûte des cieux suffit à l'exercice des pratiques religieuses.

Groupe d'officiers russes dans le train de pose.

« Il est dix heures du matin; le moment est propice pour l'inspection du général. Nous montons à cheval et suivons Son Excellence, au milieu des acclamations des soldats et des Tékkés eux-mêmes, qui écorchent le russe tant bien que mal :

« — *Zdraviia jélaïem, vaché prévoskhoditelstvo !*

« Nous longeons le train, où de nombreux soldats sont encore installés malgré l'heure avancée, les uns se reposant, les autres préparant le thé. Premier sujet d'étonnement : pourquoi ce doux *farniente*? Le Transcaspien se construit donc tout seul? Le général nous donne l'explication bien simple de ce mystère.

« Pour obtenir un effort continu et prolongé pendant de longs mois, sous un climat débilitant, il est indispensable de ménager les forces des travailleurs. Les hommes sont donc partagés en deux brigades d'égal nombre, qui fournissent six heures seulement de travail journalier, l'une de six heures du matin à midi, l'autre de midi à six heures du soir.

« Deux bataillons de chemin de fer, dits bataillons transcaspiens, sont employés à la construction et à l'exploitation.

« Le premier bataillon, qui était originairement le premier bataillon de réserve de l'armée russe, a construit la ligne jusqu'à Kizil-Arvat, en 1880. Il travaille aujourd'hui à l'exploitation et au service télégraphique.

« Le deuxième bataillon transcaspien est exclusivement chargé de la pose de la voie et du télégraphe et, en général, de tous les travaux qui ne peuvent être confiés aux indigènes. Il est de création récente et a été recruté en vingt jours (du 10/22 mai au 1er/13 juin 1885) parmi des soldats de l'armée active qui possédaient des aptitudes spéciales.

« Depuis que la voie a atteint Merv, une partie des hommes du deuxième bataillon sont employés à l'exploitation ; il n'en reste que six cents pour la pose.

« Tous les terrassements et maçonneries sont faits par les ouvriers du pays. Les soldats, en vareuse et casquette blanche, qui manipulent si prestement les rails sous les yeux de leurs officiers à cheval, ne touchent ni à la pioche ni à la pelle. Ils trouvent la plate-forme de la voie préparée à l'avance par les chantiers de terrassiers indigènes, conduits par les ingénieurs.

« La distinction des tâches est parfaitement nette et évite tout froissement d'amour-propre entre l'élément civil et l'élément militaire.

« Les projets une fois rédigés par les ingénieurs et approuvés par le général, un premier chantier de Turkmènes, dirigé par les ingénieurs, exécute les terrassements. Ce chantier peut être considérable et se subdiviser ; l'essentiel est qu'il tienne toujours la tête.

« Derrière ce premier chantier marche le bataillon de pose, auquel sont adjoints des manœuvres indigènes, véritables coolies qui épargnent aux soldats toute fatigue inutile. Ces détails montrent bien que si la discipline est sévère dans l'armée russe, du moins les chefs y prennent un soin extrême de la santé des troupes.

« Une fois la voie posée, les ingénieurs la reprennent en sous-œuvre, la parachèvent avec leurs ouvriers civils ; ils précèdent et suivent le chantier militaire. Ils sont également chargés de l'entretien.

« S'étonnera-t-on que des travaux de reprise soient nécessaires, après la pose si rapide à laquelle nous allons assister ? Sans doute la voie n'est pas dès le lendemain parfaitement roulante, mais tel n'est pas le but que l'on se propose d'atteindre. Il suffit qu'elle soit assez solide pour livrer passage au train militaire, puis aux convois de matériel qui arrivent deux fois par jour ; et ce résultat est obtenu, puisque aucun accident ne s'est produit depuis le début des travaux.

« Pendant que le général me donne ces explications, nous arrivons près des poseurs qui travaillent en tête de la ligne ; les deux derniers rails viennent d'être cloués sur les traverses, et j'ai à peine le temps de pousser mon cheval sur la plate-forme de la voie, que les deux suivants sont mis en place : 7 mètres gagnés en quelques secondes, dans la direction de Samarkand.

« Vous avez en face de vous un wagonnet léger que des indigènes, conduits par un soldat, poussent sur la voie posée dans la minute précédente ; ce wagonnet porte de douze à vingt rails. Arrivé au bout du dernier rail placé, il s'arrête : quatre soldats sont en position, deux de chaque côté de la voie, armés de pinces avec lesquelles ils prennent deux rails sur le wagonnet et les déposent sur la plate-forme ; d'autres soldats s'en emparent, les mettent en position, les clouent en trois coups de maillet ; alors le wagonnet s'avance de 7 mètres avec son escorte, qu'on pourrait comparer aux servants d'une pièce de canon ; deux autres rails sont mis à terre, et une nouvelle conquête de 7 mètres est faite du côté de l'Orient. Cette manœuvre s'exécute et se continue d'une façon mathématique.

« Maintenant, d'où viennent les rails, les traverses et toutes les pièces accessoires?

« Deux fois par vingt-quatre heures, le matériel nécessaire à la pose de deux verstes est amené par un énorme train de quarante-cinq à cinquante wagons.

« Le premier convoi arrive dans la nuit, pour la brigade du matin, qui travaille de six heures à midi.

« Le deuxième convoi arrive dans la matinée, pour la brigade du soir, qui travaille de midi à six heures.

« Ces convois s'arrêtent nécessairement derrière le train militaire, car le chemin de fer est à voie unique. Ils déchargent donc leur matériel en arrière de ce train, les rails d'un côté de la voie, les traverses de l'autre.

« Aussitôt le déchargement effectué, le convoi repart pour chercher les approvisionnements du lendemain.

« A ce moment, le train militaire de pose s'ébranle à son tour et recule au delà de l'emplacement que vient de quitter le convoi de matériel, de manière que la voie reste libre pour transporter les approvisionnements en tête de la ligne. Cette combinaison, qui n'a l'air de rien, donne des résultats merveilleux.

« A midi, sauf difficultés exceptionnelles, 2 kilomètres ont été posés, et le train de pose franchit cette distance, apportant avec lui le déjeuner des soldats.

« A cet instant, la brigade du soir se met au travail. Le train de matériel, arrivé dans la matinée, s'approche jusqu'à toucher le train de pose, opère son déchargement et se retire ; le train militaire recule à son tour de quelques centaines de mètres, et les mêmes opérations recommencent pour l'enlèvement et la pose des traverses et des rails. Le soir venu, 2 autres kilomètres du Transcaspien sont faits, et le camp roulant du deuxième bataillon en prend immédiatement possession. »

C'est grâce à une organisation aussi savante que le général Annenkoff a pu faire pénétrer le chemin de fer, en très peu de temps, dans ces déserts de sables mouvants et dans ces contrées inhospitalières qui semblaient réservées aux seuls explorateurs.

On peut aujourd'hui visiter sans danger Merv, l'ancienne » Reine du Monde », où le légendaire Hongrois Arminius Vambery ne put même pas entrer malgré son déguisement de derviche.

Cependant, quelque temps avant la construction du chemin de fer, l'Anglais O'Donovan, correspondant du *Daily News*, avait réussi à pénétrer le premier dans la place.

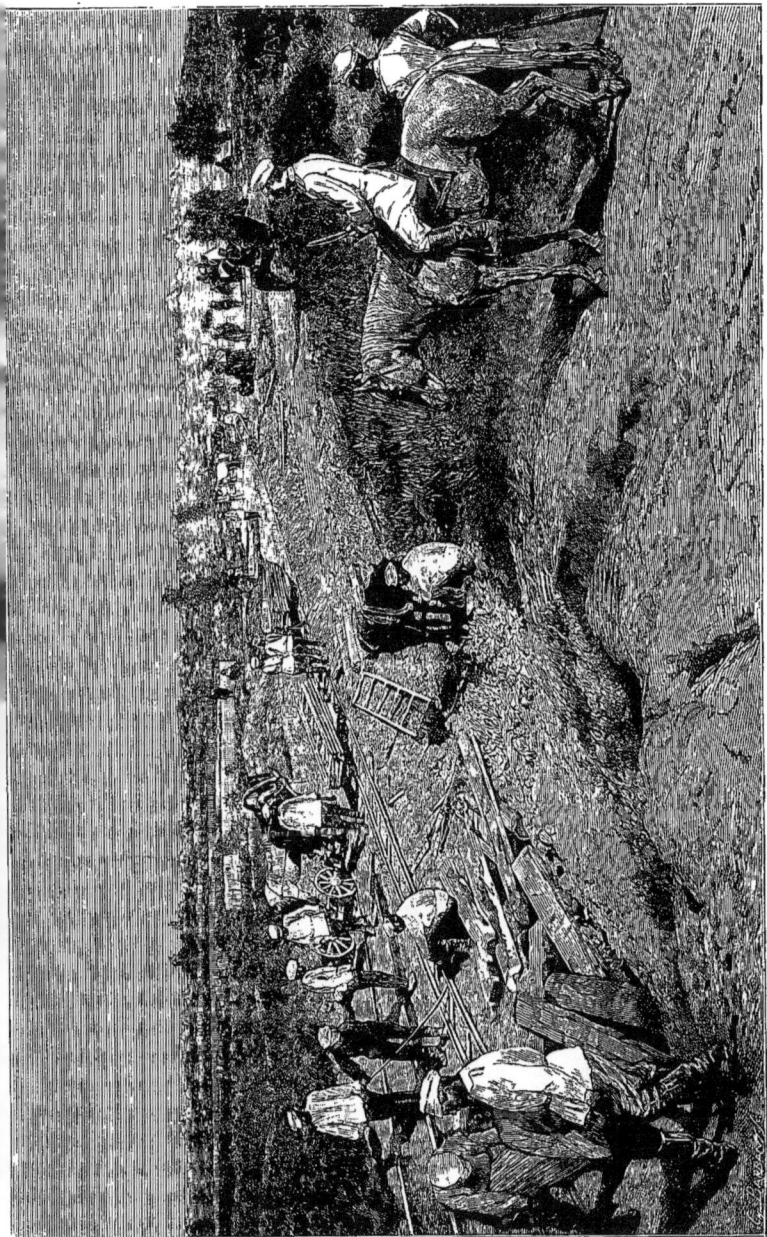

Posó dés rails.

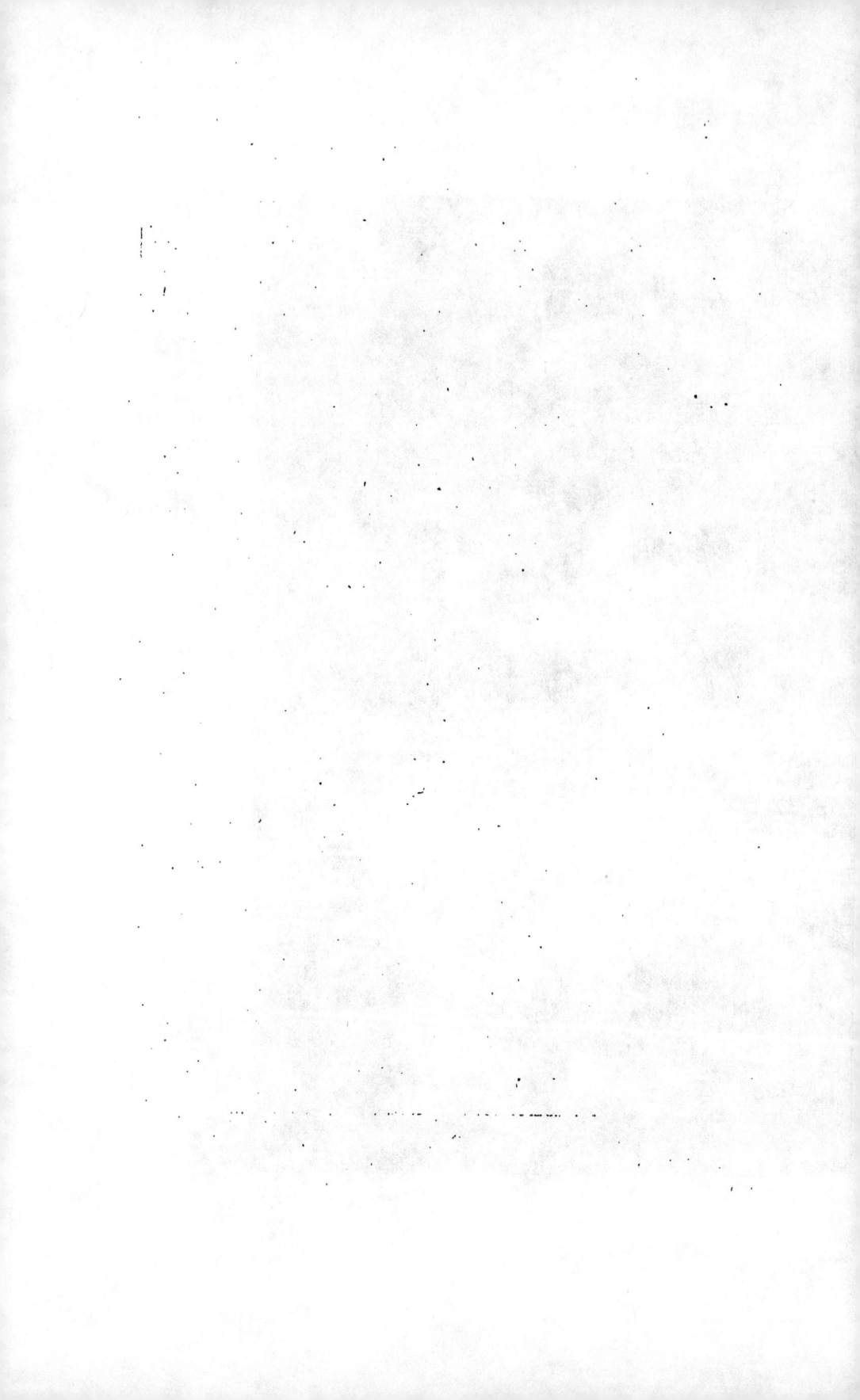

Voici dans quels termes il raconte son entrée à Merv, entre quatre hommes d'escorte qu'on lui avait plutôt imposés que donnés à Douchak.

« Une foule de gens à l'aspect sauvage et sordide sortirent pour nous regarder, moi et ma cavalcade ; les femmes, avec leurs cheveux dénoués et leurs costumes fantastiques, étaient particulièrement frappantes. L'impression générale était qu'une bande de maraudeurs avait fait un prisonnier d'importance pour obtenir sa rançon. Mon aspect personnel aurait pu en effet justifier toutes les hypothèses. Je portais une tiare énorme de peau de mouton noire et j'avais jeté sur mes épaules une peau de léopard mouillée sous laquelle apparaissait un ulster des plus usés.

« Je mis pied à terre à la porte d'une chaumière à laquelle on avait mené mon cheval ; et devant l'attitude des gens qui m'entouraient, je compris pour la première fois combien étaient grands les risques que j'avais si gaiement envisagés au début de mon voyage.

« Ce que je pouvais espérer de mieux, c'était une captivité sans limite. Mais

Chemin de fer transcaspien.

j'étais si heureux de me trouver enfin à Merv en dépit de tous les obstacles, que cela m'était assez égal. La maison circulaire en forme de ruche, où j'avais été introduit, fut instantanément remplie jusqu'à étouffer.

« — Qui sait, disait-on autour de moi, si ce n'est pas un Russe, s'il n'est pas venu reconnaître le terrain, et si nous n'aurons pas une armée sur le dos dans quarante-huit heures ? »

O'Donovan comparut devant le Conseil des Anciens où l'on demanda contre lui la peine de mort. Heureusement, il se tira avec une grande habileté de cette situation dangereuse et parvint à gagner la confiance des juges, au point qu'ils lui donnèrent, quelques semaines après, une brillante escorte pour le conduire à Mesched.

L'inauguration du chemin de fer transcaspien a eu lieu à Samarkand, près du tombeau de Tamerlan, avec discours sous des tribunes garnies d'un public élégant, avec une revue des troupes russes et fêtes de nuit ; la soirée s'est terminée par un bal offert, à la gare de Samarkand, par le général Annenkoff.

Le général ne pouvait choisir une salle de bal qui convînt mieux à la circonstance, lui qui avait si souvent déserté sa coquette villa pour vivre sur son train spécial où il avait un compartiment complet et qui lui servait à se transporter sur les chantiers sans quitter ses devis et ses dossiers.

Le général Annenkoff, qui a mené à bonne fin, et avec une extrême rapidité, une entreprise réputée jusqu'alors comme impossible, a rendu les plus grands services à la Russie, qui doit à l'établissement du chemin de fer transcaspien la pacification des oasis turcomanes, et qui peut amener aujourd'hui des troupes aux portes des Indes anglaises.

Même en dehors de la Russie, chacun admire l'œuvre du général Annenkoff, qui comptera toujours comme un des grands travaux du siècle.

V

LES PROJETS

Nous dirons quelques mots de deux projets de grandes voies ferrées qui sont à l'ordre du jour.

Nous parlerons d'abord du chemin de fer transsibérien, dont la construction est déjà décidée. Le plan établi depuis 1887 a été approuvé en novembre 1890 par le conseil des ministres de Russie.

Le projet part de ce principe qu'il est indispensable de relier entre elles, par une voie ferrée ininterrompue, les possessions asiatiques de l'Empire russe, mais que, pour des raisons financières, l'exécution n'en peut pas encore être réalisée d'une façon complète.

On formera donc provisoirement un réseau complexe, composé en partie de chemins de fer, en partie de services de bateaux sur les cours d'eau navigables.

On créera ainsi une voie ferrée de la Sibérie Australe, longue de 1 567 verstes, c'est-à-dire de 1 253 kilomètres environ, partant de Zlatooust et passant par Omsk, Tomsk, Mariinsk, Atchinsk, Kansk, Nijné-Oudinsk, Irkoutsk; puis une ligne du Transbaïkal, de 1 000 verstes, ou 800 kilomètres de longueur, allant de la rive orientale du lac Baïkal à la ville de Strétensk, sur la Chilka, le long des fleuves Selenga, Ouda et Chilka, en coupant près de Tchita la chaîne des monts Iablonoï.

Enfin viendra le chemin de fer de l'Oussouri, long de 383 verstes et reliant l'Oussouri au port de Vladivostok.

En ajoutant 31 verstes de lignes de liaisons intermédiaires, on arrive, pour ce chemin de fer transsibérien, à une longueur totale de 2 982 verstes.

Cette ligne réunirait donc Saint-Pétersbourg, c'est-à-dire l'Europe, à la mer du Japon, en face du *Central Canadian*, et permettrait de faire dans d'excellentes conditions le tour du monde, en passant par Halifax, sur l'océan Atlantique; Victoria, sur l'océan Pacifique; Vladivostok, sur la mer du Japon et enfin Zlatooust et Saint-Pétersbourg.

Tandis qu'aujourd'hui, dans les meilleures conditions, on met trois mois pour faire péniblement la traversée de la Sibérie, on compte qu'avec le chemin de fer transsibérien, il ne faudra que seize jours pour aller de Saint-Pétersbourg à Vladivostok.

Or le trajet de Paris à Saint-Pétersbourg prend quatre jours, et, d'autre part, on va de Vladivostok à Changhaï en deux jours. Il ne faudra donc plus que vingt-deux jours pour aller de Paris à Changhaï, tandis que ce voyage se fait actuellement par mer en trente-cinq jours.

Cette grande œuvre de civilisation et de progrès sera entreprise par le général Annenkoff qui revendique l'honneur de créer la plus longue voie ferrée du monde entier.

La construction de cette ligne comportera un grand nombre de ponts, dont les plus importants seront ceux qui franchiront le Tobol, l'Ichim, l'Irtych et l'Obi.

Le passage du Iénisséï offrira de grandes difficultés, à cause des glaçons énormes que ce fleuve charrie à l'époque de la rupture des glaces. Ces glaçons atteignent souvent jusqu'à un mètre et demi d'épaisseur : les piles du pont devront être d'une solidité inébranlable et les arches avoir une grande ouverture pour parer aux éventualités d'une embâcle.

Le second projet de longue voie ferrée qui est actuellement à l'ordre du jour est celui du chemin de fer transsaharien, que préconisent activement le général Philebert et M. Georges Rolland, ingénieur au corps des mines.

Ce projet, qui ne paraît pas beaucoup plus audacieux que celui que le général Annenkoff a très heureusement réalisé ni que celui qu'il va entreprendre, consiste à lancer une voie ferrée à travers le Sud algérien, en partant de Biskra, et ensuite à travers le Touareg, jusqu'au cœur du Soudan, jusqu'aux bords du lac Tchad.

MM. Philebert et Rolland se proposent d'établir le chemin de fer par étapes successives, comme cela a eu lieu pour le chemin de fer transcaspien. La première étape serait Tougourt, puis, en une seconde campagne, on irait à Ouargla, et la troisième étape serait dans la suite Timassinin.

« Les Russes, en Asie, disent les auteurs du projet, ne sont point partis d'emblée pour aller à Samarkand ; ils ont marché de station en station, lorsqu'ils ont jugé, par leurs relations avec les populations et par l'extension successive de leurs établissements, que le moment était venu de faire un pas en avant. Procédons de même, — autant que possible, et à moins que les événements ne nous forcent à une marche plus rapide.

« Quand notre chemin de fer arrivera à Timassinin, il nous sera facile de nous mettre en route pour Amguid et d'y recommencer les mêmes opérations qu'à Timassinin : création d'un poste et d'un nouveau centre agricole et commercial, puis prolongement de la voie ferrée jusque-là. Dès lors — avec le chemin de fer s'avançant à 700 kilomètres au sud de Ouargla, au cœur même du pays touareg — les Touaregs seront promptement nôtres, et aussitôt l'accès de tout le Soudan central et occidental par le nord, par l'Algérie, nous sera ouvert. Il est même possible que pendant long-temps le terminus de notre Transsaharien reste à Amguid, et qu'il ne devienne néces-saire de le prolonger jusqu'au Soudan même, qu'après un certain nombre d'années.

« Enfin, concluent le général Philebert et M. Rolland, quand les Américains ont fait le chemin de fer de San Francisco, quand les Russes ont fait le Transcaspien, ils ne se sont pas demandé si l'entreprise elle-même donnerait des bénéfices pécuniaires ; ils y ont vu, avec raison et avant tout, un instrument de puissance et de domination. C'est ainsi que nous devons envisager d'abord le Transsaharien : ce que nous devons y voir surtout, c'est l'instrument *sine qua non* pour réaliser la conquête économique du Soudan, pour remplir notre mission civilisatrice en Afrique, pour y maintenir le prestige du nom français, enfin pour assurer dans l'avenir non seulement l'extension rationnelle, mais encore la sécurité de l'Algérie. »

Cette conclusion se passe de commentaires. Il est à souhaiter que le projet émi-nemment français du général Philebert et de M. Georges Rolland ait promptement le succès qu'il mérite.

LES CHEMINS DE FER DE MONTAGNE

I

CHEMINS DE FER A CRÉMAILLÈRE

Les premières voies à fortes rampes. — Le chemin de fer du mont Washington.
Le système Fell au Mont-Cenis. — Les chemins de fer du Kalkenberg, du Righi et du mont Pilate.

Les chemins de fer actuels, grâce à des systèmes spéciaux, franchissent sans peine des rampes où la pente atteint 30 et 40 centimètres par mètre ; au début, on devait s'arrêter devant les pentes qui dépassaient 5 millimètres par mètre.

Dans les premiers essais faits pour gravir les fortes rampes, on songea tout d'abord à substituer, comme force motrice, la pression atmosphérique à la vapeur.

Déjà, en 1810, un Suédois, Medhurst, avait eu l'idée d'appliquer les expériences d'Otto de Guericke, l'inventeur de la machine pneumatique, au transport des lettres et des paquets, en employant un long tube où l'on devait faire le vide.

Reprise et perfectionnée, l'idée de Medhurst devint le point de départ de la construction d'un véritable chemin de fer atmosphérique, qui fut établi en Irlande, vers 1848, entre Kingstown et Dalkey, sur un parcours de 3 kilomètres environ.

Parmi les travaux exécutés d'après le même principe, nous devons rappeler l'installation faite sur une portion de la ligne de Paris à Saint-Germain.

Les trains franchissaient la rampe, assez forte, qui s'étend du Pecq à Saint-Germain, remorqués par un wagon moteur, actionné directement par un piston qui circulait à l'intérieur d'un tube occupant le milieu de la voie. Le vide étant fait dans ce tube, au moyen de machines pneumatiques, d'un côté du piston, la pression atmosphérique agissant de l'autre côté mettait en mouvement le piston et avec lui le wagon moteur relié à ce dernier par une tige solide.

Le grand inconvénient des chemins de fer atmosphériques résulte surtout de ce fait que l'établissement et le fonctionnement d'un pareil mode de traction sont relativement fort coûteux.

Aussi s'est-on efforcé, au lieu de changer la force motrice, de modifier la voie, d'une part, et la locomotive, d'autre part, pour permettre à celle-ci de gravir les fortes rampes, et c'est dans cet ordre d'idées qu'on a pu réaliser les perfectionnements qui permettent aujourd'hui aux chemins de fer de franchir les montagnes les plus escarpées.

Notre compatriote Séguier eut le premier l'idée de placer un *troisième* rail au milieu de la voie et d'obtenir l'adhérence du véhicule en lui faisant serrer de chaque côté ce troisième rail au moyen de deux galets horizontaux.

Tube pneumatique du chemin de fer de Saint-Germain, section transversale.

Fell réalisa cette conception en disposant entre les roues de la machine deux cylindres faisant tourner des roues *horizontales* serrant latéralement un rail central; l'écartement des essieux était tel que la machine pouvait passer dans des courbes de 50 mètres de rayon.

Le chemin de fer provisoire établi sur la route du Mont-Cenis, entre Saint-Michel et Suse, pendant les travaux du percement du tunnel, fut construit d'après le système Fell.

« Ce chemin de fer, dit Édouard

Tube pneumatique du chemin de fer atmosphérique de Saint-Germain, section longitudinale.

Whymper, est ou plutôt était une merveille. Il suivait la route de terre dont il ne s'écartait que pour éviter la traversée des villages ou pour diminuer la raideur des pentes. De Saint-Michel au col, il montait de 1 360 mètres, et, du col à Suse, il descendait de 1 588 mètres. Sur certains points, il s'élevait de 8 centimètres par mètre...

« C'était un curieux et intéressant spectacle que de suivre du regard un train de chemin de fer Fell montant de Lanslebourg au col du Mont-Cenis. Des bouffées de vapeur s'élançaient au-dessus des arbres, parfois dans une direction opposée, puis disparaissaient tout à coup sous les parties de la voie que des constructions en planches et des toitures en fer protégeaient contre la neige, pour reparaître au sortir de ces tunnels d'un nouveau genre. La locomotive, qui gravissait 11 kilomètres à l'heure, malgré la raideur des pentes, suivait tous les zigzags de la route de terre, si ce n'est dans les détours trop brusques où le chemin de fer était obligé de décrire une courbe plus étendue.

« Le plateau du col, de la station du sommet à celle de la Grande-Croix, long d'environ 8 kilomètres, était bientôt traversé. Alors commençait la terrible descente sur la ville de Suse, pendant laquelle le chemin de fer, en grande partie couvert, ressemblait à un monstrueux serpent. A l'intérieur des galeries, on ne voit qu'à 4 ou 5 mètres en avant de la locomotive, tant les courbes sont fortes. A peine aperçoit-on les rails. La machine vibre, oscille, bondit; il est difficile de s'y maintenir en équilibre. On lâche la vapeur, on serre les freins, car, peu de minutes après avoir quitté le col, le train descend par son propre poids. »

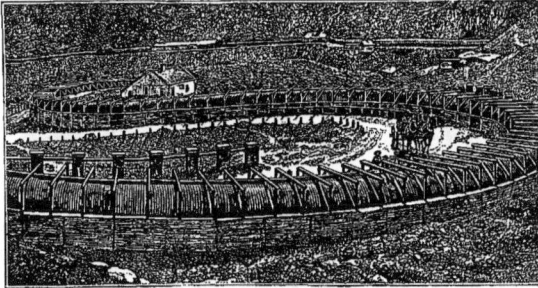
Parties couvertes du chemin de fer Fell, sur la route du Mont-Cenis.

Marsh, l'ingé - nieur américain, apporta une importante modification au système Fell en transformant le troisième rail en une véritable crémaillère dans laquelle s'engrènent des roues dentées, fixées au véhicule.

C'est aux États-Unis, près de Boston, sur le mont Washington, le plus haut sommet des montagnes Vertes, que fut établi, en 1867, le premier chemin de fer à crémaillère.

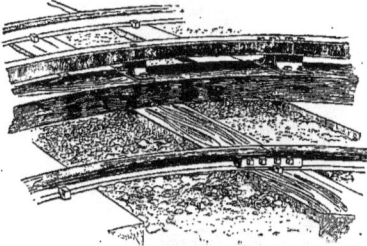
Une portion de voie du système Fell.

Un ingénieur suisse, M. Riggenbach, importa ce nouveau système en Europe, et l'appliqua au Righi; en 1874, le chemin de fer du Kalkenberg, près de Vienne, fut également construit suivant le même principe.

L'incomparable panorama que l'on voit se dérouler du sommet le plus élevé du Righi, le Kulm, et qui ne comprend pas moins de « 3 chaînes de montagnes, 13 lacs, 17 villes, 40 villages et 70 glaciers, répandus sur 100 lieues de circonférence », suffisait à attirer les touristes avant l'existence du chemin de fer qui amène actuellement chaque année au Righi un nombre inouï de voyageurs.

L'accès de la montagne n'était pas cependant sans causer quelque fatigue, et, malgré le secours des chevaux ou des chaises à porteurs, la plupart des ascensionnistes ne trouvaient pas dans les beautés du panorama l'oubli de leurs peines.

Aujourd'hui les trois voies ferrées du Righi transportent rapidement les touristes, dans un wagon-confortable, qui leur permet de jouir de la vue à leur aise pendant toute la durée du parcours, et chacun peut gravir la superbe montagne sans aucune fatigue, pour aller à l'hôtel attendre le lever ou le coucher du soleil, qu'annonce régulièrement la traditionnelle trompe de bois, même lorsque les brouillards les plus épais ne permettent pas de distinguer les objets à quelques mètres devant soi.

Vitznau et le chemin de fer du Righi.

C'est ainsi que, grâce à son chemin de fer, le Righi est véritablement devenu le rendez-vous des touristes qui visitent la Suisse pendant les trois mois de l'été.

La ligne du Righi-Witznau est de 7 kilomètres ; celle de la *Scheidegg* est presque aussi longue, mais la pente y est beaucoup moins rapide ; quant à la voie d'Arth au Staffel, elle a une étendue de 3 lieues environ.

La crémaillère se trouve constituée par une barre composée de deux rails parallèles, qui se trouvent réunis à des intervalles égaux par des tiges transversales, formant

Du haut du Righi.

ainsi une longue série de crans où viennent s'engrener les petites roues dentées dont sont pourvus la locomotive et le wagon portant les voyageurs. Le mécanicien peut à son gré modérer la vitesse de la descente, qui prendrait des proportions vertigineuses si la machine était abandonnée à l'impulsion de son propre poids.

9

Tout danger est d'ailleurs évité par ce fait que le wagon, à la montée comme a la descente, se trouve toujours au-dessus de la locomotive et ne lui est pas attaché,

Chemin de fer du Righi-Vitznau.

de sorte qu'il pourrait être arrêté instantanément si un accident se produisait du côté de la locomotive qui le pousse à la montée et le soutient dans la descente.

Le succès du chemin de fer du Righi ne pouvait manquer de donner naissance à des entreprises analogues, et la Suisse, si richement pourvue de sommets plus ou moins escarpés, dont l'escalade n'est pas à la portée de toutes les jambes, devait iné-

Righi-Kaltbad.

vitablement devenir le pays des chemins de fer à crémaillère et des funiculaires.

Le Pilate, notamment, placé vis-à-vis du Righi, qu'il domine dé plus de 300 mètres, sur la rive opposée du lac de Lucerne, réalisait, grâce à sa situation exceptionnelle, toutes les conditions qui pouvaient assurer la réussite d'un chemin de fer analogue à celui du Righi.

En 1885, la construction du chemin de fer du Pilate fut décidée en principe, et

Le Pilate

une société fut constituée dans ce but, mais des difficultés sérieuses se présentèrent lorsqu'on chercha parmi les systèmes déjà employés celui qui offrirait une sécurité complète, étant données d'une part l'inclinaison des rampes qu'il s'agissait de franchir, et d'autre part la fréquence des tempêtes qui se forment au Pilate.

Cette montagne est, en effet, le point de réunion de tous les orages qui se forment aux environs, et elle doit même son nom (*Mons Pileatus*, mont Coiffé) à l'enveloppe de nuages qui masque souvent son sommet, d'où le dicton familier aux habitants de Lucerne :

« Si le Pilate a son chapeau, le temps sera beau ; — s'il a un collier, on peut se risquer ; — s'il a une épée, il vient une ondée. »

Le système fonctionnant au Righi ne parut pas devoir être appliqué à la ligne du Pilate ; de même, les autres crémaillères à dents verticales ne semblèrent pas réaliser toutes les conditions de sécurité désirables.

Le colonel Édouard Locher, de Zurich, imagina alors une modification du système Fell, qui consistait à remplacer le rail central par une double crémaillère présentant des dents sur chacun de ses côtés, et sur laquelle venaient s'engrener des roues horizontales pourvues de dents. On adopta ce système, qui consistait en réalité à disposer dos à dos deux crémaillères verticales placées sur le côté.

Le Pilate, la cime de l'Esel.

Les travaux commencèrent en 1886, et le 4 juin 1889 la ligne put être livrée à la circulation.

Partant du village d'Alpnach, à l'extrémité du bras sud-ouest du lac des Quatre-Cantons, le chemin de fer franchit, sur une longueur de 4 295 mètres de voie, une hauteur de 1 634 mètres, ce qui donne une pente moyenne de 42 pour 100, la pente maximum atteignant 48 pour 100.

Ces chiffres suffisent amplement à donner une idée de la hardiesse de cette ligne, qui, dans certains points, apparaît comme une échelle fixée sur la montagne.

Au Righi, les rampes n'atteignent que 25 pour 100, et, d'une façon générale, on peut dire que nulle part ailleurs il n'existe un chemin de fer franchissant, au moyen de roues dentées, des rampes aussi fortes que celles du mont Pilate; seuls les chemins de fer funiculaires, ainsi que nous le verrons bientôt, ont pu jusqu'ici gravir des pentes plus rapides.

Chaque train, composé d'une petite locomotive et d'un wagon à quatre compartiments, disposés en escalier, peut porter 32 personnes, sans compter le personnel de la compagnie, et effectue le trajet en une heure vingt minutes environ, avec une vitesse d'un mètre par seconde à la montée comme à la descente.

Malgré la raideur exceptionnelle des pentes que franchit le chemin de fer du Pilate, le fonctionnement des trains s'opère dans des conditions de sécurité parfaite, grâce au soin apporté à la construction de la voie et des machines, et grâce à l'emploi des freins automatiques fonctionnant constamment.

I1

CHEMINS DE FER A TRACTION MIXTE

La ligne du Harz, en sections à crémaillère alternant avec des sections en voie lisse. — La ligne de Rorschach à Heiden. — Le chemin de fer de Langres. — La ligne du Brünig. — Le chemin de fer du col de Bolan.

Lorsqu'il s'agit de s'élever au sommet d'une montagne, comme au Righi, au Pilate, l'installation d'une crémaillère est nécessaire pour tout le parcours; mais, dans bien des cas, lorsque l'on a, par exemple, à franchir simplement un col, on a tout intérêt à combiner l'emploi de la crémaillère avec la méthode employée sur les chemins de fer ordinaires, en faisant alterner des sections à forte rampe exploitées à l'aide d'une crémaillère avec des sections où la locomotive agit uniquement par adhérence.

Ce système mixte a été appliqué en 1885 sur la ligne du Harz, allant de Blankenburg à Tanne, et a donné d'excellents résultats.

Sur 30 kilomètres que comporte cette ligne, 8 kilomètres environ, répartis sur 10 sections, sont exploités au moyen d'une crémaillère; à la montée des sections à crémaillère, les trains, portant 120 tonnes, peuvent marcher avec une vitesse de 15 kilomètres à l'heure en moyenne.

Grâce à cette heureuse combinaison, la ligne du Harz a rendu les plus grands services en assurant l'exploitation des forêts et des mines de Braunesumpf, de Hüttenrode, et en desservant les hauts fourneaux du Harz.

Déjà, quelques années auparavant, la création d'un type de locomotive mixte, imaginé par M. Riggenbach, avait permis de raccorder les voies à crémaillère aux lignes ordinaires, et c'était dans ces conditions qu'avaient été construites les lignes d'Ostermündigen à Berne, de Wasseralfingen, de Rütli, d'Oberlahnstein, de Heiden.

Cette dernière ligne, qui est la plus importante de toutes celles que nous venons de citer, se trouve raccordée à Rorschach au chemin de fer suisse longeant le lac de Constance; après être restée quelque temps en palier, elle s'élève par une section à crémaillère jusqu'à Heiden, petite ville bien connue des touristes. La longueur totale de la ligne de Rorschach à Heiden est de 5 kilomètres et demi, et la pente moyenne est d'environ 9 pour 100.

Nous possédons en France une application du système mixte, qui a été réalisée en 1887, entre Langres-Marne et Langres-Ville, sous la direction des ingénieurs des ponts et chaussées de la Haute-Marne, MM. Carlier, ingénieur en chef, et Cadart, ingénieur ordinaire.

Cette ligne franchit une hauteur de 132 mètres sur une longueur de 1 475 mètres ; la pente aurait été trop forte en certains points pour les machines à simple adhérence,

Chemin de fer du Righi.

et la difficulté se trouvait facilement surmontée par l'établissement de deux tronçons à crémaillère rattachés à la voie lisse sans solution de continuité.

Les deux sections à crémaillère sont, l'une de 423 mètres, l'autre de 580 mètres, et sont séparées par un intervalle de 247 mètres exploité par adhérence.

La locomotive est construite de façon à fonctionner à la fois par adhérence et par engrènement ; grâce à un élément spécial, que l'on nomme la *pièce d'entrée*, l'engrenage se produit sans que la locomotive ait besoin de s'arrêter, au moment où le train passe d'une section en voie lisse sur une section à crémaillère.

Ajoutons que la locomotive, qui est toujours placée au-dessous des wagons, qu'elle soutient à la descente et qu'elle pousse à la montée, est pourvue, indépendamment des freins ordinaires, d'un frein à air comprimé d'un système spécial, et d'un frein à contre-vapeur. La sécurité est donc absolue, étant donné que chacun de ces freins peut suffire, à lui seul, à produire l'arrêt complet de la machine.

Le chemin de fer du Brünig, qui relie le lac des Quatre-Cantons et l'Oberland bernois, et dont l'inauguration remonte seulement à l'année 1888, est également

ment constitué par des sections à crémaillère alternant avec des sections en voie
lisse.

Dans certaines parties de son trajet, la ligne n'est qu'un chemin de fer ordinaire
franchissant des rampes plus ou moins inclinées, et, dans les points où la pente
devient trop rapide, la ligne est munie d'une crémaillère analogue à celle que nous
venons de voir fonctionner au Righi.

Les locomotives sont munies de trois essieux couplés, dont l'un, médian, porte
une roue dentée, qui entre en fonctionnement dès que le train s'engage sur une section à crémaillère, tandis qu'elle reste inactive dans les parties en voie lisse, où la
machine court simplement sur les deux rails ordinaires.

La transition entre les deux systèmes se fait sans qu'on puisse à peine s'en apercevoir à l'intérieur des wagons.

Là encore toutes les précautions ont été prises pour éviter une catastrophe en
cas d'une rupture d'attelage, au niveau des fortes rampes.

Les freins sont commandés par la vapeur que fournit la locomotive et qui circule
sous les voitures dans des tuyaux assemblés d'un wagon à l'autre au moyen d'un
système spécial d'articulation.

Qu'une des voitures vienne à se détacher du train, la communication avec
la machine sera immédiatement interrompue, et le frein, n'étant plus soumis à
l'action de la vapeur, qui, à l'état normal, le retient en place, cédera à son propre
poids et viendra alors s'appliquer instantanément aux roues, produisant ainsi
l'arrêt immédiat de la voiture.

L'établissement de la ligne du Brünig, du lac de Lucerne à Interlaken, en passant par le col du Brünig, Meiringen et Brienz, a nécessité de nombreux travaux d'art ;
dans beaucoup de points, il a fallu attaquer la roche à la dynamite, jeter des ponts
métalliques au-dessus des ravins, disposer des clayonnages pour retenir les terres,
dans les points où la roche devenait schisteuse. Tous ces travaux montrent les
difficultés que les ingénieurs ont eu à surmonter, et, s'ajoutant aux splendeurs du
pays, font certainement de cette ligne de chemin de fer une des plus intéressantes
que l'on puisse parcourir.

Nous devons également citer, parmi les applications du système mixte dont nous
venons déjà de voir plusieurs exemples, le chemin de fer que les Anglais ont construit
au col de Bolan, pour aller de l'Inde dans l'Afghanistan.

La voie qui franchit le col est d'environ 1 kilomètre et demi, avec des rampes
atteignant au maximum 40 millimètres par mètre.

Les locomotives employées sont, comme sur le chemin de fer du Harz, des machines spéciales, qui, au lieu de prendre leur point d'appui sur la crémaillère seulement, au niveau des sections à crémaillère, fonctionnent également par simple adhérence ; pour réaliser cette combinaison, le constructeur s'est efforcé d'augmenter le
poids adhérent de la machine, ce qui a déjà pour résultat de faciliter sa marche sur
les sections en voie lisse. Les deux mécanismes qui commandent les roues à adhérence
ordinaire et la roue dentée sont d'ailleurs indépendants, et ont leur distribution et
leur régulateur spéciaux.

Comme on a pu le voir par les différents exemples que nous venons de citer, l'application du système mixte, résultant de la combinaison de la voie simple et de la voie à crémaillère, présente des difficultés qui varient suivant les circonstances et qui compliquent toujours l'exécution des travaux ; mais ces difficultés, que l'on peut toujours résoudre, sont tout à fait négligeables. lorsque l'on considère l'importance considérable des services que peuvent rendre ces voies mixtes, en permettant de faire pénétrer des trains ordinaires dans des régions jusque-là inaccessibles aux chemins de fer.

III

CHEMINS DE FER FUNICULAIRES

Les funiculaires américains. — La ligne du Vésuve. — Les funiculaires en Suisse; les chemins de fer du Giessbach, du Territet-Glion, du Gutsch, du Burgenstock; le projet du chemin de fer de la Jungfrau. — Les funiculaires en France; le funiculaire du Havre; le funiculaire de Belleville, à Paris.

Aux systèmes à crémaillère que nous venons de décrire, les ingénieurs préfèrent souvent, pour franchir des plans inclinés, l'installation de chaînes ou de courroies sans fin actionnées par des machines fixes et remorquant les, trains le long des rampes.

Ce mode de traction a pris un développement considérable en Amérique, et, sous ce rapport, nous avons fort peu de chose à mettre en regard des 120 et quelques kilomètres de lignes à traction par câble que possèdent ensemble New-York, Saint-Louis, Melbourne, des 25 kilomètres de lignes semblables qu'on trouve à Philadelphie et du funiculaire de 32 kilomètres de parcours qu'on a inauguré récemment à San Francisco.

Un des chemins de fer funiculaires les plus connus est celui du Vésuve, qui, depuis 1880, gravit le volcan sur une longueur de 800 mètres environ, jusqu'à 70 mètres seulement du sommet, franchissant en certains points des pentes qui atteignent 62 pour 100.

Ceux qui ont fait l'ascension du Vésuve, avant l'établissement de cette ligne audacieuse, ne peuvent oublier la fatigue que l'on ressentait en cheminant péniblement à travers les amas de scories aussi dures que du fer.

« Je me rappellerai toute ma vie, écrivait Marc Monnier, un de mes amis.qui, étant Suisse et ayant le pied montagnard, sourit de pitié en voyant le cône du Vésuve. « Quoi! s'écria-t-il, c'est tout cela? » Et il s'élança vers le cône. Au bout de cent pas, il s'arrêta essoufflé; puis il reprit sa course. Je marchais lentement derrière lui. Les scories roulaient sous ses pieds comme les pierres d'une maison qui s'effondre. Il fit cent pas encore et tomba tout de son long, s'écorchant aux mains et aux genoux.

Le Vésuve.

Il se releva sans rien dire et courut de plus belle : seconde chute ; il déchira cette fois ses vêtements de haut en bas. Alors seulement il daigna se rendre. Il prit d'abord le bras d'un guide, puis la corde d'un autre, et consentit enfin à se laisser pousser par derrière comme un simple bourgeois de Paris.

« Mais ce n'est rien encore ; on ne peut pas monter toujours par les scories. Il faut quelquefois escalader la pente douce, le côté des cendres, et c'est mille fois plus cruel. Ces cendres sont du sable très fin, rougeâtre et qu'on pourrait répandre sans inconvénient, au lieu de poudre d'or, sur la page fraîche qu'on vient d'écrire. En voyant ce talus uni, on se rassure, on s'y engage de grand cœur. Hélas ! on ne tarde pas à regretter les scories. Ce ne sont plus des pierres qui dégringolent sous vos pieds, c'est de la poussière dure, serrée, où à chaque pas vous vous enfoncez jusqu'à mi-jambe. Vous retirez un de vos membres de cet étang solide et vous faites des tours de force pour le porter en avant ; peine perdue ! L'autre jambe est prise et vous n'avez pas de point d'appui. Vous voulez vous aider des mains, utopie ! elles plongent aussi dans le terrain mouvant ; elles y entraînent vos bras jusqu'aux épaules. Sortez de là, si vous pouvez ! »

Aujourd'hui toutes ces peines sont épargnées aux touristes, qui escaladent le volcan sans fatigue et sans danger, toutes les précautions étant prises en cas d'éruption.

La ligne se compose de deux voies parallèles, comprenant chacune un rail central, sur lequel le wagon qui monte ou celui qui descend se trouve maintenu par une roue verticale à l'avant et par deux galets inclinés, de chaque côté.

Deux machines fixes, de 45 chevaux, sont établies au bas de la ligne, et actionnent des tambours sur lesquels s'enroulent des câbles en acier fixés aux wagons ; ces câbles, se repliant sur deux poulies au sommet de la ligne, s'élèvent jusqu'en haut et reprennent ensuite une marche descendante pour regagner les tambours inférieurs ; de cette façon chaque wagon monte pendant que l'autre descend, et inversement.

La Suisse est un des pays où les funiculaires peuvent trouver les applications les plus nombreuses et les plus variées ; aussi voit-on, pour ainsi dire, chaque année un funiculaire nouveau établi sur le flanc d'une montagne, au sommet de laquelle les touristes sont alors transportés en quelques minutes.

Les funiculaires du Giessbach, du Gutsch, du Burgenstock, du Territet-Glion, pour ne citer que ceux-là, transportent chaque année des milliers de voyageurs ; la Jungfrau, si l'on en croit les auteurs des projets proposés, aura bientôt son chemin de fer, et rien ne n'oppose à ce que l'on puisse escalader successivement de cette façon tous les grands sommets des Alpes, y compris le Mont-Blanc.

Les funiculaires suisses sont construits suivant deux systèmes différents, la force motrice étant fournie tantôt directement par l'eau, tantôt par l'électricité.

Les chemins de fer du Giessbach, du Territet-Glion et du Gutsch sont au nombre de ceux dans lesquels l'eau sert de moteur.

Le principe essentiel qui forme la base du système est d'ailleurs fort simple. Deux wagons sont fixés au même câble, et disposés de telle façon que l'un descend tandis que l'autre monte. Celui qui descend doit, si son poids est suffisant,

L'hôtel du Giessbach.

mettre le câble en mouvement et déterminer ainsi l'ascension de l'autre wagon.
Pour que ce résultat soit obtenu, il suffit que la voiture qui doit descendre

Le Giessbach.

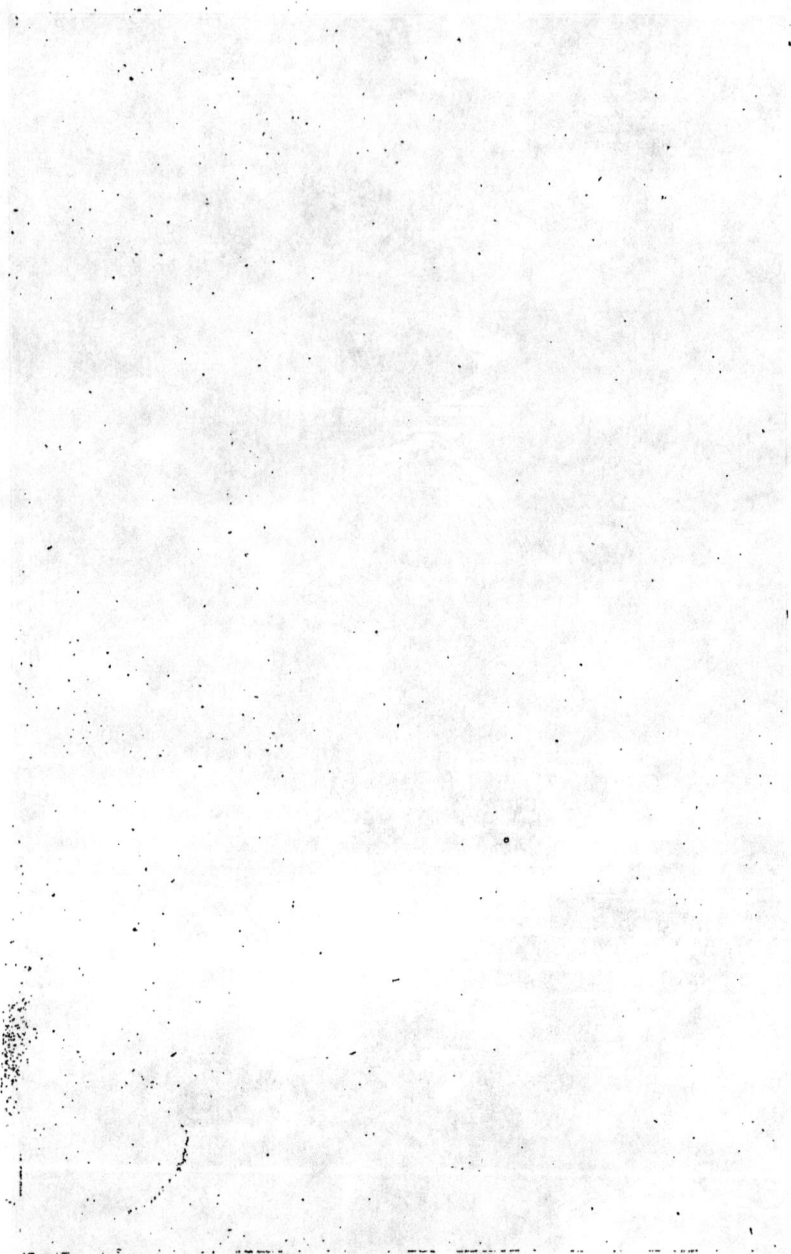

reçoive, d'un réservoir placé au sommet de la rampe, une certaine quantité d'eau, dont le poids sert à rompre l'équilibre.

Lorsque le wagon est arrivé au bas de sa course, on laisse couler l'eau qui a provoqué sa descente et en même temps l'ascension du second wagon; celui-ci, parvenu au sommet, reçoit à son tour une charge d'eau, et le mouvement s'établit alors en sens inverse.

Le grand avantage de ce système réside, comme on le voit, dans la faible dépense qu'il nécessite, lorsqu'on a à sa portée une provision d'eau constamment renouvelée, comme cela est si fréquent en Suisse.

Tous les touristes qui ont fait la traversée du lac de Genève connaissent le funiculaire hardiment posé sur le flanc de la montagne de Glion, à l'extrémité orientale du lac.

Cette petite ligne, vue d'en bas, paraît absolument vertigineuse, et, en réalité, la pente maximum est une des plus fortes que l'on puisse rencontrer dans les constructions analogues; elle atteint, en effet, 57 pour 100, et ce n'est guère qu'au Vésuve qu'on trouve en certains points une rampe plus accentuée.

Le jour de l'inauguration, l'ingénieur-constructeur de la ligne, M. Riggenbach, eut le courage de descendre la voie en agissant seulement sur les freins du wagon, sans avoir recours au câble de traction; il put donner ainsi une démonstration évidente de l'efficacité des moyens dont il disposait pour prévenir toute catastrophe.

Le chemin de fer de Territet-Glion est installé suivant le principe général que nous avons exposé plus haut.

Indépendamment du câble de traction, la voie comprend une crémaillère; mais celle-ci est surtout destinée à retenir le train descendant, et ne sert pas, comme au Righi, à fournir un point d'appui à la force motrice.

Le chemin de fer du Gutsch s'élève sur la colline de ce nom, qui est située aux environs de Lucerne, derrière Brunnen, et d'où l'on découvre un panorama merveilleux sur le lac des Quatre-Cantons.

Cette petite ligne est établie suivant le même principe que la précédente, chacun des wagons portant, au-dessous de son plancher, une caisse vide destinée à recevoir le volume d'eau qui doit constituer l'excédent de poids nécessaire à la descente et que l'on évacue dès que la voiture est arrivée au bas de la rampe.

La poulie motrice, sur laquelle s'enroule le câble au sommet de la voie, est pourvue d'un frein qui permet de régler la vitesse de la descente, et, d'autre part, chaque wagon est muni d'un frein qui suffirait à immobiliser instantanément le véhicule sur la crémaillère, dans le cas où le câble viendrait à se rompre.

L'installation de ce chemin de fer, qui franchit une hauteur de 80 mètres sur une longueur totale de 165 mètres, avec une pente moyenne de 52 pour 100, n'a pas entraîné une dépense supérieure à 52 000 francs; on peut juger, par ces chiffres, combien l'exploitation de ces petites lignes peut être rémunératrice.

Sur d'autres chemins de fer funiculaires, au lieu d'employer l'eau directement comme moteur, on utilise l'électricité, comme nous l'avons dit plus haut, pour transporter la force à distance.

Le chemin de fer du Burgenstock, qui fonctionne depuis 1888, nous en offre un exemple.

Les touristes qui ont visité Lucerne et ses environs connaissent sur le bord du lac des Quatre-Cantons la station de Kersysten, dominée par le Burgenstock.

Avant la construction du funiculaire, il fallait, pour aller à l'hôtel qui se trouve au sommet de cette petite montagne, à un millier de mètres d'altitude, se rendre tout d'abord en bateau à Stansstadt et de là gravir lentement la montagne en voiture.

Aujourd'hui, grâce au chemin de fer, on monte directement de Kersysten à l'hôtel du Burgenstock en suivant une rampe absolument vertigineuse.

La force motrice qui sert à la fois au funiculaire et à l'éclairage électrique de l'hôtel, est produite par deux machines génératrices, du type Thury, installées à 4 kilomètres, et elle est transmise à deux machines réceptrices du même type par trois conducteurs de 4, 5 millimètres de diamètre suspendus aux poteaux du télégraphe.

C'est là, comme on le voit, une application fort intéressante du transport de la force par l'électricité.

Les Suisses, d'ailleurs, comme on a pu en juger lors de l'Exposition de 1889, et comme on peut s'en rendre encore mieux compte en visitant leurs grandes installations d'électricité, sont loin de rester en retard sur les questions qui touchent aux applications de l'électricité, et ont déjà participé pour une bonne part aux progrès remarquables que ces questions ont faits dans ces derniers temps.

Avant de quitter la Suisse, disons quelques mots du projet du chemin de fer de la Jungfrau, qui vient d'être récemment étudié.

Tous les touristes qui ont été à Interlaken connaissent l'étroite vallée de Lauterbrunnen, que parcourent les flots écumeux de la Lutschine Blanche. On y construit un chemin de fer que l'on compte prolonger, soit jusqu'à Stockelberg, soit en suivant la vallée du Trummelbach.

Cette voie atteindra ainsi le pied de la montagne et se trouvera déjà à une altitude de 870 mètres.

Pour ce qui est du système à adopter pour escalader la Jungfrau, deux projets sont en présence, comportant : le premier une voie à crémaillère, analogue à celle du Pilate ; le second une série de funiculaires, qui formeraient cinq lignes distinctes, disposées chacune en ligne droite, et constituant ensemble une ligne brisée contournant la montagne sur une longueur totale de 5 460 mètres, la longueur maximum des câbles ne devant pas dépasser 1 350 mètres.

D'une façon absolue, l'exécution de ce travail hardi ne paraît pas impossible, mais elle ne serait pas sans présenter de grandes difficultés et occasionnerait à coup sûr des frais considérables, qui risqueraient fort de n'être pas compensés par des recettes suffisantes, si le chemin de fer n'attirait pas les 30 000 ascensionnistes sur lesquels comptent les auteurs de ce projet, en évaluant à 35 francs le prix de l'excursion et à cinq mois environ la durée de la saison d'exploitation.

En terminant cette étude sommaire des chemins de fer de montagne, nous devons parler brièvement de quelques-uns des funiculaires existant en France.

Les nombreux exemples que nous ont donnés les Américains suffisent à montrer

La Jungfrau.

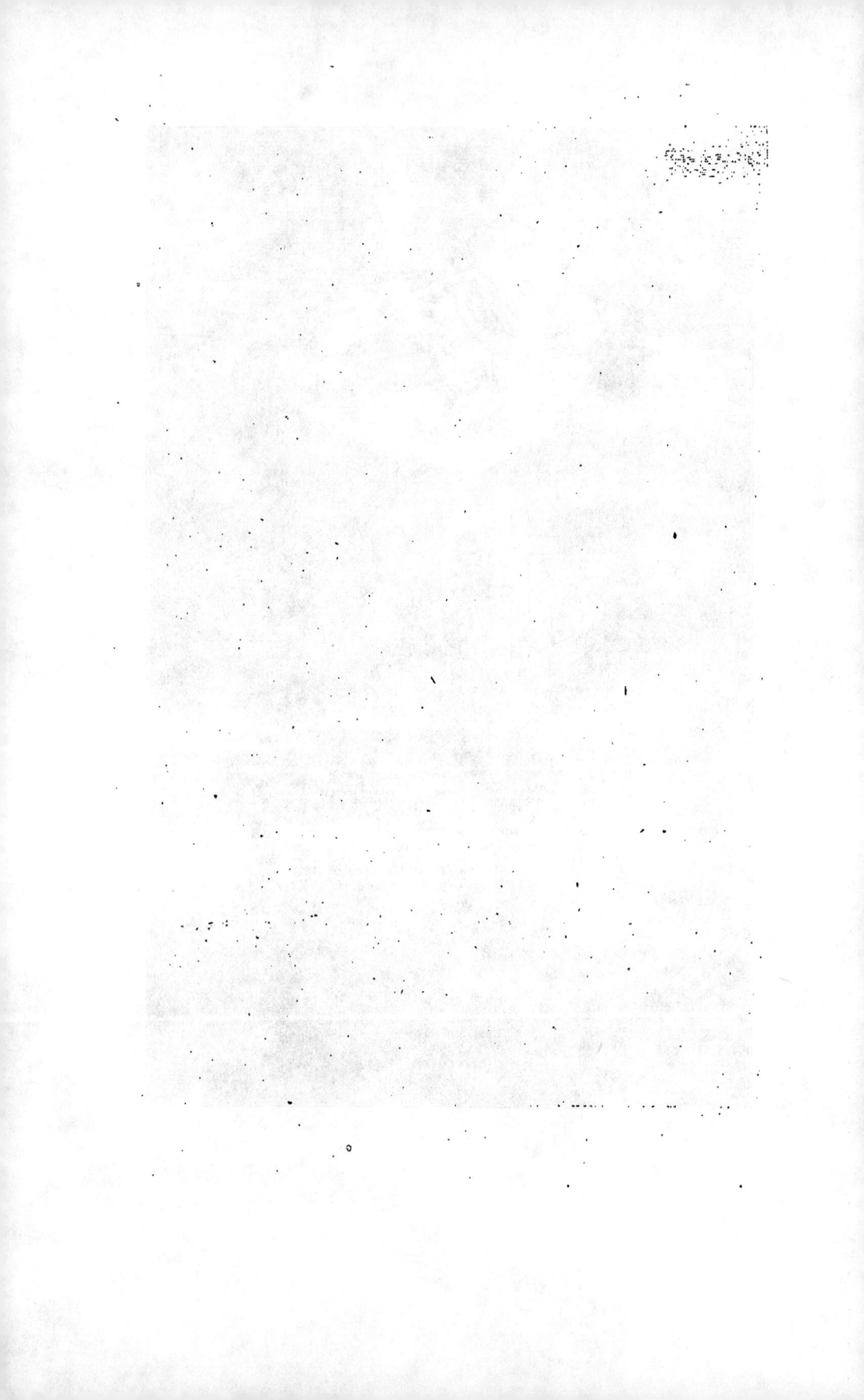

toute l'utilité que l'on peut retirer de l'installation de chemins de fer funiculaires dans les points où l'on se trouve en présence de pentes rapides.

Plusieurs lignes de ce genre fonctionnent en France, et quelques-unes ont même déjà un certain nombre d'années d'existence. D'autres sont à l'étude, notamment celle du Havre, que l'on doit établir dans cette ville entre la rue du Champ-de-Foire et la rue de la Côte, qui sont séparées par une différence d'altitude de 74 mètres. Enfin, tout récemment, on a terminé à Paris l'installation d'un tramway funiculaire, qui va de la place de la République à l'église de Belleville, en remontant le faubourg du Temple et la rue de Belleville; de plus, on projette également à Paris l'établissement de deux autres lignes, qui auraient pour but de mettre en communication le versant nord de la butte Montmartre avec la place de la Trinité et la place Cadet.

Le tramway de Belleville présente une particularité intéressante, en ce que la voie est unique, au lieu d'être double, comme cela a lieu le plus ordinairement, une des voies servant pour la montée, et l'autre pour la descente.

La ligne présente seulement une double voie de 18 mètres de longueur, au niveau de chacun des garages, qui sont au nombre de deux dans le faubourg du Temple, au canal Saint-Martin et à l'angle de la rue Saint-Maur, et au nombre de trois sur le parcours de la rue de Belleville, aux angles du boulevard de Belleville et des rues Julien-Lacroix et Bolivar.

Ce qui caractérise également ce funiculaire, c'est qu'il utilise la voie publique dans la totalité de son parcours.

Entre les deux rails, noyés dans le pavé qui recouvre la chaussée, et séparés l'un de l'autre par un écartement d'un mètre, se trouve une rainure profonde de 35 centimètres, dans laquelle circule le câble sans fin auquel le véhicule est relié par l'intermédiaire du « grip », constitué par une tige en forte tôle d'acier, munie de deux pièces qui saisissent le câble comme le feraient deux mâchoires.

La rainure dans laquelle circule le câble, actionné par deux machines Corliss de 50 chevaux, est formée d'un bâti en fer et en maçonnerie, et se trouve fermée en haut par des plaques de fer qui laissent entre elles un espace suffisant pour laisser passer le grip.

Le câble, d'un diamètre de 3 centimètres, est en acier; sa longueur totale est de 4 150 mètres et son poids de 13 000 kilogrammes.

La pose de ce câble n'a pas demandé moins de deux journées. Enroulé autour d'une énorme bobine, et placé sur un fort support à l'entrée de la remise des machines, il a d'abord été tiré à mains d'hommes pour l'enroulement autour d'une grande poulie de 3^m,50, dite « poulie-tendeur »; puis il a été mis en communication avec les poulies de la voie.

Le départ commença au milieu d'une affluence considérable. Le véhicule put descendre jusqu'à la rue des Pyrénées, traîné par deux chevaux seulement; mais là trois chevaux furent nécessaires, la tension du câble offrant une résistance qui augmentait à mesure que l'on avançait. A l'avenue Parmentier, il fallut aller chercher un quatrième cheval de renfort, et, chaque fois que le câble arrivait sur une des poulies souterraines, il se produisait une résistance que les chevaux avaient de la peine à surmonter.

Quatre heures après le commencement de la descente, le câble arrivait au point terminus de la place de la République, et, le lendemain, la remontée s'effectua sans incident.

Le service est assuré par des trains de deux voitures, donnant chacune place à 22 voyageurs; les trains circulant sur la ligne pendant 18 heures par jour, avec 12 départs à l'heure, espacés de 5 en 5 minutes pendant les heures de jour, et avec 8 départs, espacés de 7 en 7 minutes pendant les autres heures, on peut ainsi transporter dans les deux sens un maximum de 15 360 voyageurs par jour.

Il faut espérer que les résultats de cette exploitation hâteront la réalisation des projets actuellement à l'étude, et encourageront la ville de Paris à créer un certain nombre de lignes identiques, qui rendraient assurément les plus grands services à la population ouvrière de certains faubourgs, jusqu'ici privée de moyens de locomotion rapides et économiques.

LES MÉTROPOLITAINS

I

LE METROPOLITAN RAILWAY DE LONDRES

Les difficultés de l'établissement des réseaux métropolitains. — Le système souterrain; le système aérien. — Les travaux du Métropolitain de Londres. — Les stations souterraines. — Les tunnels sous-fluviaux de la Tamise. — Le *Thames Tunnel*. — Le tunnel de la Tour.

Les Anglais ont été les premiers à reconnaître que les moyens ordinaires de locomotion dans les grandes villes ne répondaient plus aux besoins du public, et qu'il était indispensable d'en créer de nouveaux, en faisant pénétrer les voies ferrées jusqu'au centre des villes.

Mais une pareille entreprise soulevait bien des obstacles, car on ne pouvait songer à établir un réseau ferré dans l'intérieur d'une ville, en coupant les rues et les édifices, sans entraver complètement la circulation des piétons et des voitures, et sans dépenser des sommes considérables en expropriations.

Pour réaliser un semblable projet, on n'avait donc le choix qu'entre les deux solutions suivantes : établir un chemin de fer aérien, en plaçant la voie sur un viaduc établi à une certaine distance au-dessus de la voie publique ordinaire, ou creuser un réseau souterrain qui, situé sous les rues et les maisons, ne devait modifier en rien l'état des choses.

C'est ce dernier système que les Anglais ont inauguré à Londres, en construisant un immense circuit qui, partant du centre de la Cité, longe la rive droite de la Tamise, puis décrit une courbe, à partir de Kensington, pour prendre contact avec les gares des grandes lignes de chemin de fer de la rive gauche, et revient ensuite à son point de départ, dans le centre de la Cité, établissant ainsi une communication entre les quartiers les plus populeux.

La plus grande partie du *Metropolitan Railway*, ou *Inner Circle*, est construite en souterrain, la ligne comprenant seulement un petit nombre de sections en tranchée à ciel ouvert.

Les procédés ordinaires de forage des tunnels n'ont pu être appliqués que dans quelques points à la construction du réseau souterrain.

Dans la majeure partie du tracé, les ingénieurs durent employer une méthode

Le Metropolitan Railway de Londres. — La gare souterraine de Baker-Street.

semblable à celle qui avait été adoptée pour les travaux du canal Saint-Martin de Paris.

Les terrains sous lesquels devait passer le *Metropolitan Railway* furent achetés par la compagnie, et l'on creusa à ciel ouvert des tranchées qui furent ensuite recouvertes par une voûte en maçonnerie.

Ce genre de travail présenta de réelles difficultés.

Il fallut prendre les plus grandes précautions pour maintenir solidement, au moyen de boisages, les parois latérales des tranchées, afin d'empêcher les maisons voisines de s'écrouler. D'autre part, on eut à prendre des dispositions multiples, en raison des canaux d'égout ou des conduites d'eau et de gaz que chaque tranchée rencontrait sur son passage. Enfin, l'on dut s'arranger de façon à entraver le moins possible la circulation, et pour cela on ne put avancer que lentement, par petites sections se succédant l'une à l'autre.

Les tranchées une fois creusées, on établissait la voûte du souterrain et l'on pouvait alors rétablir le tracé des rues que l'on avait coupées et construire de nouvelles maisons sur l'emplacement qu'occupaient auparavant les bâtiments expropriés.

Le *Metropolitan* ne comprend pas seulement un vaste réseau souterrain, il comporte également un certain nombre de gares établies à des profondeurs qui varient entre 8 et 15 mètres au-dessous du niveau des rues.

Chacune de ces stations souterraines reçoit de l'air et de la lumière par des soupiraux établis de chaque côté de la voie et débouchant dans les jardins qui entourent les bâtiments de la gare supérieure, située de plain-pied avec la voie publique.

La ventilation du souterrain constituait une des principales difficultés de l'exploitation du métropolitain de Londres; aussi a-t-on dû prendre, indépendamment des ouvertures ménagées dans les plafonds des voûtes, certaines dispositions particulières, notamment dans la construction des locomotives, qui condensent elles-mêmes, dans des réservoirs latéraux, les gaz s'échappant de la cheminée; on supprime ainsi les

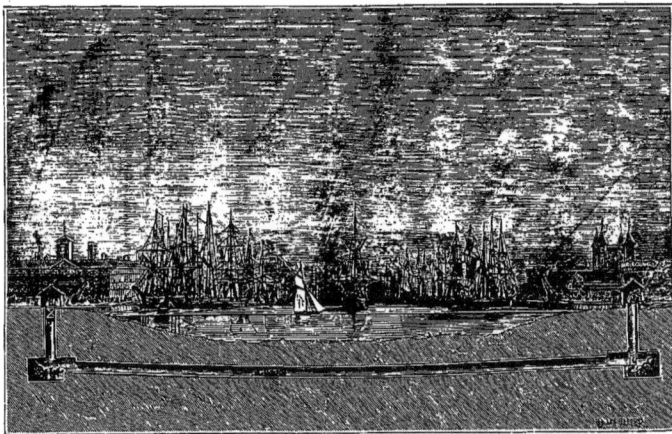

Le nouveau tunnel sous la Tamise.

inconvénients de la fumée qui, avec les locomotives ordinaires, aurait rendu irrespirable l'air du souterrain.

Après avoir parlé du *Metropolitan*, qui constitue une des grandes curiosités de Londres, nous devons dire quelques mots des deux tunnels sous-fluviaux de la Tamise : le *Thames Tunnel*, qui fait aujourd'hui partie du réseau des chemins de fer souterrains, et le souterrain de la Tour, qui, dans le principe, devait faire partie d'un immense réseau de voies souterraines analogue à celui du *Metropolitan*.

Le plus ancien de ces deux tunnels sous-fluviaux, le *Thames Tunnel*, a été construit en 1832 par l'ingénieur Brunel, dans un banc d'argile de 10 mètres d'épaisseur, qui n'est séparé du lit du fleuve que par 2 ou 3 mètres de sables d'alluvion, et qui repose d'autre part sur une couche essentiellement perméable, composée de sables et de graviers.

Dans ces conditions, on eut à lutter, lors du percement du tunnel, contre des suintements très abondants, et plusieurs fois même les eaux de la Tamise envahirent

le souterrain en construction; ces inondations occasionnèrent des retards considérables dans l'achèvement de l'œuvre, qui ne demanda guère moins de dix-huit
années de travail.

· Le second tunnel de la Tamise, construit en 1870, en amont de la Tour de
Londres, et reliant *Tower-Hill* (rive gauche) à *Vine-Street* (rive droite), fut effectué
dans des circonstances beaucoup plus favorables, et il put être terminé en une année.
Ses dimensions étaient, il faut bien le dire, moins considérables que celles du *Thames
Tunnel*. Celui-ci comprenait au niveau de ses embouchures deux puits de 25 mètres
de profondeur et de 15 mètres de largeur, tandis que les puits du nouveau tunnel,
creusés sur les deux rives opposées de
Surrey et de Middlesex, n'avaient qu'une
profondeur de 17 et de 19 mètres, et une
largeur de 3 mètres. Le premier présentait une section de 80 mètres carrés,
tandis que le second mesurait seulement
3 mètres carrés de section.

La méthode dite *par bouclier* fut
employée dans le percement des deux
tunnels; toutefois, les perfectionnements apportés à la construction du
tunnel de la Tour sont assez ingénieux
pour mériter de nous arrêter un instant.

Au lieu du bouclier formé simplement de forts madriers, qui servait dans
le *Thames Tunnel* à soutenir le front d'avancement, on employa pour le nouveau
tunnel un bouclier métallique composé de six voussoirs symétriques en tôle, solidement unis entre eux, et présentant une ouverture centrale hexagonale.

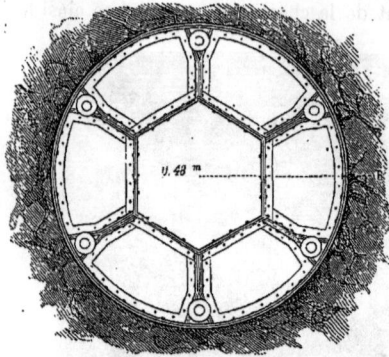

Bouclier ayant servi à la construction du tunnel sous la Tamise.

Grâce à un mécanisme particulier, le bouclier, qui servait à protéger le travail
et précédait constamment la partie achevée, pouvait avancer par glissements successifs, d'une quantité égale chaque fois à un demi-mètre environ.

Les ouvriers creusaient en avant du bouclier une petite galerie d'avancement,
et dès que le terrain se trouvait suffisamment dégagé, on faisait avancer le bouclier
d'un demi-mètre : on découvrait ainsi, en arrière du bouclier, un espace suffisant
pour loger un des 800 anneaux de fonte qui devaient constituer le revêtement définitif
du tunnel, au lieu de la maçonnerie en briques employée précédemment pour le
Thames Tunnel.

: Un des grands avantages de cette méthode consistait dans la possibilité de protéger contre tout accident la partie achevée du tunnel; en cas d'alerte, il suffisait en
effet de fermer l'ouverture hexagonale du bouclier métallique, et le souterrain se trouvait ainsi à l'abri de l'envahissement des terres et de l'eau.

II

LES CHEMINS DE FER AÉRIENS DE NEW-YORK

Les avantages du système aérien à New-York. — Les fondations des piliers.
L'établissement de la voie. — Le matériel roulant. — Les résultats de l'exploitation.

Nous venons de voir, dans le *Metropolitan Railway* de Londres, la première application d'un des deux systèmes entre lesquels on peut choisir, suivant les circonstances, lorsqu'il s'agit d'établir un réseau de chemins de fer à l'intérieur d'une grande ville.

Le Métropolitain de New-York, qui, au lieu de se développer sous terre, s'étend au contraire au-dessus des voies publiques de la populeuse cité, va nous donner un exemple du second système, dit aérien.

L'établissement de voies souterraines entraîne évidemment des frais beaucoup plus considérables que la construction sur piliers; mais ce dernier système n'est pas sans présenter, en revanche, de sérieux inconvénients; on ne s'y arrêta pas, à New-York, car on préférait avant tout réaliser au plus vite, et en dépensant le moins possible, un nouveau mode de transports rapides, qui pût suppléer à l'insuffisance des moyens de communication ordinaires. Pour les Américains, plus encore que pour les Anglais, *Time is money*, « le temps est de l'argent », et jamais on n'aurait eu à New-York la patience d'attendre l'achèvement d'un réseau souterrain dont la construction aurait demandé des années.

D'ailleurs, comme le fait remarquer M. de Laveleye, dans un intéressant récit auquel nous allons faire quelques emprunts, les villes américaines, découpées en échiquier, n'ont en général que peu à perdre au point de vue pittoresque; de plus, à New-York même, quelques rues seulement sont réservées aux habitations de luxe. On sacrifiait complètement les autres, mais le mal n'était pas grand! Elles ne conviendraient plus que pour les grands magasins, les bureaux et les entrepôts; mais, en somme, n'était-ce pas leur destination? Quant aux réclamations des lignes de tramways et des cochers dont on aurait pu effrayer les chevaux, on passa outre.

Il fallait construire la voie dans des rues de largeur inégale, et, par conséquent, adopter un système différent d'après les difficultés à vaincre. Avant tout, on devait assurer aux colonnes destinées à soutenir les rails une stabilité à toute épreuve, et là déjà se présentait un premier obstacle. Dans les maisons américaines, les caves s'étendent souvent jusque sous les trottoirs. On fut donc obligé de les acheter pour y établir de puissants massifs de moellons et de pierres de taille, où l'on pût ancrer solidement les colonnes par la base.

L'établissement de ces fondations des colonnes a nécessité en certains points des travaux considérables; dans l'île de Manhattan, notamment, il fallut faire sauter près de 4 mètres de rocher et creuser ensuite 8 à 9 mètres de sables pour pouvoir établir les piles.

Il nous suffira, pour montrer l'importance de ces travaux, de dire que les travaux de fondation des 6 kilomètres de la ligne située entre la rivière Harlem et la 83ᵉ rue ont absorbé plus de 11 millions de briques, 3 000 barils de ciment et près de 7 000 mètres cubes de béton; les déblais enlevés comportaient environ 50 000 mètres cubes de terre, 20 000 mètres cubes de rocailles et 5 000 mètres cubes de roches.

Les fondations établies, restait à construire la voie.

« Dans la partie ancienne de la cité où les rues sont étroites, le moyen fut vite trouvé. On établit de 10 en 10 mètres des arceaux en fer forgé, allant d'un trottoir à l'autre, et on les relia par des longerons sur lesquels furent posées les quatre files de rails de la double voie. Les voitures et les piétons circulent ainsi sous une espèce de tunnel, interceptant à peu près complètement la lumière du jour et au-dessus duquel passent à tout instant, avec un grondement semblable à celui de la foudre, les trains lancés à toute vitesse.

« Ce système, praticable dans ce cas spécial, devenait impossible dans les voies de communication plus larges. Les arcs de fer soutenant les rails auraient dû avoir une portée trop considérable, et l'on dut avoir recours à d'autres moyens. Les piliers ici ne sont plus placés au bord du trottoir, mais au milieu du pavé, divisé en trois parties. De chaque côté reste un passage pour les véhicules ordinaires, puis au milieu roulent des tramways sous la voie ferrée aérienne. Au lieu de placer les arceaux de fer perpendiculairement à la longueur de la rue, on les plaça dans le même sens, et, pour fortifier les deux voies ainsi séparées, on les relia par de puissantes traverses également en fer forgé, espacées d'une vingtaine de mètres environ. C'est le moyen que l'on a pris pour construire la ligne de la Septième Avenue.

« Restait le cas d'une artère plus large encore, la Troisième Avenue, par exemple. Il fallait se résoudre à séparer complètement les deux voies, en plaçant l'une d'un côté de la rue et la seconde de l'autre. Ce problème, qui eût embarrassé plus d'un ingénieur, fut résolu d'une façon neuve, simple et hardie, c'est-à-dire à la façon américaine. De légères baïonnettes en fer, carrées, de 20 centimètres de côté, placées isolément à la file les unes des autres, supportent une voie ferrée avec ses locomotives, ses wagons, comme les poteaux qui longent nos chemins de fer supportent leurs fils télégraphiques.

Double voie du chemin de fer aérien dans la Septième Avenue, à New-York.

. « Rien de plus extraordinaire que l'aspect de la Troisième Avenue à New-York. La rue s'étend à perte de vue, toute droite, bordée de maisons découpées par des raies blanches, pour simuler des briques. Ces habitations ont un air de nouveauté et de fragilité qui fait penser aux jouets d'enfants de Nuremberg. L'air est traversé, dans toutes les directions, par des réseaux entremêlés de fils électriques appuyés sur de grands poteaux blanchis à la chaux comme les épouvantails dans nos moissons mûres. Puis, de chaque côté de la rue, au-dessus de la tête des chevaux, soutenue par des supports si fragiles que de loin ils semblent disparaître, plane cette image de la stabilité et de la puissance : une ligne de chemin de fer, pour laquelle le sol même nous paraît à peine assez ferme.

« En bas, la foule circule, le petit marchand offre en glapissant ses crayons et ses allumettes, cinquante voitures roulent à la fois, et « du bout de l'horizon accourt avec furie » et avec un grondement sourd accompagné d'un léger panache de fumée, la locomotive laissant derrière elle un bruit de ferrailles qui ne cesse jamais. Pour pouvoir passer d'une ligne à l'autre en cas d'accident, une sorte de pont reliant les deux voies permet de faire passer les trains de l'une à l'autre.

« La pose de la voie est des plus simples. Ces supports en fer, carrés à la base, s'évasent vers le haut en forme de champignon jusqu'à la largeur voulue pour constituer une plate-forme où les rails sont adaptés. D'un support à l'autre sont jetés deux longerons, reliés à leur tour par les billes en bois sur lesquelles les rails sont posés.

« Pour éviter les déraillements, une file de fortes pièces de bois, solidement fixées, court tout le long de la voie. Elle est destinée à empêcher une voiture ayant quitté les rails de tomber dans la rue.

« Les stations sont espacées de 300 mètres environ. Elles se trouvent placées sur une plate-forme au croisement de deux rues. On y arrive par deux escaliers : l'un servant aux voyageurs montant, l'autre aux voyageurs descendant. On évite ainsi toute rencontre.

« Le matériel est construit avec le plus grand soin. Pour diminuer autant que possible le poids des locomotives et des wagons, on les fait rouler sur des roues en papier, fabriquées par un procédé relativement nouveau. La pâte à papier est comprimée par la force hydraulique, jusqu'à devenir aussi dure que le bois, tout en gardant par son homogénéité une résistance et une élasticité beaucoup plus grandes. Ce papier, maintenu au moyen de bandages en acier, réunit admirablement les deux qualités indispensables : solidité et légèreté.

« Sous la locomotive, un grand réservoir en tôle reçoit les cendres, les eaux d'épuration et tout ce qui pourrait tomber sur les passants. Les trains se composent de la locomotive et d'une ou deux voitures de grande dimension, du système américain, à couloir central. Elles sont confortablement chauffées par des tuyaux d'eau chaude passant sous les banquettes. Les sièges, très commodes, sont cannés ou recouverts de coussins. Inutile d'ajouter qu'il n'y a qu'une seule classe. Les grandes voitures américaines, pivotant à chaque extrémité sur les châssis qui les retiennent, peuvent seules rouler sur les chemins de fer aériens.

« Pour entrer dans la vieille ville, la voie ne peut aller constamment en ligne

11

droite, et, quoique les angles des rues soient de 90 degrés, elle se voit forcée de les
contourner. Aussi arrive-t-il, aux tournants les plus courts, que la voiture se trouve
suspendue à peu près dans le vide formant la corde de l'arc de circonférence décrit
par les rails; ces coudes sont parfois si brusques qu'il a fallu, pour laisser passage
à la voiture, couper l'angle des maisons formant le coin sur près de 2 mètres de
longueur. On comprend que la locomotive, qui file d'ordinaire avec une vitesse de
6 lieues à l'heure, ne marche plus ici que très lentement. »

Le prix d'un trajet est de 10 sous, quelle qu'en soit la durée, excepté aux heures
d'ouverture et de fermeture des bureaux, de 9 à 10 heures du matin et de 5 à

Train dans la Troisième Avenue à New-York.

6 heures du soir; il est alors réduit de moitié. Le contrôle des billets se fait à la sortie des gares, où il faut jeter en passant son *ticket* dans un entonnoir en cristal qui
permet à un employé de le vérifier. Les trains n'attendent jamais un voyageur en
retard. Au moment où il s'arrête, le guichet où se délivrent les billets est fermé, mais
qu'importe? Un autre train arrive deux minutes après. Dans les longues avenues
droites on voit deux et même trois trains se succédant sur la même voie, sans compter
ceux qui suivent la direction opposée et qui passent également toutes les deux minutes.

Nous donnerons une idée du succès colossal des *elevated railroad* de New-York,
en citant quelques chiffres qui nous sont fournis par les statistiques les plus récentes.

En 1889, les recettes de la *Manhattan elevated railroad Company*, qui exploite
les Seconde, Troisième, Sixième et Neuvième Avenues, ont atteint 46 millions, et le
nombre des voyageurs transportés pendant l'exercice 1888-1889 a dépassé *cent
soixante-dix millions.*

III

LE MÉTROPOLITAIN DE BERLIN

Le tracé de la ligne. — Les inconvénients des viaducs métalliques. — Les viaducs en maçonnerie du Métropolitain de Berlin. — La séparation du service local et du service extérieur.

Il existe à Berlin, comme à Paris, une ligne de ceinture qui établit une communication directe entre les onze voies ferrées qui viennent se terminer dans la capitale; mais la plupart des stations se trouvaient beaucoup trop éloignées du centre pour que ce chemin de fer pût être utilisé par les habitants de la ville; la banlieue seule profitait donc de cette exploitation.

C'est pourquoi l'on songea à construire un Métropolitain reliant le centre de Berlin au chemin de fer de ceinture et aux gares les plus importantes.

Là encore, il fallut choisir entre le système souterrain de Londres et le système aérien de New-York; dans les conditions où se trouve Berlin, l'établissement d'une voie entièrement aérienne présentait les plus grands avantages, à tous les points de vue, et c'est à ce projet que l'on s'arrêta.

La concession de l'entreprise fut donnée en 1874 à une société formée par les compagnies de chemins de fer aboutissant à Berlin, syndiquées dans ce but, et les travaux commencèrent dès l'année suivante; ils purent être terminés dans l'espace de six années et le service fut inauguré au mois de février 1882.

Le Métropolitain, dont la longueur totale est de 11^{kil},26, part de la gare de Francfort, à l'est de la ville, et gagne presque aussitôt la Sprée, dont il suit le cours pendant une partie de son trajet, et qu'il coupe en trois points différents; il traverse ainsi la ville de l'est à l'ouest, passe tout près du Jardin zoologique, et va se terminer à la gare de Charlottenburg, où il se raccorde avec le chemin de fer de ceinture.

La ligne est établie en viaduc sur les deux tiers environ de son tracé, et construite en remblai sur le reste de son parcours, entre le Jardin zoologique et la gare de Charlottenburg.

Pour éviter les inconvénients des viaducs métalliques des *elevated-railroads* de

New-York, qui font à chaque passage des trains un bruit retentissant fort gênant pour les habitants des maisons voisines, on a construit en maçonnerie les 8 kilomètres de viaduc, malgré l'augmentation notable des dépenses; il en résulte d'ailleurs que la voie présente une solidité à toute épreuve. Les passages des rues dépassant 25 mètres de largeur et le pont de la Sprée, établi près de la station de Moabit, sont seuls construits sur fer.

La hauteur de la voie au-dessus des rues est de 7^m,50 en moyenne, et la largeur du viaduc est d'environ 14 mètres.

Cette largeur a été nécessitée par l'établissement de deux doubles voies entièrement distinctes, qui sont destinées l'une aux trains du service local et l'autre aux trains venant de l'extérieur, de façon à laisser indépendant chacun des deux services. On évite ainsi d'entraver la marche des trains locaux en raison des retards qu'ont si fréquemment les trains extérieurs, et, de plus, avec l'existence des deux doubles voies, on n'a à opérer aucun croisement ni aucune marche à contre-voie, ce qui rend la sécurité absolue.

La ligne comprend cinq stations qui servent à la fois au service extérieur et au service local, et six haltes ouvertes seulement à ce dernier service.

Les principes du block-system sont appliqués à cette exploitation, et deux trains ne se trouvent jamais simultanément entre deux stations successives.

Avec une vitesse de marche de 54 kilomètres à l'heure, et en fixant l'espacement des trains à cinq minutes pour les lignes locales et à quinze minutes pour le service extérieur, on peut arriver ainsi à faire circuler, pour une durée moyenne d'exploitation de dix-huit heures par jour, 432 trains sur les lignes locales et 144 sur les lignes venant de l'extérieur.

Certaines précautions ont été prises pour obvier aux inconvénients qui auraient résulté de la masse énorme de fumée produite par les locomotives ordinaires avec un nombre aussi considérable de trains traversant constamment la ville : les locomotives sont en effet chauffées au coke, et sont en outre munies d'un appareil de condensation servant à recueillir la vapeur d'échappement.

Les dépenses d'installation du Métropolitain de Berlin se sont élevées à 90 millions environ, dont les deux tiers ont servi à la construction et le reste à l'achat des terrains.

Nous n'insisterons pas davantage sur cette ligne, dont les travaux n'ont rien présenté de particulièrement remarquable; nous avons seulement cru intéressant de donner un aperçu sommaire des dispositions adoptées à Berlin, au moment où la question des chemins de fer métropolitains est pleine d'actualité, parce que le Métropolitain de Berlin a réalisé d'une façon satisfaisante les conditions qu'il avait à remplir dans une situation assez analogue à celle dans laquelle se trouve aujourd'hui Paris pour son Métropolitain futur.

IV

LE MÉTROPOLITAIN DE PARIS

Les projets récents. — Le Métropolitain central. — Les prolongements de grandes lignes. — Les difficultés de l'entreprise. — Les grands égouts collecteurs. — Les conditions de l'exploitation.

Il serait long et fastidieux d'énumérer tous les projets plus ou moins réalisables qui ont été successivement émis au sujet du Métropolitain de Paris, dont la nécessité paraît aujourd'hui s'imposer d'une façon tout à fait urgente.

Nous nous bornerons à résumer les deux projets les plus récents présentés, l'un par la Compagnie du chemin de fer du Nord, l'autre par la Société Eiffel.

Le projet de la Compagnie du chemin de fer du Nord consiste à établir en souterrain une ligne reliée d'une part à la ligne de ceinture, entre le pont Marcadet et celui du boulevard de la Chapelle et atteignant d'autre part la croisée du boulevard Magenta et de la rue Lafayette, où se trouverait la première station. A ce niveau la ligne se bifurquerait en deux lignes également souterraines, se dirigeant l'une vers les Halles, par les boulevards de Magenta, de Strasbourg, de Sébastopol et la rue Turbigo, l'autre vers l'Opéra, en passant par les rues Lafayette et Halévy.

Le chemin de fer souterrain n'aurait donc pour but que de prolonger les lignes du réseau du Nord jusqu'aux Halles centrales et jusqu'à l'Opéra.

Le projet présenté par la compagnie des Établissements Eiffel comporte au contraire un véritable Métropolitain central, qui commence à la Madeleine, suit en souterrain la ligne des grands boulevards jusqu'à la place de la République, puis le boulevard Voltaire, longe ensuite le boulevard Richard-Lenoir, en tranchée d'abord, puis en viaduc, jusqu'à la place de la Bastille où il se raccorde au chemin de fer de Vincennes.

De là le Métropolitain gagne la gare de Lyon en suivant la rue de Lyon, puis traverse la Seine pour atteindre la gare d'Orléans et revient ensuite sur la rive droite, longe les quais et aboutit enfin à la Madeleine, c'est-à-dire au point de départ de la ligne, formant ainsi sur la rive droite une boucle fermée.

Ajoutons que le prolongement du chemin de fer du Nord, aboutissant à l'Opéra, communiquerait avec le Métropolitain central à la station de la Madeleine, et que le tronçon des Halles serait relié au carrefour Médicis avec le prolongement de la ligne de Sceaux que la Compagnie d'Orléans est sur le point d'exécuter.

Le Métropolitain de Paris aurait ainsi à peu près la forme d'une roue, dont la jante serait constituée par la ligne de ceinture, le moyeu par le Métropolitain central, et les rayons par les raccordements qui existent déjà entre la ligne de ceinture et les grandes gares, et qui se trouveraient complétés par les deux prolongements intérieurs proposés par la Compagnie des chemins de fer du Nord, ainsi que par ceux de la ligne de Sceaux et de la ligne des Moulineaux, qui sont également projetés, la ligne des Moulineaux devant être prolongée par une ligne suivant le boulevard Saint-Germain jusqu'à la gare d'Orléans, où elle se raccorderait avec le Métropolitain de la rive droite.

Nous ne saurions entrer davantage dans le détail de ces projets qui sont actuellement à l'étude, parallèlement avec un certain nombre de contre-projets qui modifient plus ou moins le système proposé par la Société Eiffel.

On peut toutefois remarquer que, dans le tracé que nous venons d'indiquer, le bois de Boulogne et le Trocadéro se trouveraient laissés de côté. La Compagnie de l'Ouest a donc demandé que le Métropolitain central parte de la place de l'Étoile et forme un circuit complet en suivant l'avenue de Wagram, le boulevard de Courcelles, les rues de Constantinople et de Rome, le boulevard Haussmann, la rue Lafayette, le boulevard de Magenta, la place de la République, les boulevards Voltaire et Richard-Lenoir, la place de la Bastille, la rue de Lyon, puis le boulevard Saint-Germain et enfin l'avenue d'Iéna.

Les sociétés financières qui se chargent d'établir notre Métropolitain ont, paraît-il, écarté ce projet qui occasionnerait un surcroît de dépenses, tant pour la construction que pour l'exploitation sur un plus long parcours qui, d'après des renseignements que nous trouvons dans un rapport de M. Alphand, augmenterait la dépense des 125 000 trains appelés à circuler sur le Métropolitain de 2 francs au minimum par kilomètre, sans que l'on puisse en trouver la compensation dans une augmentation de recettes, à cause de l'adoption d'un tarif unique sur tout le réseau.

Quoi qu'il en soit, malgré le désir général que l'on a de voir réaliser le Métropolitain de Paris, on ne peut encore prévoir le moment où l'on s'arrêtera à une solution définitive, étant données les difficultés multiples que l'on prévoit déjà dans l'exécution d'une pareille entreprise.

Il y a notamment la question des égouts qui prend une importance considérable dans les projets actuellement à l'étude. Les ingénieurs des sociétés en instance pour la concession du Métropolitain ont proposé de faire passer les égouts en siphon sous la voie ferrée; mais, comme l'a fait remarquer M. Alphand, cette solution n'est pas admissible, car elle s'opposerait à la circulation des wagons qui servent au curage des grands collecteurs, et l'on serait exposé à voir se produire dans les égouts des obstructions qui, au moment des orages, amèneraient des inondations dans Paris. Il faudra donc, dans ces conditions, remplacer par de nouveaux collecteurs ceux qui seraient interceptés, et cela donnera forcément lieu à un surcroît de travaux considérable.

Il est un autre côté de la question qui complique aussi notablement le-projet du Métropolitain ; nous voulons parler de la conservation des places monumentales et des grandes promenades que les auteurs du tracé définitif devront avant tout respecter.

C'est ainsi que dans le projet de la Société Eiffel on proposait une grande gare à ciel ouvert dans le jardin des Tuileries, ainsi qu'une branche s'étendant dans les jardins des Champs-Élysées, derrière le palais de l'Industrie ; cette partie du projet était motivée par la nécessité de se procurer des prises d'air.

On sera donc forcé de remédier à l'impossibilité d'aérer suffisamment le réseau souterrain, en employant, au lieu de locomotives ordinaires, un système de traction spécial, fonctionnant soit par l'électricité, soit au moyen de machines sans fumée ni échappement de vapeurs de condensation.

On est en droit d'espérer que tous les obstacles qui ont jusqu'ici empêché l'adoption d'un projet définitif seront bientôt tranchés d'une façon satisfaisante, et que l'on ne tardera pas à voir exécuter au moins la partie centrale du réseau projeté, qui satisferait déjà les *desiderata* les plus pressants et qui servirait en même temps d'enseignement pour l'établissement des nouveaux réseaux dont l'utilité pourrait être reconnue dans la suite.

LE CANAL DE SUEZ

1

LES ORIGINES

Le percement de l'isthme de Suez, tel que M. de Lesseps l'a conçu et exécuté, est bien une œuvre originale et toute la gloire en revient de droit à son auteur.

Cependant les anciens avaient déjà établi, à plusieurs reprises, une communication, moins directe il est vrai, entre la Méditerranée et la mer Rouge.

L'histoire nous apprend en effet qu'un canal fut ouvert de Quolzoum au Nil, vers 1273 avant notre ère, sous la XVIᵉ dynastie. Un canal fut creusé, dans le même but, par Sésostris, vers 1200 avant Jésus-Christ, c'est-à-dire à l'époque de la prise de Troie.

Hérodote écrit que, vers 600 avant Jésus-Christ, le roi Nécos entreprit de faire communiquer les eaux du Nil avec la mer Rouge, par un canal qu'on parcourait en quatre jours, et qui partait de Bubastis, c'est-à-dire du Caire. Ce canal fut continué par Darius et terminé, d'après Strabon, par Ptolémée II qui fit construire de puissantes écluses. Ce canal, à cette époque, avait environ 100 coudées, c'est-à-dire 150 pieds de largeur.

Il fut amélioré par Trajan et Adrien, et il était encore en parfait état sous les Antonins au vie siècle.

Après la conquête de l'Égypte par Amrou ben el-Ass, ce général, suivant l'ordre d'Omar ben el-Khahtheb, le *Prince des fidèles*, fit reconstruire ce canal, qui avait été détruit pendant l'invasion des Arabes, et le fit aboutir à la mer de Quôlzoum.

Mais, lors de la révolte de Médine contre le calife Omar, ce dernier fit combler le canal de Quolzoum, pour empêcher d'approvisionner Médine. On voit encore, près de Suez, sur un parcours de 20 kilomètres environ, les traces de l'ancien canal.

Depuis ce temps, la découverte du cap de Bonne-Espérance par Vasco de Gama fit abandonner la route de Suez.

Cependant, on tenta plusieurs fois de rétablir le transit entre l'Orient et l'Occi-

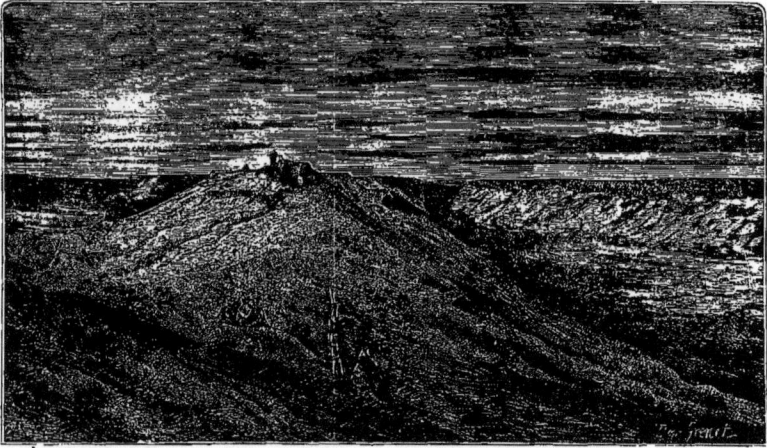

Canal de Nécos, ancien canal (voy. le Panorama, p. 181).

dent, par l'Égypte. Au xve siècle, le gouvernement turc fit faire des études en ce sens. Colbert entama des négociations avec la Porte pour obtenir la concession d'un nouveau canal; mais les musulmans redoutèrent l'invasion des chrétiens. De même, Louis XVI envoya une mission chargée d'examiner la possibilité de la construction d'un canal entre les deux mers.

Puis, pendant l'expédition d'Égypte, Napoléon chargea l'ingénieur Lepère de faire un projet de ce canal, tel qu'il le concevait; mais ce projet resta sans résultat, à la suite de l'abandon de l'Égypte.

Plus tard, après les guerres de la République et de l'Empire, la traversée de l'isthme de Suez revint encore à l'ordre du jour.

Ce fut un Anglais, le lieutenant de marine Wagorn, qui attira de nouveau l'attention du public sur la voie de Suez.

L'Angleterre était en relations suivies avec ses possessions des Indes et entretenait un commerce important avec l'Extrême Orient. Il était donc de son intérêt de chercher une route plus courte que celle du cap de Bonne-Espérance. Malgré cela, Wagorn ne trouva pas auprès du gouvernement britannique l'appui qu'il demandait.

Le lieutenant entreprit alors de démontrer, avec ses propres ressources, la rapidité du transport des dépêches par Suez. Il obtint qu'on lui confiât les duplicata des dépêches de l'Inde et pendant plusieurs années il réalisa lui-même ce nouveau service.

Il passait par la France et l'Italie, traversait la Méditerranée, débarquait à Alexandrie, gagnait Suez à dos de chameau et de là s'embarquait par le premier navire en partance, car il n'y avait pas encore de service régulier pour les Indes. Chaque fois il arrivait longtemps avant le courrier qui passait par le Cap.

Cette tentative eut comme

C. L'APLANTE

M. de Lesseps.

conséquence de faire ouvrir par l'Angleterre deux enquêtes consécutives sur la possibilité d'un passage maritime par l'isthme de Suez. Ces enquêtes restèrent sans résultat; mais à la suite du bruit qui fut fait autour d'elles, la *Compagnie péninsulaire orientale* organisa un service de vapeurs entre Suez et l'Inde, qui correspondait avec une ligne établie de Liverpool à Alexandrie. Entre Alexandrie et Suez circulaient des diligences qui eurent un tel succès que le chemin de fer fut bientôt prolongé du Caire à Suez.

Tel était l'état des choses à l'isthme de Suez, quand, en 1831, M. Ferdinand de Lesseps, destiné par des traditions de famille à la carrière diplomatique, vint occuper en Égypte le poste d'élève-consul.

Embarqué sur un navire à voiles, le *Diogène*, il arrivait au but de son voyage, impatient de prendre possession de son premier poste, quand on lui annonça que le *Diogène* devait subir une longue quarantaine avant d'entrer au port.

Le jeune diplomate était fort mécontent de ce contretemps et ne dissimulait pas sa mauvaise humeur, quand le représentant de la France, M. Mimault, lui donna pour occuper ses loisirs l'ouvrage de la commission d'Égypte.

Pendant la lecture de ce travail important, l'attention de M. de Lesseps fut particulièrement attirée par le mémoire de l'ingénieur Lepère sur « la jonction des deux mers » dont une page fut pour lui une véritable révélation.

« Dans ce projet du canal de Suez, disait l'auteur, nous avons expressément motivé le choix de l'ancienne direction du Delta vers Alexandrie sur des considérations commerciales particulières à l'Égypte, et sur ce que la cité de Péluse ne paraît pas permettre d'établissement maritime permanent. Néanmoins, nous croyons devoir reconnaître que, abstraction faite de ces considérations, il serait encore facile d'ouvrir une communication directe entre Suez, le lac Amer et le Ras el-Moyeh, prolongée sur le bord oriental du lac Menzaleh jusqu'à la mer vers Péluse.

« Nous pensons qu'un canal ouvert sur cette direction présenterait un avantage que n'aurait pas le canal intérieur. En effet, la navigation, qui pourrait y être constante, ne serait pas assujettie aux alternatives des crues et des décroissements du Nil. Il serait facile d'y entretenir une profondeur plus considérable.... J'ajouterai que, si je ne voyais quelques difficultés à creuser le chenal entre Suez et la rade, je proposerais d'établir à l'usage des grands navires la communication directe des deux mers par l'isthme, ce qui deviendrait le complément de cette grande et importante opération. »

Séduit par ces considérations, M. de Lesseps s'efforça, pendant la durée de son séjour en Égypte, de gagner l'assentiment du gouvernement égyptien à la réalisation d'un projet de canal que le mémoire de M. Lepère lui avait suggéré.

Malheureusement, le vice-roi Mehemet-Ali fut inflexible, et M. de Lesseps quitta son poste sans avoir pu le décider à accorder la concession qu'il lui demandait.

Puis, Linant-Bey, Français aussi, ingénieur en chef du vice-roi, forma en 1841 une société qui se proposait le même objet. Un Anglais, M. David Urquhart, s'efforça de fonder une compagnie anglaise pour la construction du même canal. L'Autriche s'occupa aussi de cette entreprise. Mehemet-Ali, effrayé des conséquences politiques qu'une entreprise pareille pourrait produire, ne céda à aucune sollicitation.

Cependant des ingénieurs français faisaient encore des études à ce sujet avec Linant-Bey; d'autre part, M. Paulin Talabot, qui fut depuis un des créateurs et le directeur du chemin de fer de Lyon, et M. Barrault, venus en Égypte à la suite du Père Enfantin, projetèrent un canal qui aurait eu comme extrémités Alexandrie et Suez.

En septembre 1854, M. Ferdinand de Lesseps était retiré à la Chênaie, où il s'occupait de ses propriétés, quand il reçut une nouvelle qui décida de son avenir.

Dans une lettre à M. Ruyssenaers, consul général des Pays-Bas en Égypte, il raconte cet épisode :

« J'étais occupé, écrit-il, au milieu de maçons et de charpentiers, à faire un étage au-dessus du vieux manoir d'Agnès Sorel, lorsque parut, dans la cour, le facteur postal, apportant le courrier de Paris. Les ouvriers me passèrent de main en main mes correspondances et les journaux. Quelle ne fut pas ma surprise; en lisant la nouvelle de la mort d'Abbas-Pacha et de l'avènement au pouvoir de notre ami de jeunesse, l'intelligent et sympathique Mohamed-Saïd! Je descendis bien vite des hauteurs de mes constructions et je m'empressai d'écrire au nouveau vice-roi pour le féliciter. Je lui rappelai que la politique m'avait fait des loisirs dont je profiterais pour aller lui présenter mes hommages dès qu'il me ferait connaître l'époque de son retour de Constantinople, où il devait aller recevoir son investiture.

« Il ne tarda pas à me répondre et me fixa le commencement de novembre pour notre rencontre à Alexandrie : « Je veux que vous soyez un des premiers à savoir « que je serai exact au rendez-vous. Quel bonheur de nous retrouver ensemble, sur « notre vieille terre d'Égypte! Pas un mot à qui que ce soit du projet de percement « de l'isthme, avant mon arrivée. »

Nous devons ajouter que Mohamed-Saïd avait été à Paris l'ami d'enfance de M. Ferdinand de Lesseps et que les deux jeunes gens avaient fait leurs études ensemble.

En outre, le père de Mohamed-Saïd, Mehemet-Ali, avait été le protégé du père de M. Ferdinand de Lesseps, à qui il avait dû son élévation à la dignité de pacha du Caire.

Le père de M. Ferdinand de Lesseps, le comte Mathieu de Lesseps, était en effet, en 1803, l'agent politique de la France en Égypte. Il avait été chargé par le premier consul Bonaparte de rechercher un homme de valeur qui pût être proposé à Constantinople comme pacha du Caire. Le comte Mathieu de Lesseps avait alors choisi Mehemet-Ali qui était à ce moment simple commandant de bachi-bouzouks.

M. Ferdinand de Lesseps, qui avait rencontré une résistance inattendue chez Mehemet-Ali, ayant cependant une grande reconnaissance pour le fils de son protecteur, ne se trompait pas en comptant sur l'intelligence plus éclairée de son ancien ami d'enfance.

Quand, à l'époque fixée, il vint à Alexandrie, il fut reçu avec magnificence par le vice-roi, qui lui proposa de l'accompagner dans une expédition qu'il organisait pour se rendre au Caire avec une armée de 10 000 hommes.

Cette expédition se fit avec le plus grand luxe, et dans le cours de ce voyage, M. Ferdinand de Lesseps assistait chaque jour aux opérations militaires que Mohamed-Saïd dirigeait.

Cependant M. de Lesseps ne cessait de penser au projet qu'il nourrissait depuis si longtemps et il n'attendait qu'un moment propice pour en parler au vice-roi.

M. de Lesseps raconte dans son Journal l'entrevue qu'il eut à ce sujet avec Mohamed-Saïd.

Il vient de se lever après une nuit passée sous la tente, au milieu du désert :

« Le camp commence à s'animer, dit-il, la fraîcheur annonce le prochain lever de soleil. Quelques rayons de lumière commencent à éclairer l'horizon ; à ma droite l'orient est dans toute sa limpidité ; à ma gauche l'occident est sombre et nuageux.

« Tout à coup, je vois apparaître, de ce côté, un arc-en-ciel aux plus vives couleurs, dont les deux extrémités plongeaient de l'ouest à l'est. J'avoue que j'ai senti mon cœur battre violemment et j'ai eu besoin d'arrêter mon imagination qui voyait déjà, dans ce signe d'alliance dont parle l'Écriture, le présage de la véritable union entre l'Occident et l'Orient du monde et le jour marqué pour la réussite de mon projet.

« Le vice-roi m'aide à sortir de mes réflexions. Il s'avance vers moi. Nous nous souhaitons le bonjour par une bonne et franche poignée de main à la française. Il me dit qu'il a le projet de faire, ce matin, une partie de la promenade dont je lui avais parlé la veille, afin de voir, des hauteurs, toutes les dispositions de son camp. Nous montons à cheval, précédés de deux lanciers et suivis de l'état-major. Arrivé à un point culminant, dont le sol est parsemé de pierres signalant d'anciennes constructions, le vice-roi trouve cet endroit très convenable pour préparer le départ du lendemain. Il envoie un aide de camp pour faire diriger de ce côté sa tente et sa voiture, espèce d'omnibus traîné par six mulets et disposé en chambre à coucher. La voiture est enlevée au galop par les mulets jusqu'au haut de la colline. Nous nous asseyons à son ombre. Devant nous le vice-roi fait élever par ses chasseurs un parapet circulaire formé de pierres ramassées sur le sol. On pratique une embrasure et l'on y place un canon qui salue le reste des troupes arrivant d'Alexandrie et dont les têtes de colonnes apparaissent au delà du camp.

« Il est 10 heures et demie ; le sultan ayant déjeuné avant la promenade, je vais en faire autant avec Zulfikar-Pacha. En quittant le vice-roi, je veux lui montrer que son cheval, dont j'ai éprouvé les solides jarrets pendant ma première journée de voyage, est un sauteur de première force. Tout en le saluant, je fais franchir d'un bond le parapet de pierres par mon anezé et je continue mon galop sur le penchant de la colline jusqu'à ma tente. Vous verrez que cette imprudence a peut-être été une des causes de l'approbation donnée à mon projet par l'entourage du vice-roi, approbation qui était nécessaire. Les généraux qui sont venus partager mon déjeuner m'ont fait compliment, et j'ai remarqué que ma hardiesse m'avait considérablement grandi dans leur estime.

« J'avais jugé que le vice-roi était suffisamment préparé, par mes précédentes conversations générales, à reconnaître l'avantage qu'a tout gouvernement à faire exécuter par des compagnies financières les grands travaux d'utilité publique. Guidé par l'heureux pressentiment de l'arc-en-ciel, j'espérais que la journée ne se passerait pas sans qu'une décision fût prise au sujet du percement de l'isthme de Suez.

« A 5 heures du soir, je remonte à cheval et je retourne dans la tente du vice-roi, escaladant de nouveau le parapet dont je viens de parler. Le vice-roi était gai et souriant ; il me prend par la main, qu'il garde un instant dans la sienne, et me fait asseoir sur son divan à côté de lui. Nous étions seuls ; l'ouverture de la tente nous laissait voir le beau coucher de soleil dont le lever m'avait si fort ému, le matin. Je me sentais fort de mon calme et de ma tranquillité, dans un moment où j'allais aborder une question bien décisive pour mon avenir. Mes études et mes réflexions sur le canal des deux mers se présentaient clairement à mon esprit et l'exécution me semblait si réalisable que je ne doutais pas de faire passer ma conviction dans l'esprit du prince. J'exposai mon projet, sans entrer dans les détails, en m'appuyant sur les principaux faits et arguments développés dans mon mémoire, que j'aurais pu réciter d'un bout à l'autre. Mohamed-Saïd écouta avec intérêt mes explications. Je le priai, s'il avait des doutes, de vouloir bien me les communiquer. Il me fit avec beaucoup d'intelligence quelques objections, auxquelles je répondis de manière à le satisfaire, puisqu'il me dit enfin : *Je suis convaincu, j'accepte votre plan; nous nous occuperons, dans le reste du voyage, des moyens d'exécution; c'est une affaire entendue; vous pouvez compter sur moi.*

« Là-dessus, il fait appeler ses généraux, les engage à s'asseoir sur des pliants rangés devant nous et leur raconte la conversation qu'il vient d'avoir avec moi, les invitant à donner leur opinion sur les propositions de *son ami*. Ces conseillers improvisés, plus aptes à donner leur avis sur une évolution équestre que sur une immense entreprise dont ils ne pouvaient guère apprécier la portée, ouvraient de grands yeux en se tournant vers moi, et me faisaient l'effet de penser que l'ami de leur maître, qu'ils venaient de voir si lestement franchir à cheval une muraille, ne pouvait donner que de bons avis. Ils portaient de temps en temps la main à la tête en signe d'adhésion, à mesure que le vice-roi leur parlait.

« On apporta le plateau du dîner, et de même que nous avions tous été du même avis, nous plongeâmes nos cuillers dans la même gamelle, qui contenait un excellent potage. Tel est le récit de la plus importante négociation que j'aie jamais faite et que je ferai jamais.

« Vers 8 heures je pris congé du vice-roi, qui m'annonça le départ pour le lendemain matin, et je rejoignis mon campement. Zulfikar-Pacha, en me voyant, devine mon succès et partage ma satisfaction. Camarade d'enfance du vice-roi et son plus intime confident, il m'avait puissamment aidé, pour amener le résultat auquel nous venions d'arriver.

« Je n'étais pas disposé au sommeil; je me mis à crayonner mes notes de voyage et à donner le dernier coup de lime au mémoire improvisé que m'avait demandé le vice-roi, et qui était déjà préparé depuis deux ans. »

Ce fut au Caire que le vice-roi annonça sa résolution aux représentants des puissances étrangères.

« Le vice-roi, dit M. de Lesseps dans son Journal, m'avait engagé, sans m'en dire le motif, à me rendre à la citadelle à 9 heures du matin. J'entre dans le grand divan. Le vice-roi est assis au même endroit où son vieux père Mehemet-Ali m'avait souvent reçu et où il me raconta un jour sa tragédie du massacre des Mamelouks. Tous les fonctionnaires devaient, ce jour-là, complimenter le vice-roi à l'occasion de son arrivée dans la capitale. J'entrai en même temps que les consuls généraux des diverses puissances.

« A peine les consuls en uniforme avaient-ils pris place sur le divan et fait leurs compliments, que le vice-roi, à ma grande surprise, a l'heureuse inspiration d'annon-

cer.publiquement qu'il est résolu à faire; ouvrir l'isthme de Suez par un canal maritime, et à me charger de constituer une compagnie de capitalistes de toutes les
nations, à laquelle il concédera le droit d'exécuter et d'exploiter cette entreprise. Il
ajoute en s'adressant à moi : « N'est-ce pas que nous allons faire cela? » Je prends
alors la parole et je commente brièvement la déclaration du prince, en lui laissant la
spontanéité et le mérite de la décision du projet, et en ayant bien soin de ménager
les susceptibilités étrangères.

« Le consul général d'Angleterre avait une attitude un peu embarrassée.

« Le consul général des États-Unis d'Amérique, auquel le vice-roi avait dit :
« Eh bien ! monsieur de Léon, nous allons faire concurrence à l'isthme de Panama et
« nous aurons fini avant vous », avait au contraire pris son parti en brave et répondu
de manière à faire supposer une opinion favorable.

« Les consuls se retirent. Je reste avec le vice-roi. Il est frappé de la coïncidence
de mon habitation dans le local de l'ancien Institut d'Égypte, où ont été faites les
premières études du canal des deux mers. Il appelle quelques intimes pour leur en
faire part. Il se félicite de la déclaration faite aux consuls. Je lui dis que je n'aurais
pas osé la lui conseiller, mais que je croyais qu'il avait pris le meilleur parti pour
couper court à beaucoup d'objections et de difficultés, en saisissant tout d'un coup
l'opinion publique d'un projet dont l'utilité générale est incontestable. Il me répondit : « Ma foi, je vous avoue que je n'y avais pas beaucoup pensé; c'est un acte d'in-
« spiration; vous savez que je ne suis guère disposé à suivre les règles habituelles et
« que je n'aime pas à faire les choses comme tout le monde. »

« Nous entrons avec le vice-roi dans ses appartements réservés. On lui annonce
que Soliman-Pacha demande à le voir; il le fait venir. Conversation militaire. — Je
vais reprendre place dans mon carrosse de cérémonie traîné par quatre chevaux
blancs. — Le cocher nègre est d'une habileté merveilleuse, en allant au grand trot
et au galop dans les rues étroites du Caire et en traversant les bazars; c'est comme si
l'on faisait passer un équipage dans le passage des Panoramas. Il est vrai que les
chiaous et les saïs distribuent, malgré mes recommandations, des horions à droite et
à gauche, pour écarter les passants, qui se plaquent contre les boutiques ou les murailles. Ces malheureux ne se plaignent pas; ils disent même avec un sentiment
d'admiration : « Ah! voilà un grand seigneur qui passe! *Machallah!* (Gloire à Dieu !) »
Tel est l'Orient, tel il a été de tout temps et tel il le décrit la Bible où nous lisons, après
que Josué eut fait massacrer les habitants de Jéricho jusqu'aux femmes, aux enfants
et aux ânes, cette fin de verset : •

« Ainsi se manifeste la puissance de Dieu. »

Le premier pas était fait; M. Ferdinand de Lesseps pouvait enfin commencer
son œuvre, qu'il sut mener à bonne fin, malgré l'opposition de l'Angleterre, contre
laquelle il eut à lutter pendant dix ans.

II

LE TRACÉ

A la suite de l'expédition au Caire dont nous venons de parler, M. Ferdinand de Lesseps choisit comme ingénieurs Linant-Bey et Mongel-Bey, et fit, en leur compagnie, une première reconnaissance à travers l'isthme, afin de déterminer les points principaux du tracé du canal.

Les deux ingénieurs qui accompagnaient M. de Lesseps étaient pour lui de précieux auxiliaires. Linant-Bey connaissait parfaitement la topographie de tout le pays ; il en avait fait la carte et en avait étudié la constitution géologique. Mongel-Bey avait dirigé de grands travaux hydrauliques en Égypte.

M. de Lesseps se rendit d'abord à Suez, où il visita l'ancien canal des Rois et où il se livra à un examen approfondi du port de Suez, dont il voulait faire un des ports *terminus* du canal. Après une station de quelques jours il se décida à faire établir à Suez l'embouchure du canal.

Puis commença la traversée de l'isthme.

Le trajet se faisait à petites journées, car M. de Lesseps voulait tout voir par lui-même, et discuter chaque point avec ses ingénieurs.

Le soir, la caravane campait au milieu du désert et l'installation de M. de Lesseps n'offrait plus le confort dont il avait joui pendant le voyage que le vice-roi lui avait fait faire.

M. de Lesseps décrit lui-même ce campement, qui se composait de trois tentes rondes, dont une pour lui et Linant-Bey, la seconde pour Mongel-Bey et son secrétaire, et la troisième pour les domestiques. Il y avait encore une longue tente qui servait de cuisine.

Au milieu des tentes on voyait une vingtaine de barils remplis d'eau du Nil, qui étaient placés jour et nuit sous la surveillance des hommes de l'escorte. Ces barils constituaient les bagages les plus précieux de l'expédition, car on ne devait pas rencontrer d'eau potable sur tout le parcours de l'isthme.

Autour de la cuisine, on disposait des cages qui contenaient de la volaille. Il y avait un petit troupeau de moutons et de chèvres, et 33 chameaux et dromadaires

Vue de la ville de Suez.

servant au transport. Tous ces accessoires étaient gardés par des bédouins qui ne les quittaient pas.

M. de Lesseps nous raconte que sa tente servait pendant le jour de salon, que celle de Mongel-Bey tenait lieu de salle à manger, et celle des domestiques, d'office.

Il nous donne même l'inventaire de la première tente, c'est-à-dire de la sienne :

« En entrant, un espace vide; à droite et à gauche, un matelas recouvert d'un tapis, pour servir de divan, le jour. La couverture est pliée sous un coussin servant d'oreiller. La tête du lit est formée par la selle du dromadaire, recouverte d'une grande peau du Sennaar, peinte en rouge. De chaque côté de la tête, les grandes sacoches contenant nos effets, et placées ainsi pour garantir des vents coulis; au milieu, les fusils serrés par des courroies autour du poteau qui soutient la tente; à deux pas du poteau, entre deux chevets, un piquet ayant deux crochets pour pendre les montres, et surmonté d'une petite potence en fer où l'on accroche une lanterne. Des caisses de provisions, des valises, des sacs de nuit, des pliants et une table à tréteau complètent l'ameublement. »

On se réveillait à 5 heures du matin, on roulait les matelas dans des tapis, et on chargeait les bagages sur les chameaux qui partaient les premiers. On montait sur les dromadaires et on allait à travers le désert, sous la conduite d'un cheik bédouin qui était responsable sur sa tête de la sécurité de la caravane.

A la suite de cette excursion, les deux ingénieurs choisis par M. de Lesseps rédi-

Groupe de chameliers près du canal de Suez.

gèrent un premier rapport qui reçut dans la suite quelques modifications, et qui permit à M. de Lesseps de fonder la *Compagnie universelle du canal de Suez.*

Tel qu'il existe aujourd'hui, le canal suit à peu près le tracé qui fut dressé lors de ce premier voyage de M. de Lesseps.

Voici d'ailleurs le tracé définitif d'après lequel les travaux furent faits plus tard.

Au lieu d'établir l'embouchure sur la Méditerranée à Alexandrie, comme on l'avait toujours proposé avant M. de Lesseps, cette embouchure fut fixée près de l'emplacement de l'antique Péluse, et elle donna naissance à un port nouveau, qui fut nommé Port-Saïd, en l'honneur de Mohamed-Saïd à qui M. de Lesseps devait la construction du canal.

De là, le canal traversait les marais du lac Menzaleh sur une longueur de 45 kilomètres, jusqu'à Kantara. Puis il rencontrait bientôt le lac Ballah qu'il traversait. Plus loin, vers le milieu de l'isthme, il franchissait le *seuil* d'El-Guisr, près de la terre de Gessen, pour arriver au lac Timsah, dont le fond était presque toujours à sec pendant les crues du Nil. M. de Lesseps estima qu'il pouvait contenir 80 millions de mètres cubes d'eau, et ses prévisions furent justifiées.

Après avoir franchi le *seuil* du Sérapéum, le canal traversait les lacs Amers qui s'étendent sur l'emplacement de l'ancien golfe Héroopolite, entre le mont Geneffé et le massif du Sinaï. Les lacs Amers se divisent en deux parties, qui étaient presque desséchées autrefois et qui ont reçu une grande quantité d'eau depuis l'ouverture du canal. La plus grande de ces deux parties a reçu un milliard et demi de mètres cubes d'eau.

Enfin, le canal passait par le *seuil* de Chalouf, qui a déterminé à une époque récente la séparation des lacs Amers et de la mer Rouge. C'est à cet endroit que Moïse et les Hébreux qu'il conduisait passèrent la mer à pied sec. Le canal atteignait Suez sans rencontrer d'autre difficulté.

Le parcours était de 160 kilomètres. Le canal devait avoir entre Suez et les lacs Amers 100 mètres de largeur; des lacs Amers à Port-Saïd la largeur se réduisait à 84 mètres. La profondeur devait être uniformément de 8 mètres.

Des garages devaient être ménagés en plusieurs points, et des travaux importants devaient être faits au lac Timsah, pour permettre aux navires de stationner, et pour faciliter ainsi le commerce intérieur. D'autre part, des bassins considérables devaient être disposés à chaque embouchure.

Deux jetées devaient être construites à Port-Saïd, pour aller trouver à 2 300 mètres la profondeur nécessaire à l'évolution des navires. A Suez, on devait seulement prolonger une des deux jetées déjà existantes.

Les travaux à exécuter se divisaient en trois catégories. La première comprenait les marais du lac Menzaleh et les lagunes de Suez, qui peuvent être considérées comme au même niveau que la mer. La seconde se composait du lac Timsah et des lacs Amers, dont le fond est au-dessous du niveau de la mer. La troisième partie des travaux se composait des sections du parcours où il fallait ouvrir des tranchées, c'est-à-dire des *seuils*, d'El-Guisr, du Sérapéum et de Chalouf.

D'après les calculs des ingénieurs, les déblais qu'il fallait enlever pour creuser le canal devaient s'élever à 74 millions de mètres cubes.

Cependant, on faisait de nombreuses objections au projet de M. de Lesseps. Tandis que celui-ci prétendait que le niveau des deux mers était le même, on se demandait s'il n'y avait pas au contraire une grande différence d'altitude entre les deux extrémités du canal, ainsi qu'il était dit dans le rapport de l'ingénieur Lepère. Or ceci aurait été irrémédiable, et, dans ce cas, l'ouverture du canal aurait causé l'inondation de l'isthme.

On pensait aussi que la vase du lac Menzaleh serait un obstacle des plus graves, et l'on voyait déjà l'entreprise échouer de ce côté. On croyait en outre que les sables combleraient continuellement le canal et qu'ils rendraient son entretien impossible.

Enfin, on regardait comme impossible d'entretenir une armée d'ouvriers au milieu du désert, à 150 kilomètres de toute habitation et dans des contrées absolument dépourvues d'eau.

M. de Lesseps consacra quatre années à des études sur place, qui lui donnèrent la conviction que les difficultés qu'on lui objectait n'existaient pas.

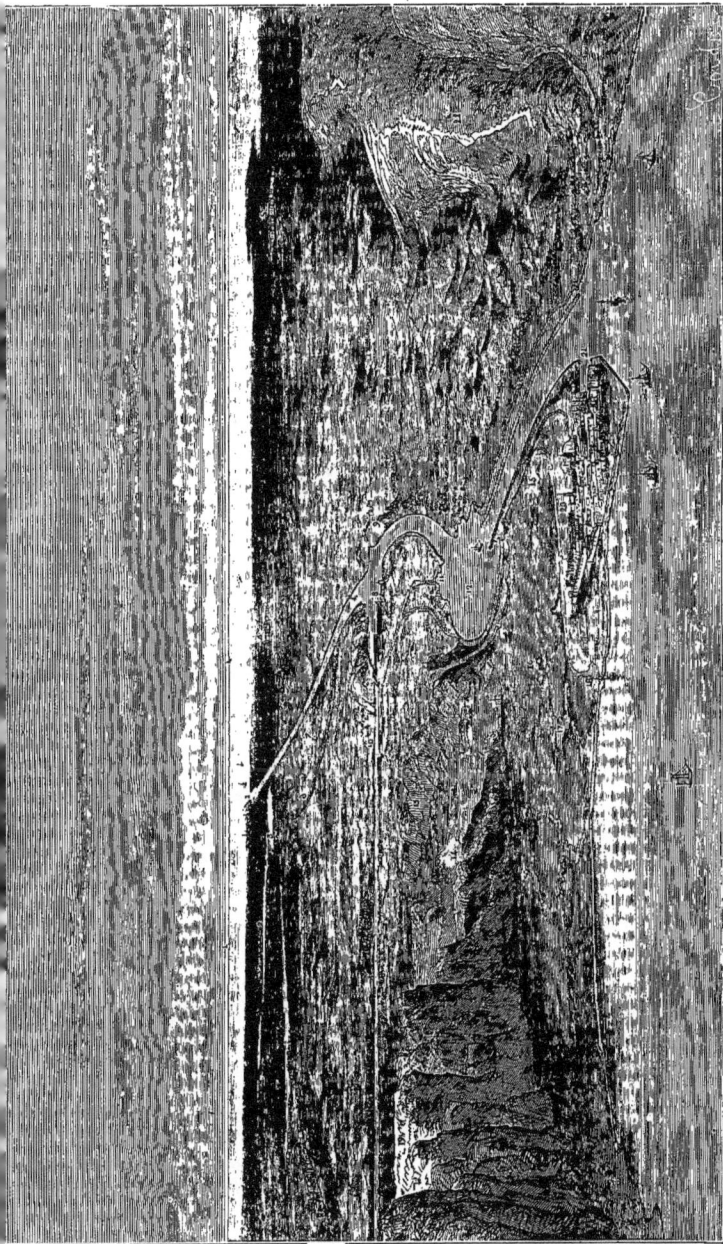

Panorama de l'isthme de Suez.

1. Port-Saïd : bassin et entrée du canal dans la Méditerranée.
2. Lac Menzaleh.
3. Kantara-el-Krsané.
4. Ruines de Péluse.

5. Katieh.
6. Canal de Nécos, ancien canal.
7. Seuil d'El-Guisr.
8. Lac et ville de Timsah.
9. Cheikh Ennedech (tombeau).

10. Canal d'eau douce, dérivé du Nil, ouvert dans le Ouadi Toumilat (ancienne terre de Gessen).
11. Embouchure de l'ancien canal.

12. Lacs Amers, ancien golfe de la mer Rouge.
13. Carrières de Gebel Geneffé.
14. Route de Suez au Caire.
15. 1ᵉʳ campement de M. de Lesseps.

16. Puits de Suez.
17. Réservoirs d'eaux pluviales.
18. Réservoirs des eaux du Nil.
19. Monts Ataka.
20. Suez.

21. Rade de Suez et entrée du canal dans la mer Rouge.
22. Monts Tiah, se dirigeant du sud-est vers le mont Sinaï.

Il observa les tourmentes de sable et se rendit compte que les sables ne s'accumulaient pas : il n'y avait donc pas à craindre que le canal fût comblé.

Il avait déjà fait faire des mesures qui avaient établi l'égalité de niveau des deux mers. En présence du doute qui se manifestait encore à ce sujet parmi les adversaires du canal, M. de Lesseps ordonna de nouvelles opérations, qui donnèrent le même résultat que les premières.

Grâce à des sondages qui furent pratiqués avec soin le long du tracé du canal, on constata que la constitution du terrain était très favorable aux travaux projetés.

19 forages furent faits aux points suivants : au lac Menzaleh, au *seuil* d'El-Guisr, au lac Timsah, au *seuil* du Sérapéum, aux lacs Amers, au *seuil* de Chalouf et à Suez.

Nous résumons d'après M. Maxime Hélène le résultat de ces observations géologiques.

La partie du canal que traverse le lac Menzaleh rencontre des sables, des argiles et de la vase. De Kantara aux lacs Amers, le sol est composé de sable, avec de minces bancs de calcaire et de gypse. Près des lacs Amers on trouve un terrain argileux, et le fond du plus petit lac est d'argile gypseuse.

Le seul travail qui devait être fait à l'aide de la mine était la tranchée du *seuil* de Chalouf, où les sondages firent découvrir un banc de rocher, à une profondeur de 3 mètres au-dessous du niveau de la mer. Quand on fit les travaux, on estima ce rocher à 20 000 mètres cubes environ.

M. de Lesseps fut ainsi convaincu que le terrain qu'il se proposait de faire creuser était assez consistant pour ne pas s'écrouler, et qu'il n'offrait pas d'obstacles sérieux à l'accomplissement de son projet.

III

LES TRAVAUX

Le premier coup de pioche. — Création de Port-Saïd. — Premiers campements de Port-Saïd. — Organisation des travaux. — La jetée et les bassins. — Les fellahs. — Corvées publiques pendant les
crues du Nil. — Les travaux au lac Menzaleh. — Comment le premier chenal fut creusé par les indigènes. — Essais infructueux pour leur faire adopter les outils européens. — La tranchée du *seui*
d'El-Guisr. — La communication est établie entre la Méditerranée et le lac Timsah. — Cérémonie
solennelle. — Comment on traitait les fellahs rebelles. — Respect des mœurs locales. — La question
de l'eau à l'isthme de Suez. — Tracé du canal d'eau douce. — Comment le canal d'eau douce fut
utilisé pour le transport des matériaux et des machines.

Le 25 août 1859, après plusieurs années de diplomatie, M. Ferdinand de Lesseps
donnait solennellement le premier coup de pioche sur la plage où s'élève aujourd'hui
Port-Saïd.

Cette étroite lande de sable était alors absolument inhabitée, et le projet
qu'avait formé M. de Lesseps d'y établir l'embouchure d'un canal paraissait audacieux. Presque au niveau de la mer, il semblait qu'une ville dût y être exposée aux
inondations. Mais ici comme sur tout le parcours du canal les prévisions de M. de
Lesseps se réalisèrent, et l'état florissant de l'important port de commerce qu'il a
créé, près des ruines de l'antique Péluse, est une des preuves les plus saisissantes de
sa clairvoyance.

Ce jour-là M. de Lesseps, entouré des administrateurs de la *Compagnie universelle du canal de Suez*, et s'adressant à quelques Européens qui l'avaient accompagné, leur dit ces simples paroles :

« Au nom de la *Compagnie universelle du canal maritime de Suez*, et en vertu
des décisions de son conseil d'administration, nous allons donner le premier coup de
pioche sur le terrain qui ouvrira l'accès de l'Orient au commerce et à la civilisation
de l'Occident. »

Puis il joignit l'action à la parole et passa la pioche aux personnes qui assistaient

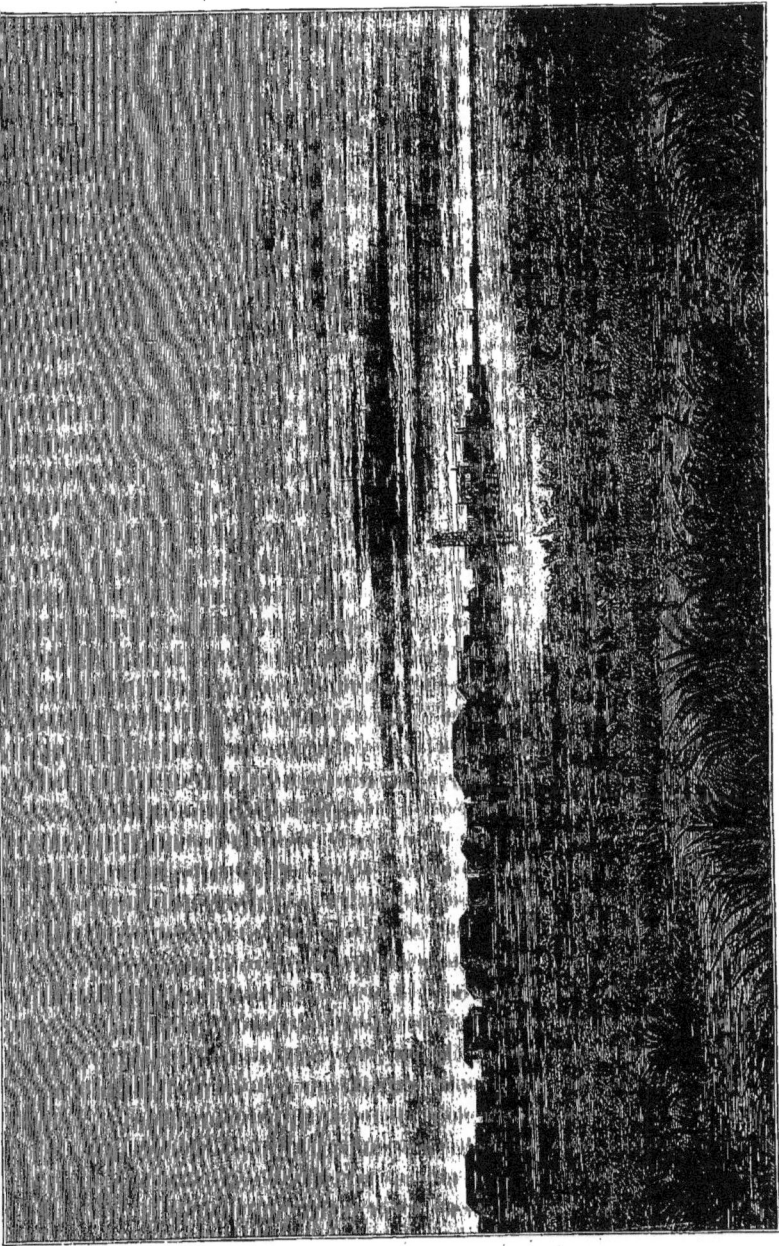

Vue générale de Port-Saïd.

à cette cérémonie. Chacun donna un coup de pioche et dès ce jour les travaux commencèrent.

Tandis qu'on procédait au piquetage du tracé à travers l'isthme, on entreprenait de faire creuser des puits sur le parcours du canal et l'on établissait à Port-Saïd des appareils de distillation pour rendre l'eau potable.

On tâchait de se prémunir autant que possible contre le manque d'eau, qui devait être un obstacle sérieux à la rapidité des travaux, jusqu'au moment de l'achèvement du canal d'eau douce dont nous parlerons plus loin.

En même temps, des campements s'installaient aux deux points où le canal devait être attaqué, c'est-à-dire à Port-Saïd et au *seuil* d'El-Guisr. En effet, la partie qui s'étend de Port-Saïd au lac Timsah devait être la plus difficile à creuser. Elle fut entreprise la première, et jusqu'en 1862 les travaux ne dépassèrent pas le lac Timsah.

Dès les premiers jours on organisa le transport des vivres, de l'eau, des outils; on recruta les ouvriers nécessaires et on les distribua sur les divers chantiers. On construisit à Port-Saïd un phare de bois, de 20 mètres de haut, dont la charpente à claire-voie se détachait sur l'étroite langue de sable, et dont les feux brillaient au loin le soir, comme une étoile de bon augure.

On éleva le sol de l'emplacement sur lequel Port-Saïd devait être construit, de façon que la nouvelle ville ne fût pas exposée à être envahie par les eaux de la mer, et on assura la solidité du terrain à l'aide d'un système de pilotis. A la suite de ces travaux, tous les ateliers nécessaires à l'entreprise de la *Compagnie universelle* s'installèrent autour de ce nouveau port, où les navires commençaient à affluer, apportant les matériaux.

Bientôt l'appontement provisoire qu'on avait improvisé au début devint tout à fait insuffisant, et il fallut construire une jetée de 1500 mètres de longueur. Cette jetée fut prolongée plus tard jusqu'à 2500 mètres.

D'autre part, on aménageait des bassins capables de faciliter le déchargement des matériaux, et on installait un chemin de fer de débarquement.

C'est ainsi que la ville de Port-Saïd s'accroissait chaque jour et que sa population prenait rapidement de l'importance.

Avant de parler du percement du canal, nous dirons quelle fut l'organisation des travaux pendant cette première période.

Une antique coutume de l'Égypte impose chaque année aux fellahs des corvées publiques, pendant l'époque des inondations du Nil.

On sait que les crues de ce fleuve observent une grande régularité dans la partie qui traverse l'Égypte. Cette régularité permet d'utiliser ces crues au profit de la fertilité du sol, et dès la plus haute antiquité on a organisé en Égypte un système de digues et de canaux que les divers gouvernements ont entretenus et perfectionnés, et grâce auquel le limon bienfaisant du Nil est distribué sur les terres cultivées.

Au moment des crues, le trop-plein du fleuve est détourné dans les canaux et dans les réservoirs, jusqu'au jour où l'on s'en sert pour inonder les champs.

Cette opération, qui est considérable, se fait grâce aux corvées auxquelles les

fellahs sont soumis. De même l'entretien de ce système de canalisation se fait au
moyen de ces corvées publiques.

M. Ferdinand de Lesseps s'inspira de l'exemple des Pharaons, qui avaient employé ces corvées à la construction des Pyramides de Thèbes et de Memphis et au
creusement des anciens canaux. Seulement, il voulut traiter les fellahs en ouvriers
salariés, et, tout en leur donnant un abri, des vivres et de l'eau en quantité suffisante,
il tint à les payer selon les prix en usage dans le pays.

Le système des corvées obligatoires fut maintenu, car sans cela rien n'aurait pu
vaincre l'apathie naturelle des fellahs. A la demande de M. de Lesseps, le vice-roi

PORT-SAÏD. — Chantiers sur le bord du canal, à sa sortie du lac Menzaleh.

obligea chaque village à fournir un certain nombre d'hommes, proportionné à son
importance, et qui devaient travailler pendant un mois sur les chantiers du canal.

Ces conditions furent stipulées dans le firman de concession, et le vice-roi s'en-
gagea ainsi à assurer à M. de Lesseps environ 40 000 ouvriers.

C'est avec ce nombre considérable d'hommes habitués au climat de l'isthme,
que le percement fut entrepris, et cette multitude de fellahs assura dès le début le
succès de cette entreprise gigantesque.

Ce sont en effet les ouvriers égyptiens qui ont commencé le creusement du canal
à travers le lac Menzaleh et qui ont entamé le *seuil* d'El-Guisr; et qui sait si, sans
eux, les difficultés de ces deux sections eussent été aussi facilement surmontées?

Le creusement du canal à travers le lac Menzaleh offrait de graves inconvénients,
car la partie du tracé qui s'étendait de Port-Saïd à El-Kantara était comprise dans

Village arabe près de Port-Saïd.

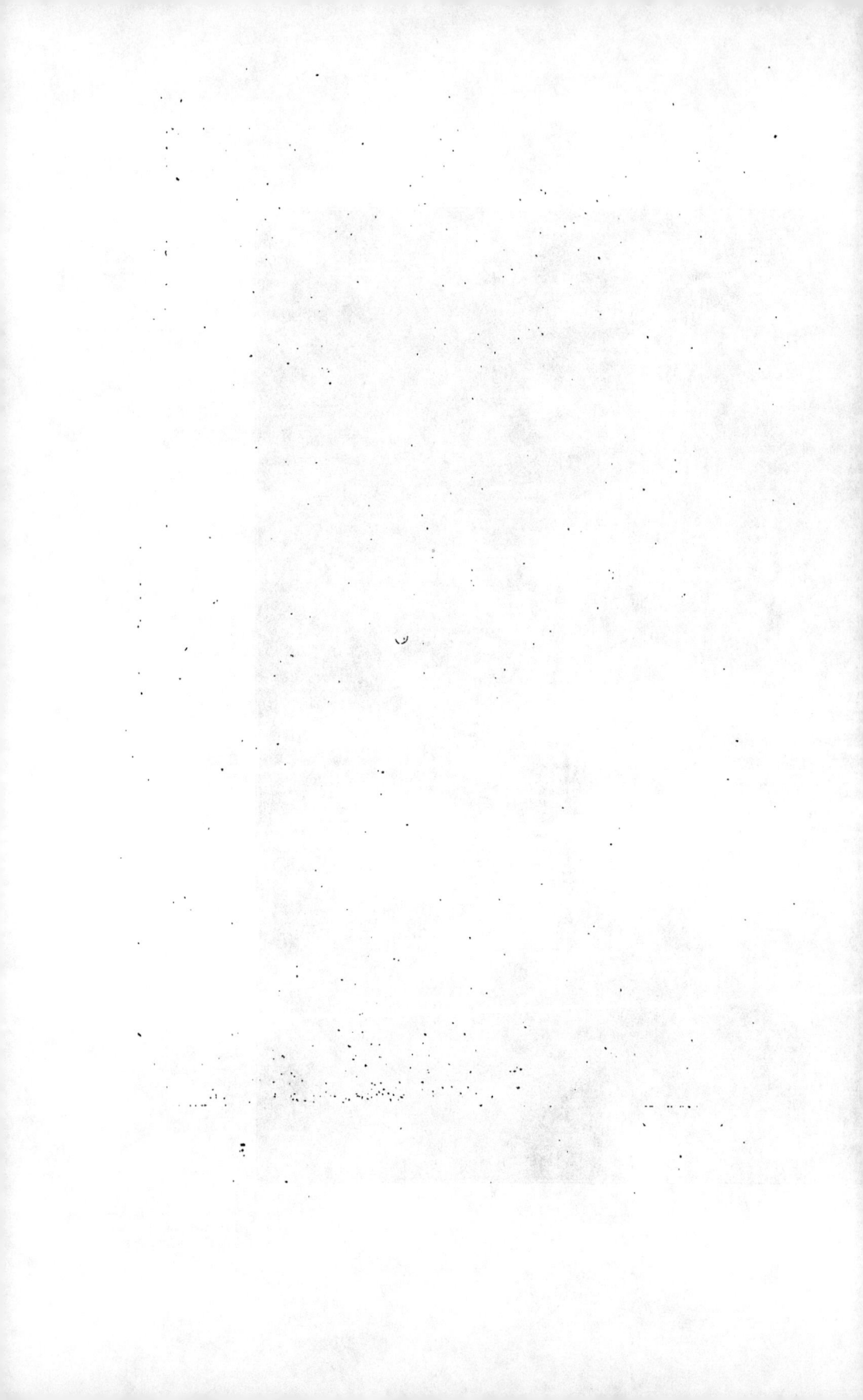

des marais où il était impossible d'établir des remblais à sec et où il n'y avait pas assez de fond pour permettre d'employer des dragues.

Or on affecta spécialement à cette section les habitants des villages riverains du lac Menzaleh, et l'on eut ainsi, pour ce travail très particulier, des ouvriers habitués à travailler dans ces eaux marécageuses. De la sorte, cette première partie de l'entreprise fut rapidement menée, et l'on eut facilement raison de cette première difficulté.

Pour creuser un premier chenal dans ce lac de boue, ces hommes eurent recours à un procédé des plus primitifs, qui, s'il ne dénote pas beaucoup d'intelligence, fait du moins honneur à leur courage.

Ils entraient dans l'eau, et, se penchant en avant, prenaient dans leurs bras tout ce qu'ils pouvaient contenir de vase. Puis, se relevant, ils pressaient fortement cette vase sur leur poitrine de façon à l'égoutter. Quand elle était suffisamment solidifiée, ils la plaçaient sur le dos de ceux qui étaient chargés de la porter sur les bords du chenal.

Ceux-ci, profondément courbés, avaient les bras repliés derrière le dos, de sorte qu'ils présentaient ainsi une espèce de hotte pour recevoir la vase. Une fois chargés, ils faisaient quelques pas, et, se redressant en même temps qu'ils retiraient leurs bras, ils laissaient glisser la boue sur les bords du chenal, en formant ainsi un talus de chaque côté.

La boue continuait à se dessécher sous les rayons du soleil ardent de cette contrée, et la chaleur du soleil était telle que l'évaporation se faisait assez rapidement pour assurer la salubrité des chantiers, malgré le danger évident qu'il y avait à remuer cette vase malsaine.

Il fut impossible de faire adopter à ces hommes des outils européens. Ils essayaient bien de s'en servir, mais c'était avec une telle maladresse qu'ils renonçaient bientôt à les employer.

Voici, par exemple, ce qui arriva quand on leur donna des brouettes : après les avoir examinées avec le plus grand étonnement et après qu'on leur eut montré la manière de s'en servir, ils les utilisèrent en se mettant à deux pour les porter, au lieu de les rouler.

Après plusieurs essais de ce genre on les laissa entièrement libres d'agir à leur guise et ce fut avec les procédés primitifs que nous venons d'exposer qu'ils ouvrirent la première section du canal, qui fut peut-être la plus difficile.

Ce fut donc ainsi que les riverains du lac Menzaleh creusèrent un canal de 5 mètres de largeur sur une longueur de 45 mètres, en enlevant plus de 400 000 mètres cubes de vase. Le seul outil dont ils se servirent était une sorte de pioche appelée *fass*, dont l'usage remonte à la plus haute antiquité.

Ce chenal, encaissé de chaque côté entre deux talus de boue solidifiée au soleil, fut ensuite élargi par des dragues. Pour garantir le canal des crues du Nil, qui est en communication avec le lac Menzaleh, on éleva à 2 mètres la berge occidentale, de façon à opposer une barrière aux eaux, du côté qui regarde l'Égypte.

Ces talus furent faits comme nous l'avons déjà dit, sauf toutefois à un endroit nommé le Ras el-Ech, où il fallut consolider le talus avec des pilotis et des madriers sur une longueur de 2 kilomètres.

Le *seuil* d'El-Guisr présenta de plus grandes difficultés. Il s'agissait de pratiquer une tranchée à travers ce plateau qui s'élevait à certains endroits jusqu'à 19 mètres au-dessus du niveau de la mer. Cette tranchée devait mesurer 70 mètres de largeur et 8 mètres de profondeur au plafond d'eau. Mais on commença par ouvrir un chenal de 15 mètres de largeur seulement.

La compagnie concentra sur ce point d'abord 10 000, puis 15 000, 20 000 et 25 000 fellahs fournis par le vice-roi, d'après les conditions du firman de concession.

Vue prise du lac Timsah.

Pour cette armée d'ouvriers on dut improviser des campements, qui devinrent bientôt de véritables villages, et il fallut organiser un service très important d'approvisionnement, pour les vivres et l'eau douce.

Ce travail fut fait avec autant de simplicité que le creusement du canal du lac Menzaleh. Les fellahs n'avaient pas d'autres outils que leurs *fass* et ils se servaient, pour transporter la terre, de leurs paniers ou *couffes*. Ils enlevaient ainsi en moyenne 500 000 mètres cubes de déblais par mois.

De même qu'au lac Menzaleh, les déblais furent utilisés pour faire les talus du canal, qui s'élevèrent, au *seuil* d'El-Guisr, assez haut pour arrêter les sables du désert.

Ce fut en 1862 que le *seuil* d'El-Guisr fut percé et que la communication se trouva établie entre la Méditerranée et le lac Timsah, qui recevait déjà les eaux du canal d'eau douce dont nous parlerons plus loin.

Campement à El-Guisr.

13

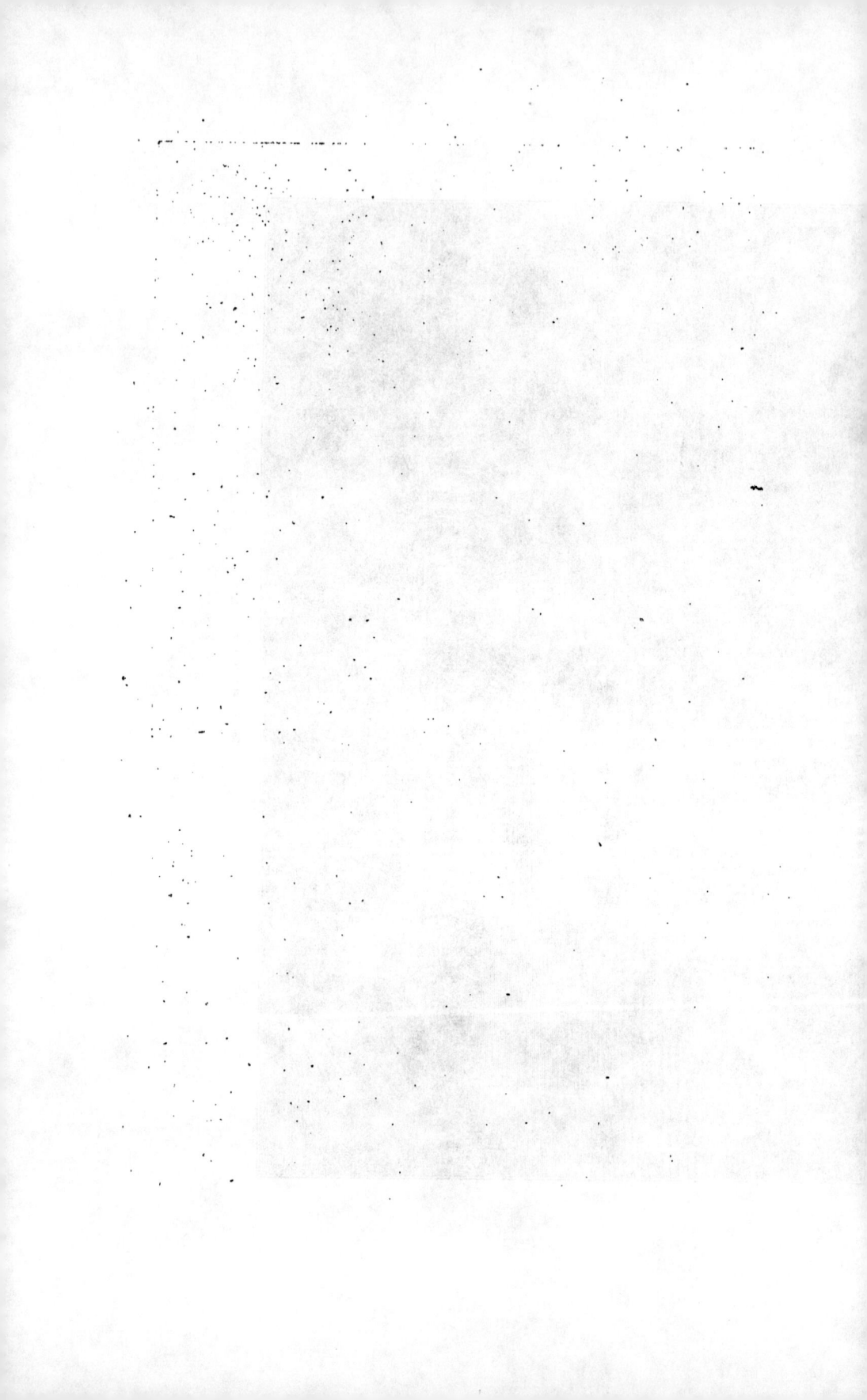

M. Ferdinand de Lesseps voulut célébrer avec solennité ce premier succès, et il organisa à cette occasion une cérémonie qui eut lieu au milieu d'une grande affluence.

Une digue barrait le canal et empêchait l'irruption des eaux de la Méditerranée. Quand tout le monde fut réuni, M. de Lesseps prononça ces quelques mots : « Au nom de Son Altesse Mohamed Saïd, je commande que les eaux de la Méditerranée soient introduites dans le lac Timsah, par la grâce de Dieu. » En même temps il donna un signal convenu et un passage fut ouvert au milieu de la digue, de sorte que les eaux de la mer s'élancèrent avec impétuosité et se mêlèrent à celles du lac.

Pendant que les eaux s'échappaient en bruissant de l'ouverture qui avait été faite à la digue, l'évêque d'Alexandrie et le cheikh ul-islam, qui assistaient à la cérémonie avec tout leur clergé, donnaient leur bénédiction à ces eaux qui allaient un jour se répandre dans la mer Rouge.

Si la *Compagnie universelle du canal de Suez* obtint de pareils résultats, ce fut grâce à une très grande habileté de la part de son président, ainsi que de la part des ingénieurs et de tous les agents en général.

En effet, en dehors des difficultés matérielles, en dehors de l'opposition de l'Angleterre, il fallait compter avec le caractère indiscipliné des fellahs.

M. Paul Merruau, qui a publié une étude très remarquable des travaux du canal de Suez, nous donne à ce sujet l'exemple suivant :

Toussoum. — Tombeau du cheikh Ennedek. (V. p. 196.)

« Un jour, dit-il, quelques centaines d'ouvriers tirés de la haute Égypte, où les populations sont plus ignorantes, moins tolérantes et moins disciplinées, eurent l'idée de déserter. Ils se croyaient loin de toute autorité, et l'habitude des corvées gratuites leur faisait supposer que la *Compagnie* les trompait en leur promettant de les nourrir et de les payer. Donc, après la halte, au lieu de continuer leur route, les plus hardis prirent celle du désert. Toute la bande allait se disperser, lorsque le représentant de la *Compagnie* fut averti. Il accourt. Que faire, au milieu de ces hommes mutinés, sans force publique et sous le poids de la défaveur que comporte la qualité de chrétien ? Il fallut bien parlementer. L'intelligent fonctionnaire évita avec soin la colère, les cris et la menace.

« Il appela les principaux meneurs et leur dit : « Vous voulez partir ?... Fort « bien, je ne vous retiens pas. Mais, écoutez un bon conseil. Le pacha a la vue per-« çante et le bras long ! C'est à lui que vous désobéissez. Il vous fera poursuivre, et vous

« pouvez compter qu'une fois pris, vous aurez à subir un rude châtiment. Et mainte-
« nant, allez! je n'ai plus rien à dire. » Il se croisa les bras et leur tourna le dos. Mais
ils l'entourèrent en riant et reprirent le chemin des chantiers de l'isthme. Les Arabes
rient quand ils sont pris en flagrant délit et qu'il ne leur reste aucun moyen de con-
tester l'évidence. C'est un aveu de maladresse qu'on prendrait bien à tort pour une
expression de repentir. »

Ce fut par des moyens de ce genre que les agents de la *Compagnie* purent avoir
raison des fellahs, et encore fallait-il être sans cesse en éveil.

Barques du lac Menzaleh.

D'ailleurs la diplomatie était de commande au désert comme à Alexandrie et au
Caire, et rien n'était négligé pour concilier l'esprit du pays en faveur de la *Compagnie*.

Aussi les mœurs locales furent-elles scrupuleusement respectées.

« Il existe à Toussoum, écrit aussi M. Paul Merruau, un marabout, fort vénéré
des Arabes et connu sous le nom de Cheikh Ennedek. Les tribus nomades y viennent
en pèlerinage pour honorer le saint, dont les restes sont ensevelis sous les voûtes de
cet édifice. La *Compagnie* a prouvé son respect pour cette innocente croyance, en
réparant le monument quelque peu dégradé, et en donnant une couche de peinture
fraîche et nouvelle aux bandes rouges et blanches qui le décorent. »

Grâce à cette diplomatie, la *Compagnie* ne rencontra aucune hostilité de la part
des habitants du pays, et tant qu'elle employa les fellahs au creusement du canal,

elle n'eut qu'à se féliciter en général de leur activité et de leur zèle. En effet, bien qu'ils ne fussent tenus de rester sur les chantiers du canal que pendant un mois seu-

Vue de Zagazig.

lement, ils se trouvèrent si heureux, qu'un grand nombre d'entre eux continuèrent à travailler pour la *Compagnie* après l'expiration de ce mois de rigueur.

La question de l'eau eut une grande importance dans l'histoire du canal de Suez. Pour se faire une idée de la situation en présence de laquelle M. de Lesseps se trouva quand il entreprit de faire creuser le canal de Suez, il faut bien se rendre compte que l'eau douce était pour ainsi dire considérée comme un luxe dans l'isthme, de Port-Saïd à Suez. A Port-Saïd, l'eau venait péniblement de Damiette, par les barques à voiles du lac Menzaleh. Il est vrai, comme on l'a déjà dit, que la *Compagnie* organisa des appareils distillatoires et fit creuser des puits; mais tout cela était insuffisant.

Le château de Tell-el-Kebir.

A Suez, l'eau douce venait du Caire par le chemin de fer, et malgré sa mauvaise qualité elle se vendait à un prix très élevé. Les pauvres devaient se contenter de l'eau nauséabonde qui croupissait au fond des anciennes citernes. D'autre part on apportait à dos de chameau l'eau des Fontaines de Moïse, qui n'était guère meilleure. De la sorte l'approvisionnement d'eau à Suez, qui comptait 5000 habitants, revenait à 1 200 000 francs.

Quand on établit les premiers chantiers du canal, au lac Menzaleh et au *seuil*

Le village de Tell-el-Kebir.

d'El-Guisr, la *Compagnie* leur fit apporter l'eau qui provenait de Damiette et des

Carrières du Gebel Geneffé.

appareils distillatoires de Port-Saïd, à dos de chameau. Mais ce système ne pouvait être que provisoire.

Pour résoudre cette grave question, M. de Lesseps avait résolu de faire creuser un canal d'eau douce qui amènerait au canal maritime les eaux du Nil, et qui permettrait de les répartir tout le long du canal maritime, de Suez à Port-Saïd.

Ce canal d'eau douce, qui rejoint le canal maritime à Ismaïlia, fut alimenté par deux branches, venant l'une de Zagazig et l'autre de Boulak. Il ramena ainsi la fertilité dans l'antique terre de Gessen, et fit la prospérité du Ouady que le vice-roi avait concédé à la *Compagnie*. Ce domaine, qui ne mesure pas moins de 10 000 hectares, fut bientôt occupé par 1 200 bédouins qui rendirent la vie à cette terre endormie. La *Compagnie* plaça là un régisseur qui fut logé au château de Tell-el-Kebir, construit en 1823 pour Méhémet-Ali.

A partir de la ville d'Ismaïlia, qui fut créée au moment du creusement du canal d'eau douce, un canal parallèle au canal maritime fut construit jusqu'à Suez. Cet embranchement partit en réalité de Néfiche, près d'Ismaïlia.

Pour alimenter Port-Saïd, on installa un système de conduites de fonte, composé de 29 000 tuyaux de 16 centimètres de diamètre. Le long de ces conduites, des réservoirs furent établis de distance en distance, pour l'alimentation.

De la sorte l'approvisionnement de l'eau douce était assuré sur le parcours du canal et à ses deux extrémités. Mais la construction du canal d'eau douce avait une autre utilité qui n'était pas moindre. Il devait en effet servir au transport jusque-là si difficile des matériaux, des vivres et des machines au centre du canal, et il devait, de cette façon, faciliter singulièrement le creusement de la partie sud du canal maritime, qui aurait été sans doute impossible autrement. C'est ainsi qu'il permit d'exploiter la carrière du Gébel Geneffé, dont les pierres furent utilisées pour la jetée du canal.

IV

A TRAVERS LES CHANTIERS

Aspect d'un chantier. — Une visite de M. de Lesseps à Timsah. — La voiture de la *Compagnie*. — Le lac Timsah. — Tranchée d'El-Guisr. — Campement de Toussoum. — Deuxième phase des travaux. — Le vice-roi retire les fellahs. — Arbitrage de l'empereur Napoléon III. — La *Compagnie* adopte l'emploi de puissantes machines; la drague à long couloir; l'élévateur; l'excavateur. — Inauguration du canal maritime.

Pour donner une idée pittoresque et bien vivante des chantiers du canal de Suez, nous empruntons le passage suivant à la belle relation de voyage de M. Paul Merruau, qui a visité les travaux en 1862 avec M. de Lesseps :

« Au sommet de la dune où nous venons d'arriver, nous voyons se développer un canal large de 25 mètres, les talus réguliers descendant à 5 mètres de profondeur, et cette belle tranchée, encore sans eau; se développe à perte de vue. Suivons-en le bord, et nous verrons à l'œuvre les compagnies de terrassiers indigènes.

« Ils sont au nombre de 12 000, échelonnés sur une ligne de quelques kilomètres; les uns manient la pioche au pied du talus, dans le lit du futur canal; la terre qu'ils enlèvent est chargée dans des paniers en jonc qu'on appelle *couffes*. Ces paniers passent de main en main jusqu'au sommet du talus. Ce système primitif donne des résultats qui surprendraient davantage encore, si l'on ne réfléchissait pas qu'on est sur le terrain classique des travaux exécutés à bras d'homme. La tranchée s'ouvre en quelque sorte à vue d'œil; elle court vers le sud. A voir l'ardeur des ouvriers, l'ordre du travail, la simplicité des moyens, la discipline et l'entrain des chefs subalternes, le calme et la sécurité des supérieurs, on pressent les progrès rapides et l'achèvement prochain de l'entreprise.

« La nuit est venue. Nous reprenons nos places dans les embarcations; les attelages qui nous remorquent hâtent le pas. Encore quelques efforts et nous atteindrons les bords de ce lac Timsah où la *Compagnie* a fondé une ville nommée Ismaïlia, en l'honneur d'Ismaïl-Pacha, et qui reçoit déjà les eaux salées qu'apporte le canal maritime.

« Pendant le reste de la route, chacun exprime les sentiments qu'il a éprouvés

Une tranchée au canal de Suez.

à la vue de cette armée d'ouvriers que la *Compagnie* applique à ses travaux. Jamais l'image d'une fourmilière n'a pu être plus justement employée que pour définir cette multitude d'hommes qui montent ou descendent les talus, qui s'agitent avec ordre et qui couvrent le terrain de têtes nombreuses comme les épis dans un champ de maïs. C'est un spectacle nouveau, mais intéressant; singulier, mais instructif. On ne peut oublier que cette foule n'obéit ici qu'à l'ascendant moral de quelques Européens. En admettant même que sa présence et son concours sur la ligne des travaux ne soient pas volontaires, du moins peut-on dire avec une fierté légitime que la régularité et la discipline des travaux et surtout le bien-être et la bonne santé des ouvriers sont dus aux soins de la *Compagnie*, et contrastent avec la situation qu'ils

Ouvriers terrassiers du canal de Suez travaillant à la couffe.

avaient à subir, lorsqu'on les appliquait, dans l'antiquité et dans les temps modernes, aux grands travaux d'utilité publique.

« L'obscurité est complète au moment où nous arrivons à Timsah; mais la ville qu'on vient d'y fonder semble anticiper déjà sur ses destinées et sa grandeur future, tant le mouvement et la foule sont grands au débarcadère. Les torches brillent aux mains de tous les serviteurs indigènes; leur éclat répand un voile de fumée. Ces torches sont des pics de fer terminés au sommet par une grille, formant un récipient où l'on brûle des branches d'un bois résineux. Par intervalles, un tison s'échappe et tombe tout enflammé sur le sol, avec la rapidité et l'éclat d'une étoile filante. Des hommes rangés en demi-cercle devant le débarcadère se tiennent immobiles, la torche plantée en terre, comme autant de sentinelles du moyen âge, veillant la lance au pied. La vive lumière qui enflamme leur visage, tandis que toute leur personne reste plongée dans l'obscurité, leur donne l'aspect de démons dont les têtes surnageraient dans un océan de feu.

« Près de nous un objet de forme bizarre se dresse comme une tour tronquée ; impossible d'en deviner la nature, dans la pénombre où il est placé ; des dromadaires sont stationnés tout auprès ; j'aperçois leur long cou, surmonté d'une tête petite et intelligente. Nous avons sauté à terre. Les *saïs* s'approchent et nous conduisent, en élevant et secouant leurs torches, précisément à cet objet dont l'aspect singulier et les formes indécises ont excité notre attention. C'est une voiture attelée de dromadaires, véhicule de nouvelle invention et bien original, je vous assure. Moitié omnibus, moitié cabriolet, il a des roues dont les jantes sont larges comme celles de nos grosses charrettes ; il a deux dromadaires au timon, trois en flèche. Une sorte d'écuyer, un cheikh arabe monté sur un dromadaire libre, dirige les jockeys à la peau bronzée, qui sont perchés sur le dos des animaux de l'attelage.

« Vue de près, cette machine, adaptée au transport des voyageurs dans le désert, ne manque pas d'élégance ; elle a surtout un caractère de sûreté fort attrayant. Je me hâte d'y monter.

« M. de Lesseps est monté à cheval. Il donne le signal du départ ; la voiture s'ébranle : on dirait un char antique portant quelque dieu païen, tant l'escorte qui l'entoure est nombreuse, animée et brillante. De distance en distance, des torches sont fichées en terre sur notre route ; les *saïs*, qui nous précèdent en courant, portent chacun à la main des branches incandescentes, et laissent derrière eux une longue traînée de flammèches et d'étincelles qui pétillent sous les pieds des chevaux. Notre voiture avance au milieu de ce cortège, allègrement emportée par les robustes quadrupèdes ; et le cheikh des dromadaires, vêtu de son costume le plus beau et le plus éclatant, fait caracoler devant nous son dromadaire où il trône avec la majesté d'un souverain.

« Nous arrivons à l'ancien campement de Timsah, devenu la ville d'Ismaïlia.

« Nous avions à faire le lendemain une assez longue étape, et le départ était fixé à 8 heures du matin. Je me levai dès 6 heures. Mon premier soin fut de monter sur les dunes qui forment une enceinte circulaire autour du lac Timsah, et d'où le regard embrasse à la fois la ville naissante, le lac et le désert à l'horizon.

« La ville se développe en ligne droite sur la rive orientale du lac. Elle comprend des constructions pour loger les ingénieurs, les chefs de service et les ouvriers. Tout le personnel de la *Compagnie* y trouve en ce moment sa place. Ainsi établie au centre des travaux, l'administration rayonnera facilement jusqu'aux extrémités et fera sentir son action immédiate sur tous les points de la ligne.

« Décrirai-je ce vaste amphithéâtre dont la scène présente une belle et vaste nappe d'eau sur laquelle je vois déjà flotter une voile latine et qui s'alimente, en temps de crue du Nil, par des infiltrations souterraines ? Aujourd'hui le canal maritime y verse les eaux de la Méditerranée, et l'imagination, sans grand effort, place sur ses bords les docks, les bassins, les ateliers de réparations ; elle y réunit une flotte tout entière de bâtiments. Les uns se préparent à suivre la remorque qui doit les conduire soit dans la Méditerranée, soit dans la mer Rouge ; d'autres entrent dans les bassins pour réparer des avaries. Ceux-ci renouvellent leurs vivres ; ceux-là font provision d'eau douce. Les quais sont fréquentés par une nombreuse population. Les Arabes offrent leurs denrées ; les équipages parcourent la ville ; les ouvriers se pressent dans l'arsenal.

« Déjà ce mouvement est commencé. Le lac a ses embarcations; la ville ses marchés, ses visiteurs et ses ouvriers. Hier c'était une solitude, une plaine de sable, entourant d'une fauve ceinture un marécage à demi desséché où croissaient des joncs maladifs. Aujourd'hui c'est une Memphis naissante qui compte, pour assurer sa prospérité, sur le commerce et la navigation du monde entier.

« Quel est ce mouvement qu'on aperçoit de la hauteur où j'ai placé mon observatoire? C'est la caravane qui se forme. Voici l'omnibus traîné par les dromadaires. Voici le cheikh de ce genre de transport, plus fier encore au soleil levant, qui fait chatoyer les orfèvreries de sa selle et les dorures de sa housse. Voici les chevaux réunis.

« Le but de notre cavalcade est le canal maritime à la tranchée d'El-Guisr. Six kilomètres nous en séparent. C'est là que nous devons nous embarquer pour gagner

Voiture de la Compagnie du canal de Suez.

la Méditerranée. En effet la tranchée ouverte sur le lac Timsah n'a pas encore établi une communication navigable avec ce lac qu'il faut d'abord emplir d'eau. On a donc construit au débouché du canal un barrage et un déversoir qui donne au lac de l'eau en quantité suffisante pour en élever graduellement le niveau jusqu'à la hauteur du canal, sans déterminer une chute qui changerait ce canal en torrent et y suspendrait la navigation. C'est pourquoi notre caravane ne peut s'embarquer sur le lac et doit remonter un peu au-dessus. D'ailleurs, El-Guisr, où nous allons, promet un spectacle auquel il est bon de se préparer par une marche dans le désert.

« La voiture s'ébranle, les chevaux l'entourent et la précèdent. Nous partons dans le même ordre que la veille. Une route est tracée entre les dunes de sable. Bientôt nous sommes en plein désert, et n'était le voisinage des grands travaux que nous ne voyons pas, mais que nous devinons derrière les monticules rougeâtres, nous pourrions nous croire lancés au sein du Sahara, loin de toute habitation humaine et de toute civilisation.

« Le trajet n'est pas long. La course a duré une heure à peine, et voici que nous entrons dans une sorte d'avenue que dessinent des trophées dressés de distance en

.distance et que termine un arc de triomphe. Les trophées sont ingénieusement formés d'outils de toute espèce entourés de branches encore verdoyantes. La porte triomphale, construite en bois et en toile, était destinée au vice-roi d'Égypte dont la visite prochaine avait été annoncée. Nous passons à côté et nous arrivons au pied d'un kiosque très élégant.

« Il a été élevé par ordre de Saïd-Pacha et pour son usage. La façade est tournée vers le lac, et le balcon du premier étage est assez élevé pour offrir à la vue un splendide horizon. Le bassin du lac s'allonge entre les dunes qu'il contourne et derrière lesquelles il s'échappe et se dissimule. Le soleil, qui se lève resplendissant à l'est, couvre de ses feux une partie de la nappe d'eau, tandis que l'autre partie reste plongée dans l'ombre projetée par les dunes. Le lac étant agité par le vent léger du matin, la partie éclairée ressemble à un diamant dont chaque facette renvoie les rayons. Il est impossible de fixer longtemps la vue sur ces eaux où le soleil semble plongé et du fond desquelles il renvoie à la surface des feux éblouissants. Mais on le retrouve en relevant les yeux. Il monte rapidement à l'horizon et tombe d'aplomb sur le désert qui sert de cadre aux eaux du lac. Il enflamme ses vastes plaines, il dessèche les terres, il les torréfie, il les broie. Nul ne peut se faire une idée de sa puissance s'il ne l'a pas vue s'exercer dans le désert où rien ne combat son action dévorante. Il nuance l'azur céleste de toutes les couleurs du prisme, et dégrade ses teintes avec des transitions inimitables, depuis le rose pâle jusqu'à l'éclat insoutenable du fer chauffé à blanc.

« Accoudé sur le balcon, nous laissons volontiers notre imagination courir au delà du lac Timsah en suivant jusqu'à Suez le tracé du canal des deux mers. Le sol s'élève graduellement à partir du rivage méridional du lac et forme à peu de distance un plateau qu'on appelle Sérapéum. Il est moins élevé et d'une moindre étendue que le *seuil* d'El-Guisr. Aussi les contingents arabes ouvriront-ils facilement un passage au canal à travers ce plateau. La tranchée d'El-Guisr était bien plus vaste. Quelques mois cependant ont suffi pour accomplir ce gigantesque travail.

« Mais avant d'arriver au sommet du Sérapéum, l'œil rencontre un groupe de tentes et de maisons : c'est le poste ou campement de Toussoum. C'est là qu'ont pris position les premiers ouvriers de la grande œuvre. A l'origine, elle avait pour première perspective une carrière de dangers et de sacrifices. Le désert n'offrait aucune ressource ; l'hostilité anglaise était menaçante. Elle avait des adhérents dans le pays. Les ouvriers établis à Toussoum étaient donc obligés d'avoir le fusil posé à côté de la truelle. Ils prirent leur parti en vrais Français. Ils avaient cette foi et ce dévouement que le péril stimule dans la race gauloise. Ils s'installèrent fortement dans ce premier campement. Ils le mirent sous la protection d'un nom cher au vice-roi, le nom de son fils Toussoum. Et ils surmontèrent allègrement les difficultés et les privations, ils opposèrent leurs poitrines aux menaces, ils gagnèrent enfin l'heure où la *Compagnie* se vit en mesure de développer ses travaux et de donner à ses agents le bien-être et la sécurité dont ils jouissent aujourd'hui. Toussoum, dont l'importance a diminué, reste avec toute la solitude et l'ampleur de son installation première. Il a son hôpital, ses magasins, sa boulangerie, ses maisons correctement alignées, et son observatoire, édifice caractéristique, élevé pour déjouer, par une vigilance exercée dans un horizon étendu, les surprises et les attaques alors probables, aujourd'hui impossibles. »

Tels furent les débuts de cette entreprise gigantesque, et l'on voit, par cequi précède, que ces débuts furent très brillants. Plus tard la *Compagnie* rencontra une grave difficulté dont il importe de parler avant de terminer cette histoire sommaire du canal de Suez.

Dès le commencement des travaux, les Anglais avaient fait tout leur possible pour les entraver. Mais leurs tentatives étaient restées infructueuses quand, en 1863, survint la mort de Mohamed-Saïd. A ce moment l'Angleterre obtint que le sultan, comme suzerain d'Égypte, revisât la convention passée entre le vice-roi et la *Compagnie du canal de Suez*. Le sultan demanda, entre autres restrictions, que le nombre de fellahs fournis par le vice-roi fût réduit à 6000.

M. de Lesseps obtint que l'empereur Napoléon III fût choisi comme arbitre, et

Dunes de sable.

en juillet 1864 il fut arrêté, d'après cet arbitrage, et entre autres modifications, que le vice-roi ne fournirait plus de fellahs, et qu'en compensation il payerait à la *Compagnie* une indemnité de 38 millions.

A partir de cette époque, M. de Lesseps dut remplacer le travail des indigènes par des machines très puissantes, qui furent construites à grands frais.

Les machines principales étaient : la drague à long couloir, l'élévateur, l'excavateur. La drague à long couloir est une drague ordinaire dont le déversoir a une longueur de 70 mètres sur $1^m,50$ de largeur, et 60 centimètres de profondeur. Ce déversoir est supporté par une charpente de fer avec des entretoises, et l'appareil entier est placé sur un chaland assujetti à celui qui porte la drague. Une plaque tournante permet de donner au déversoir la direction voulue et on peut l'élever ou l'abaisser pour l'incliner, à l'aide de deux presses hydrauliques. La descente des déblais est facilitée le long du couloir par une chaîne balayeuse, ce qui permet de donner au déversoir une inclinaison très faible. Le mécanisme de la drague à long couloir est absolument automatique. En tournant un robinet, l'appareil fonctionne et chaque godet apporte à l'extrémité du déversoir 400 litres de déblais.

Mais la drague à long couloir ne permet pas de donner une grande inclinaison au déversoir, à cause du point d'attache du couloir au sommet de la drague. Au contraire, l'élévateur, qui est un déversoir indépendant de la drague, peut amener les déblais sur la berge jusqu'à une hauteur de 14 mètres, tandis que la drague à long couloir n'atteint pas plus de 6 mètres.

L'élévateur se compose de deux voies ferrées supportées par une charpente métallique, qui repose elle-même sur un chemin de fer établi le long de la rive. Un bateau, qui va et vient de la drague à l'élévateur, vient se placer à une extrémité des deux voies ferrées, de sorte que les caisses de déblais contenues dans le bateau sont enlevées sur une des voies ferrées et amenées le long de cette voie à l'autre extrémité,

Dragues au montage.

où les déblais sont versés sur la berge. A mesure que le talus atteint sa hauteur maximum, l'élévateur se meut le long de la voie ferrée qui le supporte.

Ces deux appareils ont été utilisés au lac Menzaleh, au Sérapéum, au lac Timsah et aux lacs Amers; dans d'autres sections, telles que celle du *seuil* d'El-Guisr, où il n'y avait pas d'eau, au début, pour permettre d'employer les dragues, on eut recours à l'excavateur à sec de M. Couvreux. C'est une sorte de drague qui se meut sur une voie ferrée, et qui déverse les déblais dans de petits wagons disposés à cet effet.

Grâce à ces engins et à tout l'attirail des autres appareils moins importants dont nous ne parlons pas, le canal maritime de l'isthme de Suez fut terminé dix ans après que M. de Lesseps avait donné le premier coup de pioche à Port-Saïd.

Le 15 août 1869 les deux mers communiquaient ensemble, et le 17 novembre suivant les flottes de toutes les nations inauguraient solennellement et triomphalement l'œuvre grandiose de M. Ferdinand de Lesseps.

LE CANAL DE PANAMA

I

LES ORIGINES

Projets du xvıe siècle. — M. de Humboldt et le canal du Darien. — M. de Garella préconise le percement de l'isthme de Panama. — Diverses explorations dans l'isthme. — Les missions Strain et
Prévost. — Le projet du prince Louis-Napoléon Bonaparte. — Le gouvernement des États-Unis
organise une expédition. — Le Congrès des sciences géographiques d'Anvers et M. de Lesseps. —
Expéditions de MM. A. Reclus et Lucien-N.-B. Wyse. — Le *Congrès international d'études du Canal
interocéanique.* — M. de Lesseps constitue la *Compagnie universelle du Canal interocéanique.*

L'idée du percement de l'isthme de Panama remonte au commencement du
xvıe siècle. Dès l'année 1520, peu de temps après la découverte de l'océan Pacifique
par Nuñez de Balboa, Angel Saavedra conçut le projet de creuser un canal à travers
l'isthme du Darien. Puis, en 1523, Fernand Cortez, le conquérant du Mexique, mit à
l'étude un nouveau projet de canal qui devait se faire à l'autre extrémité de l'isthme
et qui aurait mis en communication la baie de Campêche avec Tehuantepec. Mais ces
tentatives furent mal accueillies par le gouvernement espagnol et par conséquent
n'eurent pas de suites.

A partir de 1780, le projet du percement de l'isthme entra dans une nouvelle
phase.

Cette année-là en effet, Charles III nomma une commission technique qu'il
chargea d'explorer l'isthme; mais bientôt la Révolution survenait et empêchait cette
entreprise de suivre son cours. Seulement l'intervention officielle du gouvernement
espagnol avait attiré l'attention sur ce projet grandiose.

14

En 1804, à la suite d'une exploration, M. de Humboldt se montrait partisan d'un canal maritime à travers le Darien et se déclarait hostile à l'idée du percement de l'isthme de Panama.

« Il paraît, disait l'illustre savant, d'après l'ensemble des renseignements que j'ai pu me procurer à Carthagène et à Guayaquil, que l'on doit abandonner l'espoir d'un canal de 7 mètres de profondeur, et de 22 à 28 mètres de largeur qui, semblable à une passe ou à un détroit, traverserait l'isthme de Panama de mer en mer, et recevrait les mêmes navires qui font voile de l'Europe aux Grandes Indes. L'élévation du terrain forcera l'ingénieur à avoir recours soit à des galeries souterraines, soit au système des écluses... Dans le cas où le canal serait creusé, il est probable que le plus grand nombre des vaisseaux, craignant les retards causés par des écluses trop multipliées, continueraient leurs voyages autour du cap de Bonne-Espérance. »

Plus tard, en 1825, un Français, le baron Thierry, obtenait de Bolivar, le libérateur de la Colombie, la concession d'un canal dans l'isthme de Panama.

Malheureusement l'argent manqua au baron Thierry, de sorte que Bolivar dut confier à un Anglais, M. Lhoyd, et à un Suédois, M. Fallmare, le soin de dresser un projet, qui resta sans résultat.

En 1843, une compagnie française envoyait à Panama M. Napoléon de Garella, ingénieur des mines, avec la mission d'établir le tracé et les devis d'un canal et d'une ligne de chemin de fer entre Chagres et Panama. Quand les études furent terminées, la compagnie adopta le projet du chemin de fer en rejetant le projet du canal. Mais elle ne put réunir les capitaux nécessaires à cette entreprise, et la concession qu'elle avait obtenue fut reportée à la compagnie américaine qui a mené à bonne fin le chemin de fer de Panama.

Notons que M. de Garella fut le premier à soutenir que l'idée du percement du canal de Panama était chose praticable, et à réfuter ainsi l'opinion de M. de Humboldt.

Citons encore l'exploration du général du génie américain Barnard, qui en 1850 étudia un projet du canal par Tehuantepec et conclut à l'impossibilité de ce projet.

Mentionnons également à la même époque Squiers, Trantwine et Jeffer, qui étudièrent et condamnèrent un projet de canal traversant le Honduras ; puis Childs et Fay et d'autre part Félix Belly et Crossmann qui se déclarèrent en faveur du Nicaragua.

Plusieurs des explorations qui furent organisées en vue du percement de l'isthme furent malheureuses. C'est ainsi qu'on vit périr, près du Savannah, Patterson et les Écossais qui l'accompagnaient. Dix-sept membres de la mission Strain périrent au Darien, et Strain lui-même mourut pendant le retour, des suites de ses fatigues.

L'expédition Prévost fut massacrée par les indigènes, et Gisborne n'échappa au même sort qu'en renonçant à son exploration.

Il convient de parler ici, purement à titre de curiosité, du projet dont le prince Louis-Napoléon Bonaparte s'occupa tandis qu'il était prisonnier à Ham.

Le canal projeté par le prince devait traverser le Nicaragua. Une compagnie avait été constituée en Angleterre, et des agents avaient été envoyés sur place.

Quand Louis-Napoléon eut dressé son projet avec l'aide du capitaine de vaisseau M. Doré qui travaillait avec lui dans sa prison, il demanda son élargissement à M. Thiers, afin de se consacrer à cette entreprise. Mais comme il ne recevait pas de réponse, il s'évada. Il allait s'embarquer en Angleterre pour le Nicaragua, quand les événements de 1848 le rappelèrent à la politique.

Le succès du canal de Suez décida le gouvernement des États-Unis à organiser, en 1870, une expédition composée d'ingénieurs et de marins qui établit la topographie exacte de l'isthme, malgré les difficultés de toutes sortes que la mission rencontra dans ces contrées couvertes de marécages et de forêts vierges. Cette expédition avait comme chefs : le commodore Shuffeld, pour le projet Tehuantepec; les commanders Hatfield et Lull, pour l'exploration du Nicaragua; le commander Selfridge et le lieutenant Collins, au Darien et au Cauca. Ces études, faites avec le plus grand soin, durèrent trois années et donnèrent lieu à des rapports qui constituèrent de véritables documents scientifiques.

Le gouvernement des États-Unis avait évidemment pris l'initiative de ces études, dans le but d'entreprendre dans la suite le perce-

M. Armand Roclus.

ment de l'isthme; mais, comme nous allons le voir, il fut devancé par M. de Lesseps.

Cette grave question avait déjà été longuement traitée en 1871, à la première session du Congrès des sciences géographiques d'Anvers, quand à la seconde session, tenue à Paris, en 1875, M. Ferdinand de Lesseps prit une part active à la discussion et se prononça contre les projets de canal à écluses, dont les inconvénients avaient déjà été signalés par M. de Humboldt. Le congrès émit le vœu que les études fussent continuées, et, à la suite de ce vœu, la Société de Géographie créa en 1876 le *Comité français pour l'étude du percement d'un canal interocéanique*, qui fut placé sous la présidence de M. de Lesseps.

Ce comité avait MM. le vice-amiral de La Roncière Le Noury et Meurand comme vice-présidents, et se composait de MM. Daubrée, directeur de l'École des mines, Levasseur et Delesse (de l'Institut), Foucher de Careil, Malte-Brun, Cotard, Maunoir, Hertz et Bionne, qui est mort depuis à l'isthme de Panama.

Tandis que le comité commençait ses travaux, une société civile se formait sous le patronage du général Turr et de M. Lucien-N.-B. Wyse, pour réunir les fonds nécessaires à une exploration de l'isthme. En même temps, cette société obtenait que le comité attendît le retour de cette expédition pour prendre une décision définitive.

L'expédition fut confiée à M. Lucien-N.-B. Wyse, qui s'occupait depuis longtemps du percement de l'isthme et qui avait déjà exploré ce pays huit ans auparavant.

M. A. Reclus a publié une relation très remarquable de cette exploration. Nous lui empruntons quelques passages qui disent éloquemment quelles difficultés les voyageurs eurent à surmonter.

« L'expérience que M. Wyse avait des régions à parcourir, écrit M. A. Reclus, lui permit de rassembler en peu de temps instruments, armes, objets de campement, vivres, tout ce qui devait suffire à une troupe nombreuse pendant six mois de campagne dans la forêt vierge. Grâce à son esprit organisateur, à sa promptitude de conception et d'exécution, il s'écoula un mois à peine entre le jour où le plan fut arrêté et celui qui vit les explorateurs prêts à partir. La grande et vieille amitié qui me liait au chef de l'expédition me valut d'y prendre part en qualité de volontaire.

« Il fallait cette hâte pour que la commission arrivât au Darien dès le commencement de la saison sèche, la seule où l'Européen non acclimaté puisse supporter la fatigue et la misère inséparables d'un séjour dans le marécage ou dans la forêt vierge. Tout fut mené si lestement, que la veille de notre départ, dans le dîner d'adieux où le comité nous réunit, la plupart des futurs explorateurs se voyaient pour la première fois.

M. Wyse.

« Nous étions vingt en tout, ingénieurs, officiers de marine, etc., sous le commandement de M. Wyse. La surveillance des travaux techniques fut confiée à M. Celler, ingénieur en chef des ponts et chaussées. Parmi ces vingt « pionniers », je citerai O. Bixio, G. Musso, le docteur C. Viguier. Les deux premiers ne devaient point revoir la patrie : ils sont morts, victimes de leur dévouement à la science. »

Olivier Bixio était le fils du secrétaire du gouvernement provisoire de 1848 et le neveu de Nino Bixio, chef d'état-major de Garibaldi dans la campagne des Mille. Guido Musso appartenait à une grande famille italienne.

A la fin de novembre 1876, les membres de l'expédition débarquaient à Colon, et commençaient par traverser l'isthme grâce au chemin de fer qui était établi, depuis 1855, de Colon à Panama.

Après ce voyage, les explorateurs se rendirent au Darien, où il était fortement question de creuser le canal projeté, et se livrèrent dans cette contrée à des opérations de mensuration et de nivellement que l'exubérante végétation des forêts vierges rendit souvent très difficile.

On peut s'en rendre compte en lisant l'intéressant récit de M. Armand Reclus qui dirigea ces opérations.

Pour faire la *trocha* ou *trouée* dans la forêt vierge, il s'était adjoint un Français nommé M. Lacharme, qui vivait depuis plus de trente ans dans l'isthme pour y faire de la culture. M. Lacharme avait amené avec lui six indigènes, qui s'appelaient José, Antonio, Hipolyto, Merced, Joaquin et Innocencio, et M. A. Reclus avait en outre quatre *caucheros*.

E. RONJAT.

Olivier Bixio.

« Nous remontons rondement la Tuyra, dit M. Reclus, et à trois heures nous arrivons au confluent de l'Aputi, point où doit commencer la *trocha*. On établit le campement près d'une case, sur un plateau qui domine la rivière. Deux trépieds de pieux réunis par des harts de lianes soutiennent une longue perche à laquelle nous suspendons nos hamacs : nos hommes étendent leur natte et leur couverture sur le sol.

« Deux *quippos* géants, hauts d'une cinquantaine de mètres, avec 3 mètres au moins de diamètre à la base, s'élèvent tout près de notre bivouac. A ce point de repère, nous plantons notre premier piquet. Nous déterminons aussitôt sa cote et sa position relativement au piquet le plus rapproché sur la Tuyra, et nous relions ainsi nos opérations aux travaux de M. Celler et des brigades d'ingénieurs.

L'expédition à cheval.

« Dès le 20 février au matin, nous commencions notre pénible trouée. L'alignement une fois indiqué, José allait de l'avant, et, faisant le moulinet avec son *machete*, tranchait à droite et à gauche lianes, arbustes, branches d'arbres aussi haut qu'il pouvait atteindre, regardant de temps en temps en arrière pour ne pas s'écarter de l'orientation désignée. A quatre ou cinq pas, Antonio et Hipolyto élargissaient cette voie et la rendaient praticable en taillant ou en poussant de côté les abatis par trop volumineux. Un quatrième, armé d'une hache, s'en prenait aux arbres de faible dimension et déblayait le terrain; un autre coupait les *chusos* les plus dangereux : on entend par *chusos* les bouts de tige longs de 30 à 40 centimètres qui restent quand le *machetero* a passé. Celui-ci ne donnant que des coups de *machete* presque verticaux,

M. Lacharme dans la *trocht* (la trouée).

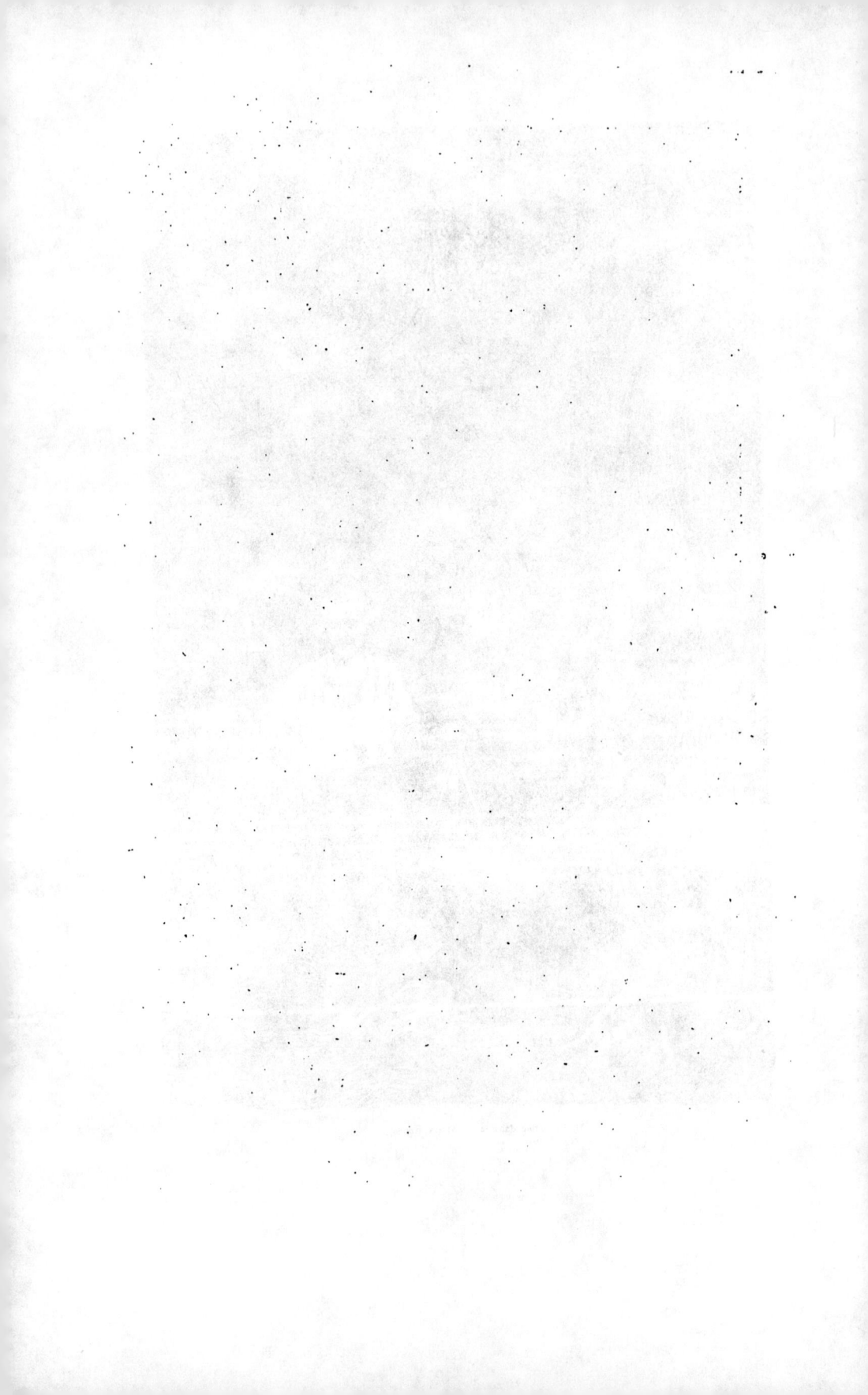

les *chusos*, taillés en bec de sifflet, sont excessivement pointus; les blessures qu'on se

Campement sous un banian.

fait en tombant sur un de ces épieux sont très graves, souvent mortelles; on a vu des hommes percés de part en part.

« Deux *caucheros* accompagnaient M. Lacharme, l'un pour tenir la mire, l'autre

Un *toldo*. (Voir p. 221.)

chargé de ses instruments. Lorsque le tunnel ainsi percé dans l'inextricable fouillis qui constitue le sous-bois de la forêt vierge avait atteint un fond du vallon, un sommet d'une colline ou un ressaut de terrain interrompant la ligne de visée, on plantait un piquet, et mon collègue mesurait la distance au longimètre.

« Avec deux hommes qui portaient le niveau d'Égault et la mire, je suivais le premier groupe et déterminais le nivellement. D'abord, je marchai du même pas que les troueurs ; mais, le troisième jour, le terrain commença à devenir très accidenté, la voie croisant une succession de mamelonnages, de petites collines à pente très rapide, de sorte qu'entre deux piquets il me fallait faire jusqu'à dix stations.

Opérations dans un cours d'eau.

« Au bout d'une semaine, M. Lacharme était en avance sur moi d'une bonne journée de *trocha*; suivant que telle ou telle plante dominait dans le sous-bois, il faisait du matin au soir entre 800 et 2 000 mètres. Les bambous, les lianes et surtout les *pitas*, ou ananas sauvages, nous retardaient beaucoup. Ces derniers forment des fourrés presque inexpugnables ; leurs feuilles fibreuses, armées de piquants vénéneux, résistent au tranchant du *machete* : il faut se baisser et scier la tige au ras du sol.

« Le matin, dès huit heures, nos gens sont au travail. Les hommes non occupés à la *trocha* s'emploient au transport des vivres ; le soir, à cinq heures, ils préparent le gîte de la nuit : on choisit pour cela le bord d'une ravine où, grâce à l'ombrage protecteur, toute l'eau n'a pas été bue par le soleil ; par malheur, une couche épaisse de feuilles et de branchages en décomposition en fait souvent une boisson si répugnante au goût et à l'odorat que nous aimons mieux retourner au bivouac de la veille. L'endroit favorable une fois choisi, c'est merveille de voir avec quelle prestesse on le nettoie. A grands coups de *machete*, un des hommes enlève une mince couche du sol, tandis que de l'autre main, armée d'un bâton en guise de râteau, il pousse hors du camp terre, herbes et feuilles, où l'on met le feu pour se débarrasser des insectes nuisibles. Cela fait, on inspecte la place, on vérifie s'il n'y a pas quelque nid de grosses fourmis noires, auquel cas on dresse le foyer juste au-dessus de leur poterne de sortie. Nos hamacs installés, les hommes s'arrangent un lit de feuilles de bananier sauvage et le recouvrent d'une natte : la chambre est prête. Le repas s'apprête aussi

Passage d'un *figueron* sur une arête.

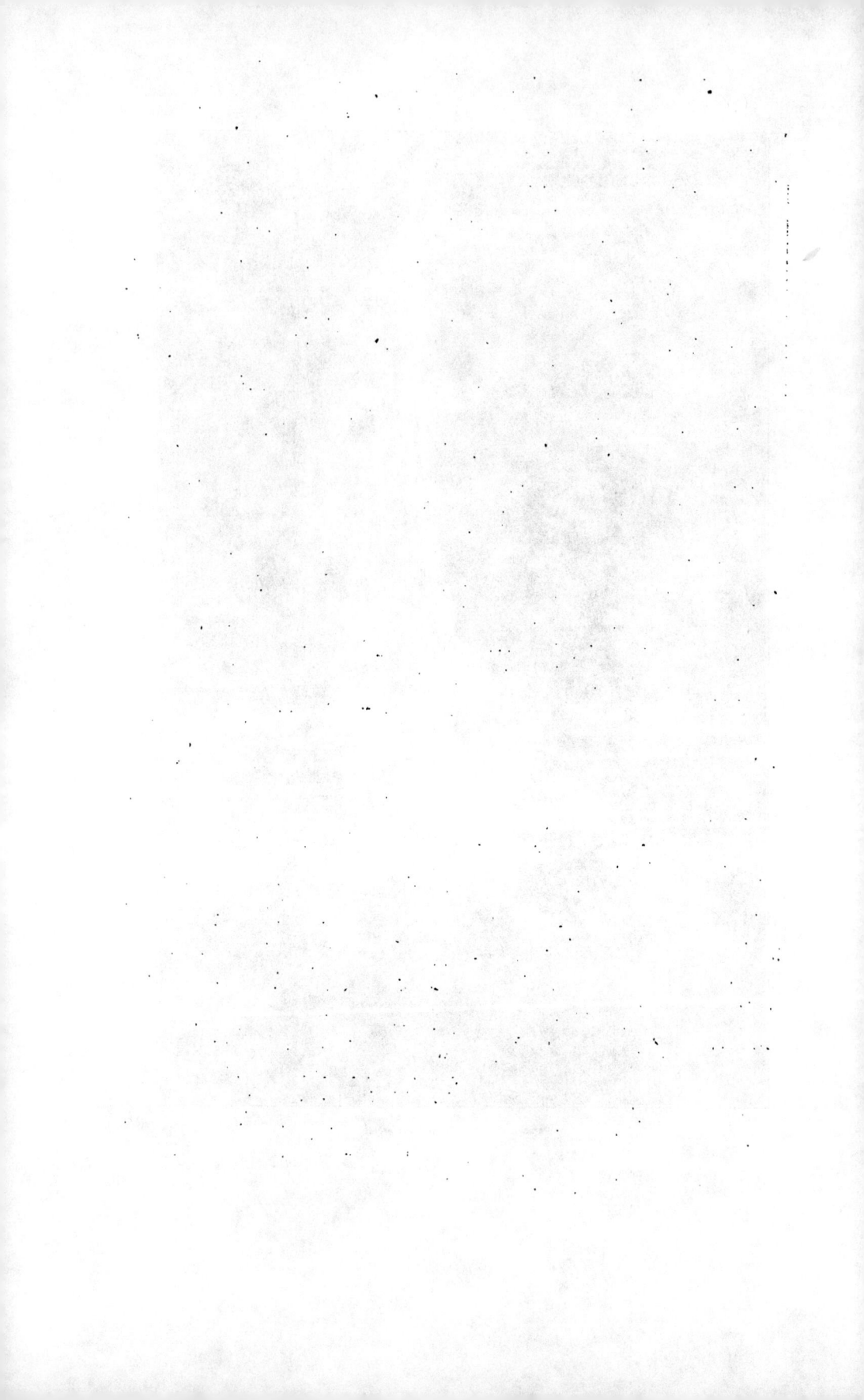

lestement; en trente minutes on cuisine le riz et le *tasajo* pour le souper du soir et
le déjeuner du lendemain; moins d'une heure après l'interruption des travaux de
la *trocha*, nous pouvons nous blottir dans nos escarpolettes et nous endormir bercés
par la symphonie nocturne de l'im-
mense forêt. A la paix profonde
du jour, troublée seulement par le
gazouillis de quelque oiseau qui
s'éveille, succède la brillante expansion de la vie ranimée par la fraîcheur du crépuscule. De tous côtés
grince l'archet métallique d'insectes
auprès desquels nos cigales de la
Provence sont d'agréables chan-
teuses; les gémissements des *pavas*
se mêlent aux modulations du *cor-
covado* et au babillage assourdis-
sant des perroquets. A nuit close,
les cris des rapaces, les rugisse-
ments des bêtes de proie font taire
cette gaieté sympathique, puis s'é-
teignent eux-mêmes, couverts par
les hurlements de l'alouate. »

Souvent on campait sous un
banian, dont les racines se prê-
taient facilement à la suspension
des hamacs. Souvent aussi l'abondance des moustiques obligeait
l'expédition à organiser des *toldos*,
c'est-à-dire des sortes de cages en
toile qui enveloppaient hermétiquement les hamacs et les couchettes.

Dans certaines régions il fallait faire les opérations à travers
des cours d'eau et des marais, ou
bien on avait à franchir les pentes

Ascension de la Cordillère.

escarpées de la Cordillère, ou encore on devait braver le soleil ardent des savanes.

Un jour M. Armand Reclus tomba malade et fut obligé de prendre du repos. Il
s'installa dans une véritable salle de verdure formée par des bananiers sauvages. Le
courageux explorateur donne la description de ce qu'il appelle son cabinet de travail,
qui était meublé, dit-il, d'une table, d'un banc et, sous un *rancho*, d'un large hamac.
Bientôt les indigènes eux-mêmes se sentaient épuisés et incapables de continuer les

travaux de nivellement, de sorte que MM. Armand Reclus et Wyse durent terminer cette première expédition et revenir en Europe.

A la suite d'une deuxième expédition, MM. Armand Reclus et Wyse revinrent à Paris après avoir obtenu du gouvernement des États-Unis de Colombie, par une loi du 18 mai 1878, un acte de concession du canal projeté.

Les concessionnaires demandèrent le concours du *Comité français*, et celui-ci,

Cabinet de travail de M. Armand Reclus.

pour dégager sa responsabilité, convoqua le *Congrès international d'études du Canal interocéanique*, dont les réunions eurent lieu du 15 au 29 mai 1879.

Quatorze projets furent soumis au congrès qui eut à se prononcer entre les divers tracés proposés et qui eut aussi à choisir entre le système des canaux à écluses, qui était présenté par la majorité des ingénieurs, et le système des canaux à niveau, que M. de Lesseps préférait. Après de longues discussions on adopta le projet de M. Wyse qui comportait un canal à niveau, tracé de Colon à Panama.

Le coût de ce canal, évalué à 1070 millions, et à 1 200 millions en tenant compte des intérêts avant l'achèvement, devait être sensiblement plus élevé que pour le canal à écluses, mais le congrès pensa que le système des écluses ferait perdre trop de temps aux navires, étant donné que leur nombre devait être considérable, et il estima que les tarifs seraient suffisamment rémunérateurs pour justifier cette dépense.

Quand le congrès eut pris cette décision, M. Ferdinand de Lesseps annonça à

Opérations dans les savanes.

l'assemblée qu'il entreprenait le canal de Panama, d'après les conditions arrêtées par le congrès.

Bientôt M. de Lesseps traitait avec la société concessionnaire du canal, puis il achetait le chemin de fer de Colon à Panama et, le 3 mars 1881, il formait régulièrement la *Compagnie universelle du Canal interocéanique*.

II

LES TRAVAUX

Tracé du canal. — Le port de Colon. — La nouvelle ville de Christophe-Colomb. — Les dragues. — Le barrage du Chagres à Gamboa. — Le chenal de Panama. — La mortalité dans les chantiers.

Dès le 1ᵉʳ janvier 1880, on avait mis le feu au premier coup de mine, au sommet de la Cordillère, et les travaux commençaient sur tout le tracé du canal.

Les délégués des chambres de commerce qui ont accompagné M. Ferdinand de Lesseps en 1886 à l'isthme de Panama ont publié un rapport qui donne une idée très exacte de ces travaux.

D'après ce rapport, le canal projeté devait avoir un parcours de 74 kilomètres en comprenant un chenal à draguer dans l'océan Pacifique jusqu'à l'île de Naos. Sa largeur devait être de 22 mètres au plafond, de 50 mètres au plan d'eau et sa profondeur de 8ᵐ,50 à 9 mètres.

Au point de vue des diverses difficultés que l'on rencontre sur son parcours, on peut diviser le canal en trois parties :

1° De Colon à Gamboa, où la principale difficulté réside dans le voisinage du Rio Chagres ; cette première partie comprend 44 kilomètres.

2° De Gamboa à l'extrémité de la Culebra, c'est-à-dire au delà du massif central de la Cordillère ; cette partie, qui compte près de 12 kilomètres, comprend Obispo et Emperador où se trouvent les plus hauts sommets et les parties rocheuses les plus importantes.

3° De Paraiso au Pacifique ; ce tronçon, qui mesure plus de 19 kilomètres, est celui qui offre le moins de difficultés, car il se compose presque entièrement de terrains susceptibles d'être creusés avec les dragues.

Dans la première section, il faut distinguer les travaux du port de Colon, les travaux de dragage et de mine et la dérivation du Chagres.

Comme la rade de Colon était exposée aux vents du nord, la *Compagnie univer-*

selle du Canal interocéanique a construit sur ces marais insalubres un terre-plein qui protège l'entrée du canal.

Ce terre-plein, qui a demandé 236 000 mètres cubes de déblais et qui est défendu contre la mer par des enrochements, a donné naissance à une nouvelle ville où ont été installés les bureaux et les employés de l'administration, et à laquelle on a donné le nom de Christophe-Colomb. La statue du célèbre explorateur se trouve à l'extrémité de la nouvelle ville. Elle est traversée par deux grandes rues de 15 mètres de largeur,

Front Street, à Colon.

plantées de cocotiers, et dont l'aspect contraste singulièrement avec celles du vieux Colon, qui est loin de présenter les mêmes conditions de salubrité.

Devant Christophe-Colomb s'ouvre le canal, qui devait avoir 400 mètres de largeur sur une longueur égale, afin de faciliter l'entrée et la sortie.

Nous empruntons les détails suivants au rapport que nous avons cité plus haut :

« Jusqu'au kilomètre 4 600, la nature des terrains a permis de faire tout le travail au moyen de dragues marines et des dragues à long couloir. La première déverse les déblais dans des bateaux-clapets, dits *hoppers-barges*, qui vont les conduire en pleine mer en dehors de l'action des courants ; la seconde, au moyen des *longs couloirs*, rejette les déblais des deux côtés de la partie creusée, et forme en même temps les cavaliers.

15

« Après notre visite aux chantiers du Mindi, nous remontons dans nos chaloupes à vapeur, et filons à toute vitesse sur le canal, jusqu'au kilomètre 9, non loin duquel se trouve Gatun.

« Ce village est situé sur la rive gauche du Rio Chagres, et la cité Lesseps a été construite sur la rive droite.

« L'ancien village est un amas de huttes en bois recouvertes de roseaux, où vivent pêle-mêle 5 à 600 Indiens. La cité Lesseps se compose de plusieurs chalets, coquettement bâtis et disposés sur des éminences, ce qui doit contribuer à leur

Quais de Colon.

salubrité. C'est près de Gatun (kilomètre 9) que le Chagres rencontre le canal pour la première fois.

« Au kilomètre 15 (Caïmito), nous visitons la drague *Dingler à simple couloir*, dont le rendement théorique est de 6000 mètres cubes en 24 heures.

« Au kilomètre 16, nous nous arrêtons à la drague *City of New-York à double couloir*, ce qui lui permet de verser les déblais sur les deux rives.

« En résumé, jusqu'au kilomètre 16, nous avons rencontré neuf dragues en pleine activité (7 dragues américaines à long couloir, une drague de 180 chevaux et une drague marine); nous avons vu également quatre dragues de 60 chevaux, les premières envoyées dans l'isthme, quatre débarquements flottants, les bateaux porteurs et clapets à mains nécessaires pour le service de ces appareils, à l'aide desquels ont été exécutés les premiers dragages dans le canal et les dérivations du Trinidad et du Gatuncillo.

« Chacune des grandes dragues américaines peut produire, ainsi que nous l'avons dit, 6000 mètres cubes de terrassement dans une journée de 24 heures.

« Elles en ont souvent produit 4 et 5000 et il faut admettre qu'en tenant compte

Drague américaine. (Gravure extraite de l'*Illustration*.)

des arrêts, suspensions de travail (pour réparation ou autres motifs), elles produisent une moyenne de 3000 mètres cubes par 24 heures et qu'elles travaillent 25 jours par mois.

« Du kilomètre 16 au kilomètre 22, on rencontre des terrains dragables, sauf au kilomètre 20, où se trouve une butte de 150000 mètres cubes, qui est déjà entamée et qui sera terminée par un excavateur. A partir du kilomètre 29, l'élévation des berges ne permettra plus de travailler avec les dragues à long couloir, et les déblais devront être déversés sur les berges, au moyen de pompes centrifuges.

« Buhio-Soldado est un beau campement situé entre la ligne du chemin de fer et le Chagres que nous traversons. Au kilomètre 23,400 se trouve une butte qu'il faudra enlever à sec jusqu'au fond de la cuvette. Deux cents mines éclatent au moment

Maisons dans les palmiers, à Colon.

où nous pénétrons sur le chantier, d'où l'on a extrait 1200000 mètres cubes et d'où il reste à extraire 700000 mètres cubes, travail qui devra être terminé à la fin de 1887.

« Deux souterrains, munis de rails, traversent la butte de part en part, des puits de forage ont été pratiqués de distance en distance, et permettent aux déblais de descendre directement sur des wagons qui les déversent dans un terrain marécageux peu éloigné. La hauteur de la montagne était de 65 mètres, il y aura donc 74 mètres du sommet de la tranchée au plafond du canal.

« A gauche de Buhio-Soldado se trouvent de belles carrières de grès gris.

« Du kilomètre 24 au kilomètre 33, le terrain est préparé pour recevoir les dragues. Au kilomètre 33 se trouve Tavernilla, qui est situé dans une plaine, à 12 mètres au-dessus du plan d'eau moyen du canal, et en occupe à peu près le centre. L'endroit semble bien disposé pour y recevoir un port de garage.

« Dans la plaine de Tavernilla, le creusement s'opère au moyen d'excavateurs à

sec, avec transporteurs du type employé au canal de Tancarville, qui forment directement, avec les déblais de la tranchée, les cavaliers du canal.

« De la plaine de Tavernilla, qui a 5 à 6 kilomètres de long, nous arrivons au
chantier de San Pablo, qui mesure 2 kilomètres. Il occupe 300 ouvriers, et sa cote,
qui débute à + 12, s'élève successivement jusqu'à + 45. Sur un million de mètres
cubes à enlever, il en a été extrait plus de la moitié. On y travaille à la main et à
l'excavateur Osgood. Cet appareil se compose d'une gigantesque cuiller-pelle armée
à son bec de fortes lames en fer.

Statue de Christophe Colomb, à Colon.

Cette cuiller est maintenue par des
chaînes à un fort bras de levier pivotant lui-même sur un tourillon.
Le mécanicien abaisse la cuiller,
lui donne une légère inclinaison
en dehors au moment de l'arrivée
au bas du talus, puis fait brusquement remonter la cuiller le long
du talus. Elle s'emplit en y mor-
dant. Arrivé au bas de sa course et
contre le bas du levier, le godet est
plein ; le levier, le godet font un
à droite, et viennent se placer automatiquement au-dessus des wagons de décharge. Une pression du
mécanicien fait glisser le fond du
godet, qui se vide dans le wagon. Le
levier pivote, et le godet est replacé
au pied du talus. Nous avons vu
charger en deux minutes un wagon
de 4 mètres cubes. En comptant le
temps des déplacements, on peut
charger 90 wagons de cette capacité en une journée de dix heures.

« Près de San Pablo, le tracé
du canal est coupé par la voie du chemin de fer, et un pont tournant sera établi sur
ce point, la hauteur des terrains au-dessus du niveau de l'eau ne permettant pas
d'établir un pont fixe assez élevé pour laisser passer librement les navires en transit.

« Nous poursuivons notre route par Mamei (kilomètre 39), Gorgona et Matachin
(kilomètres 40, 42 et 43) où les tranchées sont faites à sec par excavateurs jusqu'à un
niveau tel que les dragues flottant dans le Chagres puissent continuer l'excavation, et
nous arrivons à Gamboa (kilomètre 44) où éclate sous nos yeux une mine formidable
de dynamite et de poudre qui produit 30 000 mètres cubes de déblais. Cette mine est
la seconde de cette force tirée dans ce chantier. La roche entamée est du grès con-
glomérique. »

Dragna marina. (Oravuto estratto dò l'*Illustration*)

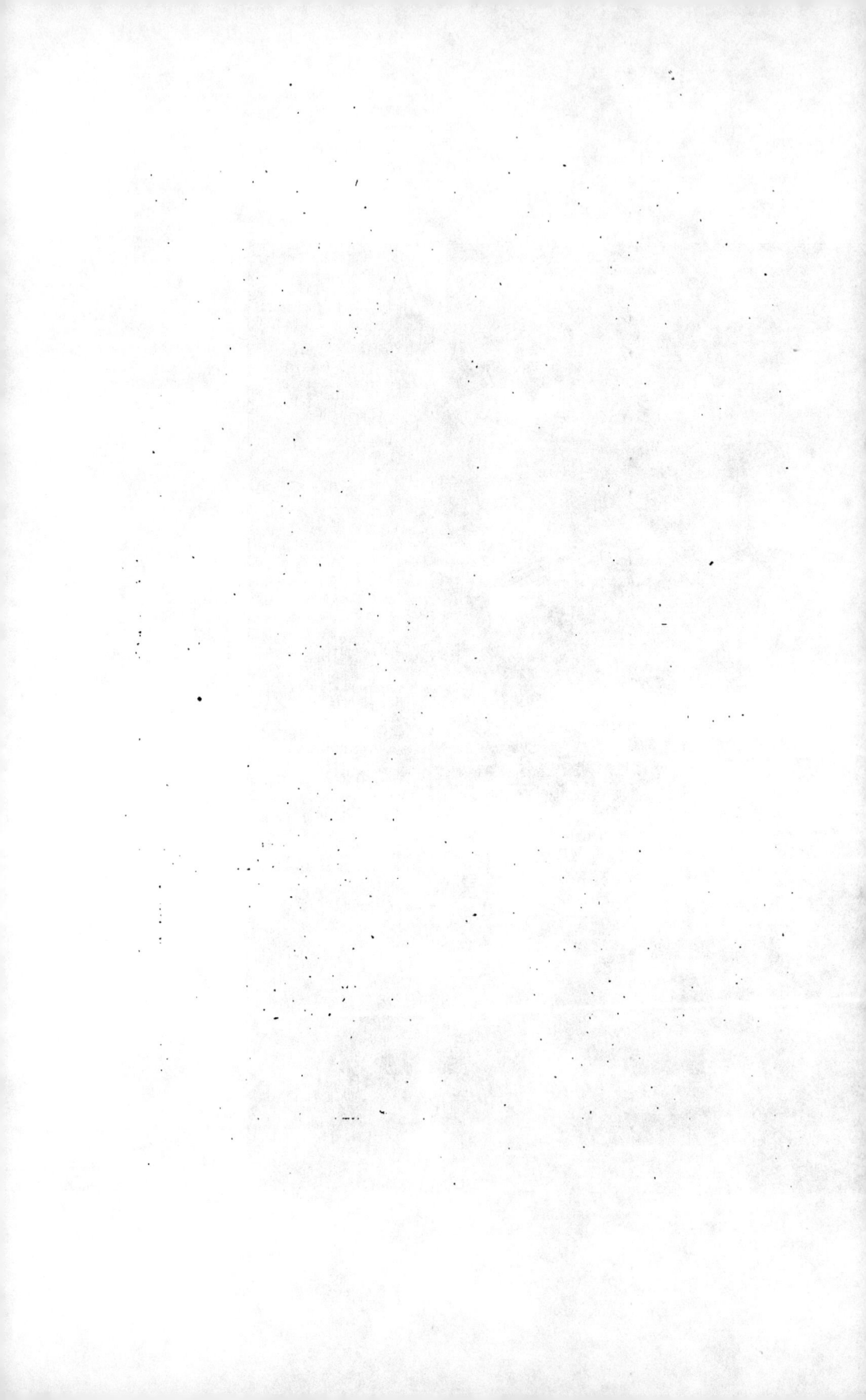

Le récit de cette visite du canal de Panama donne des indications précises sur

Vue de Gatun.

l'organisation des travaux et en même temps une physionomie des chantiers à une époque où cette entreprise colossale était en pleine activité. Cet exposé nous offre

Station de Mamoi.

une idée de la façon dont les travaux étaient agencés en général sur le parcours du canal.

C'est à Gamboa qu'était projeté le barrage du Chagres, dont les crues atteignent parfois 8 mètres, du 20 novembre au 5 décembre.

Ce barrage devait former un immense réservoir où se seraient accumulées les eaux des crues, pour s'écouler ensuite insensiblement par un orifice, de façon à ne pas fournir au canal de dérivation plus de 40 mètres cubes pendant les plus grandes eaux.

Ce barrage devait être combiné avec un système de canaux de dérivation que rendait nécessaire la dérivation du Chagres vis-à-vis du canal.

En effet le tracé du canal rencontre plusieurs fois ce fleuve fantasque, et il aurait

Station de San Pablo et pont de Barbacoas.

été impossible de faire entrer les eaux du Chagres dans le canal maritime sans en augmenter singulièrement la largeur.

Ici nous citerons encore le rapport des délégués des chambres de commerce :

« Pour écarter ces eaux douces du canal maritime, la solution adoptée consiste à établir, latéralement au canal de navigation et sur chaque côté, un canal ayant une section suffisante pour recueillir et conduire à la mer toutes les eaux de la rive correspondante.

« Le système de dérivation se divise donc en deux parties :

« 1° Dérivation sur la rive droite du canal maritime;

« 2° Dérivation sur la rive gauche.

« La dérivation sur la rive droite est, à proprement parler, celle de tous les affluents de la rive gauche du Chagres : Rio Obispo, Rio Arena, Rio Trinidad, dont elle emprunte le nom à la rencontre de cette rivière. Elle réunit ces trois affluents dans le lit même du fleuve, asséché sur ce côté par les dérivations de la rive gauche, assemble les boucles par une série de secteurs, reprend le Chagres à la boucle qu'il décrit en avant de Gatun, et utilise son embouchure naturelle qui se trouve à l'ouest

La gare du *Panama Rail-Road* à Panama.

de la baie de Limon, au fort Lorenzo. Cette dérivation commence à l'Obispo (kilomètre 47,500) et se termine au kilomètre 10,500, dans le lit du Chagres.

« La dérivation sur la rive gauche du canal est plus importante : c'est celle du fleuve lui-même. Elle prend le Chagres vers le kilomètre 44,500, coupe une à une chacune des boucles qu'il décrit, les rejoint, et amène ainsi le fleuve en amont de Gatun, au Gatuncillo, qui lui donne alors son nom.

« Devant Gatun, le véritable lit du Chagres est emprunté pendant quelques centaines de mètres ; puis, à partir de ce point, le fleuve est conduit à la mer, à la Boca Grande, à l'est de l'île Manzanillo, par une tranchée de 8 kilomètres de longueur, 40 mètres de largeur, et 3 mètres de profondeur, dont la pente sera réglée à 3 millimètres. Elle recueillera les affluents de la rive droite du Chagres (Rios Frijoles, Rio Portuosa, Gatuncillo, Boquillo, Mindi). »

Nous parlerons de la seconde partie du tracé, c'est-à-dire de celle qui comprend le massif central de la Cordillère, dans le chapitre qui traitera du canal à écluses.

Il nous reste donc à dire quelques mots de la troisième section, qui s'étend de Paraiso au Pacifique. Ici les travaux sont moins importants que pour le reste du tracé.

Mentionnons dans cette partie la dérivation du Rio Grande, qui se fit sans difficulté, et enfin le large chenal qui devait être prolongé jusqu'aux grands fonds naturels, près des îles Naos et Perico. Le creusement de ce chenal était fait par des dragues marines et des dragues fluviales de 180 chevaux, qui peuvent atteindre une profondeur de 15 mètres, tandis que les dragues marines ne vont pas au delà de 10 mètres.

Telle était en résumé l'organisation des travaux de Panama. N'oublions pas de faire remarquer que l'acquisition du *Panama Rail-Road* par la *Compagnie du Canal interocéanique* lui fut d'une grande utilité. En effet, chaque station de cette ligne correspondait à un chantier, de sorte que les machines et les matériaux étaient transportés par le *Panama Rail-Road*.

La *Compagnie de Panama* a rencontré deux grands obstacles, le Chagres et le massif central de la Culebra, et ce sont ces difficultés qui ont fait échouer cette entreprise gigantesque. Mais il faut encore considérer que la compagnie a eu encore à lutter contre la fièvre jaune et les fièvres paludéennes qui infestaient l'isthme, malgré toutes les mesures sanitaires qui avaient été prises, malgré l'hôpital de Colon, malgré la remarquable installation de l'hôpital de Panama.

III.

LE CANAL A ÉCLUSES

Le massif central de la Cordillère. — La Culebra, Emperador et Gamboa. — Le canal provisoire à écluses. — Le concours de M. Eiffel. — Disposition des biefs. — Les portes d'écluses. — Fonctionnement des écluses. — Construction des portes d'écluses à Levallois-Perret et à Nantes. — Creusement des sas à l'isthme de Panama. — Méthodes de M. Eiffel. — Arrêt des travaux.

Le plus grand obstacle que la *Compagnie universelle de Panama* ait rencontré est le massif central de la Cordillère. Nous allons voir quelles furent les difficultés que cette masse rocheuse offrit à l'entreprise et comment M. Ferdinand de Lesseps, fut obligé, après d'infructueux efforts, de renoncer provisoirement au canal à niveau pour un canal à écluses.

Si nous revenons au rapport des délégués des chambres de commerce, nous y trouvons le récit de leur excursion à travers cette partie dont nous avons fait la deuxième section du canal.

« Depuis Matachin, dit le rapport, c'est une suite ininterrompue de travaux et de campements. Nous entrons dans le massif rocheux par le cerro Corosita, qui a été déjà abaissé de 70 à 56 mètres sur une longueur de 800 mètres, et les chantiers principaux que nous allons visiter sont ceux des haut et bas Obispo, Emperador et la Culebra.

« Les dispositions de ces chantiers varient avec la configuration du sol et la nature du terrain. Dans la section de l'Obispo, le relief du sol est très tourmenté, et les roches dures se trouvent près de la surface. Aussi, en un grand nombre de points, les attaques sont faites à la main par des terrassiers ou des mineurs qui chargent les déblais dans des wagonnets Decauville.

« Le cerro Lapita, haut de 85 mètres, commande l'entrée d'Emperador. Il est complètement tranché, et les talus n'ont plus qu'à être réglés. C'est, nous dit-on, l'affaire d'un mois. Comme toutes les collines qui nous entourent, le cerro Lapita a une couleur rougeâtre d'argile ferrugineuse recouvrant une roche dure.

« Les chantiers réunis d'Obispo et d'Emperador mesurent 9^{kil},400 de longueur, du kilomètre 44 au kilomètre 53,6. Celui d'Emperador, situé dans un terrain moins accidenté que celui d'Obispo, a pu depuis longtemps être exploité au gros matériel, c'est-à-dire recevoir des excavateurs et de grands wagons traînés par des locomotives.

« Il se divise en quatre parties principales :

« 1° Las Cascadas (roche) ;

« 2° La Cunette ;

« 3° Emperador proprement dit (terrain rocheux).

« Près de la limite de séparation des chantiers d'Emperador et de la Cunette coule le rio Obispo, qui a été dérivé.

« 4° Le chantier du Sirio (terrain rocheux).

« Les excavateurs de divers modèles sont largement représentés dans cette partie du canal. Nous voyons fonctionner : les excavateurs Gabert (de Lyon), Weyer et Richemond (de Pantin), Evrard (de la Compagnie franco-belge). Chaque excavateur en fonctionnement est desservi par 2 locomotives et 80 wagons. Leur production actuelle peut être évaluée à un minimum de 300 mètres cubes par travail de dix heures.

« Nous arrivons enfin à la Culebra (kilomètre 53,6), chantier le plus saisissant de tous ceux que nous avons visités. Il n'a que 1 800 mètres de longueur ; mais il s'agit d'extraire 20 millions de mètres cubes, et les collines à entamer sont fort élevées, puisque la cote monte jusqu'à 140 mètres et que la hauteur moyenne est de 88 mètres. C'est un fourmillement d'hommes et de machines travaillant à des étages différents, travail à la main, mines, wagonnets Decauville, excavateurs, tamis de ballast allant et venant, 2 000 ouvriers disséminés, c'est le spectacle de la plus grande activité. »

D'autre part, M. G. de Molinari fait une description pittoresque de ces chantiers.

« Le chantier de la Culebra, écrit-il, présentait l'aspect d'une véritable fourmilière ; 2 000 ouvriers y travaillaient dans des tranchées superposées, sur un espace de moins de 2 kilomètres, enlevant ici de larges tranches d'argile rouge au moyen de puissants excavateurs qui font une trouée de 3 000 mètres cubes en dix heures, là entamant à la mine les massifs de dolérite. Même animation à l'Emperador. Un peu plus loin, à Gamboa, nous voyons se soulever toute une montagne ; 30 000 mètres cubes de roche dure sautent et retombent en fragments dans un énorme nuage de poussière rougeâtre ; de notre vie, nous n'avions assisté à pareil spectacle. C'est la lutte de l'homme contre la nature dans ce qu'elle a de plus grandiose et même de plus dramatique, car la nature se défend avec des armes qui tuent aussi sûrement que les obus et les balles. »

Malheureusement, dans cette lutte, l'homme fut vaincu, et, en 1888, la compagnie décida la construction de biefs éclusés qui devaient lui permettre de franchir la Cordillère et d'ouvrir le canal à l'époque fixée, c'est-à-dire en 1890.

Ce projet, que la compagnie considérait comme provisoire, fut entrepris avec le concours de M. Eiffel. Avec cette nouvelle combinaison, au lieu d'avoir à enlever encore 105 millions de mètres cubes de déblais, on n'avait plus à en enlever que 40 millions. C'était une diminution de 65 millions de mètres cubes. M. Eiffel répondait d'avoir terminé la pose des écluses aux délais fixés ; d'autre part, l'aménagement et la distribution des eaux douces ainsi que les travaux de terrassement devaient être achevés à la même époque.

Le principe du canal à écluses était la construction d'un bief supérieur dans la partie centrale du massif. Ce bief aurait permis d'ouvrir le canal à la navigation et de continuer les travaux du canal à niveau grâce au dragage.

La seule différence de tracé entre le canal à niveau et le canal à biefs surélevés consistait en certains déplacements d'axe qui permettaient d'utiliser les déblais déjà extraits.

D'après ce projet, le canal restait au niveau de la mer à Colon, depuis l'Atlantique jusqu'au kilomètre 22,7. La première écluse devait se trouver à ce point, avec 8 mètres de chute. Il devait y avoir une seconde écluse, de 8 mètres de chute également, au kilomètre 37,2. Plus loin, aux kilomètres 42,8 et 46,3 il y avait deux écluses de 11 mètres de chute.

Ces quatre écluses menaient au bief de partage des eaux, dont le niveau était situé à 38 mètres d'altitude.

Sur le versant qui regarde le Pacifique, on construisait trois écluses de 11 mètres de chute aux kilomètres 57,2, 57,8 et 61,8, et au kilomètre 59,1 il y avait une écluse de 8 mètres de chute.

C'est ainsi que l'on devait descendre les 51 mètres d'altitude qui s'élevaient entre le bief supérieur à la cote 38 mètres et les basses mers de vives eaux de Panama, à la cote — 3 mètres.

Il était aussi question d'ajouter une cinquième écluse de chaque côté du bief supérieur, pour le surélever de 11 mètres et hâter ainsi l'ouverture des travaux.

Les écluses devaient avoir des portes de 18 mètres de largeur, et la longueur utile des écluses serait de 180 mètres.

On évaluait que le canal à écluses pouvait permettre le passage de 10 navires par vingt-quatre heures, c'est-à-dire qu'en comptant 2 000 tonnes par navire, la puissance maritime du canal devait être d'environ 20 000 tonnes par jour. On comptait qu'un navire traverserait un sas en une heure, en comprenant dans ce temps le vidage et le remplissage du sas, ainsi que l'ouverture et la fermeture des portes. Un navire isolé devait faire le trajet du canal en dix-sept heures vingt-huit minutes.

On estimait à 40 000 mètres cubes environ par éclusée la quantité d'eau nécessaire à l'alimentation du canal ; et chaque navire traversant l'isthme aurait demandé 800 000 mètres cubes.

Le Chagres devait fournir un débit normal de 10 mètres cubes. Or son bassin, ayant 180 000 hectares de surface, peut facilement fournir ce débit, même pendant la saison la plus sèche. D'autre part, l'Obispo, dont le bassin est de 18 000 hectares de superficie, et le Rio Grande, dont le bassin compte 20 000 hectares, devaient également contribuer à alimenter le bief.

Grâce au barrage de Gamboa on aurait pu amener l'eau du Chagres à la cote de

38 mètres du bief supérieur. Mais pour un bief plus élevé on aurait dû employer, pour l'élévation de l'eau; des machines à vapeur réunissant ensemble une puissance de 3 600 chevaux.

Nous donnerons quelques indications sur le principe mécanique et hydraulique qui peut permettre d'employer des portes d'écluses aussi larges et d'une telle hauteur de chute.

Évidemment on ne pouvait songer à adopter les portes à deux vantaux imaginées

Ruines du collège des Jésuites, à Panama.

par Léonard de Vinci et en usage dans les canaux. Elles suffisent bien pour une pression d'eau de 10 mètres et même $15^m,40$ comme celles des Channel-Docks à Liverpool. Mais, dans ces cas exceptionnels, elles forment des bassins à flot et le passage des navires n'y est pas aussi fréquent qu'il devait être au canal de Panama. Or les écluses de Panama devaient s'ouvrir dix ou vingt fois par jour, et en conséquence un pareil système de portes n'aurait pu suffire.

M. Eiffel avait donc choisi le système à portes roulantes qui ne compte qu'une seule porte. Cette porte se meut perpendiculairement à l'axe du canal. Entièrement en fer, elle se déplace le long d'une voie ferrée placée sous un pont tournant, qui pivote lorsque la porte a disparu dans une chambre de remisage latérale. Un double système de galets de roulement permet à la porte de se mouvoir aisément et rapide-

Panorama de Panama.

16

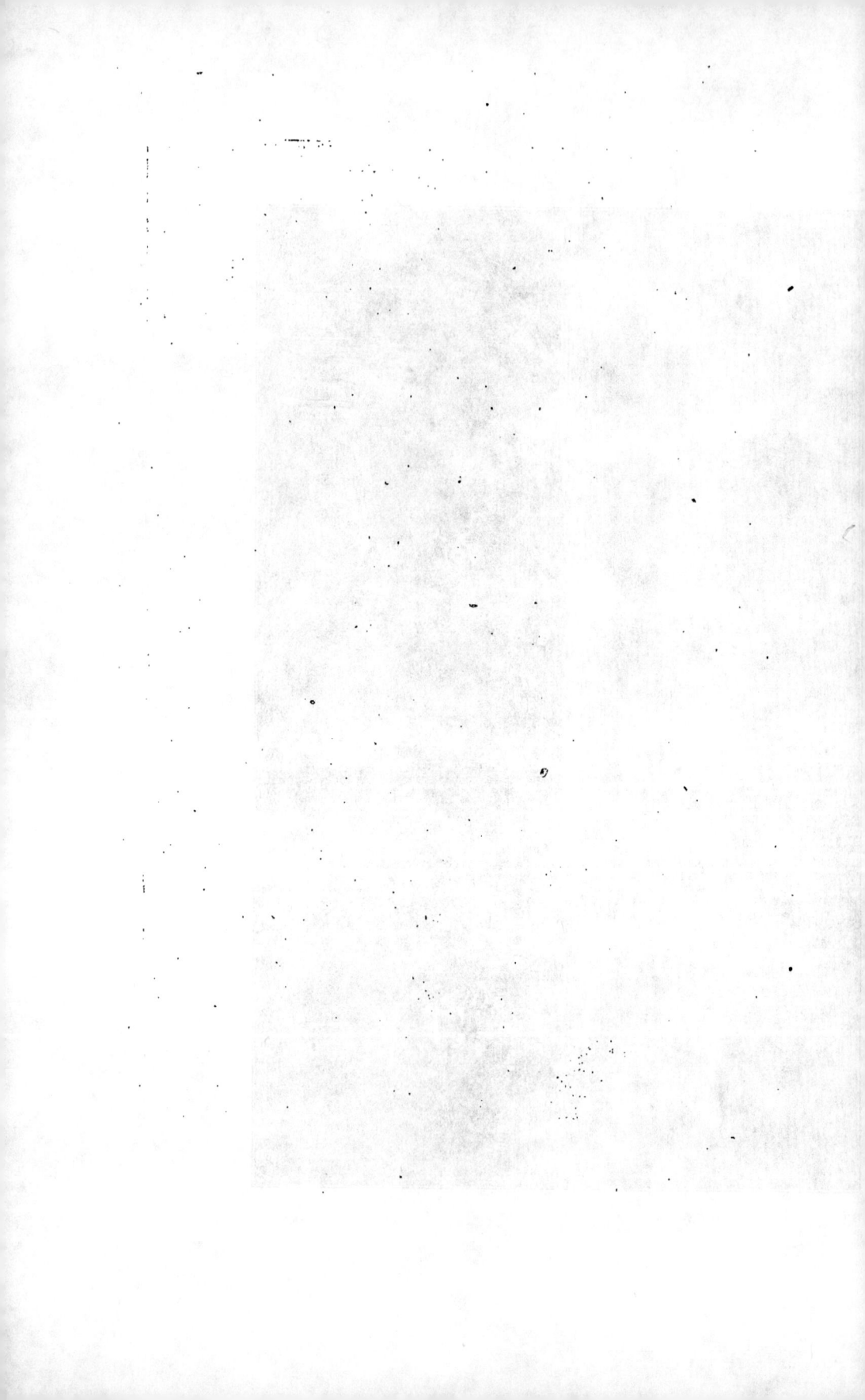

ment le long de la voie ferrée, qui est disposée sous le pont tournant, c'est-à-dire à la partie supérieure et en dehors de l'eau.

Il est superflu de dire qu'une porte d'écluse ne doit s'ouvrir que lorsque le niveau de l'eau est le même de part et d'autre. Comme il s'agissait, dans le cas qui nous occupe, de faire passer le plus rapidement possible d'un côté à l'autre 40 000 mètres cubes d'eau, sans occasionner de dégâts dans les sas et sans pousser les navires sur les bajoyers, M. Eiffel avait appliqué à ces écluses un système de son invention.

Au lieu de faire écouler l'eau par des ouvertures latérales pratiquées en petit

Grand Hôtel de Panama.

nombre dans les bajoyers, comme on le fait ordinairement, M. Eiffel a imaginé de la faire écouler tout le long des sas au moyen de jets verticaux.

Sur toute la longueur des sas et de chaque côté, on dispose, sous le canal, des tuyaux en fonte qui ont $2^m,80$ de diamètre et qui présentent tous les 2 mètres des ouvertures de $0^m,40$ de diamètre. Ils passent sous la porte de l'écluse et se relèvent à une distance de 12 mètres de la porte, pour se terminer par une vanne qui est placée dans le bajoyer de l'écluse.

Ces vannes s'ouvrent et se ferment à l'aide d'une vis et d'un écrou; et cette manœuvre exige peu de force. Elles sont de l'invention de M. Fontaine, ingénieur des ponts et chaussées, et elles fonctionnent parfaitement au canal du Centre.

Avec le système de M. Eiffel, les 40 000 mètres cubes d'eau peuvent s'écouler en quinze minutes sans produire aucune perturbation dans le sas, car le mouvement de l'eau se trouve réparti sur toute sa longueur.

Le canal devait être alimenté par le bief supérieur. Quant à la machinerie, on avait adopté des organes mécaniques d'une grande simplicité, qui auraient été mis en mouvement par des turbines hydrauliques.

L'entreprise du canal à écluses avait eu un début plein de promesses. Les portes commandées à M. Eiffel étaient en construction dans les usines de l'illustre ingénieur à Levallois-Perret et aux chantiers de la Loire à Nantes.

Le 10 novembre, lors d'une visite de MM. Ferdinand et Charles de Lesseps à Nantes, les travaux étaient très avancés. Trois portes d'écluses étaient achevées, et cinq autres étaient déjà démontées, c'est-à-dire prêtes à être expédiées.

Il est intéressant de donner les dimensions de ces portes. Comme chaque sas comprend deux portes, l'une en amont, l'autre en aval, on distingue la porte d'amont et celle d'aval.

Les *portes d'amont*, que l'on avait construites à Nantes pour le canal de Panama, avaient 24 mètres de largeur, 3 mètres d'épaisseur et 10 mètres de hauteur. Leur poids était de 230 tonnes, elles se démontaient en 110 morceaux et déplaçaient 750 mètres cubes.

Quant aux *portes d'aval*, elles mesuraient 24 mètres de longueur, 4 mètres d'épaisseur et 21 mètres de hauteur.

Tandis que la construction des portes d'écluse était menée avec la plus grande activité par M. Eiffel, une armée d'ouvriers était employée à l'isthme de Panama pour le creusement des sas.

On évaluait le total des déblais à enlever à 1 240 000 mètres cubes. A la fin du mois d'août 1888, on avait déjà extrait 480 365 mètres cubes.

Pour ce travail M. Eiffel faisait appliquer des méthodes de son invention. Elles se divisent en quatre méthodes principales qui sont employées selon les circonstances et selon la nature du sol. Ce sont : 1° l'attaque par puits ; 2° l'attaque au gros matériel, avec chargement par grues ; 3° l'attaque en grand avec transport sur plans inclinés ; 4° l'attaque dite mixte, avec transport de déblais par plans inclinés et par grues. Nous empruntons à une récente étude de M. Max de Nansouty, l'éminent rédacteur en chef du *Génie civil*, la description de ces méthodes :

« 1° *Attaque par puits.* — Un véritable puits vertical est ouvert dans le sol. Dans le fond de l'excavation, des mineurs, aussi nombreux que le permettent les dimensions de la fouille, enlèvent à la pelle et à la pioche les déblais du sol effondré ou sauté à l'aide des explosifs ; ils les chargent dans des bennes de 1 mètre cube de capacité. En haut de la fouille, sur le bord, des grues à vapeur de 4 tonnes de puissance, de 8 mètres de volée et de 6 mètres de hauteur de charge remontent les bennes et les déversent dans de grands wagons qui vont les porter à distance, de façon à constituer les *cavaliers* longeant le canal.

« 2° *Attaque au gros matériel et par grues.* — Ici, deux groupes de voies se détachent de la voie principale du chantier : les unes descendent vers le *front d'attaque* de l'excavation pratiquée dans le sol avec une pente qui va jusqu'à 8 centimètres par mètre : les autres portent les déblais vers le lieu de décharge. L'attaque de l'excavation se fait en ouvrant tout d'abord dans le sol, sur toute la longueur du sas, un couloir ou *cunette*, puis en l'élargissant à droite et à gauche en *battant au large*, suivant l'expression technique. Les déblais sont emportés au dehors, soit par petits wagonnets, soit par les bennes des grues placées au bord de l'excavation. Le terrain est affouillé par du gros matériel, terrassiers à vapeur ou excavateurs. Le *rendement* des grues varie, dans ce cas, de 20 à 50 bennes de 1 mètre cube par journée de travail.

« 3° *Attaque en grand et transport sur plans inclinés.* — Dans cette méthode, employée notamment au chantier n° 1 (Bihio), la fouille est ouverte en grand sur toute sa surface; les déblais sont enlevés avec du petit matériel Decauville jusqu'au pied de *plans inclinés*, disposés *en écharpe*, tous les 40 mètres environ, dans les talus de la fouille; ils sont ensuite remontés à l'aide de treuils Otis à vapeur, installés à quelque distance des crêtes; puis, arrivés au sommet, les wagonnets sont poussés à la décharge. Le rendement par treuil Otis est d'environ 50 mètres cubes par jour.

« 4° *Attaque et transport par plans inclinés et par grues.* — Sur quelques-uns des chantiers d'écluses, on emploie simultanément l'attaque centrale *en cunette* avec grues de chargement et l'attaque latérale à l'aide de plans inclinés et de treuils.

« Tels sont les modes d'attaque du terrain.

« Dans tous les chantiers indistinctement, les fouilles sont maintenues *à sec* au moyen de pompes centrifuges montées en crête des talus. A côté d'elles, des concasseurs mécaniques à vapeur préparent, dès maintenant, la pierre cassée qui sera nécessaire pour le bétonnage des bajoyers des écluses et en font d'importants approvisionnements. »

Malheureusement, cette remarquable organisation s'est trouvée impuissante devant les forces de la nature, et les travaux ont dû être abandonnés à cause de la mortalité et aussi faute des capitaux nécessaires à l'exécution de cette œuvre gigantesque.

Aujourd'hui les chantiers sont au pillage, et les immenses dragues se dressent lamentablement au milieu des tranchées que la luxuriante végétation de l'isthme a déjà envahis.

Il est à souhaiter que cette entreprise soit reprise le plus tôt possible. Le canal de Panama donnerait un nouvel éclat au commerce maritime, et les ports de Colon et de Panama, qui ont déjà acquis une certaine animation depuis la construction du chemin de fer qui les relie, prendraient une très grande importance.

LE CANAL DE CORINTHE

I

LE CANAL DE NÉRON

Les projets·des anciens. — Les vestiges de la première entreprise. — Les projets modernes. — L'inauguration des travaux. — La Compagnie internationale. — Les tracés de M. Gerster.

L'isthme de Corinthe, qui unit la Morée (Péloponnèse) à la Grèce proprement
dite, situé entre le golfe d'Athènes et le golfe de Lépante ou de Corinthe, est une
étroite langue de terre qui, dans certains points, n'a guère plus de 6 kilomètres de
largeur, et dont l'élévation au-dessus du niveau de la mer ne dépasse pas 80 mètres.
La barrière qui sépare les deux golfes est donc relativement très mince, et l'on conçoit facilement que l'idée de la percer dut venir de bonne heure aux Grecs.

Périandre, tyran de Corinthe en 628 avant Jésus-Christ, l'un des Sept Sages de
la Grèce, songea déjà au percement de l'isthme; mais on raconte qu'il se vit forcé
d'y renoncer, en raison des croyances religieuses qui auraient donné à cette entreprise le caractère d'un attentat contre Neptune, à qui la contrée était consacrée.

Le projet de Périandre se heurtait en outre à une opposition d'un autre ordre :
la ville de Corinthe, en effet, grâce à sa position entre les deux mers, était à cette
époque l'entrepôt de l'Orient et de l'Occident, et elle avait par conséquent un intérêt
tout particulier à empêcher la réalisation d'une entreprise qui lui aurait enlevé sa
situation privilégiée.

D'ailleurs, il faut bien le dire, l'isthme était si étroit et les galères grecques avaient de si faibles dimensions, qu'on pouvait sans trop de difficultés leur faire franchir l'isthme à force de bras.

« Ce transport était si fréquent, raconte Beulé, qu'un système permanent de machines avait été établi pour cet usage, et l'on appelait *Diolcos* le chemin par lequel on tirait les vaisseaux, source de grands revenus pour la ville en temps de paix, grand avantage en temps de guerre pour faire manœuvrer les flottes selon le besoin, notamment dans la guerre du Péloponnèse. »

Mais, comme le fait remarquer Edmond Fuchs, à qui nous devons un intéressant travail sur l'isthme de Corinthe, ce mode de transport devenait de plus en plus insuffisant à mesure que les relations commerciales se multipliaient et que la dimension des vaisseaux augmentait, en même temps que la résistance de Corinthe et celle

Isthme de Corinthe.

de la Grèce elle-même perdaient de leur influence devant l'autorité devenue souveraine des rois de Macédoine.

Démétrius Poliorcète, l'un des successeurs d'Alexandre le Grand, reprit, 300 ans plus tard, l'idée du percement de l'isthme, mais il dut abandonner ce projet devant l'opposition des ingénieurs qui, d'après Strabon, lui affirmaient « que le golfe de Corinthe était à un niveau plus élevé que celui d'Égine, et que le percement de l'isthme entraînerait la submersion de la ville d'Égine et de toutes les côtes voisines. » On peut, comme ajoute E. Fuchs, attribuer cette croyance au moins partiellement « à une différence de niveau à la marée, qui est plus forte dans le golfe de Corinthe, mais qui ne saurait, en aucun cas, avoir les effets redoutés par les ingénieurs grecs ».

« Jules César, qui releva de ses ruines la ville de Corinthe détruite, un siècle auparavant, par Mummius, rêva à son tour de réaliser le percement de l'isthme et confia même, suivant Plutarque et Suétone, la direction des études à un ingénieur nommé Anienos; mais la mort l'empêcha de réaliser son projet.

« Ce projet demeura en quelque sorte à l'état latent sous Auguste, qui fonda une colonie romaine à Patras, et sous Caligula, qui envoya des ingénieurs reprendre les études et vérifier sur les lieux les assertions des ingénieurs grecs.

« Néron reprit cette grande idée et sut lui donner un commencement de réalisation. Venu à Corinthe, en l'an 66, pour joindre au laurier impérial les couronnes de la poésie, de l'éloquence et de la musique distribuées aux Jeux olympiques, le

Golfe de Corinthe.

jeune empereur voulut, comme dit Lucien, égaler et même surpasser Hercule, en séparant, lui aussi, deux continents. »

Néron fit percer douze puits et ouvrir deux tranchées aux deux extrémités du canal, pour l'amorcer. Mais les travaux furent interrompus par la mort de l'empereur.

Après dix-huit siècles les vestiges de cette première entreprise sont encore parfaitement reconnaissables, et l'on a retrouvé sur toute la longueur de l'isthme les puits de Néron creusés jusqu'à 20 mètres de profondeur, sur une largeur correspondant à 4 mètres carrés.

Du côté de Kalamaki (golfe d'Athènes), il existe encore une grande tranchée d'une longueur de 1 500 mètres environ, et dont la largeur atteint 70 mètres dans sa partie la plus élevée et 40 mètres dans sa partie basse.

Enfin, du côté de Corinthe, les vestiges des travaux de Néron sont reconnaissables jusqu'à 2 kilomètres de la mer.

A part une tentative des Vénitiens, demeurée sans résultats, l'œuvre entreprise par Néron devait rester abandonnée pendant dix-huit siècles. Ce fut seulement au commencement de notre siècle, en 1829, qu'un projet de percement de l'isthme fut dressé par M. Virlet d'Aoust, membre de la commission scientifique du corps expéditionnaire français, sur la demande du président de la Grèce, le comte Capo d'Istria.

Nous devons signaler également le projet qui, en 1852, fut présenté par M. Léonidas Lyghounès, ingénieur crétois, directeur des travaux du barrage du Nil. La même année le nivellement de l'isthme fut exécuté par M. de Dubnitz, ingénieur bavarois.

Le percement de l'isthme de Suez vint remettre en faveur le projet du canal de Corinthe, dont la concession, après diverses péripéties, fut définitivement donnée au général Türr.

L'inauguration officielle des travaux eut lieu le 4 mai 1882, en présence du roi des Hellènes, qui donna de sa main le premier coup de pioche, et, deux ans plus tard, une société, en grande partie française, se substitua au concessionnaire du canal, le général Türr, pour achever l'exécution du canal maritime de Corinthe.

L'étude du tracé du canal fut confiée à M. B. Gerster, ingénieur en chef de la Société Internationale, qui présenta trois projets différents.

Le premier tracé étudié par M. Gerster suivait de petites vallées qui entament l'isthme sur les deux versants; il avait l'inconvénient de présenter de nombreuses courbes de 2 kilomètres de rayon; mais, en revanche, il correspondait au minimum de déblais nécessités pour le creusement du canal.

Le deuxième tracé partait de Kechrioès sur le golfe d'Athènes, et, suivant un tracé également sinueux, aboutissait, par la vallée de la Levka, dans le voisinage de la nouvelle ville de Corinthe, après un parcours de 11 kilomètres environ, qui aurait exigé une fouille de près de 13 millions de mètres cubes.

Le troisième projet, qui consistait simplement dans la reprise du tracé des ingénieurs de Néron, présentait l'avantage d'être en ligne droite et de n'avoir que 6350 mètres de longueur, y compris les parties des ports à draguer pour donner au chenal la profondeur réglementaire de 8 mètres; le cube des déblais à enlever était évalué à 8 millions de mètres cubes.

Entre ces trois tracés il n'y avait pas à hésiter, et les avantages résultant pour la navigation de la direction rectiligne du canal décidèrent la Compagnie internationale à adopter le tracé de Néron, malgré les inconvénients que pouvait présenter l'exécution de ce tracé, par suite de l'augmentation prévue dans l'importance de la fouille, par comparaison avec le premier projet.

II

LES TRAVAUX ACTUELS

Le projet primitif. — Les obstacles. — La constitution géologique de l'isthme. — Les méthodes employées. — Les travaux imprévus. — L'avenir de l'entreprise.

Suivant le projet adopté définitivement par la compagnie concessionnaire, le canal de Corinthe devait consister en une vaste tranchée, encadrée par un talus unique d'une hauteur de 87 mètres dans sa partie la plus élevée, et dont la section devait être à peu près identique à celle du canal de Suez, comprenant 8 mètres de profondeur au-dessous des plus basses eaux et 22 mètres de largeur au plafond.

En 1886, on avait creusé déjà plus de la moitié du canal; mais, à mesure que les travaux avançaient, on put reconnaître que la constitution géologique de l'isthme présentait des bouleversements nombreux, dus à des phénomènes volcaniques de soulèvement et d'abaissement du sol, et il fallut admettre l'impossibilité de réaliser le programme du début.

Étant données les conditions dans lesquelles se présentaient les terrains traversés par le canal, on devait dès lors donner à la tranchée une largeur plus grande qu'on ne l'avait prévu, et en outre il fallait adoucir la pente des talus sur des zones assez étendues.

Ces modifications entraînaient déjà une augmentation de 2 millions de mètres cubes environ sur les chiffres prévus dans le projet primitif, ce qui portait à 10 millions de mètres cubes le cube total du déblai.

Pour exécuter rapidement l'excavation du canal et l'enlèvement des déblais, on avait espéré pouvoir installer et faire fonctionner simultanément aux deux extrémités du canal deux gigantesques chantiers en gradins, poursuivis à la drague au-dessous de la mer jusqu'au plafond du canal, de façon à effectuer l'enlèvement des déblais à l'aide de chalands porteurs, déversant leur contenu dans la mer.

Ce projet ne put être réalisé, à cause des difficultés qui résultaient des variations des terrains du canal.

On établit alors trois chantiers sur chaque versant, du côté d'Isthmia et du côté de Posidonia.

« Dans ces différents chantiers, écrivait E. Fuchs en 1888, le travail est exécuté par une population totale de 1 500 à 1 800 ouvriers, composée de Grecs, d'Italiens, de Monténégrins et d'Arméniens. Les aptitudes différentes de ces diverses nationalités ont été étudiées avec soin et sont utilisées de manière à arriver au rendement maximum.

« Grâce à tous ces efforts combinés, les divers chantiers avancent rapidement. Le passage d'un chantier à l'autre, ou, ce qui revient au même, l'approfondissement successif à partir des bords du plafond de chaque chantier, se fait à l'aide de puits partant du chantier à approfondir et venant aboutir à des tunnels qui sont le prolongement du chantier inférieur. Ces puits, creusés à dessein en zigzags, servent à la descente des terres que l'on y précipite depuis leur orifice incessamment élargi et successivement abaissé.

« Chacun des niveaux est muni de voies ferrées qui se prolongent hors de la tranchée, soit jusqu'à des vallons servant de décharge, soit, pour les chantiers inférieurs, jusqu'à des anses lointaines découpant le rivage et pouvant être comblées sans inconvénients.

« La longueur totale de ces voies ferrées est de 37 kilomètres et le matériel ne comprend pas moins de 12 locomotives, 550 wagons et 180 wagonnets.

« L'organisation des trains est faite de telle sorte que la locomotive, qui ramène chaque train vide après avoir conduit à la décharge, l'arrête à l'entrée du chantier puis va chercher dans ce dernier les wagons qui ont été remplis dans l'intervalle du voyage, les sort du chantier, puis les y remplace par les wagons vides momentanément abandonnés, enfin les enlève définitivement pour les conduire à leur tour au lieu de décharge. Suivant la grandeur des chantiers, les trains comprennent de 30 à 50 et même 60 wagons.

« Le cube total de déblais actuellement enlevé par jour est de 6 000 mètres cubes, correspondant à 170.000 mètres cubes par mois. »

Indépendamment des difficultés occasionnées, dans le percement du canal, par les accidents géologiques qui ont affecté l'isthme, la friabilité de certains terrains rencontrés dans les parties profondes de la tranchée vint montrer la nécessité de nouveaux travaux imprévus, destinés à donner, au moyen d'un revêtement de béton et de maçonnerie, une solidité suffisante aux parois du canal.

D'après les évaluations des ingénieurs, le muraillement devra s'élever à un mètre environ au-dessus du plan d'eau, et s'étendre, au pied de chaque talus, sur une longueur de près de 4 kilomètres, avec une épaisseur moyenne de 1^m,20. On a calculé que ces travaux exigeraient 110 000 mètres cubes environ de béton et de maçonnerie, et occasionneraient une dépense supplémentaire de 30 millions.

On conçoit que, dans ces conditions, l'opération du creusement du canal, qui devait être livré au transit avant la fin de 1891, se soit trouvée retardée au point qu'on ne peut actuellement fixer la date de la fin des travaux.

On ne peut que souhaiter le prompt achèvement de cette entreprise, qui, en ouvrant une nouvelle voie maritime, raccourcirait la route commerciale du Levant de 345 kilomètres pour les navires venant de l'Adriatique et de 180 kilomètres pour les navires venant de la Méditerranée occidentale.

Ajoutons que le percement du canal de Corinthe aura pour résultat la suppression du dangereux passage des caps de la presqu'île du Péloponnèse.

Quant au rôle commercial du canal de Corinthe dans le mouvement des échanges méditerranéens, il suffit, pour donner une idée de ce qu'il pourra être, de rappeler

. Travaux du canal de Corinthe.

que, d'après les évaluations du général Türr, le canal pourrait détourner à son profit les trois cinquièmes du trafic de l'Adriatique, soit 3 millions de tonnes environ, et un cinquième au moins du trafic de la Méditerranée.

Aux termes de son cahier des charges, la Compagnie du canal doit percevoir, par personne et par tonne, un franc pour les navires venant de l'Adriatique et 50 centimes pour les navires des autres provenances; si les prévisions du général Türr se réalisaient, le revenu annuel du canal pourrait, grâce à ces redevances, atteindre un chiffre supérieur à 4 millions et demi de francs, qui serait encore suffisamment rémunérateur, dans le cas où les dépenses imprévues ne viendraient pas augmenter d'une façon trop considérable le capital de 30 millions souscrit au début de l'entreprise.

LES TRAVAUX DES PORTS

I

LE PORT DE CHERBOURG

La digue de Cherbourg. — Le projet de Vauban. — Les travaux exécutés sous Louis XVI. — Les assauts de la mer. — La tempête du 16 février 1808. — L'achèvement de la digue. — Le port militaire.

Les travaux du port de Cherbourg, qui forment un des chapitres les plus inté-ressants de l'histoire de nos grands ports, comprennent, indépendamment des ouvrages de défense, deux parties importantes, le port militaire et la digue, qui devrait à elle seule nous arrêter longuement, si les limites de cet ouvrage ne s'y opposaient.

La digue de Cherbourg, dont la réputation n'est d'ailleurs pas à faire, est de beau-coup l'ouvrage le plus remarquable de ce genre qui existe actuellement à la surface du globe, et l'on ne saurait guère lui comparer que la digue de Plymouth, dont l'étendue est beaucoup moins considérable, et dont la construction n'a pas été entravée par des difficultés aussi sérieuses.

Louis XIV, qui le premier avait compris l'importance de la position occupée par Cherbourg, avait conçu le projet de faire de cette ville une place forte de premier ordre, en face du grand port anglais de Portsmouth; Vauban fut envoyé par lui à Cherbourg, pour tracer les lignes principales des travaux qui devaient faire du port ce qu'il est aujourd'hui.

Le célèbre ingénieur fit exécuter quelques travaux préliminaires et reconnut la nécessité d'édifier, pour la création du port projeté, une digue qui ne devait pas avoir moins de 600 toises de longueur.

Ce projet ne put être mis à exécution, à cause de l'énormité des dépenses prévues, et les travaux commencés par Vauban furent bientôt abandonnés.

En 1778, sous le gouvernement de Louis XVI, on sentit la nécessité de contrebalancer l'infériorité dans laquelle se trouvait notre pays vis-à-vis de l'Angleterre, en raison de l'insuffisance des points d'abri qu'offraient à nos vaisseaux les côtes françaises de la Manche.

Le port de Cherbourg, d'après une gravure de 1783.

Cherbourg parut être l'endroit désigné pour la création d'une grande rade suffisamment abritée et convenablement placée.

Mᵐᵉ de Nanteuil, dont les œuvres sont bien connues de nos jeunes lecteurs, a publié récemment sur l'histoire du port de Cherbourg une intéressante étude et nous ne saurions mieux faire que d'en extraire ce passage :

« S'ils revenaient au monde, ceux qui virent Cherbourg en 1780 auraient bien de la peine à le reconnaître aujourd'hui.

« Une baie profonde d'environ 3 800 mètres de long, ouverte à tous les vents d'ouest, du nord ou du nord-est, et, entre deux promontoires, une petite ville démantelée, peuplée de 8 000 habitants, et un port de commerce incapable de contenir des vaisseaux de guerre. A l'est de la ville, une côte sablonneuse avec des eaux sans profondeur; à l'ouest, un long banc de rocher au pied duquel il restait 5 mètres d'eau à marée basse. Tel était Cherbourg au commencement des travaux.

« Aujourd'hui cette large et inhospitalière ouverture a été fermée par une île factice qui n'a pas moins de 150 mètres de largeur à sa base et 22 mètres dans sa plus grande hauteur.

« Cette île contient trois hautes forteresses, des maisons, des habitants; de nombreux canons sont rangés sur des parapets et l'on y parcourt presque une lieue à pied sec (3 638 mètres).

« Pour former cette île, 4 600 mètres cubes de pierre ont été accumulés ou maçonnés par la main de l'homme, sans point d'appui sur le rivage et au milieu d'une mer tourmentée par de si furieuses tempêtes, qu'on y a vu des vagues rouler avec facilité des pièces de 36 et chasser devant elles des blocs de maçonnerie ou de roches qui ne pesaient pas moins de 4 000 kilogrammes.

« Le travail commencé sous Louis XVI paraît avoir eu simplement pour but de créer un asile momentané dans lequel nos escadres pussent trouver un refuge, se ravitailler et se tenir prêtes, en cas de guerre, à courir de nouveau sur l'ennemi. La rade, couverte par une digue sous-marine, devenait ainsi tenable et des forts armés défendaient les passes ménagées à l'est et à l'ouest.

« Une fois exécuté, le premier plan n'eût cependant rendu que de très faibles services; car la digue alors devait relier en ligne directe les deux forts déjà en construction, d'un côté l'île Pelée située à l'extrémité nord-est de la rade, avec la forteresse qui s'y voit encore, et de l'autre le fort du Hommet, élevé à l'ouest de l'Arsenal actuel.

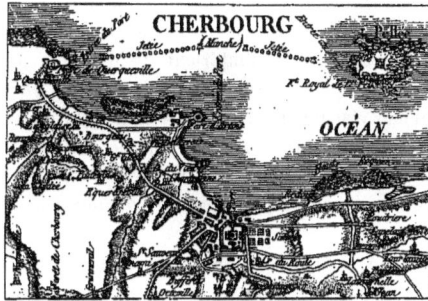

Carte du port de Cherbourg en 1786.

« On s'aperçut bientôt qu'ainsi la place laissée aux vaisseaux de fort tonnage était bien restreinte, parce qu'en face de la ville, des bas-fonds de vase et de roche, une fois creusés, se fussent constamment ensablés.

« Le plan actuel définitivement adopté, les moyens d'exécution échouèrent longtemps.

« Le premier ingénieur auquel les travaux furent confiés imagina une chose grandiose, mais que la mer détruisit à mesure.

« Cet ingénieur, nommé de Cessar, croyait établir des bases inébranlables à l'œuvre qu'il dirigeait, en faisant couler sur l'emplacement désigné des espèces de montagnes sous-marines au nombre de quatre-vingt-dix : le contenant de chacune de ces roches artificielles devait être construit à terre en madriers de bois et ressembler à d'immenses caisses à poules en forme de cônes tronqués.

« Aussitôt achevée, la première de ces caisses fut conduite en rade, entourée de tonnes vides et au moyen de nombreux chalands. Cette colossale boîte, dépourvue

17

de couvercle, mesurait 124 pieds de longueur et couvrait, à sa base, la valeur d'un demi-arpent de terrain.

« Arrivé à la place choisie, et les amarres qui retenaient les tonnes vides et les chalands successivement coupées, le cône abandonné s'enfonça dans la mer jusqu'à ce qu'il en eût touché le fond.

« Immédiatement on commença et on continua à couler dans cette caisse, et jusqu'à son sommet, des pierres de toutes les dimensions. L'opération dura quarante jours.

« On se félicitait d'avoir trouvé la solution du problème, lorsque la mer se chargea de prouver le néant de la tentative.

« Pour anéantir l'ouvrage qui les arrêtait un instant pendant les tempêtes, les lames arrivant du large s'y prenaient d'une fort curieuse manière. Elles commençaient invariablement par frapper avec furie contre les parois des caisses, puis s'élevaient les unes après les autres quelquefois à 20 ou 30 mètres de hauteur; en retombant sur la machine, elles entraînaient les pierres hors des claires-voies et produisaient ainsi de vastes cavités dans l'intérieur de la montagne conique, puis, entrant violemment ensuite dans ces cavernes sans issues, les paquets de mer dispersaient les pierres qui leur résistaient. A l'aide de ce double mouvement, la caisse était bientôt vidée : alors ses montants, sans appui, ne tardaient pas à s'émietter. Une seule marée d'équinoxe accomplissait quelquefois cette série d'opérations destructives. Après avoir longtemps espéré contre l'évidence, on se décida enfin à abandonner le système des cônes.

« A la suite de nombreux essais, à propos desquels je ne fatiguerai pas le lecteur, le gouvernement adopta enfin le premier plan proposé au roi dès l'origine par M. de la Bretonnière, capitaine de vaisseau, plan d'une pratique plus simple encore que sa théorie. Il consistait à couler des pierres sèches à la place marquée, sans maçonnerie ni cohésion d'aucune sorte.

« La mer, qui avait détruit ou dispersé les cônes et leur contenu, se chargea elle-même de donner à ces derniers travaux la forme sous laquelle nous voyons s'élever la digue actuelle.

« Elle continua invariablement à donner aux talus la même forme et la même inclinaison, et, celles-ci, une fois atteintes, elle n'y changea plus jamais rien : la digue sous-marine acquit la solidité d'un rocher naturel, qui se couvrit bientôt de coquilles et d'algues de toutes sortes.

« On continua à jeter sans ordre, aux lieux choisis, des pierres sèches dont les lames s'emparaient : elles les agitaient d'abord d'un côté ou d'autre, comme pour leur choisir une place convenable, où elles les laissaient après les y avoir solidement établies. »

Les travaux furent interrompus pendant la Révolution. A ce moment la digue se trouvait fondée sur une longueur de 1 900 toises; essentiellement sous-marine, elle s'élevait en talus incliné jusqu'au niveau de la basse mer dans la plus grande partie de son étendue.

Napoléon comprit toute l'importance de l'œuvre commencée, et sous son impul-

Remorquage d'une des caisses coniques de la digue de Cherbourg, le 13 juin 1786, d'après une gravure du temps.

sion les travaux furent repris dès 1802 ; il s'agissait de terminer tout d'abord la jetée sous-marine, et d'édifier ensuite sur cette jetée une muraille d'une hauteur suffisante pour qu'elle ne fût pas entièrement submergée à la marée haute.

Pour arriver à ce résultat, des blocs de pierre, dont les dimensions atteignaient jusqu'à 20 et 25 mètres cubes, furent amenés en place au moyen de grands chalands et accumulés les uns à côté des autres.

On put ensuite fonder sur cette base solide des terre-pleins et des parapets maçonnés, et dans l'espace de six années les revêtements se trouvèrent achevés. Les résultats de cette grande entreprise étaient malheureusement loin d'être définitivement acquis.

Chaque année les tempêtes remuaient si fortement les blocs, qu'il se produisait sans cesse des dégâts importants, qui nécessitaient des réparations continuelles, et, en 1808, une tempête effroyable détruisit presque entièrement toutes les constructions édifiées sur la jetée sous-marine.

« Pendant la nuit du 16 février, raconte Mme de Nanteuil, une brusque saute de vent du nord-est au nord-ouest, en déchaînant l'ouragan sur nos côtes, fut la cause d'une épouvantable catastrophe. Ainsi que cela arrive fréquemment, le temps paraissait devoir rester beau et la mer calme quelques heures avant la tempête. Trois cents soldats ou ouvriers demeurés dans les casemates bâties sur les travaux de la digue y virent arriver la mort sans pouvoir tenter de lui échapper. Des lames monstrueuses enlevèrent ces malheureux un à un en même temps qu'elles soulevaient d'énormes blocs de rochers qui s'en allèrent, brisant tout sur leur chemin, rouler en dedans de la rade à plusieurs mètres de la digue. De la terre on ne pouvait même songer à secourir ces mourants, dont les cris étaient étouffés par les hurlements des lames furieuses, du vent et les éclats de la foudre.

« Lorsque le jour se leva, éclairant ce désastre, la digue avait presque entièrement disparu sous les flots qui la balayaient encore en grand remous arrivant de l'Atlantique, quoique le vent eût bien sensiblement diminué de violence....

« Quand le soleil perça les nuées sombres, des femmes, des enfants groupés sur les rochers de Chantereyne aperçurent des débris de toutes sortes accrochés aux pierres aiguës et à demi couverts de varech, à chaque instant plus nombreux. Un courant amena bientôt sur ce point des cadavres que la marée descendante découvrit les uns après les autres, et tous horriblement mutilés. A midi on comptait là près de deux cents corps, et les vagues en ramenaient toujours.

« On savait qu'avec les ouvriers de l'arsenal il y avait sur la digue de pauvres jeunes soldats ; ceux-ci étant étrangers au pays, personne ne les pleurait sur le rivage. Mais les ouvriers étaient les fils, les maris, les pères de ces femmes, de ces enfants dont les cris dominaient celui de la mer. Tous cherchaient, en soulevant ces têtes déchirées, ces membres couverts de blessures, non pas à reconnaître, mais à douter. Quelques-uns pouvaient avoir échappé, et chaque femme, chaque mère espérait contre toute espérance.

« Dans la journée le vent et la mer s'apaisèrent peu à peu, et des embarcations partirent chacune sous la conduite d'un officier de marine ; on les voyait courir des bordées afin de gagner le lieu du sinistre. Avec des longues-vues on pouvait maintenant apercevoir un banc de cailloux sur lequel quelques lames déferlaient encore. La digue reprenait son aspect des anciens temps sans aucune trace des travaux entrepris naguère et presque achevés. Une nuit avait suffi à la grande destructrice pour engloutir l'ouvrage de six ans.... .

« La nuit tomba lorsqu'on commençait à découvrir les feux des embarcations louvoyant en rade, très lentement, parce qu'elles avaient vent debout et le jusant contre elles. Ordre leur était donné d'accoster dans l'avant-port, et, quoique l'heure de la fermeture de l'arsenal fût passée depuis longtemps, les portes en restaient ouvertes aux familles des malheureux dont on allait apprendre le sort définitif.

« Enfin le premier canot attendu accoste à l'un des escaliers, un lieutenant le commande; il saute sur les marches, des soldats contiennent la foule, l'officier qui vient de débarquer et le directeur des mouvements du port s'avancent au-devant l'un de l'autre; chacun des assistants retient sa respiration, et ces mots sont entendus au loin qui devaient mettre le comble au désespoir de tant de pauvres familles :

« — Les rochers seuls ont résisté, ils servaient de prison ou d'abri à trente sol-
« dats que nous avons retrouvés vivants, quoique à demi morts de froid et de peur
« Pas un vestige, pas une épave sur la digue rasée de toutes les constructions dépas-
« sant les anciens enrochements. Sauf les trente soldats que nous ramenons, il
« est certain que personne n'a survécu. »

Ce n'est qu'en 1828 que l'œuvre fut reprise en grand et conduite d'après des procédés nouveaux qui différaient complètement des anciens errements et qui furent dans la suite perfectionnés progressivement.

Le plan des blocs roulés et agrégés, employé dans les travaux précédents, fut abandonné d'une façon définitive, et l'on construisit sur la jetée sous-marine des murs dont les fondations furent creusées dans l'enrochement artificiel consolidé par le temps.

La découverte du béton, qui, formé d'un mélange de mortier hydraulique avec des cailloux ou des pierres et des briques concassées, a la propriété de durcir rapidement dans l'eau, devait d'ailleurs faciliter singulièrement l'exécution rapide des travaux de la digue de Cherbourg, l'emploi du béton se prêtant admirablement à l'établissement des fondations de constructions élevées sur des terrains humides.

Des blocs de béton, coulé à l'état liquide dans des caisses en bois qui furent disposées côte à côte au niveau du premier enrochement, assurèrent à la digue une base très puissante du côté de la pleine mer.

Un cordon de pierres d'égale hauteur avait été établi en même temps, et l'on remplissait alors l'espace laissé vide entre les deux murailles, au moyen de coulées de béton de 1 mètre d'épaisseur.

Grâce à l'emploi des ciments, la muraille édifiée sur la jetée sous-marine constituait en quelque sorte, lorsqu'elle fut terminée, un véritable monolithe de près de 4 kilomètres de longueur et de 9 mètres d'épaisseur dans sa partie supérieure, et elle devait désormais rester intacte au milieu des plus furieux assauts de la mer.

Après avoir retracé sommairement l'histoire de la digue de Cherbourg, nous

Immersion d'une caisse conique dans la rade de Cherbourg, d'après une gravure de 1786.

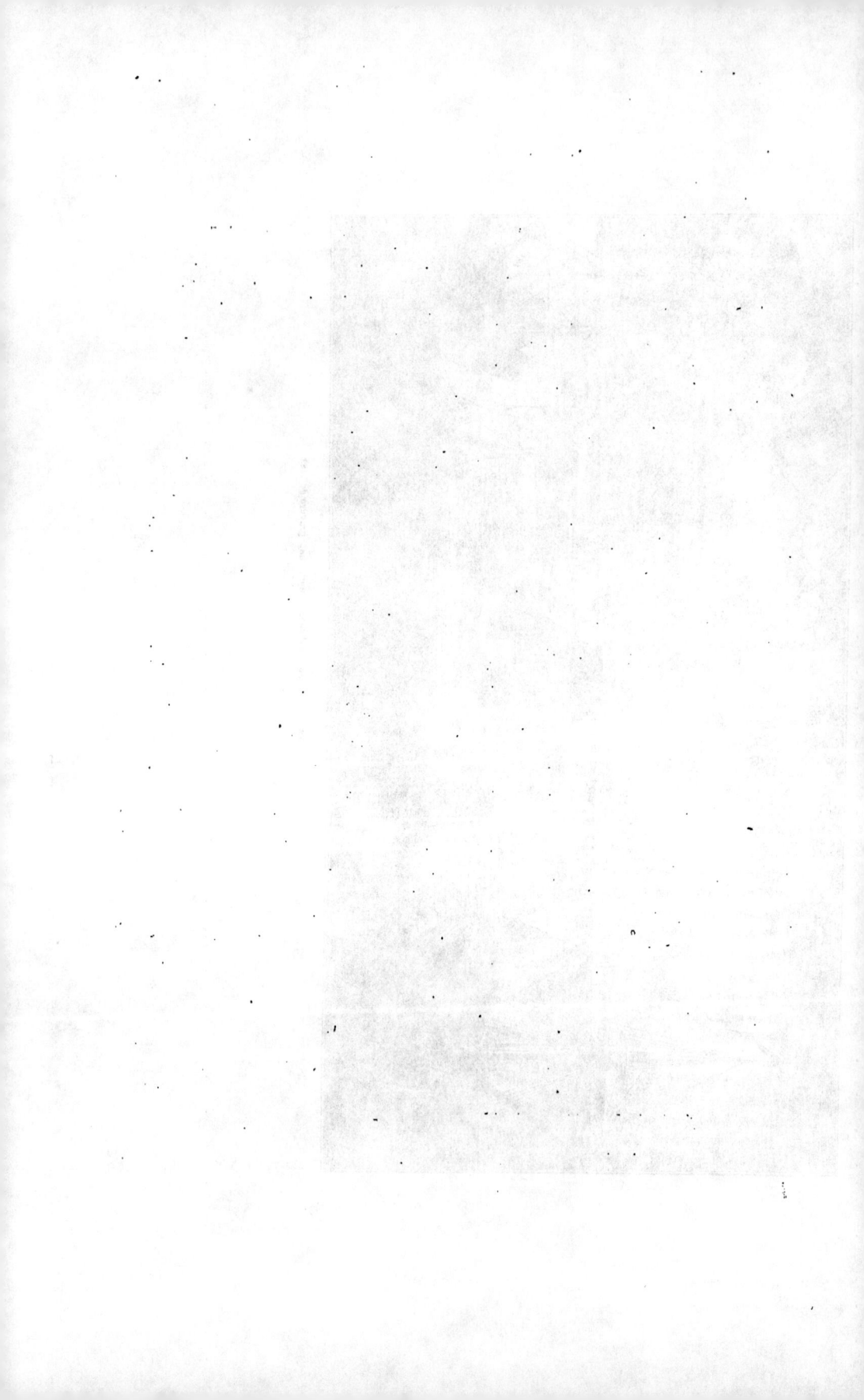

devons dire quelques mots des travaux du port militaire, décrétés par le Premier
Consul en 1803 et achevés en 1858.

Le port militaire de Cherbourg se compose de trois bassins, un avant-port, un
bassin à flot et un arrière-bassin, qui occupent ensemble une superficie de 22 hectares et peuvent aisément recevoir quarante vaisseaux de premier rang.

L'avant-port militaire, entièrement conquis sur la mer, a été creusé de 1803 à
1813, époque à laquelle il a été inauguré en présence de l'impératrice Marie-Louise.

Le port et la digue de Cherbourg.

Il a près de 300 mètres de longueur et 256 mètres de largeur; sa profondeur, qui
est de 9ᵐ,50 en contre-bas des basses marées, lui permet de recevoir les vaisseaux
sur une surface de 7 hectares.

Le bassin à flot, creusé sous la Restauration, avec des difficultés considérables,
constitue un rectangle de 291 mètres sur 217 mètres; sa profondeur est égale à celle
de l'avant-port, avec lequel il communique par un canal de 18 mètres.

L'arrière-bassin, qui présente une longueur de 420 mètres sur 200 mètres de
largeur, et une profondeur de 9ᵐ,25 au-dessous des plus basses mers, est relié
à l'avant-port et au bassin à flot par l'intermédiaire de deux écluses, l'une de
18 mètres, l'autre de 26 mètres. Entrepris en 1836, il a été inauguré solennellement
le 7 août 1858, en présence de l'empereur Napoléon III et de la reine Victoria.

II

LE PORT D'ANVERS

L'histoire du port d'Anvers. — Les travaux dus à Napoléon Ier et à Léopold Ier. — Construction du
Werf. — Insuffisance des quais de débarquement et des bassins. — Travaux récents : le quai
de cent mètres de largeur ; construction du mur de soutènement ; établissement des murs des quais
du bassin de batelage. — État actuel du port.

Si le port d'Anvers n'est pas le premier port du monde, et s'il est d'une moindre importance que les ports de Londres et de New-York, il n'en est pas moins évident qu'aucun port n'a vu son commerce se développer aussi rapidement.

Il est vrai que la situation du port d'Anvers est excellente, étant donné qu'il
se trouve à 10 lieues de l'embouchure de l'Escaut, et que ce fleuve a 600 mètres de
largeur au port même. Il était donc placé dans les meilleures conditions possibles
pour prendre une grande importance dès qu'il serait mis en état.

Les grands travaux qui y ont été faits, il y a quelques années, l'ont ouvert au
grand commerce et lui ont valu très rapidement une prospérité considérable.

Ses eaux ont, en effet, au moins 10 mètres à marée basse. C'est dire qu'il est
ouvert aux navires du plus fort tonnage, qui trouvent sur ses quais des voies ferrées
dont les ramifications s'étendent dans toute l'Europe.

La richesse du port d'Anvers est donc toute récente. Cependant ce port avait eu
autrefois une certaine prospérité qui, sans égaler celle dont il jouit aujourd'hui, n'en
avait pas moins fait un port très important.

Mais la domination espagnole lui avait été fatale. En 1576, la ville avait été
saccagée, et en 1583, après sa reddition au duc de Parme, il ne lui restait plus que
55 000 habitants, tandis qu'elle en avait compté jusqu'à 125 000. La fermeture de
l'Escaut en 1648 avait achevé la ruine du port d'Anvers, et en 1790 la ville ne comprenait plus que 40 000 habitants.

Cinq ans plus tard, le traité de paix entre la République française et la Hollande

rétablissait la navigation de l'Escaut et permettait au commerce d'Anvers de reprendre un peu d'extension.

Puis, Napoléon Ier, voulant en faire un port de guerre de premier ordre, ordonna

Déchargement d'un navire.

des travaux importants qui contribuèrent à rendre un peu de vie à cette ville autrefois si florissante. On lui doit le *grand bassin*, le *petit bassin*, et les quais, que les
travaux récents ont améliorés et prolongés.

Mais, après Napoléon, la Hollande empêcha Anvers de prendre plus d'importance, de peur de nuire à Amsterdam ; et ce ne fut qu'en juillet 1831, lorsque la Belgique fut reconnue indépendante de la Hollande, que le port d'Anvers reprit son essor.

Dès son avènement, Léopold Ier fit faire au port de grands travaux, qui durèrent sept ans, et s'appliqua à développer autant que possible son commerce maritime.

Pour encourager la construction sur les rives de l'Escaut, la ville offrit une prime par mètre de surface bâtie, pour les constructions qui ne mesureraient pas moins de 12 mètres de profondeur; et bientôt les quais de l'Escaut se couvrirent de baraques, dont la plupart étaient des auberges et des tavernes de matelots.

Comme, d'autre part, le port prenait chaque jour plus d'importance, et que le commerce maritime se trouvait à l'étroit dans la ville, les commerçants ne tardèrent pas à construire des entrepôts et des magasins, dans le nouveau quartier, qui venait de s'élever le long du fleuve, et qui s'appelait le *Werf*.

Barques de pêche entrant au port.

Peu à peu les baraques dont nous venons de parler disparurent pour faire place à des bâtiments de meilleure apparence, et les quais de l'Escaut se transformèrent, tout en conservant un aspect étrange qui est dû à la discordance des constructions hétérogènes qui les couvrent.

En même temps, l'animation de ces quais y attirait les promeneurs et ce fut ainsi que le *Werf* devint la promenade préférée des habitants de la ville.

Enfin, en 1863, la ville d'Anvers rachetait les droits de péage établis sur la partie hollandaise de l'Escaut, et cette mesure assurait désormais la prospérité du port.

Il résulta de tout cela que le port devint insuffisant, en présence de l'affluence des navires. Un mètre de quai correspondait en 1855 à 175 tonnes de jauge moyenne, en 1864 à 237, et en 1876 à 300 tonnes.

Les quais étaient excessivement encombrés; et les navires devaient attendre fort longtemps avant de pouvoir accoster les quais et décharger leurs marchandises.

Port d'Anvers.

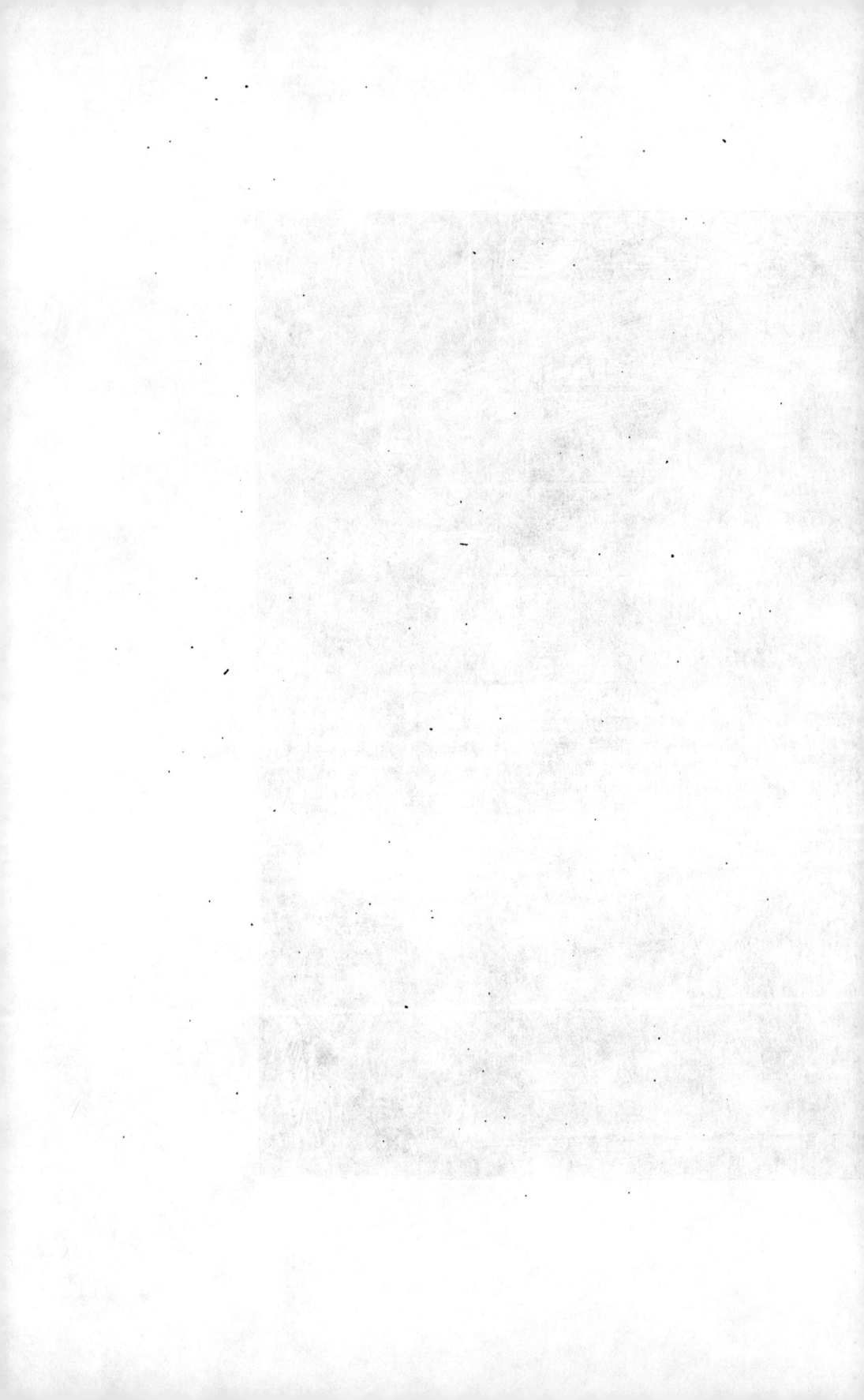

Cette situation, qui menaçait de compromettre l'avenir du port, était telle qu'un représentant de la Chambre de Belgique déclarait en séance que le tonnage du port

dépassait de quatre fois, par mètre de quai, celui de Liverpool.

Cependant on avait déjà fait certains travaux. On avait creusé en 1856 le bassin du *Kattendyk* et celui qui le précède; et en 1864 le *bassin aux Bois*; en 1869 on avait agrandi le *Kattendyk* et on avait ouvert une communication entre ce bassin et le *grand bassin*; puis, en 1873, le port avait été doté du *bassin de la Campine*, du *bassin du Canal*, et, la même année, on avait beaucoup agrandi le *bassin aux Bois*; enfin, en 1880, le *bassin du Kattendyk* avait encore été agrandi.

Le port comprenait ainsi sept bassins à flot, dont la surface totale mesurait 40 hectares, et dont les quais avaient 4 kilomètres de longueur.

Mais toutes ces améliorations étaient insuffisantes. En effet, à l'é-

Un canal à Anvers.

poque où les travaux récents ont été entrepris, les navires qui venaient au port d'Anvers représentaient en moyenne 5 600 000 tonnes par an, c'est-à-dire que son tonnage était déjà bien supérieur à celui de Marseille, qui ne montait qu'à 2 600 000 tonnes à la même époque. On pensait, d'autre part, que le percement du Saint-Gothard ferait passer par Anvers le transit de la mer du Nord à la Méditerranée.

Le gouvernement belge et la ville d'Anvers se virent donc dans la nécessité d'entreprendre d'immenses travaux afin de donner à ce port florissant l'espace qui lui était indispensable.

M. L. Baclé a publié sur les travaux du port d'Anvers une étude très intéressante à laquelle nous empruntons quelques renseignements.

On reconnut que la première mesure à prendre était de régulariser le cours de l'Escaut, en lui donnant une largeur uniforme de 350 mètres. On décida aussi de prolonger jusqu'à 3 500 mètres environ les quais du fleuve, qui n'étaient abordables pour les navires que sur une étendue de 500 mètres.

On détruisit donc une grande partie du *Werf*, les quais furent alignés et on combla les vieux canaux qui étaient malsains. Les constructions bizarres dont nous avons parlé plus haut disparurent pour permettre d'établir un quai de 100 mètres de largeur, capable de faciliter les manœuvres de déchargement.

La construction du mur de soutènement de ce quai présentait de grandes difficultés, dont la principale venait des eaux de l'Escaut.

En effet la marée s'élève en moyenne, à Anvers, à 4 mètres environ. On évalue à 55 millions de mètres cubes la masse d'eau qui entre dans le port à chaque flux, et dont la vitesse est de $1^m,90$ à la seconde.

Pour résister à une pareille force, on a établi un mur de dimensions énormes. Son épaisseur est de 7 mètres au-dessus des fondations, avec un fruit de 1,10 ; et sa hauteur est de $14^m,35$. Quant aux fondations, leur épaisseur est de 9 mètres ; elles pénètrent dans le lit de l'Escaut à des profondeurs qui varient de $2^m,50$ à 5 mètres, selon la nature du terrain.

L'établissement de ces fondations a principalement causé des travaux considérables, que les entrepreneurs ont menés avec une habileté et une sûreté remarquables.

Il s'agissait d'abord de creuser une tranchée dans le lit du fleuve, à une profondeur de 8 mètres d'eau, pour recevoir les fondations, et ensuite d'élever le mur dont nous venons de donner les dimensions. Cette opération se fit à l'aide de l'air comprimé, et par tronçons de 25 mètres.

Pour chaque tronçon on se servait d'un caisson de 25 mètres de longueur, qui était fixé au fond de l'Escaut et qui devait rester définitivement en place.

Ce caisson avait une épaisseur de 9 mètres, c'est-à-dire la même largeur que devait avoir le mur de fondation ; de même, la hauteur du caisson variait de $2^m,60$ à 6 mètres, selon que la nature du sol exigeait des fondations plus ou moins profondes.

La chambre de travail, placée à la base du caisson, avait une hauteur de $1^m,90$. Son plafond se composait d'une plaque de tôle de 6 millimètres, qui était soutenue par des poutres transversales. Cinq cheminées également en tôle faisaient communiquer la chambre de travail avec la chambre à air qui était située au-dessus de celle-ci. Elles servaient au passage des ouvriers et à l'introduction de l'air comprimé et du béton dont on devait remplir la chambre inférieure à la fin de l'opération.

Au-dessus du caisson se trouvait un batardeau mobile, grâce auquel on pouvait construire le mur de maçonnerie sur le plafond du caisson, de façon à lui faire toucher le fond du fleuve.

On peut comparer ce batardeau à une grande caisse de fer qui n'aurait pas de fond, et dont la hauteur serait de 14 mètres. Il avait des parois de 0^m,50 d'épaisseur, c'est-à-dire que sa capacité intérieure se trouvait mesurer 24 mètres de longueur sur 8 mètres de largeur. Son poids était de 200 tonnes avec ses accessoires.

La partie inférieure des parois était entourée d'une chambre circulaire absolument étanche ; on pouvait la remplir d'air comprimé, et on avait percé à sa base des trous d'assemblage, qui se rapportaient aux trous percés à la partie supérieure du caisson, et qui permettaient de le boulonner au batardeau.

D'autre part, les cheminées du caisson se terminaient sur le batardeau par des tubes, qui les prolongeaient jusqu'au-dessus de l'eau.

La manœuvre du batardeau se faisait à l'aide d'un échafaudage flottant qui était supporté par deux bateaux de 26 mètres de longueur sur 5 mètres de largeur. Ces deux bateaux se trouvaient maintenus à une distance de 10 mètres l'un de l'autre ; ils servaient de supports à 6 fermes de 12 mètres de hauteur, entre lesquelles le batardeau se trouvait logé.

« Le levage et la descente de cette énorme masse, pour l'amener sur l'échafaudage, écrit M. Baclé, s'opéraient à l'aide de 12 palans actionnés par autant de treuils à noix commandés eux-mêmes par une machine à vapeur. C'était là une opération des plus délicates, exigeant des précautions spéciales, aussi les chaînes étaient-elles rigoureusement calibrées pour obtenir une descente régulière et éviter toute déviation : on avait même ajouté à l'extrémité supérieure de chaque palan un ressort à 5 disques en caoutchouc pour régulariser la charge qu'il soutenait.

« La machine à vapeur qui commandait les palans était installée sur le ponton de l'échafaudage flottant, et elle actionnait également 2 pompes à air, pouvant fournir chacune 300 mètres cubes à l'heure, pour alimenter les caissons ; elle commandait en outre deux grues qui soulevaient les matériaux pour les introduire dans le batardeau. Les broyeurs à mortier et les grues qui les desservent étaient commandés enfin par une machine spéciale installée aussi sur le ponton, de sorte que tout le travail s'opérait mécaniquement.

« On comprend dès lors dans quelles conditions s'effectuait la construction de chaque tronçon de 25 mètres de mur : on amenait d'abord l'échafaudage flottant avec le batardeau à la place que devait occuper le tronçon à la suite de la partie déjà construite et on l'y maintenait solidement au moyen de 12 ancres de 500 kilog. chacune. Le caisson était ensuite amené des chantiers simplement en le flottant et on venait le placer au-dessous et au contact du batardeau, dont la base inférieure était élevée à 70 centimètres au-dessus du niveau des eaux.

« On posait un caoutchouc sur le caisson pour faire le joint et on l'assemblait avec le batardeau en introduisant de l'air comprimé dans la chambre quand les trous étaient bien en face, puis on serrait les 360 boulons de joints, en descendant dans la galerie d'assemblage. On posait alors le béton sur le plafond jusqu'au niveau supérieur des poutres ; on commençait au-dessus la construction en maçonnerie, et on continuait ainsi jusqu'à ce que le caisson touchât terre à marée basse. On rectifiait alors, s'il y avait lieu, la position de cet appareil flottant, on l'amenait exactement à sa position, puis on l'y laissait définitivement en lâchant la pression.

18

« Si le caisson venait à s'incliner dans ce travail, les hommes descendaient dans la chambre à air à marée basse, ils réglaient rapidement le terrain dans le lit de la rivière sous les parois du caisson, puis ils remontaient immédiatement au jour. Quand le caisson était assez chargé pour ne plus être soulevé même à marée haute, on remplissait la chambre de travail d'air comprimé et on nettoyait l'intérieur en déblayant le sable et les matières vaseuses. Ces déblais étaient versés à la pelle dans une caisse pleine d'eau sous pression d'où ils étaient évacués au dehors.

« Quand on était arrivé au sol de fondation, on procédait au remplissage de la chambre de travail et on y introduisait le béton par quatre cheminées à écluses. On avait soin de répartir celui-ci bien uniformément par couches successives qu'on pilonnait fortement. Après avoir terminé ce travail, on déboulonnait les cheminées pour les enlever avec le batardeau qu'on détachait définitivement dès que la maçonnerie était arrivée au-dessus du niveau des eaux, et on le reprenait alors pour une nouvelle opération avec un autre caisson.

« On achevait enfin la maçonnerie supérieure à l'air libre, et il ne restait plus qu'à remplir l'espace qu'occupaient les cheminées et à raccorder deux tronçons successifs de 25 mètres, de manière à faire une muraille continue. Comme celle-ci était à 100 mètres de la rive actuelle, il fallait remblayer une quantité de terre considérable pour terminer le quai; il était important, dans cette opération, de prévenir les infiltrations en employant des argiles d'alluvion, pour luter les joints avant de poser les remblais formés ordinairement de sables de dragages. La construction de chaque tronçon de 25 mètres exigeait vingt-cinq jours environ. »

En dehors de la construction des quais de l'Escaut, il convient de signaler l'établissement des murs des quais du bassin de batelage, qui a été creusé dans le terre-plein de la citadelle du sud.

Mentionnons les travaux d'agrandissement du bassin du *Kattendyk*, qui furent faits grâce à une nouvelle application de l'air comprimé pour le percement des galeries dans les sables mouvants.

Les nouveaux quais, très larges, s'étendent sur une longueur de 6 500 mètres. On a élevé un nombre suffisant de gares à proximité du port et on a multiplié les voies ferrées aux abords des bassins. On compte 70 kilomètres de rails dans le réseau qui relie le port aux six gares de la ville. Enfin le port est pourvu d'un outillage hydraulique de premier ordre pour les diverses manœuvres des ponts des écluses, et des grues énormes qui se dressent sur les quais.

Ajoutons qu'on trouve sur la rive droite de l'Escaut des quais qui s'étendent sur une longueur de 1 600 mètres, et qui sont réservés aux paquebots d'émigration, aux longs-courriers et aux réparations des navires.

Ces travaux du port d'Anvers, dont nous avons exposé les particularités les plus remarquables, ont coûté 100 millions de francs.

Le nouveau port a été inauguré solennellement en juillet 1885, et dès cette époque il a pris une importance plus considérable que jamais.

III

LES TRAVAUX DE LA PASSE DE HELL-GATE A NEW-YORK

L'*Hallett's Point*. — Le *Flood-Rock*. — Les travaux sous-marins. — Une mine formidable.
Le chargement. — L'explosion du 10 octobre 1885.

Les travaux exécutés il y a quelques années dans la passe de *Hell-Gate*, à New-York, constituent certainement une des entreprises sous-marines les plus étonnantes que l'on ait accomplies.

La passe de Hell-Gate, ou *Porte d'Enfer*, qui mène au port de New-York par la rivière de l'Est, était semée de roches à fleur d'eau qui entravaient considérablement la navigation, et, dès 1870, on songea à creuser sous l'eau de vastes chambres de mine pour faire sauter ces roches.

Des travaux furent commencés sous la direction du général Newton, chef du corps des ingénieurs, dans le but de faire disparaître un premier écueil, l'*Hallett's Point*, ce qui devait dégager l'entrée de la rivière de l'Est.

En 1876, l'année du Centenaire américain et de l'Exposition de Philadelphie, la première grande mine fut allumée sans accident, et, lorsque les derniers débris du récif furent enlevés, on obtint une première passe de 8 mètres de profondeur d'eau.

L'écueil de *Flood-Rock*, ou *Roche du Flot*, occupant une étendue de 4 hectares environ, à 200 mètres de l'*Hallett's Point*, formait un obstacle autrement important.

Il fallut le miner en tous sens, percer jusqu'à une profondeur de 15 mètres au-dessous de l'eau un puits qui traversait l'écueil jusqu'à sa base, et creuser à la même profondeur 6 kilomètres et demi de galeries disposées en damier et transformant pour ainsi dire le massif rocheux en une cavité dont la voûte n'était plus soutenue que par les 467 piliers constitués par les parois limitant le réseau des galeries.

Dans ce travail, qui dura neuf années, 60 000 mètres cubes de roches furent enlevés à l'aide des perforatrices Leschot, que nous avons décrites en étudiant les travaux des tunnels.

Soixante-dix galeries avaient été creusées, les unes, au nombre de vingt-quatre, parallèlement au sens du courant; les autres, au nombre de quarante-six, perpendiculairement à cette direction; la plus longue parmi les premières atteignait 360 mètres, tandis que les secondes n'avaient pas plus de 190 mètres.

« Sur le seuil de chaque galerie, raconte Simonin, on avait établi un petit chemin de fer parcouru par des chevaux, pour amener au jour les déblais de l'excavation.

« Les mineurs qui travaillaient au fond étaient des mineurs venus des mines de cuivre et d'étain de Cornouailles, dont quelques-unes sont sous-marines, et portaient le chapeau de cuir dur, sur lequel est fichée la chandelle dans une boule d'argile. Ainsi devaient s'éclairer souterrainement les Cyclopes, d'où la fable de l'œil au milieu du front dont l'antiquité les a gratifiés.

« Sur une surface de près d'un hectare, la poursuite des travaux a été compro-

Coupe du récif dit le Flood-Rock, avec le puits profond de 15 mètres et les galeries creusées en vue de l'explosion.

mise par d'abondantes infiltrations d'eau, et l'on a dû employer pour l'épuisement trois pompes à vapeur puissantes, installées le long du puits. »

Pour détruire le *Flood-Rock*, il ne restait plus qu'à faire sauter simultanément la voûte du chantier sous-marin et les piliers qui la soutenaient.

13 286 trous de mine, destinés à loger autant de cartouches de dynamite dont l'inflammation simultanée devait être faite par l'électricité, furent donc creusés dans les piliers, à la base et au sommet.

Chacun de ces trous, d'un diamètre moyen de 12 centimètres, avait une longueur moyenne de 2 mètres et demi, l'épaisseur des piliers étant de 5 à 7 mètres. L'inclinaison donnée aux trous de mine variait suivant les points et se trouvait orientée de façon à couper autant que possible la stratification du terrain.

40 000 cartouches environ, remplies de dynamite et de *rackarock*, et représentant ensemble un poids de 150 000 kilogrammes, furent disposées dans les souterrains.

Ces cartouches, fermées d'une enveloppe extérieure en cuivre, étaient de trois espèces différentes.

Les cartouches de dynamite introduites dans les trous forés le long des galeries.

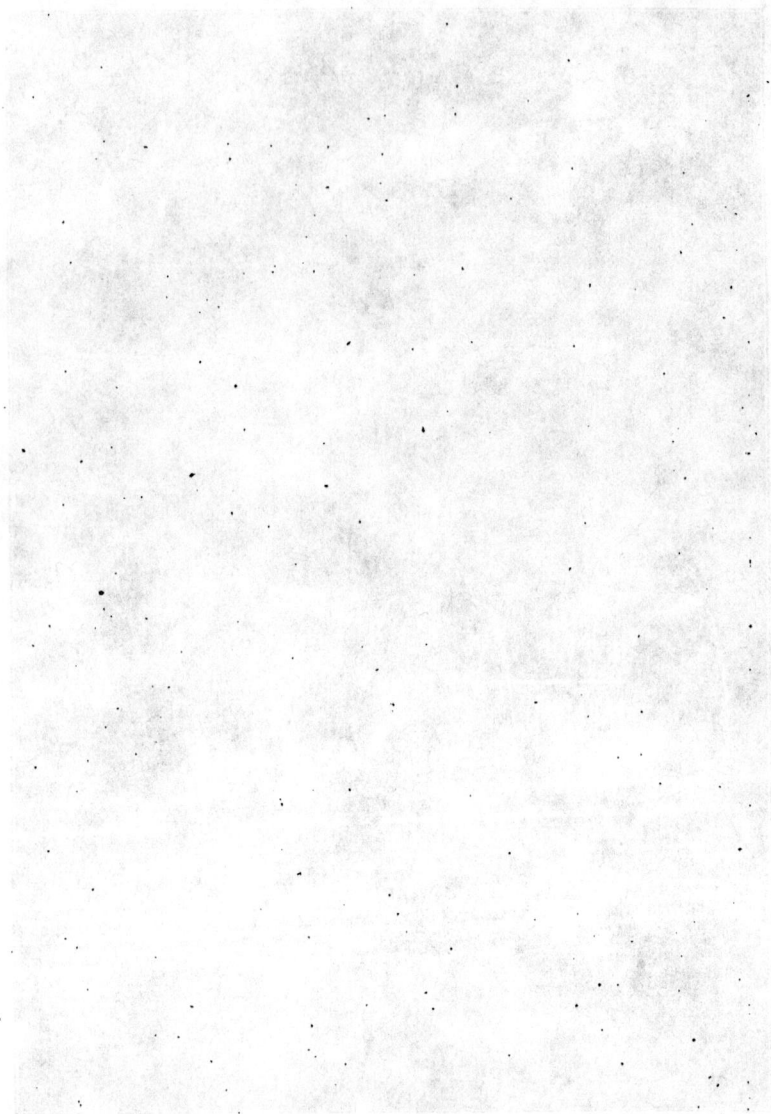

Les plus petites, dites *cartouches de mise de feu*, n'avaient que 20 centimètres de longueur et 44 millimètres de diamètre; elles étaient simplement remplies de dynamite et renfermaient en outre une fusée destinée à enflammer le contenu, sous l'action du passage d'un courant électrique.

D'autres cartouches, de dimensions plus grandes, avaient 38 centimètres de

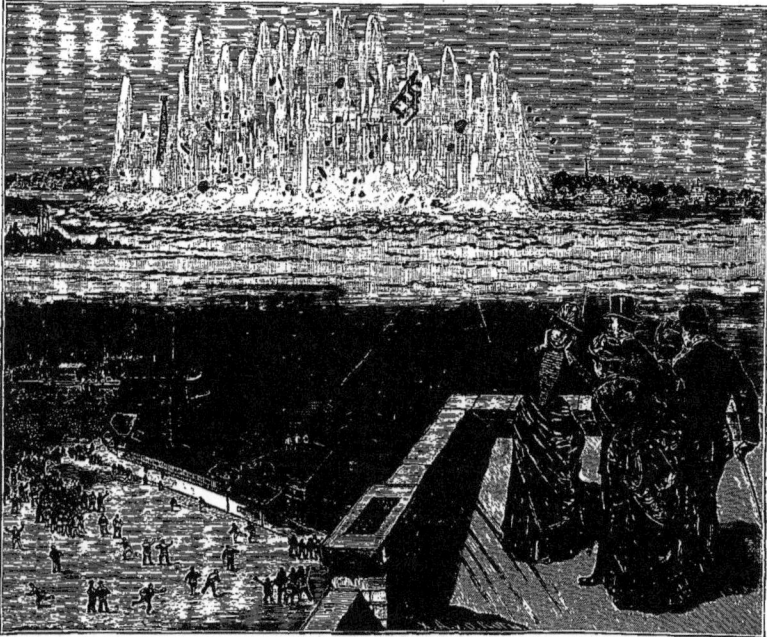

La destruction du rocher de Hell-Gate dans le port de New-York : l'explosion.

longueur et 57 millimètres de diamètre; elles étaient également remplies de dynamite et se trouvaient munies d'une amorce au fulminate de mercure.

La troisième espèce était composée de cartouches de 60 centimètres de longueur et d'un diamètre égal à celui des précédentes; celles-là renfermaient chacune 2^{kil},700 de *rackarock*, composé de chlorate de potasse imprégné d'une huile inexplosible, qui présente l'avantage d'être relativement peu sensible et d'être par suite d'un maniement facile. Chacune de ces cartouches était pourvue d'une amorce de dynamite renfermant elle-même une amorce de fulminate de mercure, l'emploi direct du fulminate n'étant pas jugé suffisant pour enflammer le *rackarock*.

Toutes les précautions avaient été prises pour éviter des accidents dans le transport et la mise en place des cartouches, qui étaient toutes enveloppées d'un enduit d'huile et de résine, servant à agglutiner une mince couche de sable.

Chacun des trous de mine reçut une cartouche de *rackarock* et une cartouche de dynamite de la deuxième catégorie; la cartouche de *rackarock* était enfoncée jusqu'au fond du trou, et la cartouche de dynamite, introduite derrière l'autre, faisait au contraire saillie hors du trou.

On disposa d'autre part, dans les galeries mêmes, de distance en distance, des couples de cartouches de dynamite de la deuxième catégorie, surmontés d'une cartouche amorce de la première catégorie. Celle-ci se trouvait seule reliée au circuit électrique qui devait servir à provoquer l'explosion; elle devait donc; en éclatant, produire l'explosion des cartouches de dynamite sur lesquelles elle reposait et par suite l'explosion de toutes les cartouches logées dans les trous dans l'ordre indiqué plus haut.

L'installation électrique destinée à produire l'inflammation simultanée de toutes les cartouches composant cette mine formidable comprenait vingt-quatre circuits indépendants, desservant chacun vingt-cinq cartouches amorces, et reliés à un même appareil établi à l'entrée du puits. Grâce à une disposition ingénieuse, le courant électrique devait s'établir automatiquement à un moment donné, passer simultanément dans les vingt-quatre circuits et provoquer ainsi d'un seul coup l'explosion des 40 000 cartouches.

Le 10 octobre 1885, tous les préparatifs étant achevés, et le matériel employé pendant les travaux ayant été évacué, l'explosion eut lieu, à 11 h. 13 minutes du matin, en présence d'une foule de curieux, maintenus à distance par une brigade de *policemen* et un détachement de troupes.

La mine avait été allumée par une petite fille de 12 ans, la fille du général Newton, comme la première mine du canal de Panama par la fille aînée de M. de Lesseps.

Le choc dura quarante secondes, produisant, au dire des spectateurs, un grondement sourd, et la projection d'une colonne d'eau écumante, une espèce de geyser, qui s'éleva à une hauteur de 50 à 60 mètres.

Le *Flood-Rock* était détruit, laissant à sa place près de deux millions de mètres cubes de roches pulvérisées, dont les dragues devaient débarrasser le fond de la rivière.

Cette opération terminée, la passe obtenue avait 360 mètres de largeur et 8 mètres de profondeur, abrégeant désormais la route que les navires prenaient auparavant, celle de *Sandy-Hook*, qui mène, par les *Narrows* ou les Étroits, dans la baie de New-York.

IV

LA STATUE DE LA LIBERTÉ A NEW-YORK

Le Centenaire de l'indépendance des États-Unis. — L'Union Franco-Américaine. — Les souscriptions. — L'inauguration de la statue de la Liberté. — Les statues colossales de l'antiquité et des temps modernes.

La statue colossale de la *Liberté éclairant le monde* se dresse aujourd'hui, comme un monument impérissable de l'amitié séculaire de deux peuples, sur l'îlot de Bedloe, situé presque au centre de la baie de New-York.

L'effet qu'elle produit, sur son piédestal élevé, est très grand, lorsque, arrivant à New-York, on voit sa silhouette se détacher sur le ciel, encadrée à l'horizon par les grandes cités américaines de New-York, Jersey-City et Brooklyn, et c'est avec un sentiment ému d'admiration que l'on contemple cette œuvre gigantesque, due tout entière, dans sa conception et dans son exécution, au génie et à la persévérance d'un de nos compatriotes.

Nous ne ferons pas ici l'histoire complète de ce monument, et il nous suffira d'en rappeler les points principaux pour montrer quelle dépense de temps et d'efforts il a fallu pour mener à bonne fin cette entreprise grandiose.

Après la guerre de 1870, pendant laquelle il avait fait preuve de tant de patriotisme et de bravoure, M. Bartholdi partit pour les États-Unis, et ce fut dans ce premier voyage qu'il conçut l'idée d'édifier, sur la rade de New-York, une statue colossale de la Liberté, à l'occasion du centième anniversaire de la déclaration d'indépendance des États-Unis, qui devait être célébré le 4 juillet 1876.

L'idée ne pouvait rencontrer que des admirateurs; cependant, pour arriver à la réalisation, les difficultés devaient être grandes et M. Bartholdi les prévoyait mieux que personne.

La foi ardente qu'il avait en son œuvre pouvait seule les combattre; l'artiste sut rallier à son projet un certain nombre d'amis, et vit bientôt se grouper autour

de lui de nombreux adhérents, Français amis des États-Unis et Américains amis
de la France.

C'est ainsi que se trouva formé le comité fondateur de l'Union Franco-Américaine, composé d'hommes éminents, qui, par un chaleureux appel adressé au
public en 1875, réunirent de nombreuses souscriptions.

On put alors donner à l'œuvre de M. Bartholdi un commencement d'exécution,
qui fut célébré à Paris, le 6 novembre 1875, dans un banquet mémorable auquel
assistaient les plus illustres représentants de la politique, des arts, des sciences, des
lettres et de la presse.

Le comité avait espéré que la statue pourrait être achevée pour la fête du Cente-

La statue de la *Liberté* à New-York.

naire de l'indépendance des États-Unis; mais, malgré tous les efforts, la chose fut
impossible.

Des parties importantes furent d'abord terminées, et la main droite, soutenant le flambeau, put être exposée à Philadelphie; on a vu également, à Paris, lors
de l'Exposition universelle de 1878, la tête et le buste, placés dans le jardin du
Champ-de-Mars.

Lorsque les travaux furent suffisamment avancés, il fut facile de se rendre
compte que les ressources acquises ne suffiraient pas à couvrir les dépenses, et que
l'œuvre, si bien commencée, risquait fort de rester inachevée. Il n'en fut rien, heureusement.

Une loterie fut organisée en 1879, les lots affluèrent de toutes parts, et, grâce
à la contribution de nos artistes les plus célèbres, le produit de ce dernier appel
fut largement suffisant pour assurer l'achèvement de la statue.

Depuis 1879, les travaux se continuèrent sans interruption, et l'œuvre fut entiè-

La statue de la *Liberté* dans les ateliers de construction. (Gravure extraite de l'*Illustration*.)

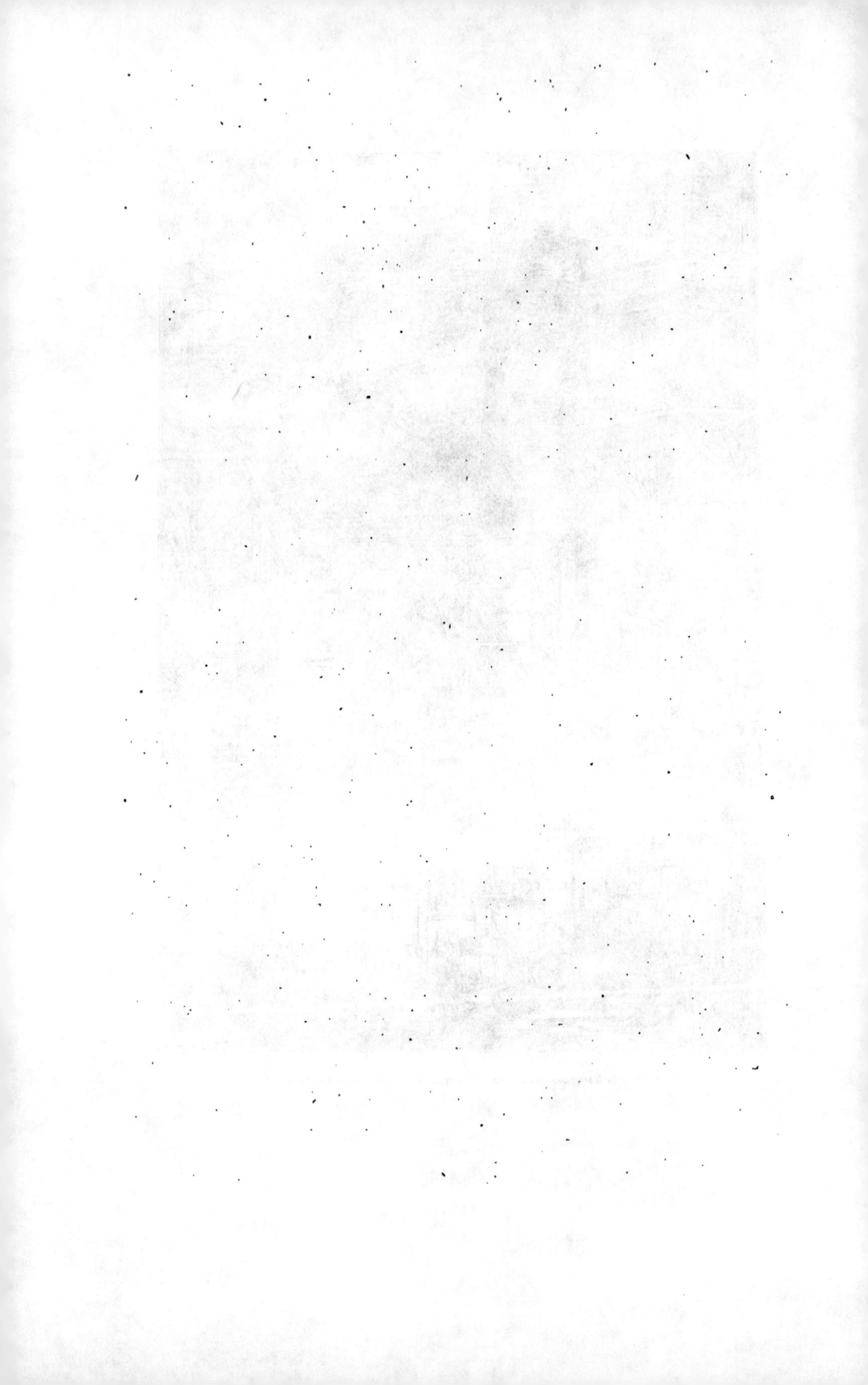

rement terminée en 1884 ; le 4 juillet, jour anniversaire de la proclamation de l'indépendance des États-Unis, M. de Lesseps, au nom du comité de l'Union Franco-Américaine, présenta officiellement à M. Lévy Morton, ministre des États-Unis, la statue colossale offerte par la France, grâce aux souscriptions de plus de 100 000 adhérents et aux subventions votées par 180 villes, 40 conseils généraux et un grand nombre de chambres de commerce et de sociétés diverses. Cette remise eut lieu à Paris, dans l'établissement des constructeurs, où la statue avait été entièrement montée, avant son départ pour l'Amérique.

Conformément à une résolution du Sénat et de la Chambre des représentants des États-Unis d'Amérique assemblés en Congrès, la statue devait être édifiée sur un îlot dans la rade de New-York.

Il y a, dans la baie de New-York, trois îles d'inégale grandeur : la plus grande, Governor's Island, à l'est, se rapprochant de Long-Island et de Brooklyn ; les deux autres, Ellis et Bedloe, à l'ouest, du côté de Jersey-City.

Le choix du comité s'arrêta à l'îlot de Bedloe, qui est la plus petite des trois îles ; et, après tant de luttes et de travail, M. Bartholdi put enfin assister au triomphe définitif de l'idée à laquelle il avait consacré plus de dix années de sa vie.

L'inauguration de la statue de la Liberté eut lieu à New-York en octobre 1886 et le nom de l'artiste français fut acclamé longuement par une foule enthousiaste, lorsque le voile qui cachait le haut de la statue tomba au son de la musique et du canon.

La *Liberté* de M. Bartholdi est, comme on va le voir, la statue la plus colossale que l'on connaisse actuellement.

Il serait trop long de donner les dimensions de toutes les statues de grande taille qui existent à la surface du globe, et celles des colosses, aujourd'hui disparus, dont les auteurs anciens ont laissé des descriptions plus ou moins précises, souvent contradictoires, et, pour la plupart, susceptibles d'être taxées d'exagération. Il auffira de citer quelques-unes des statues les plus célèbres par leurs proportions monumentales.

L'Égypte est, entre tous les pays, renommée par ses colosses. Parmi ceux que l'on a retrouvés à Thèbes, il en est un, connu sous le nom d'*Osymandias*, qui ne mesure pas moins de 22 mètres de longueur. Mentionnons également un colosse de 19 mètres de hauteur, qui, par un phénomène d'acoustique analogue à celui que l'on connaît sous le nom de *harpe éolienne*, saluait le lever du soleil par des sons harmonieux dus à l'action du vent, et qui, grâce à cette propriété, jouissait déjà, sous les Pharaons, d'une grande célébrité.

Près des ruines de Médinet-Abou, à 3 kilomètres de la rive occidentale du Nil, se trouvent deux autres colosses en pierre, Châma et Tâma, qui sont plus petits que les précédents, mais qui n'en ont pas moins la hauteur de nos maisons à cinq étages. Ils sont sur un piédestal de 4 mètres et mesurent environ 16 mètres des pieds à la tête ; ils sont représentés assis, de sorte que les dimensions des différentes parties de leur corps sont beaucoup plus grandes proportionnellement à la hauteur totale ; le doigt du milieu de la main est, en effet, long de $1^m,40$. Le poids de chacun de ces colosses, avec son piédestal, est de 1 305 992 kilogrammes.

Les plus grands colosses d'Égypte, y compris ceux dont nous venons de parler, ne sont que des nains, si on les compare au grand Sphinx sculpté dans un mamelon du rocher sur lequel reposent les pyramides de Gizèh ; la longueur totale du corps de ce Sphinx atteint, en effet, 39 mètres, la hauteur maxima étant de 17 mètres environ, au niveau de la tête, qui mesure, à elle seule, 2^m,55 de hauteur.

Les Grecs ont eu aussi de nombreux colosses, parmi lesquels il en était qui, s'ils n'atteignaient pas des proportions énormes, se distinguaient, du moins, par la richesse des matériaux dont ils étaient composés.

C'est ainsi qu'on cite une Minerve, de Phidias, qui était formée d'une carcasse de bois, soutenue par une armature en pierre, et recouverte par des lames d'ivoire et d'or ; cette statue, si l'on s'en rapporte à Pline, n'avait pas moins de 12 mètres de haut. De même, Polyclète, selon Pausanias, exécuta une Junon colossale en or et en ivoire, dont nous ne connaissons pas, d'ailleurs, les dimensions.

Parmi les statues grecques de grande taille, on cite également l'Apollon de Tarente, haut de 18 mètres. Mais la plus fameuse est, sans contredit, le *Colosse de Rhodes*, représentant Apollon ou le Soleil, ouvrage de Charès de Lindos, élève de Lysippe.

D'après une tradition qui manque entièrement de fondement, ce colosse d'airain, que les anciens comptaient parmi les sept merveilles du monde, était placé, en guise de phare, à l'entrée du port de Rhodes, et ses dimensions étaient si considérables que les vaisseaux passaient à pleines voiles entre ses jambes, qui étaient écartées l'une de l'autre et reposaient chacune sur un côté du port. Il n'existe absolument aucune preuve à l'appui de ces assertions, qui ont été mises en circulation par des auteurs du xvie et du xviie siècle, sans que rien, dans les auteurs anciens, pût les autoriser à le faire.

Il y a quelques légères variantes dans les données que nous possédons sur les dimensions du Colosse de Rhodes ; cependant, on est certain que sa hauteur était de 32 à 34 mètres.

L'écartement des jambes ne pouvait donc dépasser 10 à 12 mètres, et, par conséquent, le colosse n'était vraisemblablement pas placé à l'entrée du port.

D'ailleurs, s'il en avait été ainsi, la statue tout entière aurait disparu dans la mer, lors du tremblement de terre qui la renversa vers l'an 229 avant notre ère, cinquante-six ans après son érection ; or on sait que les débris du colosse restèrent près de neuf cents ans sur le sol, où ils seraient peut-être encore aujourd'hui, sans les Arabes, qui les détruisirent en 672.

« Quoique renversée, dit Pline, c'est encore une merveille. Peu d'hommes peuvent embrasser son pouce ; ses doigts sont plus grands que la plupart des statues. Ses membres disjoints paraissent de vastes cavernes ; on voit dedans les pierres énormes au moyen desquelles on l'avait pondérée. »

Il avait fallu quinze ans, paraît-il, pour l'élever, et elle avait coûté 300 talents (1 650 000 francs), somme que les Rhodiens avaient retirée des équipages de guerre abandonnés devant leur ville par Démétrius.

On a calculé que son poids total devait être de 700 000 livres.

Avant d'abandonner les légendes, rappelons que, s'il faut en croire certains récits, un statuaire aurait conçu le projet gigantesque de faire du mont Athos une statue d'Alexandre le Grand, dont une main aurait pu supporter une ville de 10 000 habitants.

Les Romains comme les Grecs eurent leurs statues colossales. Parmi les plus grandes, nous citerons : un Apollon en bois, dont la taille dépassait 14 mètres, et qui fut, au temps d'Auguste, placé devant le temple d'Apollon Palatin ; un Mercure, qui selon Pline, coûta plus de 40 millions de sesterces, et enfin un Néron de 33 mètres, dû à Zénodore, et dont la tête fut remplacée, sous Vespasien, par une tête d'Apollon, pour être consacrée à ce dieu.

Dans l'Inde, en Chine, au Japon, on trouve également des statues colossales, qui sont pour la plupart des idoles, dont quelques-unes ont des dimensions considérables.

A Kampon, pour ne citer qu'un exemple, il existe, paraît-il, une idole qui est longue de 150 pieds, et dont la tête ne mesure pas moins de 20 pieds de circonférence.

Si nous arrivons maintenant aux colosses modernes, nous devons parler tout d'abord de la statue de

Colosse de Rhodes selon une tradition.

saint Charles Borromée, élevée en 1624 par Cerani sur une colline située près d'Arona.

Cette statue, bien connue des touristes, a 23^m,40 de hauteur, et elle est placée sur un piédestal en granit de 11^m,70.

La hauteur du nez et celle des oreilles sont de 0^m,839 ; la largeur de la bouche est de 0^m,757, la longueur de la face de 2^m,436. La tête et les mains sont en bronze, tout le reste est en cuivre battu ; la statue tout entière a coûté un million de livres milanaises.

On pénètre à l'intérieur en grimpant sur le piédestal au moyen d'une échelle et en se glissant sous les plis de la robe du saint ; il faut ensuite, pour monter jusqu'à la tête, qui peut contenir trois personnes, grimper le long de la charpente en fer en se cramponnant aux piliers de pierre qui supportent la tête. Lorsqu'on a exécuté cette ascension, on peut se reposer dans le nez, qui est assez vaste pour qu'un homme puisse s'y asseoir à son aise, et, en regardant par les ouvertures des yeux, on aperçoit le lac Majeur et les montagnes voisines.

La *Bavaria*, de Munich, édifiée en 1850 au-devant de la Ruhmes-Halle, mesure 15ᵐ,70 de hauteur, et s'élève sur un piédestal de 7 mètres.

On monte dans son intérieur plus commodément que dans la statue de Borromée, grâce à un escalier en spirale, qui mène à une ouverture pratiquée sous les cheveux et d'où l'on découvre un assez beau panorama.

Le *Jupiter Fluvius*, sculpté dans un rocher, à Pratolino, par Jean de Bologne, en 1750, atteint une hauteur de 21 mètres. Cette statue, quoiqu'en pierre, est creuse au moins en partie, comme les précédentes, et elle renferme plusieurs salles assez vastes.

Parmi les grandes statues que nous avons en France, on connaît surtout la Vierge du Puy, haute de 16 mètres. Cette statue, qui est en fonte de fer, repose sur un piédestal de 6ᵐ,70, et l'on peut monter jusqu'au sommet de la couronne, d'où l'on jouit d'une vue exceptionnelle.

La *Liberté* de M. Bartholdi dépasse tous les colosses que nous venons d'énumérer; elle mesure en effet 46 mètres et se dresse sur un piédestal de 25 mètres. C'est, comme on le voit en se reportant aux chiffres donnés plus haut, l'œuvre la plus gigantesque que l'on ait jamais exécutée dans ce genre.

Le bras droit, levé dans un mouvement d'énergie splendide, porte un flambeau, autour duquel douze personnes peuvent tenir à l'aise. L'index a 2ᵐ,45 de longueur et 1ᵐ,44 de circonférence au niveau de la seconde phalange; l'ongle, à lui seul, mesure 0ᵐ,35 sur 0ᵐ,26.

Le bras gauche est serré au corps, l'avant-bras se recourbant en avant, et la main soutient des tables sur lesquelles se trouve gravée la Déclaration d'indépendance.

Une tunique à larges plis, recouverte en partie par le peplum antique, descend des épaules jusqu'aux pieds.

La tête, ceinte d'un diadème, a 4ᵐ,40 de hauteur, et quarante personnes s'y sont trouvées réunies pendant l'Exposition universelle de 1878; l'œil a 0ᵐ,65 de largeur, le nez 1ᵐ,12 de longueur.

Le poids total de la statue, que l'on a démontée en plus de 300 pièces, pour la transporter en Amérique, est d'environ 200 000 kilogrammes, dont 80 000 de cuivre et 120 000 de fer. La statue, en effet, est en feuilles de cuivre martelé, de 2 millimètres et demi d'épaisseur, fixées à une carcasse de fer.

Il nous reste à donner quelques détails sur la façon dont on est arrivé à construire ce colosse de métal.

Quand le modèle exécuté par M. Bartholdi fut définitivement adopté, l'artiste modela une figure d'étude, qui mesurait 2ᵐ,11 du talon au sommet de la tête. Ce modèle, grandi quatre fois, ce qui portait sa taille à 8ᵐ,50, fut encore revu et remodelé; on le coupa ensuite en fragments, qui furent de nouveau grandis quatre fois, de façon à atteindre les dimensions réelles de la statue, puis, reproduits en creux, au moyen de planches découpées en silhouette, sous forme de moules en bois ou gabarits, sur lesquels les ouvriers marteleurs pouvaient alors appliquer au levier les feuilles de cuivre qu'ils battaient ensuite au maillet, suivant les procédés connus.

L'armature de fer, qui soutient l'enveloppe en cuivre, a été exécutée sous la direction de M. Eiffel; le noyau de cette armature est formé par une sorte de pylône, dont les points d'attache sont maintenus par des tirants boulonnés de 0^m,15 de diamètre, scellés dans les fondations à 8 mètres de profondeur.

Telle est l'histoire sommaire du plus grand des colosses, que M. de Lesseps a pu qualifier, avec raison, de huitième merveille du monde.

Armature de la statue de la *Liberté*.

19

LES PAQUEBOTS

I

LA TRAVERSÉE DE L'ATLANTIQUE

Les premiers paquebots transatlantiques. — Le *Great-Eastern* et le *Sirius*. — Les progrès de la navigation transatlantique. — Lignes françaises et étrangères. — La vitesse des paquebots actuels.

Les prodigieux résultats de l'application de la vapeur à la navigation et les progrès immenses réalisés dans l'art des constructions navales forment un des chapitres les plus merveilleux de l'histoire des grandes conquêtes dont notre siècle est redevable à la science de l'ingénieur.

Nous ne pouvons, malgré tout l'intérêt du sujet, songer à retracer ici dans son ensemble l'historique de la navigation à vapeur; nous nous attacherons seulement à étudier sommairement le développement qu'ont pris progressivement les moyens de transport entre l'ancien continent et l'Amérique, en raison même de l'accroissement rapide des relations commerciales entre l'Europe et les États-Unis d'Amérique.

La première ligne régulière de paquebots entre New-York et l'Europe paraît, d'après M. Gaillard, avoir été la *Black-Ball Line*, fondée en 1816, mais le service n'était alors effectué que par des navires à voile, la navigation à vapeur étant encore dans l'enfance à cette époque.

Le grand obstacle à l'accomplissement d'une longue traversée au moyen d'un navire à vapeur devait résider longtemps dans l'énorme quantité de charbon dont il aurait fallu charger des navires qui ne marchaient qu'avec une vitesse de 10 à 12 kilomètres à l'heure, et qui ne consommaient guère moins de 8 livres de charbon par cheval-heure indiqué.

Avant 1837, en effet, les meilleurs bateaux de la marine anglaise, d'après les renseignements que nous empruntons sur ce sujet à l'*Engineering*, indiquaient 8,3 livres par cheval-heure pour la *Méduse* et 12 livres par cheval-heure pour le *Dauphin*, et, à cette époque, les esprits les plus éminents considéraient la traversée directe de l'Atlantique, entre l'Europe et New-York, comme impraticable pour un navire à vapeur, à moins de choisir en Angleterre et en Amérique les deux points les plus rapprochés l'un de l'autre et de faire escale en route pour prendre du charbon.

Le seul navire à vapeur qui, jusqu'en 1837, eût traversé l'Océan, était le

Un transatlantique à la mer.

Savannah, qui avait fait le voyage entre Savannah, Georgia et Liverpool, en partie à la vapeur et en partie à la voile.

Les deux premiers paquebots à vapeur qui exécutèrent, en 1838, la traversée de New-York en Angleterre, furent deux steamers à aubes, le *Great-Eastern*, de 450 chevaux, et le *Sirius*, de 320 chevaux.

Le *Great-Eastern*, parti de New-York avec 7 passagers seulement, fit son premier voyage en quinze jours, et revint à New-York en douze jours et quatorze heures.

Le *Sirius*, qui quitta l'Angleterre le 4 avril 1838 avec 94 passagers, mit dix-sept jours à faire le même voyage.

Malgré les résultats encourageants des premiers essais, ce n'est guère avant 1850 que les steamers commencèrent à remplacer complètement les paquebots à voiles pour la traversée de l'Atlantique.

En 1858, neuf compagnies faisaient le service d'Europe en Amérique; dans le courant de l'année, 40 steamers firent 281 traversées de l'Atlantique et transportèrent 50 000 passagers, dont 500 périrent dans différents naufrages, notamment dans le naufrage de l'*Austria* et dans celui du *New-York*.

En 1852, le gouvernement français s'occupa d'organiser dans notre pays la navigation transatlantique, et les Messageries nationales se chargèrent de construire dans ce but 21 navires représentant une puissance totale de 14 500 chevaux; l'État devait donner une subvention de 1 000 francs par cheval pour les navires affectés au service de New-York, et de 1 200 francs par cheval pour les navires destinés au service des Indes et du Mexique.

Aujourd'hui il existe plus de cinquante lignes sur lesquelles fonctionne un service régulier entre l'Europe et l'Amérique, et qui disposent chacune d'un nombre de navires plus ou moins considérable.

Il y a en France trois lignes : la Compagnie générale transatlantique, la Compagnie de navigation à vapeur de Bordeaux, et la Compagnie commerciale française.

Les ports anglais ont six lignes deux à Liverpool, deux à Glasgow et deux à Londres.

Enfin le port de New-York se trouve relié par quatre lignes à l'Allemagne, par deux lignes à la Hollande et à Anvers, et par une ligne à Copenhague et à Palerme.

Il y a moins de cinquante ans, la traversée de l'Atlantique constituait un voyage fort coûteux et en outre assez dangereux.

Actuellement près de 400 000 passagers gagnent chaque année les États-Unis, et, d'après les statistiques, le voyage n'offre pas plus de dangers que les voyages sur terre.

Pour ce qui concerne les prix de transport, nous pouvons donner une idée des progrès accomplis en rappelant que le fret, dont le prix variait, il y a moins de trente ans, entre 7 et 8 livres anglaises, est aujourd'hui de 7,6 à 10 shillings.

Les premiers paquebots à vapeur qui traversèrent l'Atlantique mettaient quinze jours au moins à exécuter leur trajet.

Aujourd'hui, grâce aux perfectionnements des machines, grâce à la substitution des navires à hélice aux steamers à aubes, grâce aux efforts incessants des nombreuses lignes rivales, on peut traverser l'Océan en six à sept jours, et il ne paraît pas impossible qu'on puisse arriver à réduire encore la durée du voyage; si l'on parvient, en effet, à donner aux navires une vitesse moyenne de 40 à 50 kilomètres à l'heure, c'est-à-dire une vitesse égale à la moitié de celle de nos trains express, la traversée de Queenstown à New-York ne demandera guère plus de quatre jours.

II

LES PAQUEBOTS DE LA COMPAGNIE GÉNÉRALE TRANSATLANTIQUE

La *Normandie*. — La *Champagne* et la *Bretagne* ; la *Bourgogne* et la *Gascogne*. — Une visite à bord de la *Gascogne*.— Le nouveau paquebot la *Touraine*.

Si nous voulons examiner avec quelques détails l'agencement et l'organisation des bâtiments merveilleux qui sillonnent aujourd'hui les grandes voies maritimes, nous devons tout d'abord nous occuper des paquebots à grande vitesse que la Compagnie générale transatlantique a fait construire dans ces dernières années, et parmi lesquels nous citerons la *Normandie*, exécutée à Barrow en 1883, la *Champagne* et la *Bretagne*, construites en 1885-1886 dans les chantiers de la Compagnie, à Saint-Nazaire, la *Bourgogne* et la *Gascogne*, exécutées à la Seyne vers la même époque que les précédentes, et enfin la *Touraine*, tout récemment mise à flot.

La *Normandie* est le dernier paquebot que la Compagnie transatlantique a fait construire en Angleterre, par suite de la loi actuelle sur les services postaux maritimes.

Ce navire, dont la coque est en fer, a 140 mètres de longueur et 15^m,20 de largeur ; son tirant d'eau moyen est de 7^m,30. Il peut recevoir 1 037 passagers, dont 147 de première classe, 70 de deuxième et 800 de troisième ; son tonnage est de 6 300 tonneaux, et la puissance de sa machine de 6 600 chevaux. Sa vitesse est de 15 nœuds et demi en moyenne, et lui permet de faire le voyage du Havre à New-York en neuf jours environ.

On voit par ces chiffres que la *Normandie*, à l'époque de son premier voyage, réalisait déjà un progrès considérable dans l'art naval.

Les quatre paquebots que la Compagnie générale transatlantique a fait construire en 1885-1886 ressemblent beaucoup à la *Normandie* ; ils sont entièrement en acier doux, et présentent comme la *Normandie* quatre ponts complets et une plate-

La *Gascogne*, paquebot de la Compagnie transatlantique

forme promenade qui reste inaccessible aux coups de mer, sauf dans les grands mauvais temps.

Leur longueur, qui est de 150 mètres, dépasse par conséquent de 10 mètres celle de la *Normandie*; leurs autres dimensions sont augmentées dans les mêmes proportions.

Ces paquebots peuvent prendre 1 200 passagers, dont 900 de troisième classe et 226 de première classe.

Comme ces bâtiments sont en tout semblables, à part quelques détails, il nous

La *Normandie* quittant le port du Havre.

suffira d'étudier l'organisation de l'un d'eux, dont nous empruntons la description à un savant article de M. Gaillard.

« Il existe à bord onze cloisons étanches, dont huit montent jusqu'au pont supérieur et qui sont munies, suivant l'usage, de portes et de vannes étanches. On sait que le but de ces cloisons est de partager la coque en compartiments étanches, afin de localiser les voies d'eau qui pourraient se produire dans le bordé et entraîner la perte du bâtiment.

« Dans les doubles-fonds de ces paquebots sont ménagés des water-ballasts divisés en plusieurs compartiments, pouvant contenir ensemble 800 mètres cubes d'eau. On appelle *water-ballasts* des caisses à eau en tôle, ménagées dans les fonds d'un navire; leur partie inférieure, aplatie, forme le plancher de la cale. Si on laisse ces caisses se remplir d'eau, on obtient un lest proportionnel au poids du liquide introduit.

« Quand le bâtiment doit prendre un chargement et n'a pas besoin de lest artificiel, les water-ballasts sont vidés au moyen d'une pompe à vapeur; cette opération, qui dure quelquefois moins d'une heure, est, on le devine, infiniment plus rapide et plus simple que l'embarquement puis le débarquement d'un lest mobile en fonte, comme cela se pratiquait autrefois.

« A l'avant se trouve un autre water-ballast que l'on doit remplir au départ du Havre, en même temps que celui de l'arrière est vidé. On diminue ainsi la différence de tirant d'eau, ce qui facilite la sortie du port. A la mer, on se livre à l'opération inverse, afin de remettre le bâtiment dans ses lignes.

« Le gréement est celui d'une goélette à quatre mâts, avec des voiles carrées et des vergues aux deux mâts de l'avant seulement. Ces mâts sont en tôle d'acier; ils sont à *pible*, c'est-à-dire d'un seul jet de l'emplanture à la pomme.

« La surface totale de voilure atteint 1 888 mètres carrés; pourtant, en cas d'avarie paralysant la machine, elle serait insuffisante, tant est grande la masse de ces paquebots, à leur donner, même par une belle brise, une vitesse de quelques nœuds. Tout au plus permettrait-elle de gouverner l'immense navire désemparé.

« La manœuvre des ancres, qui n'est pas une opération commode à bord de tels bâtiments, est effectuée à l'aide d'une grue placée sur le gaillard d'avant, et desservie par un *guindeau* et un cabestan à vapeur. Les ancres, d'un système perfectionné, pèsent chacune 3 600 kilogrammes.

« C'est un spectacle imposant que d'assister, du haut du gaillard, à l'opération du *mouillage* de semblables ancres. Sur un signe du commandant, l'énorme bloc de fer, dont on coupe les attaches, tombe à la mer au milieu d'un immense bouillonnement, et la chaîne, avec un bruit effroyable, se déroule en projetant des étincelles à travers l'écubier.

« La manœuvre du gouvernail est effectuée à la vapeur au moyen d'appareils extrêmement ingénieux appelés *servo-moteurs*, et dont la description nous entraînerait trop loin. Disons seulement que, grâce à ces engins, un simple matelot, un mousse même, gouverne sans aucune fatigue, et par tous les temps, à l'aide d'une petite roue placée sur la passerelle, cette immense coque animée d'une vitesse de plus de 8 lieues à l'heure.

« En cas d'avaries à l'appareil à vapeur, on peut gouverner à l'aide de quatre roues à bras abritées sous la dunette, ou bien à l'aide d'un treuil à vapeur agissant, au moyen de chaînes, sur une sorte de grande roue métallique clavetée sur l'axe du gouvernail.

« On ne se doute pas généralement des difficultés innombrables que présentent, en pratique, la conception et l'exécution des aménagements intérieurs de semblables steamers. Cette tâche délicate consiste à loger dans un espace restreint, présentant des formes irrégulières, plusieurs centaines de personnes, passagers de toute classe et émigrants, côte à côte avec l'équipage, tout en ménageant à chaque catégorie d'individus des dégagements spacieux, et en leur assurant un confortable qu'ils ne trouveraient souvent pas chez eux.

« Il faut ventiler, chauffer, éclairer ces mille recoins d'un navire qui doivent être à l'abri de l'invasion de l'eau tout en restant convenablement aérés; prendre des précautions minutieuses contre l'incendie, contre la chaleur ou le froid; satisfaire

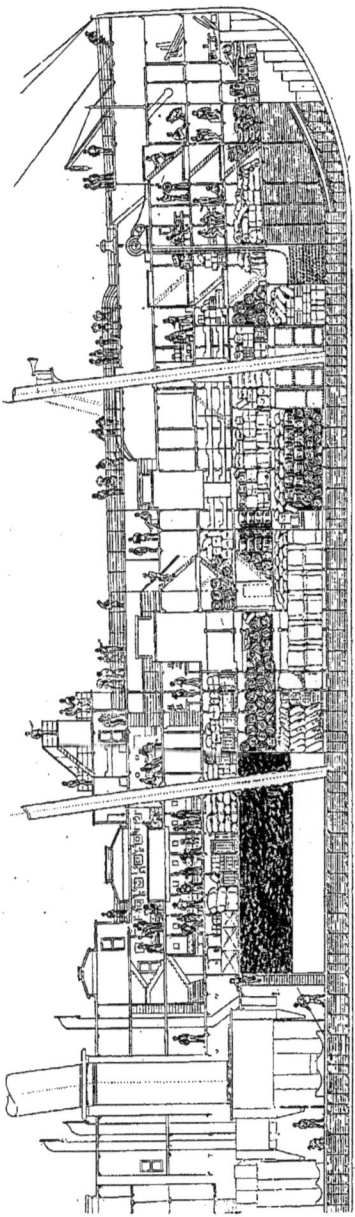

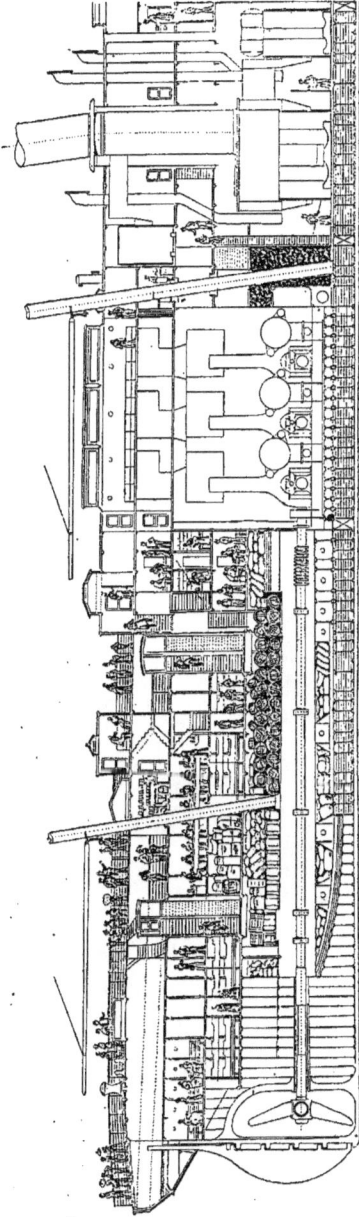

Coupe en longueur du paquebot la *Gascogne*.

aux exigences les plus diverses et pourtant combiner les plans de façon à réserver le plus de place possible à un grand nombre de passagers.

« Il faut trouver moyen d'emmagasiner des provisions qui puissent suffire à l'alimentation d'un millier de bouches pendant plusieurs semaines, sans empiéter néanmoins sur les cales à marchandises ni sacrifier ou même négliger les conditions indispensables d'hygiène et de salubrité.

« Il faut prévoir l'installation des différents tuyautages d'eau ou de vapeur et

Salle à manger de première classe de la *Gascogne*.

celle des appareils de déchargement. On doit établir les escaliers, coursives, portes et écoutilles de manière à rendre le service et la circulation faciles.

« Rappelons, en outre, que les moyens dont on dispose sont limités par la question financière et par certaines considérations, telles que l'obligation de conserver au bâtiment et à ses superstructures un aspect satisfaisant et un cachet marin.

« Si l'on parcourt le pont supérieur de la *Gascogne*, de l'avant à l'arrière, on remarquera, outre le gaillard et la dunette, trois roufs séparés. Le premier contient les logements et le carré des officiers du bord. Le second, beaucoup plus vaste et qui occupe la plus grande longueur du navire, renferme le fumoir de première classe, le salon de conversation, la descente des premières, les bureaux du docteur et du commissaire, les boulangeries, les salles de lavage. des chauffeurs, les cuisines, les chambres des mécaniciens, la partie supérieure des machines, les puits d'aérage, etc. Dans le roof arrière se trouvent la descente et le fumoir de deuxième classe, la boucherie, le garde-manger et la lampisterie.

« La dunette abrite les appareils à gouverner à bras et à vapeur. Sous le gaillard d'avant on remarque une forge, une lampisterie, le logement des cuisiniers, boulangers et cambusiers, un hôpital pour l'équipage et le guindeau à vapeur qui sert à relever l'ancre. C'est un monde des plus complexes, on le voit.

Cabine de première classe de la *Gascogne*.

« Les passagers de première et de seconde classe sont logés dans l'entrepont supérieur, les premiers à l'avant et au milieu, les seconds à l'arrière. Il s'y trouve aussi quelques cabines de luxe, des lavabos, et, tout à fait à l'avant, un hôpital d'émigrants, quelques chambres pour les commissaires et les maîtres, enfin le poste de l'équipage.

« Le salon de première classe, qui sert de salle à manger, a 14 mètres de longueur sur 14^m,40 de largeur au centre ; il renferme treize tables où cent quarante-deux personnes assises peuvent trouver place. Il est décoré avec un luxe et un goût parfaits. On y remarque une vaste cheminée en marbre garnie d'une pendule et de deux candélabres en bronze d'art.

« Le salon est amplement pourvu de glaces, de portières et de rideaux aux hublots. Les canapés, placés en abord, sont à ressorts et capitonnés, avec dossiers courbés ; ils sont accompagnés d'un grand nombre de fauteuils tournants. Tout l'ameublement et les tentures sont au chiffre de la Compagnie. Le chauffage est effectué à la vapeur, comme pour le reste des aménagements.

« La descente des passagers de première classe est en bois naturel verni, de plusieurs essences. Au pied de l'escalier, et de chaque côté des portes du salon, se trou-

Pont de la *Touraine*.

vent des cariatides en bronze supportant les lampes, entre lesquelles sont placées une jardinière et une balustrade à gradins pour mettre des fleurs. Les marches sont garnies de caoutchouc strié.

« Les cloisons du fumoir sont revêtues de marbre. Les portes et les meubles de cette pièce sont en noyer d'Amérique ou en tek massif.

« Au milieu du salon de conversation se trouve une grande ouverture, entourée de balustrades, qui sert à donner de l'air et de la lumière au salon principal situé au-dessous. Ce petit salon, éclairé à sa partie supérieure par une vaste claire-voie, contient des canapés, des jardinières, un piano et des glaces.

« Les passagers de chambre sont logés dans des cabines où ils ne séjournent guère que pendant les heures de sommeil. L'ameublement en est simple, mais confortable; contre une des cloisons, deux couchettes superposées, garnies de sommiers élastiques; sur une des autres faces, un canapé qui peut, en cas d'encombrement, être transformé en lit; contre une des parois, un lavabo à deux cuvettes surmonté d'une psyché. Au-dessus de chaque canapé on a disposé des patères et un petit filet analogue à ceux que l'on rencontre dans les wagons de chemin de fer, et où l'on dépose de menus bagages et des objets de service journalier. Les couchettes peuvent être masquées par des rideaux qui courent le long de tringles. Celles d'entre les cabines qui se trouvent en abord sont éclairées par un hublot que l'on ouvre s'il fait beau temps; la nuit, elles sont éclairées par une forte lampe électrique à incandescence suspendue au milieu du plafond. Au moyen de boutons placés à la tête des lits, on peut, à toute heure de la nuit, allumer ou éteindre cette lampe. Des sonnettes électriques permettent aux passagers de se mettre en communication avec le personnel de service.

« Ces chambres sont réunies par groupes généralement de quatre, isolés par les coursives qui leur servent d'accès et facilitent les communications avec les autres parties du navire.

« Les émigrants sont relégués dans le second entrepont, qu'ils occupent en entier, sauf à l'extrême avant, où l'on a logé la grande cambuse et le poste de l'équipage.

« Le fond des cales du paquebot comprend les soutes à charbon, à bagages et à dépêches, les cales de marchandises, la cave au vin et les caisses à eau.

« Sur le pont-promenade on a disposé, vers l'avant, un petit rouf qui contient le logement du capitaine et les appareils de commande du gouvernail. Au-dessus se trouve une chambre de veille, surmontée elle-même de la passerelle haute où se tient l'officier de quart.

« L'intérieur de ce bâtiment est éclairé au moyen de lampes à incandescence. C'est véritablement un beau spectacle que d'assister au fonctionnement des énormes machines de ces paquebots, dont les organes se meuvent majestueusement aux reflets de la lumière électrique. »

Après cette description de la *Gascogne*, il ne nous reste que quelques mots à dire de la *Touraine*, le dernier paquebot que la Compagnie transatlantique a fait

20

construire, et dont le spectacle était offert aux visiteurs de l'Exposition de 1889, dans le panorama du Champ-de-Mars..

Ce navire est le plus grand qui ait été exécuté en France; sa longueur est de 164 mètres, sa largeur de 17 mètres, et son déplacement de 11 675 tonneaux.

Il est destiné, comme les paquebots dont nous venons de parler, au service postal de la ligne du Havre à New-York; tandis que les paquebots du type *Gascogne* filent seulement 17 nœuds en service, la vitesse de la *Touraine* atteint 19 nœuds et demi, ce qui diminue notablement la durée de la traversée du Havre à New-York.

Tout récemment de grandes fêtes ont eu lieu au Havre avant le premier départ de la *Touraine* pour New-York.

Dans sa traversée de Saint-Nazaire au Havre, le nouveau paquebot de la Compagnie transatlantique a franchi en vingt heures trente minutes la distance qui sépare ces deux ports, ce qui donne une vitesse supérieure à 21 nœuds, et ce qui revient à dire qu'il a fait en moyenne 38 900 mètres à l'heure pendant ce parcours.

Les aménagements de la *Touraine* sont particulièrement soignés; il y a trente chambres de luxe pour familles, six chambres de grand luxe avec salle de bains et cabinet de toilette, huit cabines à deux couchettes et quatre à trois couchettes sur le pont supérieur; quatre cabines à une place, cinquante à deux places et trois à trois places dans l'entrepont supérieur, pour passagers de 1er classe; quarante-cinq cabines sont destinées aux passagers de 2e classe, et enfin les entreponts inférieurs sont disposés pour recevoir 600 émigrants.

La *Touraine* peut ainsi recevoir 1 090 passagers de toutes classes, dont 392 de 1re classe, 98 de 2e classe et 600 de 3e classe.

Ajoutons qu'on a eu l'excellente idée, pour permettre aux passagers de s'y reconnaître facilement dans les couloirs de l'immense bâtiment, de leur donner des noms de rue : c'est ainsi que, dans l'entrepont supérieur, on trouve la rue de Paris, la rue de New-York, l'avenue des Machines, etc.

III

LE PLUS GRAND PAQUEBOT DU MONDE

La *City of Rome*. — La *City of New York*. — Les précautions prises. — Supériorité des paquebots à deux hélices. — L'aménagement intérieur.

Parmi les plus grands navires qui existent actuellement, nous devons citer la *City of Rome*, construite en 1880-81 pour le compte de l'*Inman-line* et appartenant aujourd'hui à l'*Anchor-line*.

La *City of Rome*, dont la longueur est de 164 mètres et le tonnage de 8 300 tonneaux, peut recevoir 1 500 émigrants et 271 passagers de chambre.

Malgré ses dimensions, ce gigantesque navire, que les Américains ont surnommé *Jumbo* du nom de l'éléphant dont on a tant parlé il y a quelques années, n'est cependant pas le plus grand navire qui soit à flot, depuis le lancement de la *City of New York*, dont le tonnage est de 10 500 tonneaux.

Les dimensions principales de la *City of New York* sont : longueur, 172^m,20; longueur à la flottaison, 160 mètres; largeur, 19^m,58; creux, 12^m,80.

Ce magnifique paquebot a été lancé le 15 mars 1888 à Clydebank (Écosse); dans les essais officiels la vitesse obtenue a dépassé 20 nœuds, sans que l'on ait forcé les machines, comme cela se fait souvent en pareille circonstance.

Depuis la perte du paquebot l'*Oregon*, coulé en mer par une simple goélette, le 14 mars 1886, on a, dans la construction des grands paquebots, multiplié les précautions destinées à assurer la sécurité.

La *City of New York* est, à ce point de vue, le plus perfectionné des bâtiments qui font actuellement la traversée de l'Atlantique : toutes les cloisons étanches y sont dépourvues de portes de communication, depuis le double fond jusqu'au pont principal, situé au-dessus de la flottaison.

La coque est divisée en 16 compartiments par 15 cloisons étanches s'élevant jusqu'au pont supérieur.

Chaque compartiment n'ayant pas plus de 10ᵐ,66 de longueur et ne pouvant pas contenir plus de 1 250 tonnes d'eau jusqu'à la hauteur de la flottaison, ou 2 250 jusqu'au pont supérieur, l'envahissement par l'eau de 2 ou même 3 compartiments ne pourrait donc pas faire sombrer le navire.

Les neuf chaudières qui alimentent les machines sont installées dans trois compartiments, et peuvent envoyer leur vapeur à chaque machine séparément; les machines motrices sont elles-mêmes séparées par une cloison.

En cas de voie d'eau dans l'un des compartiments des machines, on éviterait l'inclinaison du navire du côté du compartiment avarié, en laissant pénétrer l'eau

La *City of Rome*.

dans l'autre compartiment pour la refouler ensuite dans les compartiments du même bord situés sous le double fond.

Il est facile de concevoir l'importance de cette manœuvre ; le navire étant pourvu de deux hélices, qu'une voie d'eau se produise dans l'un des compartiments des machines, et que le navire s'incline de ce côté, l'hélice actionnée par la machine du compartiment resté intact se trouverait plus ou moins émergée, et la marche du bâtiment s'en trouverait notablement ralentie; l'équilibre étant au contraire assuré grâce à la disposition ingénieuse que nous venons d'indiquer, l'hélice du côté opposé à celui de l'avarie, restant complètement immergée, conservera toute son efficacité propulsive, et permettra au paquebot de naviguer avec une vitesse de 15 ou 16 nœuds à l'heure, malgré l'inaction de l'hélice correspondant à la machine paralysée.

Ajoutons que la *City of New York* est le premier grand paquebot à deux hélices avec machines à triple expansion et faisant usage du tirage forcé en vase clos ;

grâce à l'emploi de la haute pression et du tirage forcé, les machines de ce magnifique bâtiment, qui ont été construites pour développer 20 000 chevaux, n'ont besoin que de neuf chaudières à six foyers, tandis que des paquebots de puissance presque égale, tels que l'*Etruria* et l'*Umbria*, construits antérieurement, ont nécessité douze chaudières à six foyers.

Nous devons dire encore que, dans les machines de la *City of New York*, les cylindres à basse pression sont munis chacun de quatre tiroirs à pistons, qu'ils ont $2^m,87$ de diamètre et que la vitesse des grands pistons est de 253 mètres par minute à l'allure de 83 tours.

Les hélices jumelles n'ont que trois ailes : leur diamètre est de $6^m,70$ et leur pas de $8^m,54$.

Le gouvernail est en partie compensé et se trouve complètement en dessous de la flottaison ainsi que les puissants béliers hydrauliques qui le manœuvrent au moyen d'une simple barre franche.

Comme le fait remarquer M. Muller, cette disposition est précieuse sur un paquebot destiné en cas de besoin à être utilisé par l'amirauté anglaise comme croiseur auxiliaire, de même que le paquebot semblable *City of Paris*, construit pour la même compagnie.

La grande facilité d'évolution que présentent ces navires, grâce au système du gouvernail compensé, est encore augmentée par l'existence de deux hélices.

C'est pourquoi ces nouveaux paquebots seraient bien supérieurs, en temps de guerre, comme croiseurs auxiliaires, à la plupart de nos paquebots, qui ne sont pas, comme la *Touraine*, pourvus de deux hélices, et dont les machines à cylindres superposés, s'élevant trop au-dessus de la flottaison, sont très exposées à l'action des projectiles.

Il va sans dire que, pour ce qui est des installations intérieures et du confortable assuré aux passagers, la *City of New York* est sans rival.

Tout le navire est éclairé à la lumière électrique au moyen de 1 000 lampes à incandescence.

Les amplitudes du roulis sont considérablement atténuées par un système de « caisse à roulis », partiellement remplie d'eau et de forme semi-circulaire.

De nombreuses expériences, faites antérieurement, ont permis d'évaluer à 66 pour 100 la diminution que l'on peut obtenir dans les amplitudes du roulis, grâce à cette ingénieuse disposition.

Enfin, tous les guindeaux, cabestans, treuils, ascenseurs, sont actionnés par la force hydraulique, ce qui supprime le bruit des treuils à vapeur, des monte-escarbilles, etc.

La *City of New York* est munie de plates-formes destinées à recevoir des canons, de sorte que ce splendide paquebot peut être rapidement transformé en navire de guerre.

Le navire porte trois mâts à pible, dont un seul est pourvu de voiles carrées, et trois cheminées énormes qui s'élèvent à une hauteur de $18^m,30$ au-dessus du pont de promenade.

Il existe à bord vingt-deux embarcations, qui, en cas de sinistre, seraient largement suffisantes pour sauver tous les passagers et l'équipage, et ce n'était pas peu de chose que de parer à cette éventualité, le paquebot pouvant porter jusqu'à 2 000 personnes, avec son équipage et son complément de passagers de 3ᵉ classe.

LES CUIRASSÉS

I

LES PREMIERS CUIRASSÉS

La caraque *Santa-Anna*. — Le premier bâtiment à vapeur blindé construit par les Américains. — Les batteries flottantes : la *Dévastation*, la *Lave* et la *Tonnante*. — L'œuvre de Dupuy de Lôme : la *Gloire*. — Les premiers cuirassés à éperon : le *Magenta* et le *Solferino*.

L'idée d'appliquer des cuirassements métalliques au revêtement des navires est déjà ancienne, et dans les siècles qui ont précédé le nôtre on a fait à plusieurs reprises des essais destinés à protéger les bâtiments en bois contre les boulets ; pour ne citer qu'un exemple, nous rappellerons que dans l'expédition envoyée par Charles-Quint à Tunis, sous le commandement du célèbre André Doria, se trouvait une caraque, la *Santa Anna*, construite à Nice en 1530, et pourvue d'une cuirasse de plomb, fixée par des boulons d'airain.

Cette caraque, d'après Bosio qui en a donné une description, contribua pour une bonne part à la prise de Tunis, et sa cuirasse de plomb, qui ne lui enlevait rien de sa légèreté, suffit à la protéger d'une façon très efficace contre les projectiles.

Malgré les essais, plus ou moins suivis de succès, qui ont été faits à différentes époques dans cet ordre d'idées, on peut dire que la réalisation des cuirassements métalliques des navires est une œuvre qui appartient entièrement à notre siècle.

C'est en 1813, d'après M. Léon Renard, que les Américains construisirent le premier bâtiment à vapeur blindé, d'après les plans de Fulton ; ce bâtiment, dont la longueur était de 47^m,60, avait une coque de bois de chêne, avec une muraille de 1^m,52, épaisseur suffisante contre l'artillerie de l'époque.

Par suite des perfectionnements sans cesse apportés à la fabrication des canons et des projectiles, en France, en Angleterre, en Amérique, la nécessité de protéger suffisamment les navires contre les engins nouveaux devint bientôt une question urgente dont l'importance s'imposait de plus en plus.

C'est ainsi qu'en France on fut frappé de la façon dont furent maltraités nos navires par les boulets Paixhans, devant Sébastopol; le gouvernement fit alors construire la *Dévastation*, la *Lave* et la *Tonnante*, après des expériences de tir qui avaient été faites à Vincennes sur des plaques de fer.

Fulton.

Ces trois bâtiments méritaient plutôt le nom de *batteries flottantes* que celui de navires, car, avec leur poids de 1 500 000 kilogrammes et leur forme carrée, ils ne faisaient guère que 4 à 6 nœuds à l'heure, et se trouvaient arrêtés par la moindre brise.

Toutefois les espérances que l'on avait fondées sur l'emploi de ces bâtiments ne furent pas déçues; le 17 octobre 1855, ils réduisirent la citadelle de Kinburn en quelques heures, embossés à 450 mètres de distance, et, grâce à leur cuirasse métallique, ils résistèrent admirablement aux chocs répétés des nombreux boulets de 42 lancés par l'ennemi.

Dès lors on travailla sans relâche au perfectionnement des navires cuirassés, et en 1859 on lança à Toulon la *Gloire*, dont les plans étaient dus à Dupuy de Lôme, et que l'on peut considérer comme le premier cuirassé français.

La *Gloire*, dont la longueur était de 77 mètres, avait une cuirasse de fer qui la revêtait complètement, jusqu'à 2 mètres au-dessous de sa flottaison. L'épaisseur de cette cuirasse était de 12 centimètres dans la partie inférieure à la flottaison et de 11 centimètres seulement au-dessus.

La Couronne.

Avec sa machine de 900 chevaux, le nouveau cuirassé pouvait atteindre une vitesse de 13 nœuds à toute vapeur, et de 11 nœuds un quart avec la moitié des feux allumés.

En demandant les fonds nécessaires à la construction de la *Gloire*, Dupuy de

Le *Solférino.*

Lôme disait : « Un seul bâtiment de cette espèce, lancé au milieu d'une flotte entière

L'*Océan.*

de vos anciens vaisseaux, y serait comme un lion au milieu d'un troupeau de moutons. »

L'avenir devait confirmer pleinement les paroles de l'illustre ingénieur.

Le beau résultat obtenu par Dupuy de Lôme encouragea la France et, à sa suite, tous les États du monde à construire leurs flottes cuirassées, qui devaient partout remplacer les anciens vaisseaux en bois.

En France on vit bientôt lancer successivement d'autres cuirassés d'une puissance supérieure à celle de la *Gloire*, tels que la *Couronne*, la *Normandie*, l'*Invincible*, puis le *Magenta* et le *Solferino*, qui furent les deux premiers cuirassés pourvus de l'*éperon* proposé dès 1840 par l'amiral Labrousse.

Les progrès de l'artillerie continuant, les plaques de 11 à 12 centimètres de la *Gloire* devinrent rapidement impropres à protéger efficacement les navires, et les ingénieurs durent augmenter notablement l'épaisseur de leurs cuirasses, pendant que, de leur côté, les artilleurs travaillaient avec ardeur à perfectionner leurs canons.

C'est ainsi que, douze ans après le lancement de la *Gloire*, l'épaisseur des cuirasses de nos vaisseaux de guerre avait déjà passé successivement de 10 et 12 centimètres à 15, 18, 20 et 22 centimètres, comme pour notre cuirassé l'*Océan*; sur certains navires, sur la *Devastation* anglaise entre autres, l'épaisseur de la cuirasse atteignait même 35 centimètres.

D'autre part, les artilleurs, dans le même espace de temps, avaient progressivement porté à 32 centimètres le calibre des canons, qui, sur la *Gloire*, n'était encore que de 16 centimètres.

Enfin, dans ces dernières années, avec l'*Amiral Duperré* et l'*Amiral Baudin* on a atteint une épaisseur de cuirasse de 55 centimètres, et, pour l'artillerie, on est arrivé à fabriquer des canons de 34 centimètres ayant jusqu'à 40 calibres de longueur d'âme.

II

LES PROGRÈS DE L'INDUSTRIE DU BLINDAGE

La lutte entre l'attaque et la défense. — Les difficultés du problème de l'invulnérabilité des navires de guerre. — Les « plaques Schneider ». — Le métal *compound*. — Acier chromé et nickel-acier.

On ne peut évidemment pas prévoir la façon dont se terminera la lutte qui se poursuit actuellement entre les artilleurs et les ingénieurs de la marine, représentant les uns l'attaque et les autres la défense.

L'épaisseur et le poids des cuirasses ne peuvent cependant pas dépasser une certaine limite, car, ainsi que le faisait remarquer, il y a une vingtaine d'années, M. Léon Renard, s'il est toujours possible de placer sur un navire des canons de plus fort calibre, et pesant, comme ceux de la *Devastation* anglaise, construite à cette époque, 35 000 kilogrammes, il est moins aisé d'imposer à tous les bâtiments, si vastes qu'ils soient, des cuirasses dépassant 15 millions de kilogrammes, de telles charges exigeant l'emploi de machines d'un usage extrêmement coûteux et exposant les navires qui les portent à avoir le sort du *Captain*, qui sombra une nuit, par une mer un peu forte, « faisant son trou dans l'eau » avec 5 ou 600 hommes d'équipage.

Il est encore, dans un autre ordre d'idées, une considération de la plus haute importance qui doit entrer en ligne de compte dans le problème de l'invulnérabilité des navires de guerre.

On a constaté, en effet, que la qualité des plaques en fer diminue à mesure que leur épaisseur augmente, parce que le métal subit une dénaturation sous l'action de la température nécessaire pour souder entre elles les feuilles de fer qui constituent la plaque.

C'est à l'industrie française que revient l'honneur d'avoir réalisé les plus grands progrès dans la question qui nous occupe.

L'éminent directeur du Creusot, M. Schneider, comprit le premier que la plupart des métallurgistes faisaient fausse route en consacrant tous leurs efforts à produire des plaques de fer épaisses, et qu'il fallait plutôt songer à modifier la qualité du métal employé dans la fabrication du blindage.

En 1876, le Creusot présenta pour la première fois des plaques en acier, connues depuis sous le nom de « plaques Schneider », et destinées au cuirassement des navires, sur la muraille desquels elles venaient se fixer par un mode d'attache spécial ; dans le concours international qui eut lieu à cette époque entre le Creusot, une autre usine française et les deux usines anglaises les plus renommées, la plaque en acier doux remporta une victoire éclatante sur la plaque en fer.

Les Anglais, convaincus dès lors de la supériorité de l'acier, mais désireux d'éviter les frais d'un nouvel outillage nécessaire à la fabrication des plaques en acier, s'efforcèrent alors de se limiter à une transformation moins radicale, et ils

La *Devastation*.

inventèrent la plaque dite *compound*, c'est-à-dire *composée* ou *mixte*, et constituée en fer et en acier.

Pour obtenir ces plaques, dont l'épaisseur comprend un tiers d'acier pour deux tiers de fer, on coule l'acier sur une plaque de fer portée à une haute température, et le tout est passé ensuite au laminoir.

Dans les débuts de la fabrication du métal *compound*, les procédés employés étaient défectueux et donnaient rarement une adhérence absolue entre les métaux dans tous les points de la plaque ; mais, dans la suite, ces procédés reçurent des perfectionnements importants, et, en 1880, les Anglais purent opposer aux plaques en acier du Creusot des plaques en métal *compound* qui supportaient les épreuves du tir dans des conditions à peu près identiques.

Quatre années plus tard, l'acier, grâce aux nouveaux progrès réalisés par le Creusot, reprenait d'une façon incontestable sa supériorité sur le *compound*, et, à la suite des expériences mémorables dans lesquelles les plaques du Creusot avaient vaincu sans conteste les plaques anglaises des usines Cammell et Brown, l'Italie, les États-Unis n'hésitèrent pas à adopter l'acier pour les cuirasses de leurs navires,

Le marteau-pilon, à la forge des grosses œuvres, au Creusot.

et l'Espagne, la Suède, le Danemark, la Grèce, la Chine, le
Japon, le Chili commandèrent
leurs blindages au Creusot.

Armé d'une cuirasse com-
posée de plaques aussi parfaites
que celles du Creusot, le navire
commençait alors à défier l'artillerie, et la défense prenait le
pas sur l'attaque, après avoir
failli le perdre d'une façon définitive au moment où les métallurgistes ne songeaient qu'à
augmenter l'épaisseur des plaques de blindage, pour lutter
contre les perfectionnements
apportés successivement à la
fabrication des premiers canons rayés, grâce aux modifications du tracé des pièces et
de la forme des projectiles, à
l'adoption du chargement par
la culasse et à l'augmentation
des calibres. Mais, de leur côté,
les artilleurs n'étaient pas restés inactifs, et la fabrication
des projectiles notamment
avait singulièrement progressé
dans ces dernières années.

Aujourd'hui, avec l'acier
chromé, les projectiles, lancés
avec des vitesses de plus en plus
grandes, au moyen des poudres
lentes, dans des pièces qui ont
des calibres énormes et dont la
longueur dépasse 10 et 12 mètres, réussissent à perforer
sans peine des plaques de métal
de 50 centimètres d'épaisseur,
et, dans les expériences de po-
lygone, aucune des cuirasses
connues avant 1890 ne peut
résister à ces terribles engins.

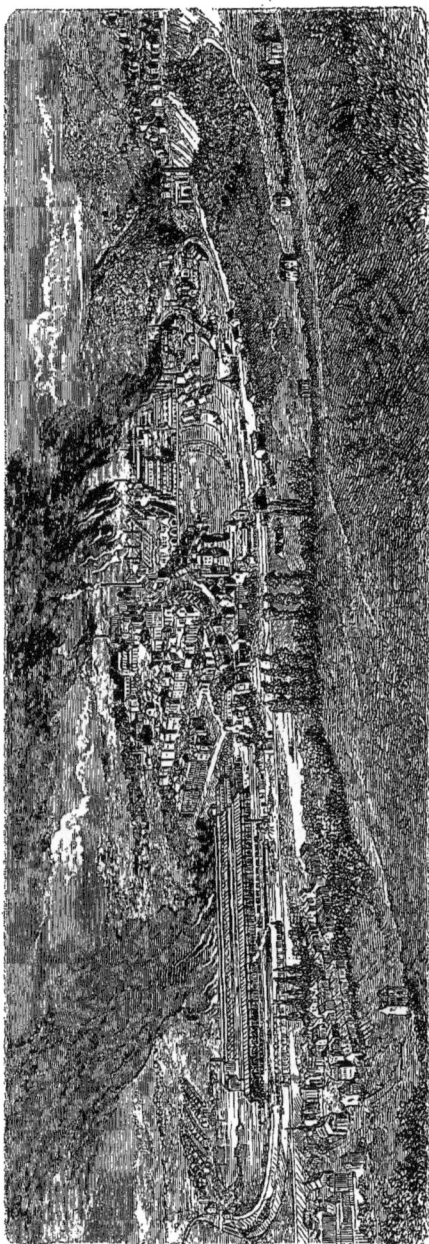

Vue générale du Creusot.

Dans ces conditions, l'acier pur lui-même est devenu, aussi bien que le *compound*, absolument insuffisant; c'est pourquoi le Creusot s'est mis sans retard à l'étude des alliages d'acier.

Il ne fallait pas songer à employer, pour la fabrication des plaques de blindage, les alliages de l'acier et du chrome, qui, représenté par quelques centièmes seulement, avait suffi à donner aux projectiles en acier une ténacité extraordinaire; en effet, dès qu'on dépassait de petites épaisseurs, dans l'usinage des plaques, le composé chromé ne donnait plus les résultats qu'on en pouvait attendre.

Après des études nombreuses, le choix du Creusot s'est fixé sur le nickel, et, dans des essais comparatifs faits aux États-Unis, à Annapolis, les plaques Schneider en *nickel-acier* ont remporté un succès éclatant.

Tandis que les plaques anglaises, en métal *compound*, ont été mises en pièces sous le choc des projectiles en acier chromé d'Holtzer, d'Unieux, lancés par les canons américains, les plaques du Creusot ont résisté admirablement et ont montré des qualités de résistance inconnues jusqu'à ce jour.

Il est intéressant de citer au sujet de ces expériences le compte rendu du *New York Herald* :

« Les plaques avaient toutes 258 millimètres d'épaisseur; elles ont été attaquées dans un premier tir par le canon de 152 millimètres, lançant, à la vitesse de 632 mètres, un projectile en acier chromé d'Holtzer de 45 kilogrammes. On a tiré quatre coups sur chaque plaque.

« Les deux plaques françaises étaient après le tir en bon état, sans fentes ni fissures.

« La plaque *compound*, au contraire, avait de grandes fissures; au second coup, il y avait eu un commencement d'incendie dans le matelas de bois qui la supportait : elle était, en un mot, tellement désagrégée qu'on jugea d'abord inutile de tirer le quatrième projectile qui lui était destiné.

« Dans la seconde séance, on tira un coup au centre de chaque plaque avec le canon de 20 centimètres; la plaque en nickel-acier montra une résistance extraordinaire, le projectile se brisa en morceaux; l'acier pur se comporta aussi très convenablement. Quant au *compound*, il perdit sa couverture d'acier, le projectile traversa franchement la cible et alla se perdre dans la butte au delà, sans être déformé. Il serait entré carrément dans un bâtiment. »

Les progrès du blindage en sont là, et il est certain qu'ils ne s'y arrêteront pas, car la lutte acharnée qui se livre, depuis une quarantaine d'années, entre l'artilleur et l'ingénieur naval, n'est certes pas sur le point de prendre fin. Qui aura le dernier mot dans cette lutte? Personne ne saurait le dire aujourd'hui. Quoi qu'il en soit, on peut dire que l'introduction du nickel-acier dans la fabrication des blindages constitue une étape des plus importantes dans l'évolution de la grande métallurgie et surtout de l'art des constructions navales.

III

LE « HOCHE »

Notre cuirassé de premier rang, le *Hoche*, est un des plus remarquables spécimens de l'architecture navale moderne; mais, bien qu'il n'ait terminé ses essais que tout récemment, on ne peut le considérer comme le type définitif du cuirassé, à cause des exigences toujours nouvelles qui se présentent dans l'art des constructions navales, ni même comme le plus perfectionné de nos cuirassés actuellement mis à flot, en raison de la lenteur avec laquelle on a mené la construction de ce bâtiment, commencée en 1880.

Quoi qu'il en soit, c'est ce navire que nous choisirons pour la description d'un cuirassé moderne, attendu qu'il n'en est pas moins un magnifique navire de guerre, qui fait le plus grand honneur à notre marine et qui serait un formidable adversaire pour les bâtiments les plus estimés des marines étrangères.

Le *Hoche*, entièrement construit en fer et en acier, mesure 102^m,40 de longueur et 19^m,76 de largeur; le creux au pont principal est de 13^m,17; les tirants d'eau moyen et arrière sont de 8 mètres et de 8^m,30; enfin son déplacement est de 11 300 tonneaux environ.

Sur le *Trident*, lancé en 1876, et sur les types de la même époque, les œuvres mortes comportent un fort central cuirassé et des batteries spacieuses et assez élevées; sur le *Formidable*, lancé en 1885, elles sont déjà très sensiblement abaissées; sur le *Hoche* enfin, ainsi qu'on pouvait facilement s'en rendre compte en examinant comparativement, dans le pavillon de la marine de l'Exposition de 1889, les modèles de ces trois navires, exécutés à l'échelle de 15 millimètres par mètre, les œuvres mortes sont réduites à deux étages de superstructures étroites et légères, ne contenant que des logements qui peuvent disparaître au premier coup de canon.

La cuirasse du *Hoche*, moins étendue que dans les types antérieurs, forme seu-

21

lement une solide ceinture autour de la flottaison ; son épaisseur, qui est de 35 centimètres à l'arrière et de 40 centimètres à l'avant, atteint 45 centimètres au milieu.
Cette cuirasse repose sur un pont cuirassé à 8 centimètres qui est situé au-dessous de
la flottaison et abrite les machines et les munitions.

Au-dessus du pont s'élèvent quatre tourelles cuirassées, formées de plaques de
40 centimètres d'épaisseur et contenant les grosses pièces qui constituent le principal
armement du *Hoche*.

Deux de ces tourelles, situées dans l'axe, l'une à l'avant et l'autre à l'arrière, et
armées de pièces de 34 centimètres, sont tournantes et manœuvrent avec une sûreté
et une rapidité remarquables, entraînant dans leur mouvement les canons qu'elles
portent.

Les deux autres tourelles, situées au milieu du navire, sur chacun de ses flancs,
sont au contraire fixes, et ce sont les pièces de 27 centimètres qu'elles renferment
qui se meuvent à leur intérieur, entraînant avec elles le dôme métallique qui les
protège.

Les pièces de 27, qui ne portent qu'à 6 348 mètres, n'existent pas sur les trois
cuirassés le *Magenta*, le *Marceau* et le *Neptune*, qui ont été mis sur chantiers
après le *Hoche* et qui ont par suite subi des perfectionnements importants, surtout
en ce qui concerne leur armement; ces pièces sont remplacées par des canons de
34 centimètres, qui portent à 8 302 mètres des projectiles de 350 et 420 kilogrammes
avec une charge de 138 et 153 kilogrammes et une vitesse de 555 et 550 mètres.

L'armement du *Hoche* est complété à 45 pièces par 18 canons de 14 centimètres placés dans la batterie, 12 canons revolvers, 8 canons de 47 millimètres à tir
rapide et 6 tubes de lancement pour torpilles automatiques.

Ajoutons que, lors des essais, cette formidable artillerie s'est parfaitement com-
portée, sans avarier le navire, comme cela est arrivé quelquefois, le cône de gaz qui
suit les projectiles lancés par les grosses pièces ayant une puissance de destruction
si considérable qu'il peut causer des dégâts importants lorsqu'on pointe un canon
dans l'axe du navire, c'est-à-dire dans une direction telle que le souffle de la pièce
rencontre une partie de la superstructure du bâtiment.

C'est ainsi que sur le *Nile*, cuirassé anglais, les destructions ont été telles, que
l'on a renoncé ensuite à se servir dans toutes les positions des gros canons de
67 tonnes du *Trafalgar*, le frère du *Nile*.

Tout récemment, dans les essais du *Marceau*, le souffle des canons de 34 centimètres des tourelles de tribord et de bâbord, pointés dans l'axe du navire, a mis
en miettes le canot du commandant, qui était à son poste de mer, repoussé de quelques centimètres des tôles de la superstructure, projeté des rivets, et bouleversé les
bastingages où se trouvent les hamacs des hommes; ces avaries, qui étaient d'ailleurs insignifiantes, ont servi à montrer qu'il fallait proscrire entièrement le bois de
la construction et renforcer la superstructure avec des fers et des cornières solides.

Puisque nous parlons des essais du *Marceau*, il est intéressant de rappeler les
expériences qui ont été faites au cours de ces essais, pour déterminer la façon dont
l'équipage pourrait supporter le tir des canons de 34 centimètres.

Le lancement du cuirassé le *Formidable* à Lorient, sur chantier, vu par l'avant. (Gravure extraite de l'*Illustration*.)

Des moutons et des mannequins représentant des hommes avaient été disséminés sur différents points du bâtiment, exposés au souffle redoutable des pièces de 34.

Quelques-uns de ces mannequins ont été brisés en diverses parties du pont; quant aux moutons, ils ont résisté, quoique, après certains coups, ils fussent complètement étourdis, tremblant sur leurs quatre pattes.

Les résultats de ces essais ont, comme on le voit, une certaine importance, car ils permettent d'apporter quelques modifications de détail dans la construction des parties supérieures de nos cuirassés.

Pour terminer la description du *Hoche*, il nous reste à parler des machines, qui représentent un progrès considérable, si on les compare aux machines des cuirassés de date moins récente, tels que le *Trident*.

Tandis que ceux-ci ne possèdent qu'une hélice, actionnée par une machine du système Wolff à trois cylindres horizontaux, placée dans l'axe du navire, le *Hoche* a deux hélices, actionnées par deux machines *compound* indépendantes, du système dit à pilon, à deux cylindres; nous n'insisterons pas sur les avantages de cette disposition, ayant eu l'occasion de le faire à propos des paquebots transatlantiques les plus récents.

La puissance totale de l'appareil moteur du *Hoche* est de 12 000 chevaux, qui donnent une vitesse de 16 à 17 nœuds à l'heure.

Cette vitesse ne paraît pas très grande si on la compare à celle des paquebots d'un égal déplacement, et dont quelques-uns, comme nous l'avons vu, peuvent filer jusqu'à 21 nœuds; mais, comme le dit fort bien M. Duport, « il ne faut pas oublier le rôle des cuirassés, rôle qui leur impose l'obligation d'avoir une largeur qui permette l'installation des pièces en tourelle et de leurs dépendances, et aussi d'être moins longs, afin de pouvoir, dans un combat, évoluer plus rapidement. En construction navale, tout élargissement de la coque indique une diminution de vitesse; tout allongement l'augmente. En résumé, le paquebot est un cheval de course; le cuirassé, un cheval de trait ».

LES LIGNES TÉLÉGRAPHIQUES

I

LES SIGNAUX

Origines de la télégraphie. — Les signaux dans l'antiquité. — Système de Robert Hooke.
Le télégraphe de Chappe.

L'idée de la télégraphie remonte à l'antiquité. On lit, dans les remarques de Viguères sur les *Commentaires* de César, qu'Alexandre reçut d'un Sidonien la proposition d'établir des communications rapides entre tous les territoires qui lui étaient soumis. D'après ce projet il n'aurait pas fallu plus de cinq jours pour faire parvenir un ordre de la capitale de son empire au point extrême de ses conquêtes de l'Inde.

Viguères rapporte qu'Alexandre n'attacha pas d'importance à la proposition du Sidonien, qu'il prit pour un fou.

Poste télégraphique des Romains.

Cependant les anciens employaient des signaux qu'ils faisaient à l'aide de grands feux allumés sur des éminences; ils se servaient également de drapeaux pour le même usage, et l'on trouve dans les ouvrages des écrivains grecs des systèmes de signaux alphabétiques.

Ces méthodes étaient très primitives et Polybe en signale une qui demandait trente signaux environ pour un mot de six lettres. Ce mode de correspondance était surtout en usage dans les armées.

Annibal faisait construire en Espagne et en Afrique des tours qui servaient à établir des signaux, et de même les Romains organisaient des communications télégraphiques de ce genre à travers les pays qu'ils avaient conquis.

Il y avait en France un certain nombre de tours, telles que celles d'Uzès, de Bellegarde, d'Arles, de Luchon, qui étaient employées à la transmission des signaux. On voit encore des vestiges de ces tours.

Les Arabes et les Asiatiques se servaient également de signaux. Les Chinois allumaient de grands feux sur la muraille de 188 lieues de long, pour avertir les habitants de la frontière lorsque les Tartares les attaquaient. Les Chinois, de même que les Indiens, employaient pour leurs signaux des feux excessivement brillants, qui résistaient au vent et à la pluie. Les Anglais apprirent aux Indes la composition de ces feux et les utilisèrent pour des opérations de triangulation qui furent faites en

Signaux de marée.

1787 entre les observatoires de Paris et de Greenwich.

A la fin du xvii° siècle, Robert Hooke combinait un système de signaux à l'aide de planches peintes en noir et de formes différentes. C'est sans doute là l'origine de la télégraphie qui est toujours en usage dans la marine et qui se fait au moyen de petits ballons de couleur noire qu'on place dans la mâture, et qui, selon leur position, indiquent, dans les ports, par exemple, les hauteurs et les mouvements des marées. On emploie également à cet usage des pavillons et des flammes.

Après divers essais, parmi lesquels on cite ceux d'Amontons, en 1690; de Dupuis, en 1778; et du chanoine dom Gauthey, en 1782, on voit apparaître le télégraphe aérien Chappe, qui rendit de grands services pendant un demi-siècle.

Le 22 mars 1792, Claude Chappe présentait à l'Assemblée législative le système qu'il avait imaginé. L'examen de cette invention fut confié au Comité de l'instruction publique.

Nous empruntons à l'intéressant ouvrage de M. Amédée Guillemin l'histoire de l'établissement du télégraphe Chappe en France :

« Sur le rapport de Romme, membre du Comité (4 avril 1793), la Convention autorisa Chappe à faire construire trois postes d'essai. Ces postes, établis à Ménilmontant, Écouen et Saint-Martin-du-Tertre (à 7 lieues de Paris), permirent aux inventeurs (les frères Chappe associés) d'apporter à leur système diverses améliorations importantes. Des expériences furent faites devant des commissaires spécialement nommés pour les suivre, parmi lesquels se trouvait Lakanal, qui rendit compte de leur entière réussite.

« Chappe reçut par décret le titre d'ingénieur-télégraphe, et fut chargé de procéder immédiatement à l'exécution des lignes de Paris à Lille et de Paris à Strasbourg, que Carnot fit demander par le Comité de salut public. A ces lignes, auxquelles les événements militaires donnaient une importance de premier ordre, vinrent successivement s'adjoindre une série d'autres lignes se ramifiant en divers embranchements : en 1798, prolongement de Lille à Dunkerque, puis à Ostende ; entreprise de la ligne de Brest, avec ramification à Saint-Brieuc ;

Télégraphie aérienne.

en 1799, ramification à Huningue de la ligne de Strasbourg ; en 1803, ligne de Bruxelles avec embranchement sur Boulogne ; en 1805, de Paris à Milan, Mantoue, Venise ; en 1809 et 1810, de Bruxelles à Anvers, Flessingue, Amsterdam ; en 1823, de Paris à Bayonne.

« Sous la Restauration et le gouvernement de Juillet, le réseau des lignes télégraphiques se compléta peu à peu, et en 1844 il comprenait une étendue totale de 5 000 kilomètres ; 534 stations et 29 villes étaient en correspondance directe avec Paris.

« En Algérie et en Crimée, le télégraphe aérien de Chappe rendit de grands services; il allait faire place au télégraphe électrique, quand eut lieu le siège de Sébastopol, où il servit surtout à relier le quartier général aux deux armées de siège et d'observation. Là, pour la dernière fois, le personnel de l'administration télégraphique eut l'occasion de faire preuve de son zèle et de son dévouement, au milieu des privations et des dangers d'un long siège. »

Il serait superflu de décrire ici le mécanisme du télégraphe de Chappe. Qu'il nous suffise de dire que les signaux étaient faits à l'aide de trois pièces mobiles,

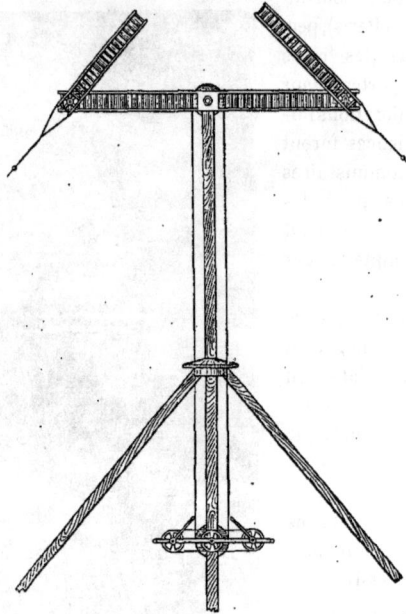

Télégraphe aérien de Chappe.

qui se détachaient en noir dans la clarté du jour. Par la combinaison de ces trois pièces on obtenait 196 signaux.

Ces trois pièces étaient sur un mât dressé au sommet d'une tour élevée. Un mécanisme intérieur permettait de produire les signaux voulus.

Ce système fut employé en France depuis 1749 jusqu'au commencement de la seconde moitié du XIX° siècle, c'est-à-dire jusqu'à l'époque où l'on adopta le télégraphe électrique.

La Suède, l'Angleterre, l'Allemagne, la Russie, etc., adoptèrent d'autres systèmes, mais aucun d'eux n'eut le succès du télégraphe Chappe.

II

LA TÉLÉGRAPHIE ÉLECTRIQUE, AÉRIENNE ET SOUTERRAINE

Les premiers essais de télégraphie électrique. — Le système Morse. — Les premières lignes à l'étranger et en France. — Théorie élémentaire de la télégraphie électrique. — Organisation des lignes télégraphiques aériennes et souterraines.

Il est intéressant de passer brièvement en revue les premiers essais de télégraphie électrique, et de remonter à l'origine de cette grande invention.

En 1774, un savant genevois, Lesage, essayait déjà d'appliquer le fluide électrique à la télégraphie, et à la même époque un autre savant, M. Lhomond, s'occupait de la même question.

Mais ce ne fut vraiment qu'après la découverte de la pile de Volta à courant continu, que les physiciens commencèrent à entrevoir la possibilité d'une organisation, telle que celle dont nous jouissons à présent.

Mentionnons les tentatives du docteur Samuel Thomas von Sœmmering et de Schweigger, les expériences faites en 1810 par Sœmmering et Schilling, celles d'Ampère et de nouvelles expériences de Schilling, qui firent faire un progrès considérable à ce problème.

Ce fut d'après le principe de l'appareil imaginé par Schilling que William Fothergill Cooke et Wheatstone firent adopter par l'Angleterre, en 1837, le premier système de télégraphie électrique.

Puis vint la découverte, par Arago, de l'aimantation produite par les courants électriques; et, à la suite de cette découverte, Samuel Finley Breese Morse en tira l'application qui a rendu son nom célèbre.

On sait que le système Morse, au lieu de produire des signaux passagers comme le télégraphe de Schilling ou de Wheatstone, donne des dépêches écrites, qui offrent le grand avantage de pouvoir être vérifiées.

La première expérience publique de ce télégraphe eut lieu le 4 septembre 1837.

L'appareil de Morse a été perfectionné par Alfred Vail et son frère, et il a aussi donné lieu à l'organisation remarquable qui s'est étendue rapidement à tous les pays civilisés.

Ce fut en Angleterre, et par Cooke, que fut établie la première ligne de télégraphie électrique. Elle fut construite sur le *Great Western Railway*, à West-Drayton, de 1838 à 1839. Puis, les années suivantes, on établit d'autres lignes sur les chemins de fer de Blackwall, d'Édimbourg et de Glasgow.

En Amérique, on termina la première ligne, de Washington à Baltimore, en 1844. La première grande ligne allemande fut celle de Mayence à Francfort, qui fut construite en 1849. L'Autriche suivit également bientôt l'exemple donné par l'Angleterre, et en 1851 elle avait déjà installé trois grandes lignes.

De même la Belgique, dès 1851 ; la Suède, en 1853 ; la Norvège, en 1856, et la Russie, en 1852, eurent bientôt des lignes télégraphiques accessibles au public. La Suisse et l'Italie furent aussi des premières à utiliser la télégraphie électrique. Au contraire, l'Espagne ne livra qu'en 1856 une ligne télégraphique au public.

Ce ne fut qu'en 1842 que la France s'occupa de suivre le mouvement général. Les premiers télégraphes électriques établis furent ceux que Wheatstone installa entre Paris, Saint-Cloud et Versailles, et entre les deux premières stations du chemin de fer de Paris à Orléans. Les choses en restèrent là jusqu'en janvier 1845. A cette époque on entreprit une ligne de Paris à Rouen, et dès le 4 mai suivant M. Bréguet envoya la première dépêche de Rouen à Paris.

La télégraphie électrique ne prit vraiment un développement important en France que depuis la nomination de M. de Vougy au poste de directeur général des lignes télégraphiques.

Nous ne ferons pas la théorie de la télégraphie électrique. Nous dirons seulement de quels éléments elle se compose essentiellement. Ce sont : 1° une *pile*, qui produit l'électricité ; 2° un *fil conducteur* isolé en fer galvanisé, qui transmet le courant d'une station à l'autre ; 3° un manipulateur, placé à la station de départ, à l'aide duquel on fait passer ou on interrompt le courant ; 4° un *récepteur*, placé à la station d'arrivée, dans lequel une pièce servant de signal est mise en mouvement par le passage du courant. Un *avertisseur* annonce au moyen d'une sonnerie l'arrivée de la dépêche.

Un des pôles de la pile communique avec le sol par un conducteur métallique ; l'autre pile développe le courant qui traverse le manipulateur, le fil conducteur, le récepteur et se perd enfin dans le sol, pourvu que le manipulateur ferme le circuit.

L'organisation des lignes télégraphiques est d'une très grande simplicité. Comme ces lignes sont répandues et que tous les pays civilisés sont absolument sillonnés par leurs fils, il convient de parler un peu de cette organisation. Nous empruntons à M. Amédée Guillemin quelques détails qui en donnent une idée suffisante.

Il est inutile de dire qu'une ligne télégraphique se compose essentiellement de fils métalliques supportés par des poteaux placés de distance en distance. Au début, on employa des fils de cuivre d'un diamètre de 2 millimètres. Ces fils étaient

Ligne télégraphique dans les montagnes.

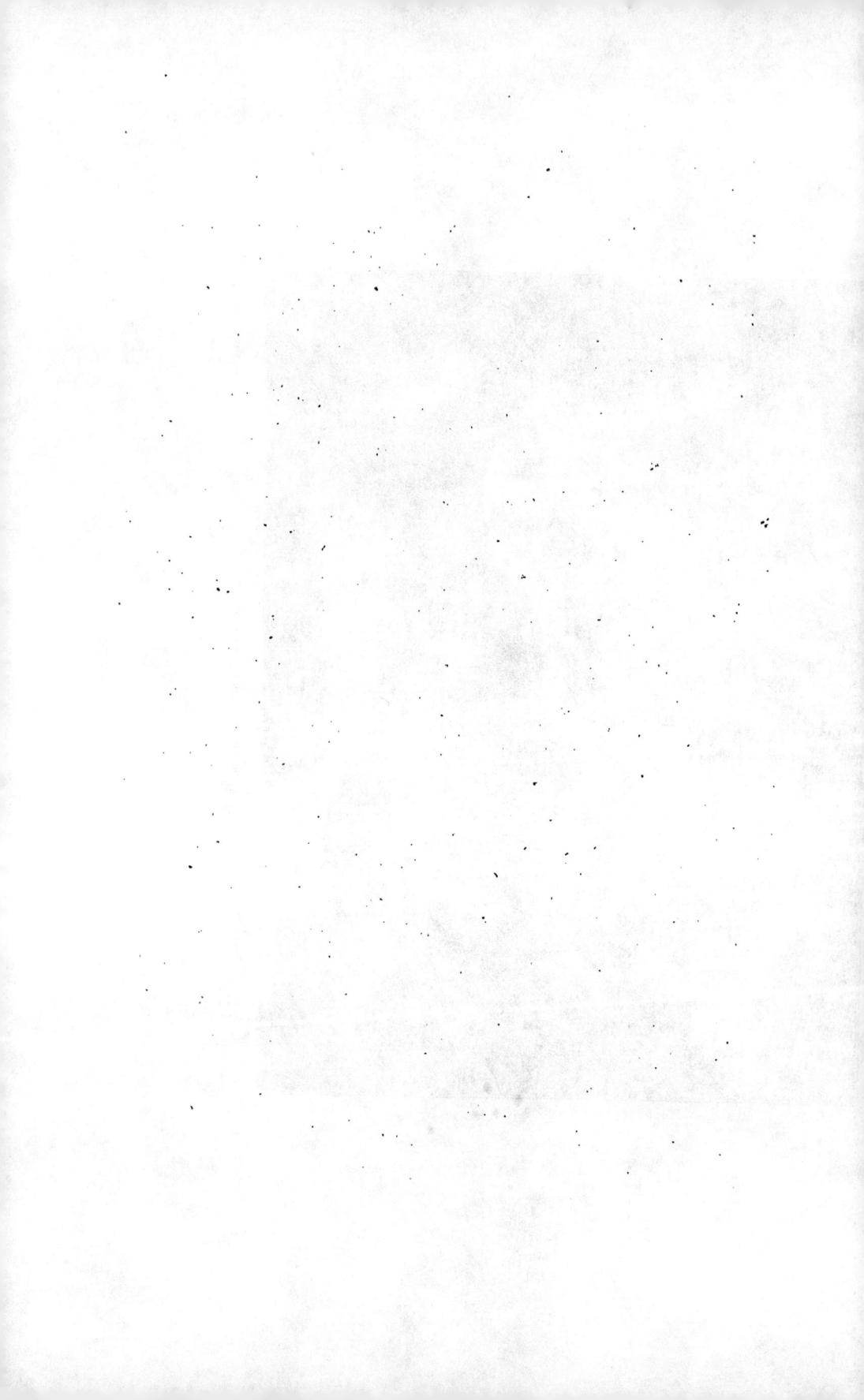

très bons conducteurs de l'électricité, mais leur prix était élevé et ils se cassaient facilement.

C'est pour ces raisons qu'on les remplaça par des fils de fer recuit, qui n'offrent pas les mêmes inconvénients. Pour les lignes qui sont établies le long des voies ferrées on a adopté des fils de 3 millimètres de diamètre; pour les autres lignes on emploie des fils de 4 millimètres dans le réseau intérieur et de 5 dans le réseau international.

En Angleterre, on se sert de fils de 6 millimètres pour les lignes à grande distance.

« Les fils de fer des lignes télégraphiques, écrit M. Amédée Guillemin, sont galvanisés, c'est-à-dire qu'après avoir été décapés dans de l'eau acidulée ils sont recouverts d'une mince couche de zinc : celle-ci s'oxyde à l'air, ce qui préserve le fer de la rouille, et, de plus, empêche, par une action électrique, l'oxydation des parties qui se trouvent accidentellement mises à nu. Quelques constructeurs préfèrent néanmoins le fer non galvanisé, mais alors ils suppléent à la couche de zinc par une augmentation de diamètre du fil.

« Le mode de raccordement des bouts des fils qui constituent la ligne est pour beaucoup dans la bonne conductibilité électrique de cette dernière. On emploie souvent des manchons en fer, dans lesquels les bouts des fils sont introduits, serrés et aplatis, puis noyés dans de la soudure qu'on verse par l'ouverture du manchon. Ce système, usité en France, donne de bons résultats, soit au point de vue du contact, soit pour la solidité des joints.

Lignes télégraphiques aériennes : poteau de suspension; cloches isolantes.

« Les poteaux de suspension en bois de sapin, injectés de sulfate de cuivre, sont isolants quand ils sont secs. Mais, pour empêcher la déperdition de l'électricité par les temps humides ou pluvieux, le fil n'est point directement attaché sur les poteaux. Il en est isolé par des cloches de suspension de verre ou de porcelaine, quelquefois de grès ou de caoutchouc durci. Ces isolateurs sont disposés sur les poteaux, et maintiennent les fils soit dans les parties droites de la ligne, soit aux points où elle fait des coudes brusques, et exige une disposition particulière (supports en anneau) pour éviter les effets de traction.

« L'espacement des poteaux est en moyenne de 100 mètres, mais cette distance est ordinairement plus petite dans les courbes, et plus grande, au contraire, dans les vallées, où les fils peuvent avoir, de poteau en poteau, des portées de 400 à 500 mètres. La hauteur de chaque poteau, de 8 à 10 mètres, est plus grande quand la ligne franchit des rivières, des routes, et dans les villes on fixe les cloches isolatrices de porcelaine sur des consoles de bois appliquées contre les murs des maisons et des édifices, quelquefois sur des potelets dépassant les toitures; mais, depuis quelques

années, on a trouvé préférable de remplacer les fils aériens par des fils souterrains qu'on établit aussi dans les parties humides du trajet, sous les tunnels par exemple.

« Chaque poteau supporte ordinairement plusieurs fils, qu'on fixe à des intervalles de 25 à 30 centimètres, en les alternant de chaque côté en avant et en arrière, de manière à contre-balancer les effets de traction, qui tendent à renverser le poteau ; de kilomètre en kilomètre (c'est, en France, la longueur habituelle de chaque fil), on dispose des *tendeurs*, isolés de la même manière par leur suspension à des cloches de porcelaine, c'est la lame de fer réunissant les deux treuils qui sert alors à joindre électriquement les deux portions du fil. Cette tension des fils est nécessaire pour empêcher les fils multiples de se toucher et de s'emmêler.

« Au début de la télégraphie électrique, on ne s'était pas fié au système de suspension des fils en plein air, qu'on croyait soumis à des causes de déperdition électrique trop fréquentes, et qui d'ailleurs paraissaient exposés à la destruction par la malveillance. En Prusse, notamment, et en Russie, on enfouissait les fils dans la terre, à une profondeur de 50 à 60 centimètres. Mais ce système de lignes télégraphiques, beaucoup trop dispendieux, avait été abandonné à peu près partout ; il était réservé, — il y a quelques années, comme nous l'avons dit plus haut, mais ce n'est plus le cas aujourd'hui, — aux portions de ligne qui pénètrent à l'intérieur des villes ou qui ont à traverser les tunnels des voies ferrées. Voici comment étaient alors disposés les divers conducteurs.

Treuils tendeurs des fils télégraphiques.

« Les fils étaient de cuivre, recouverts chacun d'une couche de gutta-percha, et réunis en un câble qu'on entourait lui-même de filin goudronné. Ce câble était alors placé à l'intérieur d'un tube de fonte, de bois créosoté ou de plomb, qu'on enfouissait à une profondeur maximum d'un mètre, sur un lit de sable ou de terre tamisée. Telle était la ligne souterraine reliant, à Paris, l'Administration centrale des télégraphes à l'Observatoire, au Luxembourg, aux gares de Montparnasse et des chemins de fer de Lyon et d'Orléans. Elle n'a donné des résultats qu'à demi satisfaisants, et plusieurs fois les fils ont subi des déperditions assez fortes pour qu'il fût nécessaire de les mettre hors de service.

« Un autre système consistait à employer des fils de fer galvanisés semblables à ceux des lignes aériennes, réunis en blocs de quatre, six et dix fils, isolés les uns des autres par des masses de bitume. Le câble ainsi formé était noyé dans une masse de bitume coulée au fond d'une tranchée d'un peu plus d'un mètre de profondeur. Telle était, à Paris, la ligne reliant l'Administration des télégraphes aux Tuileries, au Louvre, à l'Hôtel de Ville, à la Bourse, à la Préfecture de Police, et qui ne fonctionne plus qu'en partie ; puis une ligne de 1 200 mètres de longueur établie à Bordeaux. Ce procédé a donné d'excellents résultats, mais les tranchées doivent être mises à l'abri des infiltrations du gaz, qui, à la longue, altéreraient le bitume.

« Dans les tunnels on disposait aussi les fils contre la voûte, en les protégeant alors contre l'humidité par une couche de gutta-percha qui les réunit en un seul câble; mais on a reconnu que l'enveloppe isolante s'altère assez rapidement sous l'action des agents atmosphériques.

« La ligne souterraine qui a été établie récemment entre Paris et Lyon, par la Bourgogne, est formée de la manière suivante : elle comprend trois câbles isolés, dont chacun contient sept fils distincts; ils sont enfermés dans un tube en fer de

Télégraphie électrique aérienne.

30 centimètres de diamètre, enfoui à une profondeur de 1 mètre. Tous les 500 mètres un cylindre vertical fermé par un couvercle s'embranche sur le tube de ligne et permet, en cas d'accident, de faire les recherches et les réparations nécessaires.

« Comme nous venons de le dire, les lignes souterraines étaient, il y a peu d'années, une exception dans le réseau de plus en plus multiplié de la télégraphie électrique générale. Mais précisément, à mesure que l'usage de ce mode si avantageux de correspondance, en se répandant, augmente les exigences du service, les inconvénients des lignes aériennes se faisaient de plus en plus sentir. Ces inconvénients sont graves; les influences de l'électricité atmosphérique sur les fils produisent de temps à autre, pendant les temps d'orage par exemple, des perturbations qui troublent la régularité du fonctionnement des fils; les intempéries, vents, gelées, neiges, les coups de foudre, causent des accidents qui mettent les lignes hors de service jusqu'à ce que les dégâts soient réparés. Dans le terrible hiver de janvier 1879, les fils ont été brisés en nombre d'endroits par le poids du verglas. Enfin, les fils,

22

en cas de troubles, de guerre, sont exposés aux violences et à une destruction des plus aisées.

« Aussi revient-on au système adopté à l'origine, et depuis quelques années de

Nouvelles grandes salles des appareils télégraphiques au poste central des télégraphes.
(Gravure extraite de l'*Illustration*.)

grands États, l'Angleterre, l'Allemagne, la France, ont entrepris de substituer, au moins sur les longs parcours et sur les lignes les plus importantes, les lignes souterraines aux lignes aériennes. »

On peut juger, d'après cet exposé succinct, de l'importance des travaux qui ont été nécessaires pour l'organisation des innombrables lignes télégraphiques qui sont établies maintenant à travers les continents.

III

LES TÉLÉPHONES A GRANDE DISTANCE

Établissement des téléphones à grande distance, en Amérique, en Europe, au Japon. — Les lignes téléphoniques sous-marines. — Principe des téléphones. — Extrême sensibilité de l'appareil. — Perfectionnements de M. Van Rysselberghe. — Les lignes à double fil. — Nature du fil.

La télégraphie électrique, qui a eu à son heure un si grand retentissement, est déjà surpassée par la télégraphie acoustique, c'est-à-dire par la téléphonie.

Toutes les grandes villes sont aujourd'hui pourvues de réseaux téléphoniques, qui permettent aux abonnés un échange incessant de communications verbales, de telle façon qu'on peut en quelque sorte être partout à la fois dans une même ville ; mais ce n'est pas encore là le dernier mot des perfectionnements que l'on peut espérer de la révolution télégraphique qui s'est opérée depuis la merveilleuse découverte de Graham Bell, et le temps est proche où l'on pourra communiquer téléphoniquement, dans toutes les directions, avec des villes éloignées de quelques centaines de lieues ; bien des économies de temps seront ainsi réalisées, et l'on ne pourra vraiment plus dire qu'il n'y a pas moyen de s'entendre à distance.

Les premiers essais de téléphonie à grande distance remontent à plus de dix années et ont suivi presque immédiatement la découverte de Bell. Ce sont tout naturellement les Américains qui ont obtenu les premiers résultats pratiques. Déjà en 1881, alors que plus d'une ville d'Europe ne possédait pas encore son réseau municipal, Boston était relié par des fils téléphoniques avec plusieurs villes, parmi lesquelles nous pouvons citer Providence à 64 kilomètres, Worcester à une distance égale, Springfield à 128 kilomètres, Laurence et Lowel à 40 kilomètres.

En 1882, Berlin et Hambourg se trouvèrent reliés téléphoniquement par 228 kilomètres de fil, de même que Venise et Milan par 284 kilomètres.

La même année, des essais se firent entre la gare de Paris et celle de Nancy, sur la ligne de l'Est, avec 355 kilomètres de longueur de fil ; ce fut alors un simple fil télégraphique de la ligne qui servit à établir la communication entre les deux appareils téléphoniques situés aux deux points extrêmes.

D'autres expériences furent faites en 1882, entre Ostende et Douvres, sur un fil aérien de 36 kilomètres, et entre Paris et Bruxelles avec un circuit de 344 kilomètres, et, grâce aux perfectionnements apportés au téléphone par M. Van Rysselberghe, les résultats furent très satisfaisants et l'on réussit déjà à ce moment à faire fonctionner en même temps et sur un même fil un appareil téléphonique et un appareil télégraphique.

Partout les tentatives se multipliaient; au Japon même la téléphonie fut installée sur la seule ligne de chemin de fer alors existante dans ce pays, entre Hiogo et Otsou, sur une longueur de 90 kilomètres. En Amérique, les progrès continuaient; on put téléphoner, avec un succès complet, entre New-York et Cleveland (Ohio), sur

une ligne de 1 120 kilomètres, et, dès le printemps de 1883, ce résultat fut dépassé par l'établissement d'une communication téléphonique entre New-York et Chicago, sur une ligne aérienne de 1 609 kilomètres, constituée par un fil d'acier recouvert d'une couche de cuivre au moyen d'un procédé galvanoplastique.

La même année, Bruxelles et Anvers furent reliés téléphoniquement par le système Van Rysselberghe, c'est-à-dire en employant les mêmes fils pour les communications télégraphiques et téléphoniques si-

Correspondance du bureau avec un abonné.

multanées; cette ligne, qui n'a que 44 kilomètres, fut la première organisée sur le continent européen.

Rappelons également qu'en France la ligne téléphonique de Rouen au Havre (90 kilomètres) a été livrée au public en 1885.

On sait que Paris, déjà en possession depuis quelque temps d'une communication téléphonique avec Reims et le Havre, a été relié récemment à Bruxelles par une ligne téléphonique qui fonctionne admirablement; les Anglais ont une ligne de 450 kilomètres, entre Londres et Newcastle, et les habitants de New-York peuvent maintenant correspondre indifféremment avec Boston, Philadelphie ou Chicago.

Enfin, depuis le 15 mars 1891, le téléphone fonctionne entre Paris et Londres. Ce n'est pas la première ligne téléphonique sous-marine qui ait été établie, car la ligne de Buenos-Ayres à Montevideo est en activité depuis le mois de septembre 1889.

Nous parlerons plus loin des câbles. Nous dirons seulement, d'après M. E. Hospitalier, que les lignes aériennes téléphoniques de Londres à Douvres et de Paris à Calais sont composées de fils de cuivre et de poteaux isolateurs. De même que pour la ligne de Paris à Bruxelles, la pose sur les poteaux est faite au pas de vis. De la

Expériences de téléphone. (Gravure extraite de l'Illustration.)

sorté, les influences des autres fils passant par les mêmes poteaux sont annulées. La ligne est souterraine et double dans l'intérieur de Paris.

Si les progrès de la téléphonie à grande distance ont été relativement lents, cela

Poste téléphonique.

tient à ce que les difficultés étaient grandes. Pour saisir toute l'importance de ces

Bureau central du téléphone de Paris.

difficultés, il est nécessaire d'avoir présent à l'esprit le principe même du téléphone.

Nous rappellerons donc en quelques mots seulement, et d'une façon très élémentaire, le principe de l'invention de Bell.

Le son, comme on le sait, n'est que le résultat des vibrations d'un corps. Dans la conversation ordinaire, les sons émis par celui qui parle résultent de vibrations qui se produisent dans le larynx au passage de l'air chassé des poumons, et ces vibrations sont transmises par l'intermédiaire de l'air à l'oreille de celui qui écoute et y font vibrer cette petite membrane qu'on nomme le tympan.

Téléphone à ficelles.

Quand on parle au téléphone, la plaque du transmetteur devient vibrante sous l'influence de la voix; or chaque vibration de la plaque détermine indirectement le passage d'un courant électrique dans le fil qui relie les deux stations, et le passage de ce courant a lui-même pour résultat indirect de faire vibrer la plaque réceptrice de l'appareil placé à l'autre extrémité de la ligne.

Appareil téléphonique de Bell.

Par conséquent, dans la conversation par le téléphone, les vibrations produites dans le larynx de celui qui parle ne vont pas plus loin que la plaque vibratoire A, devant laquelle il est placé, mais, grâce au courant électrique qui, à chaque vibration de cette plaque, passe dans le fil de la ligne, il se produit indirectement sur la plaque B, que l'auditeur tient contre son oreille, un nombre de vibrations égal au nombre de vibrations déterminées par la voix, dans le même temps, sur la plaque A. Comme à chaque son émis devant la plaque A correspond un état particulier de cette plaque vibratoire, état caractérisé par le nombre de vibrations qu'elle effectue dans un temps déterminé, et, comme ce même nombre de vibrations se reproduit, dans le même temps, sur la plaque B, et de là sur le tympan de celui qui écoute, il en résulte que l'auditeur, en *écoutant parler* la plaque B, entend exactement les mêmes sons que s'il était placé derrière la plaque A.

Les grandes difficultés que soulève la téléphonie, et surtout la téléphonie à grande distance, résultent précisément de ce qui est tout dans le téléphone, c'est-à-dire de la sensibilité extrême de l'appareil.

Si, comme un simple fil télégraphique, le fil téléphonique est unique, ses deux extrémités étant reliées à la terre, qui complète, qui ferme le circuit dans lequel circule le courant électrique, le magnétisme terrestre, les variations de la température, de l'humidité et l'électricité atmosphériques, et bien d'autres influences produisent des effets qui, trop faibles pour se manifester dans les appareils télégraphiques, se font sentir au contraire dans le téléphone, et sont d'autant plus appréciables que la longueur de la ligne téléphonique est plus grande.

D'autre part, le voisinage des lignes télégraphiques exerce également une influence sur le fil téléphonique, car l'envoi de courants intermittents, pour une transmission télégraphique Morse par exemple, peut déterminer dans le fil téléphonique la production de courants instantanés, qui donneront au téléphone des bruits s'ajoutant aux sons articulés qu'il doit seuls transmettre : c'est alors

Personne écoutant au téléphone.

que, suivant l'expression courante, on parlera au travers d'un bruit de *friture*.

Enfin, dans deux lignes téléphoniques se côtoyant, il peut se produire des effets analogues, mais qui auront pour résultat de faire entendre, aux extrémités de chaque ligne, ce qui se dit dans l'autre.

De nombreux moyens ont été mis en œuvre pour soustraire les lignes téléphoniques à ces diverses causes de troubles. C'est ainsi qu'on a cherché à en corriger les inconvénients en diminuant la sensibilité du téléphone récepteur, et en augmentant la puissance du transmetteur. Dans un autre ordre d'idées, s'adressant à la cause des perturbations, c'est-à-dire au circuit télégraphique, au lieu de s'en prendre au siège de ces perturbations, le circuit téléphonique, M. Van Rysselberghe a réussi à rendre la communication téléphonique indifférente à l'action des courants électriques passant par les fils voisins, et cela en graduant en quelque sorte ces courants, de façon qu'ils n'atteignent leur intensité que progressivement. Les effets produits sur le circuit téléphonique sont en effet

Personne écoutant et parlant au téléphone.

dus aux vibrations brusques dans l'intensité de ces courants, et lorsque ces variations brusques sont remplacées par une série d'impulsions faibles et successives, l'action sur la plaque du récepteur téléphonique est elle-même progressive et faible, et il ne s'y produit aucun son susceptible d'altérer la transmission téléphonique, en s'ajoutant aux sons émis par la voix.

Par les perfectionnements importants qu'il a apportés au téléphone, M. Van Rysselberghe est arrivé à opérer par le même fil la transmission simultanée d'une dépêche Morse et d'une communication téléphonique.

Dès 1884, l'application des procédés de M. Van Rysselberghe, permettant les transmissions simultanées, fut faite sur plusieurs lignes, et en particulier sur celle de Bruxelles à Gand et Ostende, où l'on réussit à organiser avec un fil unique un double service de transmission téléphonique entre Bruxelles et Gand d'une part, et entre Gand et Ostende d'autre part, et de transmission télégraphique entre Bruxelles et Ostende.

Le système Van Rysselberghe soustrait donc le fil téléphonique aux inconvénients résultant du voisinage des fils télégraphiques, mais on a vu précédemment que le voisinage des fils télégraphiques ou d'autres fils téléphoniques n'est pas la seule

Téléphone de Bell.

cause de trouble pour les communications téléphoniques à grande distance, et le fil téléphonique, malgré les perfectionnements dont il vient d'être question, n'en reste pas moins soumis aux autres influences que nous avons énumérées.

Dans ce qui précède, il n'a été question que du fil téléphonique unique, dont les extrémités communiquent avec la terre qui complète le circuit; or on a reconnu que le moyen le plus sûr de supprimer toutes les influences susceptibles de devenir à tout moment des causes de perturbations consiste à faire usage d'un circuit métallique, c'est-à-dire d'une ligne à double fil, en supprimant la communication du circuit avec la terre. Nous n'entrerons pas dans les détails, un peu trop techniques, de ce qui se passe dans l'emploi du double fil; il nous suffira de dire que lorsqu'il se produit, à un moment donné, un trouble sur un des fils de la ligne téléphonique, il se produit au même instant sur l'autre fil un trouble semblable qui compense le premier et détruit ses effets.

Toutefois cette compensation ne saurait être réalisée complètement, comme cela est facile à concevoir, si les deux fils de la ligne n'étaient pas à une même distance des fils voisins qui peuvent avoir une influence nuisible aux transmissions téléphoniques, attendu que, dans ce cas, l'action produite ne serait plus la même sur les deux fils et qu'il n'y aurait plus, par conséquent, compensation absolue de l'une par l'autre. Pour remédier à cette difficulté, il suffit de disposer les deux fils en hélice, de façon que la distance moyenne qui les sépare des fils voisins reste constamment la même : la neutralisation des actions exercées par les lignes voisines se fait alors complètement.

Jusqu'ici nous n'avons parlé qu'incidemment de la nature des fils métalliques employés pour les lignes téléphoniques. Dans les commencements on ne s'en préoccupait que fort peu, et, le plus souvent, on employait simplement les fils de fer du télégraphe ; mais bientôt on reconnut que les fils de cuivre donnaient dans la téléphonie à grande distance des résultats incomparablement meilleurs.

La ligne de New-York à Boston, une des premières que l'on ait établies avec un double fil, c'est-à-dire avec un circuit entièrement métallique, est construite avec du fil de cuivre dur de 2,77 millimètres de diamètre.

Sur la ligne de Bruxelles à Paris, la matière employée pour le double fil est dans la partie belge le bronze phosphoreux, dans la partie française le bronze siliceux. Ces conducteurs en bronze peuvent en même temps servir admirablement bien aux transmissions télégraphiques, et cela peut être d'une grande utilité dans certaines circonstances.

Comme on le voit, la téléphonie à grande distance a fait ces dernières années des progrès considérables, et le nombre des grandes lignes téléphoniques va certainement continuer à s'accroître ; il en résultera de sérieux avantages pour les relations commerciales et industrielles, et le télégraphe aura dans le téléphone un précieux associé, et non précisément un rival, car il ne faut pas oublier qu'avec des appareils qui permettent de transmettre quatre ou cinq mille mots à l'heure, le télégraphe donne des résultats difficiles à atteindre avec les services téléphoniques les mieux organisés.

IV

LES CÂBLES SOUS-MARINS

Les premiers essais de télégraphie sous-marine remontent au commencement du siècle.

D'après M. A.-L. Ternant, auquel nous empruntons quelques renseignements, la première tentative fut celle de Schilling, qui produisit des explosions de mines au moyen de conducteurs immergés.

D'autre part on rapporte qu'une ligne télégraphique sous-fluviale fut établie dans l'Hoogly en 1839, par le docteur O'Shanghnessy, superintendant général des télégraphes indiens.

En 1840, le comité des chemins de fer, que la Chambre des communes avait constitué, reçut une proposition du professeur Wheatstone, tendant à la création d'une communication télégraphique entre Douvres et Calais. En 1842, Morse fit, dans le port de New-York, une expérience très concluante en faveur de la télégraphie transatlantique.

Puis, en 1845, M. Charles West et le capitaine Taylor obtinrent des concessions de câbles pour l'Irlande et la Méditerranée, mais ils n'usèrent pas de ces concessions; et M. West ne fit établir qu'un seul câble, dans la baie de Portsmouth, pour M. Charles Dickens et sir Joseph Paxton, l'architecte du Palais de Cristal de 1851.

Enfin, citons les expériences de M. Charles-V. Walker, superintendant des télégraphes du *South-Eastern Railway*, qui fit enduire un fil de cuivre de gutta-percha et le fit jeter dans la mer, autour de la jetée de Folkestone. D'un côté de la jetée, le fil était en communication avec la ligne télégraphique de Londres, et de l'autre il aboutissait à un appareil placé sur un paquebot. Les expériences de M. Walker réussirent parfaitement et prouvèrent une fois de plus la possibilité de la télégraphie sous-marine.

C'est à MM. Jacob et John Watkins Breet que revient l'honneur d'avoir établi en 1850 la première ligne importante. Déjà, en 1845, ils avaient inventé un câble dont le milieu isolant était en caoutchouc; et pour lequel ils avaient pris un brevet. Puis ils avaient modifié ce câble, de façon à le protéger contre les ancres.

Nous empruntons à M. John Watkins Breet le récit de la pose du premier câble sous-marin :

« On a dit que j'avais cherché à m'approprier l'honneur de l'invention de la télégraphie sous-marine. Je déclare ici que la première idée qui m'est venue des télé-

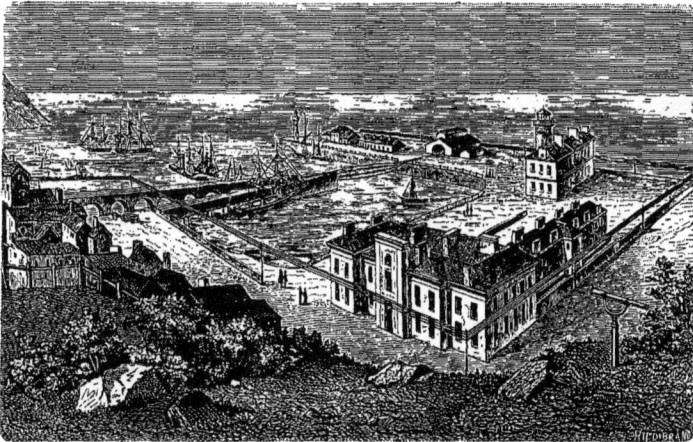

Port de Folkestone.

graphes sous-marins résulta d'une conversation que j'eus avec mon frère en 1843, alors que nous discutions le système de télégraphie électrique tel que l'on venait de l'établir entre Londres et Slough. Considérant la possibilité d'une communication entièrement souterraine, la question s'éleva entre nous : « Si cela est possible sous « terre, pourquoi pas aussi sous l'eau, pourquoi pas aussi sur le lit de l'Océan? » La possibilité d'un télégraphe sous-marin s'empara dès lors de mon esprit avec la ténacité d'une conviction absolue; mais j'ignorais, jusqu'en 1853 ou 1854, que le savant physicien Wheatstone avait eu précédemment le projet d'établir une ligne à travers le détroit, de même que j'ignorais aussi les expériences faites à la fin du siècle dernier pour faire passer des courants sous l'eau au moyen de l'électricité due à la friction.

« Voici bientôt douze ans (1843) que mon frère et moi avons fait insérer conjointement, au *Government Registration Office*, un projet ayant pour but de relier l'Amérique à l'Europe par la route maintenant adoptée; et en juillet de la même année, nous avons soumis au gouvernement la proposition d'unir nos colonies à la

Grande-Bretagne, offrant à sir Geo. Cockburn, premier lord de l'amirauté (à qui m'avait adressé sir Robert Peel), de placer, comme expérience préliminaire, Dublin-Castle en communication instantanée avec Downing-Street, pourvu que 20 000 livres sterling fussent avancées par l'État pour les dépenses premières.

« Cette offre n'ayant pas été acceptée, je me retournai vers le continent, que je visitai, dépensant beaucoup d'argent dans mes efforts pour faire avancer la télégraphie électrique en France, en Prusse et dans d'autres États. En 1847 je parvins à obtenir de Louis-Philippe la permission d'unir la France à l'Angleterre au moyen d'une ligne sous-marine ; mais j'échouai auprès du public, qui considéra mon projet comme trop hasardeux et me refusa des souscriptions.

« Quand les événements eurent placé Louis-Napoléon à la tête de la nation française, je mis mon projet sous ses yeux, sollicitant son appui afin d'induire le public à seconder mon entreprise ; mais je ne pus toutefois réunir qu'environ 50 000 francs de souscriptions.

Tentative pour la pose d'un câble.

« La première tentative de réunion de la France à l'Angleterre au moyen d'un télégraphe sous-marin fut faite en 1850, avec un fil de cuivre enfermé dans de la gutta-percha, matière qui vint très opportunément à notre aide vers cette époque. Je fis transporter environ 27 milles de ce fil à bord du remorqueur le *Goliath*. Le fil était enroulé sur un large cylindre ou tambour en fer qui devait faciliter le dévidement.

« Le bateau partit de Douvres vers la fin d'août, sans exciter la moindre curiosité. L'extrémité du fil aboutissant à terre fut amenée dans un *horse-box* à la station du *South-Eastern Railway*, et nous commençâmes à filer la ligne, y attachant des morceaux de plomb jumelés de distance en distance, afin de faciliter la submersion. La communication électrique entre la terre et le navire fut maintenue constamment pendant l'opération, et notre seule crainte était de voir notre ligne si fragile se briser et couvrir ainsi l'entreprise entière de ridicule. L'épreuve fut toutefois des plus heureuses, et le *Times* du lendemain remarqua avec justice que la plaisanterie de la veille était devenue la réalité du lendemain.

« L'endroit choisi sur la côte française pour y atterrir le fil était le cap Gris-Nez, sous une falaise au milieu des rochers, choix fait exprès, parce que ce lieu ne permettait aucun ancrage aux navires et était d'ailleurs de facile approche.

« Ma station, au chemin de fer de Douvres, dominait la mer, et au moyen d'une lunette je pouvais distinguer le phare et la falaise du cap Gris-Nez. Le soleil couchant me permit de distinguer l'ombre mouvante de la fumée du steamer sur la falaise blanche et de suivre ainsi sa marche. Enfin, cette ombre cessa d'avancer ; le navire était évidemment arrivé à son ancrage. Nous lui donnâmes une demi-heure pour transporter l'extrémité du fil au rivage et pour y rattacher l'appareil imprimant : puis, je transmis la première dépêche électrique à travers le détroit. Cette dépêche était réservée à Louis-Napoléon. On m'informa plus tard que des soldats français qui avaient vu le papier se dérouler en apportant la dépêche d'Angleterre demandèrent « comment il était possible qu'elle eût traversé le détroit ». Et quand on leur eut expliqué que l'électricité, en passant le long du fil, avait opéré l'impression des types, ils n'en restèrent pas moins incrédules.

« Après quelques autres communications, les mots *All well* et *Good night* furent imprimés et terminèrent la séance.

« En essayant de reprendre les communications le lendemain matin, aucune réponse ne put être obtenue, et il devint bientôt évident que l'isolement était détruit, soit par la perte du courant électrique en un point fautif, soit par la rupture du fil. Les indications du galvanomètre permirent de conjecturer que le fil s'était rompu près de la côte de France, et nous pûmes vérifier le fait au retour de notre steamer.

« Redoutant l'incrédulité qu'on exprimerait sur le succès de notre entreprise,

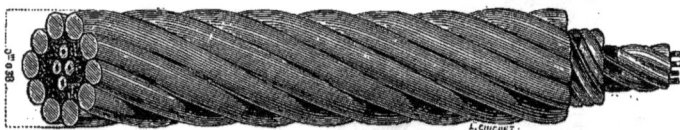

Câble de Douvres à Calais (1851).

reconnaissant d'ailleurs combien il était important d'établir le fait que la communication télégraphique avait été établie, j'expédiai cette nuit même une personne de confiance au cap Gris-Nez, afin d'y obtenir l'attestation de tous ceux qui avaient été témoins de la réception des dépêches ; ce document fut signé par dix personnes, au nombre desquelles figurait un ingénieur du gouvernement français, qui était présent pour surveiller les opérations ; j'expédiai cette pièce à l'empereur des Français, et une année de répit me fut accordée pour une autre épreuve. »

En 1851, un nouveau câble fut établi entre Sangate, près de Calais, et South-Foreland, près de Douvres. Ce câble, qui a été plusieurs fois réparé, est celui qui fonctionne encore aujourd'hui.

Il se compose de quatre conducteurs en cuivre, enroulés en spirale et enveloppés de gutta-percha.

Ces fils de cuivre sont protégés par une enveloppe formée de dix fils de fer enroulés également en spirale. Le câble, qui a un diamètre de 38 millimètres et une longueur de 25 milles et demi, pèse 200 000 kilogrammes. La plus grande profondeur qu'il atteint est de 55 mètres.

Le succès de cette ligne eut comme conséquence l'établissement de fils sous-marins à travers le canal Saint-Georges, de Douvres à Ostende, d'Oxfordness en Hollande, du Jutland à l'île de Seeland.

Ce fut ainsi que l'ingénieur anglais Gisborne fut amené, en 1852, à créer une ligne télégraphique de New-York à la ville de Saint-Jean dans l'île de Terre-Neuve. Son entreprise allait échouer, faute de capitaux, quand il rencontra Cyrus Field, un richissime américain, auquel il communiqua son projet.

Cyrus Field, après avoir consulté le lieutenant Maury et Morse, conçut un projet autrement grandiose et entreprit de relier l'Amérique à l'Angleterre par un câble sous-marin. Il acheta la concession qui avait été accordée à Gisborn et acquit l'appui des gouvernements d'Amérique et d'Angleterre.

Puis on commença les sondages, et on se livra aux opérations préliminaires, tandis que Cyrus Field constituait la *Compagnie du câble transatlantique*.

Quand on eut terminé un premier câble, qui pesait 3.000 tonnes, avec ses accessoires, on l'embarqua en deux parties sur la frégate anglaise l'*Agamemnon* et sur le steamer américain le *Niagara*. Ces deux navires partiraient ensemble de Valentia, et la pose se ferait dès le départ de la côte. Les deux parties du câble devaient être soudées en pleine mer après l'épuisement de la première partie.

Le départ eut lieu le 5 août 1857 ; mais, après un premier accident aussitôt réparé, le câble fut rompu à une distance de 508 kilomètres de Valentia.

On construisit un nouveau câble, et une seconde tentative eut lieu le 10 juin 1858. Cette fois la pose commencerait en plein Océan, entre les deux continents. Les deux parties une fois soudées, l'*Agamemnon* et le *Niagara* se dirigeraient l'un vers

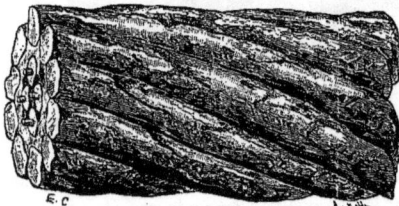

Morceau de câble rongé par l'action des courants marins.

l'Angleterre, l'autre vers l'Amérique, en posant le câble.

L'*Agamemnon* faillit sombrer sous le poids du câble dont il était chargé, et fut assailli par une trombe qui le mit en danger.

Cependant les deux navires se rejoignirent et l'on put commencer la pose du câble.

Mais l'*Agamemnon* et le *Niagara* étaient à peine à une lieue de distance l'un de l'autre que le câble fut rompu par suite d'une fausse manœuvre. On procéda à une nouvelle épissure, mais le câble se rompit encore trois fois et il fallut renoncer à cette seconde tentative.

Cependant on entreprit aussitôt une nouvelle expédition, et, le 29 juillet 1858, les deux mêmes navires se trouvèrent au milieu de l'Océan et recommencèrent la pose du câble. Le 5 août 1858, l'opération avait réussi, et, treize jours après, Cyrus Field inaugurait le premier câble transatlantique. Mais ce succès fut de courte durée, car, vingt-trois jours après la pose, les communications cessèrent.

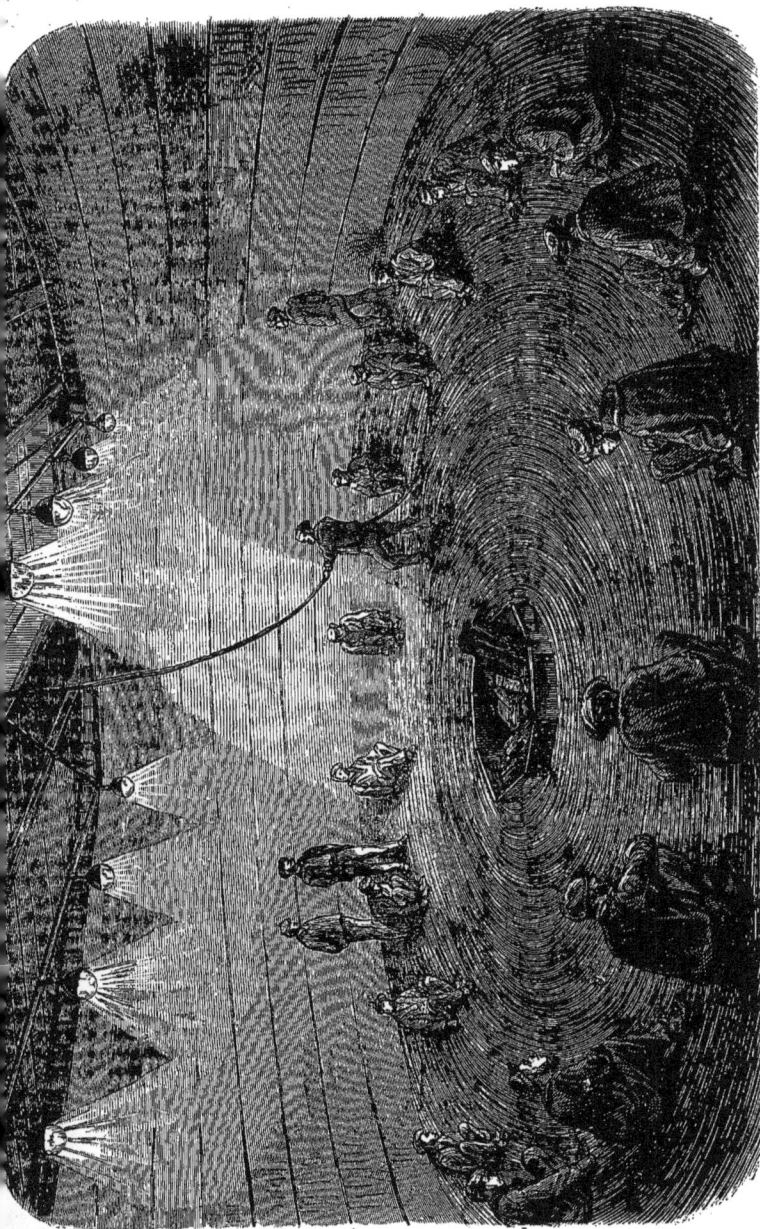

Emmagasinement du câble à bord du *Great-Eastern*. (Gravure extraite de l'*Illustration*.)

Six ans plus tard, la *Compagnie du câble transatlantique* poursuivit son entreprise.
Pendant cet intervalle, d'importantes
modifications avaient été apportées
à la télégraphie sous-marine.

Le nouveau câble coûta 17 millions et demi ; son poids était énorme
et il aurait fallu six navires comme
le *Niagara* pour le transporter. On
l'embarqua sur un bâtiment gigantesque, le *Great-Eastern*, qui avait
coûté 25 millions et dont le pont
mesurait 209 mètres de long sur
25 mètres de largeur. Ce navire colossal avait été primitivement construit pour transporter des émigrés
d'Angleterre en Australie, mais il

Opération de la soudure d'un câble.

n'avait pas obtenu le succès auquel il avait paru destiné et on allait le détruire quand
la *Compagnie du câble transatlantique* songea à l'utiliser.

Le *Great-Eastern* partit de Liverpool avec une charge de 22500 tonneaux.

Le *Great-Eastern.*

Le 21 juillet 1865 il était en vue de l'Irlande, et le 23 la pose du câble commençait.

Malgré certains accidents, l'opération semblait devoir être menée à bonne fin,
quand, le 2 août, une tempête furieuse assaillit le navire et causa la rupture du
câble. On fit quatre tentatives infructueuses pour repêcher le fil, qui était tombé à
une profondeur de 3600 mètres environ, et dont le poids brisa toutes les amarres

dont pouvait disposer le *Great-Eastern*. L'expédition dut revenir à Liverpool, en abandonnant provisoirement le câble.

La Compagnie ouvrit une nouvelle souscription qui permit de faire construire aussitôt un autre câble, auquel on apporta des perfectionnements importants. D'autre part, le *Great-Eastern* fut aménagé de façon à pouvoir parer à toutes les difficultés.

Comme le poids du câble tout entier était cette fois trop considérable pour le *Great-Eastern*, on lui adjoignit deux bâtiments à vapeur, le *William Cory* et la *Medway*, qui servirent à transporter les parties destinées aux abords des côtes.

Atterrissement d'un câble côtier.

Le 12 juillet 1866, le *Great-Eastern* partit pour Valentia, où le câble côtier venait d'être placé par le *William Cory*.

Dès que la soudure fut faite avec le câble principal, le *Great-Eastern* commença la pose, qui, cette fois, se fit sans accident et réussit avec le plus grand succès.

Cependant, en vue de Terre-Neuve, on aperçut un glaçon énorme, provenant des mers polaires, qui se dirigeait sur le navire. Si un courant ne l'avait pas détourné tout à coup dans une autre direction, le *Great-Eastern* eût été détruit, et le câble rompu.

Ce fut ce jour-là, le 23 juillet, que le *Great-Eastern* termina la pose du câble principal.

Cette heureuse nouvelle fut aussitôt télégraphiée à Valentia et, de là, transmise au monde entier. Puis la *Medway*, apportant le câble cô-

Relevage de la bouée.

tier, rejoignit le *Great-Eastern*; on opéra la soudure et bientôt Terre-Neuve fut en communication télégraphique avec l'Irlande.

Quand le navire géant arriva à Heart's-Content, où était le point d'atterrissement du câble, il fut l'objet d'une ovation enthousiaste de la part des Américains qui s'étaient portés en foule sur le rivage. Un grand bal fut donné à l'occasion de la pose du câble, dans les salons du *Great-Eastern*.

Atterrissement du premier câble transatlantique en Amérique. (Gravure extraite de l'*Illustration*.)

Après cette opération, la *Compagnie du câble transatlantique* entreprit de repêcher le câble de l'année précédente.

Le 1ᵉʳ août suivant, le *Terrible* et l'*Albany* quittèrent Heart's-Content, et le 3 du même mois le *Great-Eastern* et la *Medway* partirent à leur tour. Le 12 août, l'*Albany*, arrivé au point où le câble de 1865 avait été rompu, parvenait à le draguer. Le *Great-Eastern* essaya alors de le relever sans l'aide des autres navires. Le câble était déjà amené en dehors de l'eau quand la houle le rompit.

Nous empruntons à l'intéressant ouvrage de M. A.-L. Ternant le récit de la fin de cette expédition :

Le câble de 1865 relevé par le *Great-Eastern*.

« Après de nombreux essais infructueux, le câble put enfin être repêché de la façon suivante. Il fut d'abord accroché par le *Great-Eastern*, qui, après l'avoir élevé à 900 brasses du fond, le suspendit à une bouée. Cette bouée avait les plus fortes dimensions, pesait 3 tonnes et quart et pouvait supporter 13 tonnes.

« Le *Great-Eastern* alla de nouveau draguer à 3 ou 4 milles à l'ouest, et trouva encore une fois le câble. La *Medway* le trouva également à environ 2 milles du *Great-Eastern*, et, sur le signal du *Great-Eastern*, commença à haler le câble, le grand steamer agissant de même.

« Les instructions données à la *Medway* consistaient à briser le câble, si elle ne pouvait le ramener à la surface. C'est ce qu'elle fit ; le câble fut brisé par la *Medway* à environ 200 brasses du bord. Le *Great-Eastern* eut, de cette façon, une des extrémités du câble formant un balant relâché d'environ 2 milles, et la tension sur la ligne du grappin fut immédiatement soulagée d'une façon considérable.

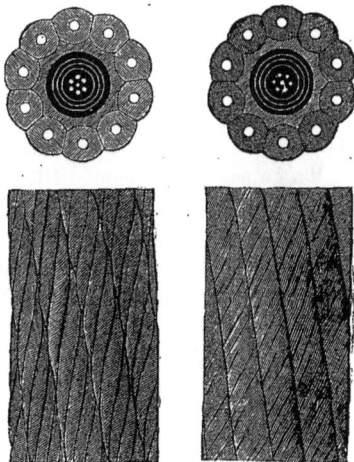

Câble transatlantique de la ligne de Valentia à Terre-Neuve.

« Finalement, le câble fut heureusement amené à bord, et le circuit électrique avec Valentia ayant été vérifié, le bout repêché fut soudé au câble du grand navire, qui en compléta la pose par l'addition des 680 milles nécessaires pour atteindre Heart's-Contents et rejoindre Terre-Neuve à l'Irlande. »

Ce fut le 8 septembre que le câble de 1865 fut atterri à Terre-Neuve, et dès ce jour les deux continents furent reliés par deux lignes télégraphiques.

Les deux premiers câbles fonctionnent encore aujourd'hui. Actuellement huit câbles réunissent les deux mondes, et comme ils sont doubles, on peut dire que seize

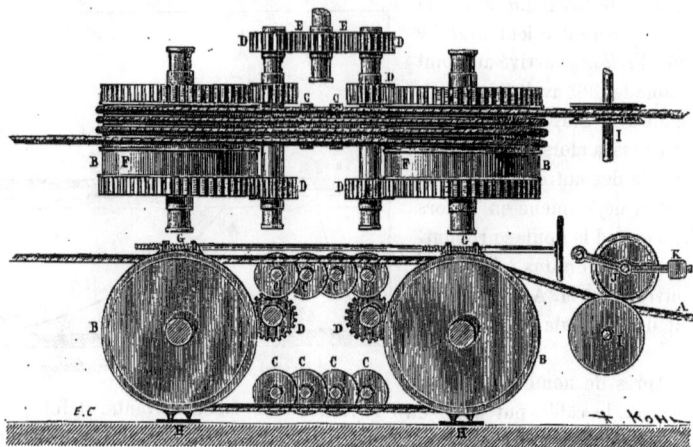

Machine employée pour le relèvement du câble de 1865.

câbles traversent l'Atlantique. D'autre part un grand nombre de lignes sous-marines ont été établies sur tous les points du globe.

Les télégraphes sous-marins ne diffèrent des télégraphes aériens que par l'enduit de gutta-percha qui les préserve de l'humidité. Nous ne parlerons donc pas de la théorie des câbles, qui n'offre aucune particularité.

Il n'y a pas lieu de donner ici des notions techniques sur la construction et sur la pose des câbles. Qu'il nous suffise d'ajouter, comme conclusion, que la télégraphie électrique, quoique déjà considérablement développée, fait encore chaque jour de grands progrès, et qu'elle constitue vraiment une des œuvres les plus remarquables du siècle.

LES PUITS ARTÉSIENS

I

THÉORIE

Explication de la circulation des eaux d'après Platon, Descartés et Bernard Palissy. — Notions géologiques. — Théorie de Galilée. — La fontaine de Vaucluse, la source de Nîmes, la Lison du Jura, etc. — Les sources jaillissantes et les geysers d'Islande.

Avant de faire l'historique des puits artésiens, car l'usage de suppléer aux sources naturelles par des sondages exécutés à des profondeurs plus ou moins grandes remonte à l'antiquité; avant de donner quelques détails succincts sur ceux qui ont été forés dans les temps modernes; avant de parler de la vie nouvelle qu'ils ont apportée aux oasis de l'Algérie et de la Tunisie, des nombreuses applications dont ils sont l'objet de la part de l'industrie, il convient d'exposer sommairement le fonctionnement de ces sources jaillissantes.

De même qu'on pourrait appeler les puits artésiens des sources artificielles, de même, en retournant cette assimilation, on pourrait dire, comme nous le verrons plus loin, que certaines sources, que les geysers par exemple sont en quelque sorte des puits artésiens créés par la nature. Les fissures des terrains imperméables, les pores des couches perméables tiennent lieu des forages que les ingénieurs pratiquent pour attirer l'eau des profondeurs de la terre.

La même théorie générale doit donc expliquer ces deux manifestations d'un même phénomène, c'est-à-dire de la circulation des eaux à la surface et à l'intérieur de la terre, de ce vaste roulement par lequel les sources, incessamment renouvelées, versent dans les fleuves des masses énormes qui s'écoulent avec tant de régularité et retournent incessamment à la mer.

Devant ce spectacle, les hommes ont été d'abord saisis d'une superstition religieuse. C'est ce sentiment qui a peuplé dans l'antiquité les fontaines et les fleuves de divinités et de naïades. C'est ainsi que les sources du Gange sont sacrées, et que les Fontaines du Sérail, à Constantinople, sont entourées de luxe.

Puis on a cherché à expliquer ce qu'on s'était jusque-là contenté d'admirer; l'imagination fut d'abord mise en quête de systèmes plus ou moins ingénieux ou extravagants : l'observation a amené des modifications de plus en plus précieuses, et

Fontaines du Sérail.

l'on a vu se dérouler une longue suite d'hypothèses qui nous ont conduits à la théorie rationnelle que nous possédons aujourd'hui.

« Ainsi, dit M. Degousée, Platon, résumant l'opinion de la plupart des philosophes grecs, nous apprend que le réservoir commun des sources est le « gouffre de « Tartare ». Selon lui, l'eau arrive à la surface du sol « par cascades ».

« Aristote professe une autre doctrine, adoptée par Sénèque, par saint Thomas et par toute la philosophie scolastique.

« D'après ce système, l'eau se forme dans l'intérieur même du sol en vertu du fameux principe de la transmission des corps, dont l'alchimie a fait un si grand usage.

« C'est l'air qui, en séjournant dans la terre, s'y épaissit et se change en eau.

« Pour mettre cette eau en mouvement, on avait recours à une autre hypothèse, également familière à l'ancienne physique, celle des causes occultes.

« Pour les uns c'est l' « ascendant des astres »; pour d'autres, c'est la « propriété « vivifiante du sable pur », d'où résulte la circulation « de la mer visible dans une mer

« invisible », que Van Helmont s'efforce de prouver par les textes de la Bible ; c'est encore « la force de projection... la force expansive... la force vitale de la plante... » ; en résumé, l'eau monte parce qu'elle a une vertu ascensionnelle qui la porte à monter.

. . . .

« D'après Descartes, la mer est le réservoir où s'alimentent directement les sources : les eaux de l'Océan pénè-trent dans l'intérieur des terres par des cavernes qui leur offrent des aqueducs naturels ; elles s'in-sinuent par infiltration et viennent remplir de grandes cavités placées sous les montagnes pour servir à la dépense des sources.

. . . .

« Les eaux, dit Descartes, pé-nètrent par des conduits souter-rains jusqu'au-dessous des mon-tagnes, d'où la chaleur, qui est dans la terre, les élevant, comme en vapeur, jusqu'à leur som-met, elles y vont remplir les sources des fontaines et des ri-vières. »

Mais comment les eaux de la mer perdent-elles le sel qu'elles contiennent et se convertissent-elles en eaux douces ?

Pour expliquer cette transfor-mation, le célèbre philosophe con-sidère la terre comme un alam-bic.

Les eaux marines, subissant

Sources du Gange.

dans les cavernes souterraines l'ac-tion du feu, sont distillées et déposent leurs sels au fond de ces grandes chaudières.

Cette théorie compliquée, qui se ressent encore trop de l'imagination mal disci-plinée des physiciens du temps, offrait cependant quelque accès à l'esprit d'analyse et d'observation.

Cependant Vitruve, l'architecte romain, avait vaguement pressenti la véritable explication de la circulation des eaux.

D'autre part, en 1550, Bernard Palissy, dans son livre intitulé : « Discours admirable de la nature des eaux et fontaines, tant naturelles qu'artificielles », avait formulé le premier le principe de la théorie que nous allons exposer.

Il avait dit que les eaux de pluie s'infiltrent dans la terre, jusqu'à ce qu'elles rencontrent « quelque lieu foncé de pierre ou de rocher bien contigu », et forment

Source de la rivière Apurimac (Pérou).

ainsi dans l'intérieur de la terre des réservoirs qui servent à l'alimentation des sources.

Bernard Palissy s'était en outre occupé des sondages, avec le désir de perforer

Source du fleuve Camisia (Pérou).

des sources artificielles « à l'imitation et le plus près approchant de la nature en ensuyvant le formulaire du souverain fontainier ».

Quelques années plus tard, les idées émises par le célèbre potier du xvi° siècle furent reprises et servirent de point de départ aux controverses et aux discussions

Grottes du Mammouth.

qui finirent par élucider un peu ce problème important dont la solution avait été si longtemps impénétrable.

« Dès lors, écrit le savant géologue M. A. Daubrée, dans un remarquable ouvrage

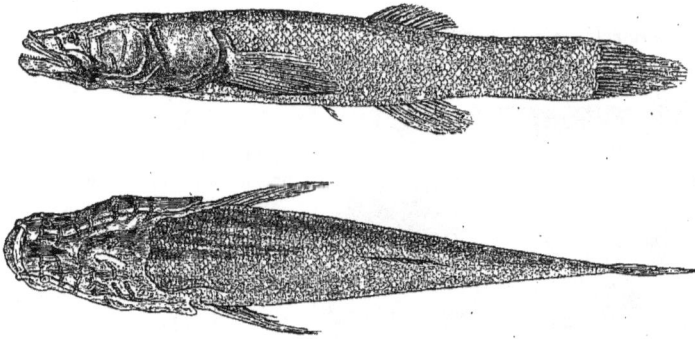

Poisson des Grottes du Mammouth.

paru récemment, on comprit pourquoi les sources sont inépuisables, puisqu'elles se renouvellent sans cesse par le jeu de forces permanentes : elles résultent d'une circulation souterraine, en quelque sorte symétrique de la circulation aérienne de l'eau. »

« D'où provient l'eau qui circule à la surface des continents et dans l'intérieur du sol ? dit encore M. Degousée.

« Par quel mode d'approvisionnement l'eau vient-elle sans cesse alimenter les réservoirs souterrains?

« Par quelle force est-elle poussée vers les sources qui surgissent à la surface de la terre?

« Telles sont les trois questions dont la solution donne l'explication de l'aménagement des eaux douces.

. . . .

« D'après la théorie définitive, les eaux puisées dans la mer et évaporées par la chaleur solaire se répandent en vapeur dans l'atmosphère, retombent en pluie, en neige, en brouillard, en rosée sur toute l'étendue des continents, restent en partie à leur surface dans les dépôts des glaciers,

Grotte des Demoiselles (Hérault).

coulent en partie dans les couches perméables qui viennent, en s'infléchissant, affleurer à la surface du sol, et là, poussées par leur propre poids, descendent, se meuvent et remontent selon les lois de l'hydrostatique.

« Ainsi, de même qu'un seul agent, la chaleur, pourvoit à l'approvisionnement des eaux douces, une seule force, la pesanteur, suffit aussi à leur distribution. »

Les trois éléments du problème sont donc individuellement élucidés par la météorologie, la géologie et l'hydrostatique.

Passant sous silence le côté météorologique de la question, nous résumerons sommairement

Lac d'Œschi (Suisse).

quelques notions géologiques qui permettent de comprendre la circulation souterraine des eaux.

« Réduits en termes généraux, dit M. Degousée, les principes que la géologie nous fournit relativement au problème qui nous occupe se réduisent à deux, relatifs, l'un à la stratification des terrains sédimentaires, l'autre à leur soulèvement.

« Le premier nous montre l'écorce terrestre composée de couches parallèles et continues, provenant des dépôts successivement laissés par les eaux à travers les âges sur la surface de la terre.

« Le second principe nous apprend que les terrains ainsi régulièrement stratifiés en couches horizontales ont été bouleversés, fendus, infléchis, soulevés, de telle sorte que, présentant des ondulations plus ou moins étendues, tantôt concaves, tantôt convexes, ils forment des creux et

Lac Pavin (Auvergne).

des bosses, des bassins plus ou moins profonds, des cônes plus ou moins élevés. »

Sous l'action de ces soulèvements, les couches superficielles ont été désagrégées, les eaux torrentielles les ont emportées en partie, de sorte que les couches inférieures, mises à nu, affleurent, selon le terme consacré, en certains points de la surface de la terre, soit sur les flancs des montagnes, soit dans les dépressions des vallées.

Or, parmi ces couches inférieures, il s'en trouve, à divers étages, qui sont composées de terrains imperméables, c'est-à-dire impénétrables par l'eau, tels que l'argile.

Le granit et ses analogues, les schistes, dont l'ardoise est une variété, sont également imperméables par leur nature, à la condition qu'ils ne présentent pas de fissures trop larges, capables de faciliter les infiltrations. Il est d'autres couches, composées de terrains perméa-

Les Sources du Mammouth dans le Parc National des États-Unis.

bles, tels que le gravier, le sable, à travers lesquelles l'eau pénètre facilement.

De même les roches moins poreuses, qui sont fendues de crevasses, peuvent livrer passage aux eaux.

Il est facile de comprendre comment une couche perméable entourée de deux couches imperméables, venant affleurer à la surface du sol, reçoit les eaux de pluie et les eaux courantes qui s'y déversent.

Faisant l'office d'une sorte de canal, la couche perméable contient ces eaux, qui descendent par leur propre poids, pénètrent à diverses profondeurs entre les deux bancs imperméables, et circulent ainsi en vertu de la continuité des couches pour remonter ensuite, suivant les lois de l'hydrostatique, aux issues naturelles ou artificielles, c'est-à-dire aux sources et le long des puits artésiens.

L'Éventail (États-Unis).

Il existe ainsi dans l'intérieur de la terre une succession de nappes, comme l'expose avec une grande netteté M. Daubrée, occupant des étages distincts, et qui s'étendent, tantôt continues, dans les sables par exemple, tantôt discontinues, comme dans les calcaires et les grès, « où l'eau n'occupe que des fissures réparties irrégulièrement ».

C'est ainsi que les couches tertiaires des environs de Paris, qui ont une épaisseur de 200 mètres, contiennent, à diverses profondeurs, plusieurs nappes d'eau, dont l'une aboutit aux sources de la Dhuis.

Ajoutons que ces courants souterrains, qui surgissent parfois dans les plaines ou sur les montagnes, ont leur point de départ à des distances qui varient jusqu'à 400 kilomètres, sur des hauteurs dont le niveau dépasse celui de la source, par exemple sous des lacs de montagnes, tels que les lacs Pavin et d'OEschi.

La théorie de l'hydrostatique qui explique l'élévation des eaux a été découverte par Galilée et elle est désignée par des physiciens sous le nom de « théorie des vases communicants ».

La démonstration de cette théorie se fait au moyen d'un appareil très simple.

« On prend, écrit M. Degousée, des vases en nombre quelconque et des formes les plus diverses, communiquant par leur partie inférieure au moyen d'un tube horizontal : si dans un ou plusieurs de ces vases on verse une certaine quantité de liquide, ce liquide remonte dans les autres vases, et ne s'arrête que lorsqu'il a atteint le même niveau dans tous les vases.

« L'équilibre ainsi établi peut être rompu de deux manières, soit en versant dans un de ces vases une nouvelle quantité de liquide, soit en coupant l'un d'eux de telle façon que son orifice soit inférieur au niveau commun.

« Dans le premier cas le liquide ainsi surajouté descend et se distribue dans tout l'appareil; dans le second cas le liquide jaillit par l'orifice inférieur au niveau commun, et la diminution qui en résulte dans la masse totale se répartit sur l'ensemble des vases.

« Que la masse liquide, alimentée par un réservoir supérieur, soit très considérable par rapport à la quantité qui entre dans le premier tube et qui sort par le second, le niveau ainsi établi se maintiendra sans modifier sensiblement le niveau général, et le premier tube, absorbant toujours ce qu'on y verse, fonctionnera comme un puits absorbant, tandis que le second, continuant à couler, représentera une source jaillissante.

« Des appareils de ce genre ont été construits par la nature dans l'épaisseur des terrains stratifiés.

« Toute couche perméable qui,

Le Grand Geyser (États-Unis).

après avoir affleuré au bord supérieur d'un bassin géologique, s'enfonce entre des couches imperméables, fait l'office du réservoir dont nous parlions tout à l'heure, et les points d'affleurement de cette couche, ainsi que les puits naturels ou artificiels qui la mettent en rapport avec la surface du bassin, sont autant de vases communicants dont la bouche absorbe ou lance les eaux intérieures, selon qu'elle s'ouvre au-dessus ou au-dessous du niveau qu'affecte le liquide. »

Telle est la théorie complète qui permet d'expliquer le phénomène analogue des sources jaillissantes et des puits artésiens.

Cette théorie ne laisse aucun doute sur le mode d'alimentation des sources qui naissent soit au milieu d'immenses plaines, soit sur des montagnes élevées. Parmi

24

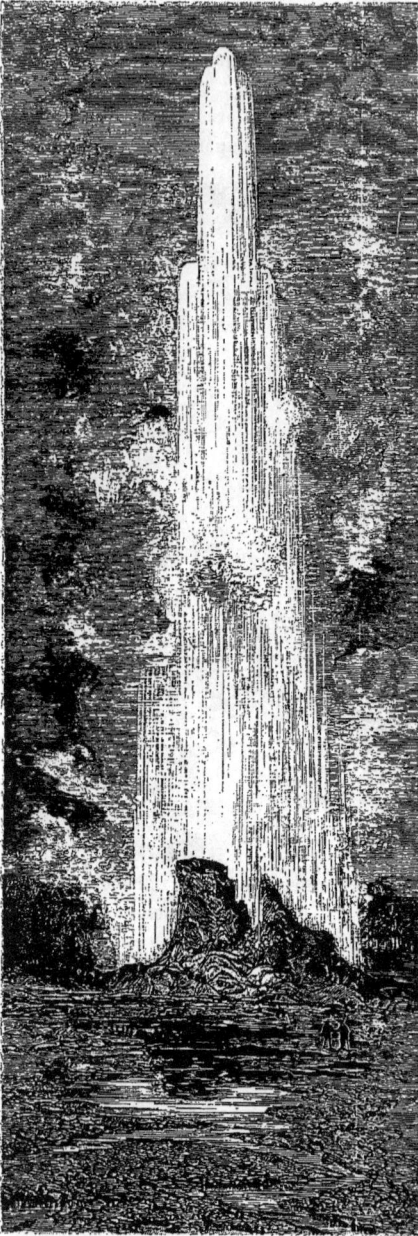

Le Géant (États-Unis).

celles qui surgissent à la surface du sol, il convient de mentionner en première ligne la fontaine de Vaucluse, dont les eaux abondantes proviennent de nombreux puits naturels qui absorbent les eaux des environs du mont Ventoux.

Citons encore la source de Nîmes, la rivière la Scille qui est alimentée par les eaux souterraines venant des grottes de la Baume, le Lison du Jura, le Lison du Doubs, la Touvre qui doit sa source aux eaux de la Tardouëre et du Bandiat (Charente), qui disparaissent dans des gouffres à la hauteur de la Rochefoucauld, et encore les sources du Loiret qui résultent de la réapparition d'une partie des eaux de la Loire, absorbée par des voies souterraines.

Si le niveau de la source est inférieur à celui des puits absorbants ou de l'affleurement de la couche perméable, en vertu de la loi des vases communicants que nous avons exposée tout à l'heure, la source est jaillissante.

Telle est celle de Châtagna, dans le département du Jura, dont les eaux s'élancent à 3 ou 4 mètres de hauteur.

On voit près de Saint-Étienne, en Dauphiné, dans la grotte de Male-Mort, une source jaillissante de 8 mètres.

Citons aussi les célèbres sources de Moïse, situées près du golfe de Suez.

Enfin les Geysers d'Islande, de la Nouvelle-Zélande et des États-Unis qui atteignent parfois des

La Grotte (États-Unis).

hauteurs de 90 à 100 pieds, ont la même origine. Il existe de même des sources jaillissantes dans la mer, dans les lacs, dans le lit des fleuves et des rivières.

Le lac de Genève doit les brusques changements de niveau qu'on y observe, à certaines époques de l'année, à des sources de ce genre.

Arago dit que le lac Zirknitz, en Carniole, se dessèche quelquefois entièrement, mettant à nu l'ouverture des canaux qui lui apportent l'eau de l'intérieur de la terre. Lorsque les eaux reviennent, d'après une notice d'Arago,

Fontaine de Nîmes.

publiée dans l'*Annuaire du Bureau des longitudes*, on constate qu'elles amènent

Sources de la Seille.

des poissons et même des canards. Ces canards, d'après une croyance populaire, sont aveugles et presque entièrement nus. La faculté de voir leur vient en peu de temps, mais ce n'est guère qu'au bout de trois semaines que leurs plumes ont assez poussé pour qu'ils puissent s'envoler.

Une des plus belles sources d'eau jaillissante dans la mer est celle du golfe de

Vue de Laugarvatn (Islande).

Spezia, décrite par Spallanzani. Citons aussi les eaux jaillissantes du lac de Laugar-

La plaine des Geysers (Islande).

vatn, en Islande. Il existe également des sources d'eau douce à Saint-Nazaire, à Cassis, à la Ciotat, à Cannes, à Nice.

II ·

LES PUITS DE GRENELLE ET DE PASSY

Les puits artésiens dans l'antiquité. — Le premier puits artésien en France. — Le puits de Grenelle.
Les travaux. — Le percement du puits de Passy.

A défaut de sources, le génie de l'homme a suppléé à la nature, avant même de la comprendre, par les puits artésiens, ainsi nommés aujourd'hui parce que l'ancienne province de l'Artois est la partie de la France où ils ont été le plus anciennement établis.

En pratiquant des sondages verticaux dans l'épaisseur des terrains stratifiés, on a rencontré dans les profondeurs de la terre les courants souterrains, qui, trouvant une issue, ont jailli, selon les lois de l'hydrostatique, vers la surface de la terre, souvent même à une certaine hauteur au-dessus du sol.

L'usage des puits artésiens remonte à la plus haute antiquité.

Vers 1840, un Français, directeur des établissements métallurgiques des pachas d'Égypte, a fait déblayer des puits artésiens dont l'orifice était ensablé et dont la construction remontait à près de quarante siècles. Ces puits étaient faits de tubes en briques ou en bois.

La plupart des oasis de l'ancienne chaine Libyque doivent leur origine à des puits forés.

Les déserts de la Syrie et de l'Arabie possèdent des fontaines artificielles antiques, qui ont conservé les noms de leurs fondateurs, telles que celles d'Ismaël, de Bethsabée, qui sont aussi mentionnées dans la Bible. Polybe raconte que les Perses, après la conquête de l'Asie, accordèrent des terres à ceux qui établissaient des sources artificielles. D'autre part, Olympiodore, qui vivait dans le vie siècle à Alexandrie, nous apprend qu'il existait dans les oasis des puits qui donnaient naissance à de véritables rivières dont les eaux fertilisaient les champs.

Les Chinois connaissent aussi les puits forés. Les récits des missionnaires en

font foi et nous donnent même des détails très curieux sur les procédés de forage
employés par les habitants du Céleste Empire.

En Europe, les sondages artificiels ont été pratiqués dans le nord de l'Italie dès
le commencement des temps modernes.

Nous voyons en effet les armes de la ville de Modène représenter deux tarières
de fontainier.

C'est également un professeur de médecine de la même ville qui publia, en

Cratère du Vieux-Fidèle (États-Unis).

1671, un des premiers traités de physique qui s'occupent des fontaines jaillissantes
et de l'art de percer des puits.

Enfin c'est de Modène et de Bologne que nous vint, vers le milieu du xviiᵉ siècle,
Dominique Cassini, qui a fait faire en France de grands progrès à cet art.

En France, les puits les plus anciens se trouvent dans l'Artois, comme nous
l'avons dit plus haut.

Le premier en date existe à Lillers, dans le couvent des Chartreux ; sa construction remonte, dit-on, à 1126.

Les sondages se font très facilement dans cette contrée, et presque tous les
paysans ont une fontaine jaillissante devant leur maison. Le premier puits artésien

du département de la Seine est celui que M. Peligot fit exécuter à Enghien, en 1824.

Le Te-Ta-Rata (Nouvelle-Zélande) avant son éruption.

Depuis ce temps les sondages se sont multipliés, guidés par les indications pré-

Sources du Loiret.

cises dues à la découverte de la véritable théorie, et aidés de moyens mécaniques qui permettent de perforer les roches et de surmonter les difficultés.

Un des puits artésiens les plus remarquables est incontestablement celui de Grenelle.

Dans son nouvel ouvrage, M. Daubrée expose par suite de quelles considérations géologiques on a été amené à l'exécuter.

« L'emplacement de Paris, dit le savant géologue, a été comme préparé par la nature. Cette ville n'a pris naissance et surtout n'a grandi que par l'effet de circonstances résultant en principe de la constitution intérieure du sol. Les couches y sont superposées, sur une grande épaisseur, en forme de bassins ou cuvettes concentriques, s'emboîtant les unes dans les autres. La craie blanche placée au-dessous des étages tertiaires est supportée elle-même par des strates argileuses appelées *gault*, où sont interposés des lits de sables verts. Ces sables se montrent au jour, depuis les Ardennes, à travers la Champagne et la Bourgogne, jusque dans la vallée de la Loire, et ils conservent, dans cette zone continue d'affleurement, des altitudes bien supé-

Forage du puits de Grenelle.

rieures à celle de Paris, point vers lequel, presque sur tout le pourtour, plonge la stratification ; de plus, les couches sableuses sont essentiellement perméables, et partout où elles arrivent à la surface, elles absorbent en partie les eaux pluviales et les cours d'eau. Cet ensemble de faits amena à conclure que le terrain devait recéler une grande nappe aquifère, atteignant vers son milieu une profondeur d'environ 500 mètres et susceptible, à raison de l'altitude de l'alimentation, de remonter à un niveau plus élevé que le sol de Paris. »

C'est ainsi qu'en 1833 l'administration de la ville de Paris entreprit de forer, dans la cour de l'abattoir de Grenelle, un puits dont la profondeur paraissait alors extravagante.

Sept années après, le 20 février 1841, la sonde arrivait à 547 mètres au-dessous du sol, et l'eau jaillissait enfin à l'orifice. La dépense avait été de 300 000 francs environ.

La longueur des travaux du puits de Grenelle doit être attribuée aux moyens de

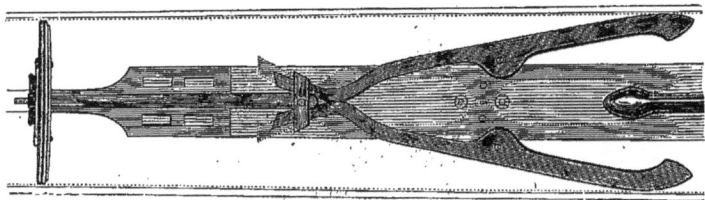

Le déclic.

Puits de Passy. Vidange du cylindre.
Gravures (extraites de l'*Illustration*.)

Le trépan.

forage très imparfaits dont disposait M. Mulot, l'ingénieur éminent à qui l'on doit cette source abondante qui alimente une partie importante de Paris.

Puits de Passy : vue intérieure de l'atelier de forage. (Gravure extraite de l'*Illustration*.)

Le hardi novateur n'avait à son usage pour toute force motrice qu'un manège mis en mouvement par des chevaux.

De nombreux accidents survinrent aussi dans le cours du sondage, qui causèrent de longs retards.

En 1835, le puits avait déjà une profondeur de 400 mètres, quand une cuiller très pesante resta au fond.

Il fallut la tailler en plusieurs morceaux, à l'aide de limes et de ciseaux spéciaux; pour la retirer par parties. Ce travail, opéré à une telle profondeur, demanda quatorze mois.

Le puits de Grenelle est tubé en tôle très forte. L'orifice supérieur a 55 centimètres de diamètre, et l'orifice inférieur 18 centimètres. Les eaux sont conduites dans un réservoir situé près du Panthéon.

Puits de Passy : ensemble des travaux.

Quelques années plus tard, l'obligation d'alimenter d'eau, pour l'arrosage, les jardins du Bois de Boulogne nécessita le forage d'un nouveau puits artésien, celui de Passy, moins apparent que le puits de Grenelle, car il ne comporte pas, comme celui-ci, une tour élevée, et ses eaux bouillonnent au milieu d'arbustes qui les dissimulent aux regards des passants. Grâce au progrès de la science, grâce à la connaissance parfaite de la nature des terrains que la sonde devait traverser et de l'épaisseur des couches, grâce aussi au matériel perfectionné dont les ouvriers peuvent disposer, et à l'adjonction de la vapeur comme moteur, les travaux du puits de Passy, entrepris par un ingénieur saxon, M. Kind, qui se servit des procédés chinois en les améliorant, furent menés assez rapidement.

Commencé en septembre 1855, le forage atteignait déjà 528 mètres au mois de mars 1857.

L'ingénieur, qui, d'après ses conventions avec le conseil municipal, devait avoir terminé le puits dans l'espace de deux ans, avait tout lieu de compter sur la pleine réussite de son entreprise, confiant d'ailleurs en la réputation qu'il avait laissée en Allemagne, où il avait exécuté plusieurs puits artésiens avec succès, quand survint un accident inattendu, qui rappelait ceux qui avaient entravé à plusieurs reprises la marche des travaux du puits de Grenelle.

Cette fois, au lieu d'une cuiller pesante tombée au fond du puits, ce furent les tubes de tôle qu'on glissait graduellement le long du forage, pour maintenir les terres, qui, insuffisants et cédant sous leur pression, s'écrasèrent entièrement, fermant ainsi le puits à une profondeur de 52 mètres.

M. Kind, se trouvant dans l'impossibilité de terminer les travaux dans le délai fixé, dut en remettre la direction aux ponts et chaussées.

Lui-même, il fut chargé, dans cette nouvelle organisation, du sondage proprement dit.

Pour enlever les terres éboulées, on dut procéder au percement d'un second puits de 53 mètres de profondeur, et de 1^m,70 pour le dernier tiers.

Pour empêcher un nouvel accident de se produire, les parois de ce puits auxiliaire furent faites de tubes en fonte de 35 millimètres d'épaisseur.

Le déblaiement une fois terminé, les opérations du forage furent reprises avec activité.

Mais les difficultés furent telles qu'il fallut quatre ans avant de rencontrer la nappe d'eau souterraine que l'on recherchait. On avait alors atteint une profondeur de 577 mètres.

Mais l'eau n'avait pas encore assez de force. Elle ne s'éleva pas jusqu'à la surface du sol.

On dut continuer le sondage et pénétrer jusqu'à une seconde nappe, située à 586 mètres.

Le 24 septembre 1861 l'eau jaillissait à l'orifice du puits.

De 15 000 mètres cubes d'eau qu'il fournit d'abord en vingt-quatre heures, son débit s'éleva bientôt à 20 000 mètres cubes.

Comme cela était à prévoir, une conséquence du percement du puits de Passy fut de diminuer le rendement de celui de Grenelle, et de le réduire, vingt-quatre heures après le jaillissement de la seconde nappe de Passy, de 1 100 mètres cubes à 346 mètres cubes. En effet, ces deux puits prennent leurs eaux dans la même couche aquifère, dans le même courant souterrain.

III

PUITS EN CONSTRUCTION

Puits de la Butte-aux-Cailles. — Difficultés du forage. — Interruption des travaux. — Le puits de la place Hébert. — État des travaux.

Actuellement deux puits artésiens sont en construction à Paris : l'un à la Butte-aux-Cailles, l'autre, dont les travaux sont à la veille d'être terminés, à la place Hébert, à la Chapelle.

Les travaux du puits de la Butte-aux-Cailles ont été interrompus en 1872, après un forage de 540 mètres.

De même qu'à Grenelle et à Passy, les difficultés à surmonter ont été nombreuses.

A 24 mètres au-dessus du niveau de la mer, on traversa une première nappe d'eau, qui fut maîtrisée par une tonne en fer.

Quatre mètres plus bas, il fallut recourir à des moyens plus énergiques pour arrêter une seconde nappe plus importante. On dut se servir pour cela d'un cuvelage en bois qui fut descendu douve par douve, pour être ensuite garni de maçonnerie.

On était entré dans les argiles panachées et l'on continuait facilement de murer les parois quand on rencontra une troisième nappe d'eau, plus abondante que les deux autres.

Pour parer à cette nouvelle difficulté, une pompe d'une force motrice de vingt chevaux fut employée à épuiser l'eau qui envahissait le puits, tandis qu'on s'efforçait de construire rapidement une paroi de briques, doublée ensuite d'une couche de ciment, pour empêcher les suintements.

A 4 mètres au-dessus du niveau de la mer, on entama le terrain crétacé.

Parmi les alluvions qui recouvrent la couche de craie pure, et qui contiennent diverses matières, la sonde eut à lutter contre des roches perdues, qui apportèrent quelque retard au percement du puits.

Ces roches étaient parfois très volumineuses ; l'une d'elles fut coupée en deux, et le bloc qu'on retira pesait 560 kilogrammes.

Dans le même banc on a trouvé des oolithes dont les plus gros avaient environ 10 centimètres de diamètre.

Plusieurs de ces pierres étaient vides à l'intérieur. L'une d'elles contenait de l'eau.

Après avoir arrêté une quatrième nappe d'eau, assez productive pour fournir 900 litres d'eau par minute, on arriva au banc de craie pure, et dès lors les opérations du forage devinrent plus faciles.

Lorsque le percement de la Butte-aux-Cailles sera repris, c'est-à-dire après l'achèvement des travaux de la place Hébert, on traversera la nappe qui alimente les puits de Grenelle et de Passy pour puiser de l'eau du courant inférieur.

Le percement du puits de la place Hébert, à la Chapelle, n'a pas offert moins de difficultés. M. Daubrée a communiqué à l'Académie des sciences une note de M. Lippmann, l'éminent ingénieur qui dirige les travaux avec une si savante précision, et il y est fait mention des accidents qui ont entravé à plusieurs reprises la marche régulière de cette entreprise.

Nous citerons les deux accidents les plus graves. Il n'a pas fallu moins de onze années pour réparer les dégâts causés par le premier. Le forage entrepris en 1863 atteignait en 1874 une profondeur de 677 mètres, quand un tronçon du tube se rompit et tomba au fond. A l'aide de trépans et d'outils spéciaux, on dut broyer et remonter par morceaux ce tube dont le diamètre était de 1^m,30.

M. Max de Nansouty, dans une étude qu'il a publiée à ce sujet, donne d'intéressants détails sur les moyens employés pour retirer les tronçons de tube ainsi tombés au fond d'un puits artésien en construction.

« Parfois, dit M. de Nansouty, on emploie la dynamite pour briser les parties que doivent extraire les griffes puissantes des outils ; mais la dynamite agit peu et mal à de grandes profondeurs sous les énormes pressions d'eau qui pèsent sur elle.

« Des charges de 15 kilogrammes de dynamite ne font que soulever la colonne d'eau et la laisser retomber sans agir utilement. Ces pressions de 600 mètres d'eau et au-dessus sont si puissantes qu'un fétu de paille entraîné au fond du puits par la sonde, puis ramené au jour lors du curage, se trouve tassé sur lui-même, contracté en quelque sorte ; devenu lourd comme du métal, tout en conservant son aspect et sa forme, il tombe au fond d'une cuvette d'eau comme du plomb. »

L'autre accident, qui est arrivé en 1887, est beaucoup plus grave. Sur une longueur de 247 mètres, la partie inférieure du tubage s'est infléchie de façon à ne plus occuper qu'une hauteur de 80 mètres. Malgré cela l'eau jaillit, mais le puits ne fournit encore que 1 000 mètres cubes environ par vingt-quatre heures. Grâce aux améliorations auxquelles on procède actuellement, on compte que le débit s'élèvera à 3 000 mètres cubes.

La nappe aquifère à laquelle aboutit le puits artésien de la place Hébert est à une profondeur de 704 mètres et a une épaisseur de 16 mètres environ. Son point d'affleurement paraît être en Champagne.

L'eau qu'elle donne est d'une très grande pureté.

« Elle ne titre pas plus de 8° à l'hydromètre, écrit M. Max de Nansouty, ce qui la rend propre à tous les usages industriels. On sait que les règlements administratifs prescrivent de ne pas dépasser en pratique courante 15° hydrométriques. Une pureté trop grande, au-dessous de 8°, serait aussi un cas rédhibitoire, car l'eau excessivement pure, comme l'eau distillée, attaque les métaux et les corrode. Le grand filtre naturel de la couche des sables aquifères auxquels aboutit ce nouveau puits artésien a donc bien limité, tout naturellement, son degré d'épuration. »

Provisoirement, les eaux sont déversées dans les égouts par un canal souterrain. Après un captage convenable, elles pourraient jaillir à une hauteur de 35 mètres environ.

En fin de travail, elles seront contenues dans des réservoirs d'où elles seront réparties suivant les demandes des industriels.

Il a été déjà dépensé 2 137 000 francs pour le puits de la place Hébert. Actuellement, les travaux sont fort avancés et tout fait espérer que bientôt, grâce à la savante et habile direction de M. Lippmann, qui a su mener à bonne fin nombre de travaux tout aussi hérissés de difficultés, la ville de Paris sera dotée du puits artésien le plus profond et le plus large qui existe encore en France.

Telle est, en quelques lignes, l'histoire de quelques-uns des principaux puits artésiens de France.

IV

LES PUITS D'ALGÉRIE

Les *r'tas* ou sondeurs indigènes. — Arrivée des sondeurs français. — La Fontaine de la Paix.
La *Compagnie de l'Oued Rirh*.

Nous allons donner quelques détails sur les forages que les Français ont exécutés en Afrique, en Algérie et en Tunisie, et dont le succès a contribué à établir vis-à-vis des indigènes le prestige de nos colons et de nos troupes.

Par une heureuse circonstance, le sous-sol du Sahara, dont la surface est si aride, contient, à une profondeur de 40 mètres à 100 mètres, une nappe d'eau dont les bassins se déversent les uns dans les autres du nord au sud.

Dès les temps les plus anciens, les indigènes ont creusé des puits dont la profondeur varie de 50 mètres à 60 mètres, mais leurs modes de forage étaient fort imparfaits et le moindre obstacle les arrêtait; par exemple, s'ils rencontraient un rocher, ils renonçaient à leur entreprise.

Le sondeur indigène, appelé *r'tas* en arabe, exerçait un métier très dangereux. En effet, le puits qu'il creusait était carré et offrait une largeur de $0^m,70$; ses parois étaient faites de bois de palmier; il pénétrait peu à peu dans l'argile jusqu'à la couche de terrain résistant qui recouvre la partie artésienne. Le *r'tas* attaquait cette couche à la pioche, et l'eau jaillissait parfois avec une telle violence que l'indigène était projeté et écrasé contre les parois du puits.

Les *r'tas*, qui jouissaient d'un grand prestige, principalement dans le sud de l'Algérie, ont disparu depuis l'arrivée des sondeurs français, dont les procédés perfectionnés et les résultats surprenants ont obtenu auprès des indigènes le succès qu'ils méritaient.

Dès l'année 1556, un premier puits fut entrepris dans le Sahara oriental sous l'initiative du général Desvaux. En quarante jours, le forage atteignit à une profondeur de 60 mètres la couche aquifère et donna 4500 litres par minute. Enthousiasmés par une telle abondance d'eau, les Arabes célébrèrent une grande fête en l'honneur de cette source, qu'ils appelèrent la *Fontaine de la Paix*. Depuis ce pre-

Un puits dans le désert.

mier succès, l'armée resta continuellement employée aux forages des puits artésiens que l'administration ne cessa de faire exécuter en Algérie.

Au nombre des puits qui ont été creusés à l'aide de nos bataillons d'Afrique,

Puits artésien d'El-Mrhayer (extérieur).

citons celui de l'oasis de Sidi-Rached. Jadis très prospère, cette oasis dépérissait par la sécheresse, quand nos soldats percèrent un puits qui produisit 4 300 litres par minute. Dans sa reconnaissance, le cheikh se jeta à genoux pour remercier Dieu d'avoir envoyé les Français en Algérie.

Oasis de Biskra.

Quelques années auparavant, deux puits avaient été ouverts également par nos soldats dans une région aride et déserte. Quand l'eau y vint ainsi en abondance, une tribu entière, cheikh en tête, s'y établit, construisit un village, planta des palmiers et renonça à la vie nomade.

En 1860, le Sahara oriental comptait déjà trente puits artésiens construits par les Français, dont chacun donnait en moyenne 735 litres par minute, c'est-à-dire 1858 mètres cubes en vingt-quatre heures.

Des oasis abandonnées étaient redevenues fertiles; des palmiers et des arbres fruitiers s'étaient élevés dans des plaines jusque-là stériles et arides; des tribus nomades s'étaient fixées dans le désert.

Jusqu'en 1881, les ateliers de forage, placés sous la direction d'un ingénieur, M. Jus, avaient appartenu à l'État. Le premier atelier de sondage appartenant aux colons, dit M. Yves Guédon, fut installé par MM. Fau, Foureau et Cie, qui ont fondé depuis la *Compagnie de l'Oued Rirh*, dont le siège est à Biskra. Le premier puits creusé par cet atelier fut celui de l'oasis

Puits artésien dans l'Oued Rirh.

de Tamerna-Djidda. Cet atelier fut le dernier poste français que le colonel Flatters rencontra lors de sa malheureuse expédition chez les Touaregs.

La *Compagnie de l'Oued Rirh* a succédé à cet atelier en 1882; ses forages et ses plantations de palmiers sont en bonne voie.

Le système des forages est appliqué à la Tunisie et l'on espère y augmenter ainsi le nombre des oasis. Les études géologiques ont été favorisées par les sondages préliminaires faits en vue du projet de la mer intérieure du commandant Roudaire.

On voit par ces quelques lignes l'heureuse influence que le forage des puits artésiens a exercée et exerce encore sur notre colonisation en Afrique.

V

GÉNÉRALITÉS

Nous terminerons cette étude par quelques généralités.

Nous avons vu que les puits artésiens sont garnis d'une paroi qui empêche la filtration des eaux à travers les couches qu'elles traversent. Lorsque ce tube est prolongé au-dessus du sol, la hauteur à laquelle l'eau s'élève s'appelle le « niveau hydrostatique. S'il n'y a pas de tube s'élevant au-dessus du sol, on peut mesurer la hauteur du niveau à l'aide du manomètre.

On a observé que le niveau hydrostatique est variable, et qu'il dépend des charges d'eau supportées par les orifices d'alimentation et d'écoulement de la nappe. Par exemple, il varie avec le niveau des eaux de la mer quand l'affleurement d'écoulement se trouve dans son lit.

C'est ainsi que Baïllet de Belloi a constaté que le niveau hydrostatique de la fontaine jaillissante de Noyelle-sur-Mer (Somme) montait et baissait avec la marée. De même Arago cite à Fulham, près de la Tamise, dans une propriété de l'évêque de Londres, un puits foré de 97 mètres de profondeur, qui donne de 363 à 273 litres par minute, suivant que la marée est haute ou basse.

Le niveau hydrostatique d'un puits artésien peut également dépendre des précautions qui ont été prises pour empêcher les différentes nappes d'eau que l'on rencontre de communiquer entre elles. On a observé en effet que la plus profonde est généralement la plus puissante; si elle communique avec les nappes supérieures dont le niveau hydrostatique est moins élevé, elle perdra évidemment de sa force.

Dans ce cas, le débit d'eau sera également moindre.

D'ailleurs, ceci a été bien démontré à la suite du forage d'un puits artésien que M. Lippmann a fait exécuter avec une grande perfection à l'hospice général de Tours.

Ce puits rencontra trois nappes avant d'atteindre la nappe principale à 170 mètres de profondeur. Les trois premières nappes furent hermétiquement murées, et, grâce à cette précaution, la quatrième nappe donna plus de 4 000 litres d'eau par minute, tandis qu'un puits voisin, antérieurement creusé dans les mêmes conditions, mais dans lequel les quatre nappes communiquaient entre elles, n'avait fourni que 1 000 litres par minute.

C'est ainsi qu'au puits de la place Hébert, M. Lippmann s'efforce d'isoler les nappes d'eau qui se trouvent dans les terrains tertiaires et à la tête du terrain crétacé, afin de capter dans toute sa force la nappe que le puits a atteinte à la profondeur de 719 mètres.

Ces nappes souterraines s'étendent près du sol, comme aux plus grandes profondeurs; au puits artésien de Saint-Ouen, M. Flachat a trouvé cinq couches susceptibles d'ascension; ces couches étaient situées à 36 mètres, 45 mètres, 51^m,50 et 66^m,60.

A Tours, M. Degousée rencontra sous le sol, place de la Cathédrale, trois nappes : à 95 mètres, 112 mètres et 125 mètres. Près de Dieppe, aux environs de Saint-Nicolas-d'Aliermont, des sondages exécutés à la recherche de la houille permirent de constater sept nappes, situées à 25 mètres, 100 mètres, 175 mètres, 210 mètres, 250 mètres, 287 mètres et 333 mètres.

Les couches artésiennes offrent parfois des irrégularités manifestes. Il est arrivé à des puisatiers de forer à côté d'un puits productif un sondage absolument improductif. Par exemple, à Blingel, dans la vallée de Ternoise, sur trois sondages qui furent exécutés en 1820, à proximité les uns des autres, le premier seul fournit une source abondante. Des faits analogues se produisirent à Lillers, à Saint-Pol et à Saint-Venant. A Béthune, un puits creusé à une profondeur de 33 mètres donna une eau limpide, tandis que, dans une propriété voisine, un forage de 57 mètres fut sans résultat.

On explique ces irrégularités en considérant que la couche aquifère consiste souvent en une roche compacte, entre les fissures de laquelle l'eau circule. Si le sondage rencontre une fissure, il donne de l'eau; au contraire, s'il ne rencontre que la roche, il est improductif. Toutefois il est probable qu'en prolongeant le forage jusqu'au fond de la couche, on finirait par trouver une nappe d'eau.

Des observations que l'on a recueillies et des expériences que l'on a faites permettent de supposer que les eaux souterraines constituent de véritables courants plus ou moins rapides, alimentés par les fleuves, les lacs, la mer, ou par les eaux pluviales.

Dans une notice sur les puits artésiens, insérée dans l'*Annuaire du Bureau des longitudes*, Arago raconte que des ouvriers puisatiers, qui travaillaient près de la barrière de Fontainebleau, sentirent tout à coup la sonde s'échapper de leurs mains. Elle s'enfonça brusquement de 7^m,50, fut arrêtée par la manivelle qui était passée à travers l'œil de la première tige, et resta suspendue, tandis qu'un fort courant la poussait latéralement et la faisait osciller.

En perçant le puits de la gare de Saint-Ouen, M. Flachat rencontra à 59^m,50

394 LES GRANDS TRAVAUX DU SIÈCLE.

la nappe souterraine, quand la sonde s'enfonça de 0^m,45 et fut agitée par un courant qui doit être très rapide, car le mouvement oscillatoire imprimé à la sonde était très sensible.

M. Degousée rapporte que, lorsqu'il fora le puits de Cormeilles, en Seine-et-Oise, la sonde, à peine arrivée dans les plâtres, oscillait sous l'action d'un courant, « comme le balancier d'un pendule ».

Citons enfin l'exemple frappant du puits artésien qui s'ouvre sur la place de la Cathédrale de Tours. Le 30 janvier 1831, le tube fut raccourci de 4 mètres. En conséquence, l'eau augmenta de volume environ d'un tiers, et par suite de l'augmentation de vitesse qu'elle recevait, elle se troubla et amena des débris de végétaux ainsi que des coquilles d'eau douce et terrestres, semblables aux débris et aux coquilles que l'on trouve sur le bord des rivières après les débordements.

Ces débris, provenant d'une profondeur de 105 mètres, prouvaient amplement que les eaux de cette nappe se mouvaient librement dans de véritables canaux, et qu'elles avaient pénétré au point d'affleurement de la couche aquifère par un orifice et non par des filtrations à travers le sable.

Chacun sait que les eaux des puits artésiens ont une température constante, mais dont le degré dépend de la profondeur à laquelle la couche aquifère a été rencontrée. Des expériences faites dans les mines ont démontré depuis longtemps qu'à une faible distance de la surface, la température de la terre est indépendante des saisons et des intempéries, et qu'elle augmente à mesure qu'on pénètre dans l'intérieur de la terre. Arago a démontré que cet accroissement est de 1 degré par 30 mètres environ.

Donnons quelques exemples. La température moyenne de Paris, à la surface du sol, est de 10°,6; la fontaine jaillissante de la gare de Saint-Ouen, qui provient d'une profondeur de 56 mètres, a 12°,9; au puits de Grenelle, qui mesure 548 mètres de profondeur, on constate une température constante de 27°,4.

La température moyenne de la surface du sol, à Tours, est de 11°,5; la température d'un puits artésien foré à 140 mètres dans cette ville est de 17°,5.

A Sherness, en Angleterre, un puits de 110 mètres donne 15°,5, tandis que la température moyenne du sol est de 10°,5.

Ajoutons que l'eau du puits de Passy, qui s'alimente à la même nappe que celui de Grenelle, à 28 degrés; l'eau du puits de la place Hébert atteint une température de 30 degrés.

Dans certains cas, les puits artésiens, au lieu de fournir des eaux jaillissantes, sont au contraire absorbants, c'est-à-dire qu'ils boivent les eaux qui leur sont livrées.

Supposons, en effet, une nappe perméable qui n'affleure en aucun point à la surface du sol. Si un puits la rencontre, ce puits sera un puits absorbant. Il en sera de même si le niveau du point d'affleurement de la couche aquifère est inférieur au sommet du puits.

On s'est servi des puits absorbants pour se débarrasser des eaux superficielles et nuisibles : on les a employés à l'assèchement de nombreux terrains marécageux qui ont été livrés ainsi à la culture.

Un exemple frappant de cette application est la plaine des Paluns, près de Marseille, que l'on doit au roi René, et dont les nombreux puisards absorbent l'eau marécageuse. On prétend que ce sont les eaux absorbées dans ces puisards qui forment les sources jaillissantes du port de Mion, près de Cassis.

M. Mulot, à Saint-Denis, utilisa une nappe absorbante pour se débarrasser de l'excédent d'eau de la fontaine jaillissante de la place de la Poste-aux-Chevaux. En hiver, l'eau répandue à terre gelait, et l'accumulation de la glace nuisait à la circulation ; à cause de cet inconvénient, on aurait peut-être renoncé à creuser une autre fontaine jaillissante sur la place aux Gueldres. M. Mulot imagina d'adapter trois tubes au puits de la Poste-aux-Chevaux : le premier de 65 mètres de profondeur, le second de 55 mètres, fournissant tous les deux de l'eau jaillissante, le troisième pénétrant jusqu'à la profondeur de la couche absorbante, et absorbant en hiver le surplus de l'eau qui aurait gelé.

Dans les carrières des environs de Paris on se débarrasse des eaux par des trous de sonde qui pénètrent jusqu'aux couches fissurées supérieures à la craie. La voirie de Bondy se débarrasse par le même procédé de 100 mètres cubes d'eau par vingt-quatre heures.

En dehors de ces dernières applications, les puits artésiens sont d'un grand secours à de nombreuses industries.

Dans diverses parties de la France ils sont employés en forces motrices. Dans le Nord il existe une nappe souterraine à peu de profondeur, qui alimente un certain nombre de puits destinés à mouvoir des roues de moulins. A Tours, M. Degousée a foré dans une manufacture de soie un puits de 140 mètres, qui produit 1 110 litres par minute. L'eau tombe dans les augets d'une roue de 7 mètres de diamètre qui met en mouvement tous les métiers.

Ailleurs c'est à des cressonnières qu'on utilise l'eau douce et limpide des puits artésiens. Par exemple, à Erfurt, en Allemagne, ce procédé est employé sur une vaste échelle, et le produit annuel des cressonnières y est de 300 000 francs. On a eu l'idée d'appliquer ainsi les puits artésiens à cette culture en remarquant que le cresson croissait généralement autour des sources naturelles qu'on trouve dans le lit des ruisseaux, et qu'il semblait préférer les eaux très pures et tempérées.

Les eaux des sources artificielles employées comme forces motrices sont avantageuses, même lorsque l'eau n'est pas rare, à cause de leur température chaude et constante qui les rend utiles pendant les hivers les plus rigoureux, soit qu'elles puissent servir directement tandis que les eaux courantes sont gelées, soit qu'on les emploie à fondre les glaçons qui arrêtent les roues hydrauliques.

Dans le Wurtemberg, un industriel, M. Bruckmann, fait circuler dans ses ateliers des tuyaux alimentés par des puits artésiens ; il parvient ainsi, pendant l'hiver, à élever la température à 8 degrés, quand il y a 10 degrés au-dessous de zéro à l'extérieur.

Les papeteries étaient autrefois interrompues à l'époque des grandes pluies, qui troublaient l'eau, tandis qu'elle doit être très limpide pour cette industrie. On a évité cet inconvénient en employant l'eau des puits artésiens, qui est généralement d'une grande pureté.

Il arrive quelquefois qu'en pratiquant des sondages dans des terrains artésiens, on trouve de grands réservoirs remplis de gaz, qui remontent rapidement à la surface. Ordinairement ce gaz est inflammable; dans certains cas, c'est de l'hydrogène pur ; le plus souvent c'est de l'hydrogène carboné, identique au gaz d'éclairage.

Dans les forages que les Chinois exécutent jusqu'à des profondeurs de 580 mètres environ, pour faire jaillir des eaux salées, ils rencontrent parfois de semblables sources gazeuses, qu'ils utilisent pour chauffer les chaudières où s'évaporent les eaux salées. Les Chinois se servent aussi de ce gaz souterrain pour éclairer les rues, les halles et les ateliers.

De même, dans plusieurs villages des États-Unis, l'éclairage des rues et des maisons se fait à l'aide du gaz qui est fourni par des trous de sonde.

C'est également en cherchant de l'eau dans les profondeurs de la terre, qu'on a trouvé, en Amérique, des nappes souterraines de pétrole qui ont produit, par la suite, de nombreuses sources très abondantes. En 1857, un puits foré à Titusville, près d'Oil-Creek, donna 2000 litres par jour; de nouvelles recherches amenèrent dans la même contrée plus de 2000 sources, produisant plus de 50000 francs de pétrole par jour. Là nappe la plus profonde donne quotidiennement 3000 barriques de 190 litres chacune. En certains endroits, le jet était si violent, qu'il fallut des moyens puissants pour l'arrêter.

Le débordement de ces sources produisit en effet des incendies terribles qui se propagèrent sur une grande étendue. Aujourd'hui les jets sont maintenus, les tuyaux sont fermés hermétiquement et le pétrole coule au fur et à mesure des besoins. Le rendement annuel du pétrole, pour toute l'Amérique, est évalué à 60 millions de litres par semaine.

Nous ne parlerons pas des procédés de sondage et de forage employés pour le percement des puits artésiens, car cette étude comporterait des détails trop techniques et spéciaux à l'art des ingénieurs. Qu'il nous suffise de dire que les principaux outils destinés à cet usage sont : le trépan, sorte de ciseau qui sert à percer les terrains les plus durs; la cuiller, qui sert à remonter les terrains broyés par le trépan ; les barres de sonde, tiges de fer qui sont vissées bout à bout à mesure que le puits se creuse; puis le tourne-à-gauche, les agrafes, les anneaux, les détentes, les griffes, la chèvre et un treuil spécial.

L'art des sondages et des forages a fait de grands progrès dans ces derniers temps; comme nous l'avons vu dans les articles précédents, la géologie donne la connaissance exacte des terrains; d'autre part, les procédés mécaniques ont subi de nombreuses améliorations et sont en voie d'arriver à une précision toute mathématique, grâce à une impulsion dont l'honneur revient en grande partie aux ingénieurs français.

LES CHARPENTES MÉTALLIQUES

I

L'EMPLOI DU MÉTAL DANS LES GRANDES CONSTRUCTIONS

La pierre et le bois dans les charpentes. — Les avantages du métal ; sa résistance, son élasticité.
— La fonte et le fer. — Le métal de l'avenir, l'acier.

L'emploi du métal dans les charpentes, qui a pris depuis quelques années une grande importance, s'est développé beaucoup plus lentement que l'emploi du métal dans la construction des ponts.

Cette innovation d'ailleurs ne s'imposait pas pour les charpentes au même degré que pour les ponts.

La pierre et le bois, qui, à l'abri de l'humidité, a une durée presque illimitée, ont en effet des qualités particulières, grâce auxquelles ces deux sortes de matériaux ne pourront jamais être remplacées complètement par le métal.

D'autre part, nous trouvons autour de nous en abondance le bois et la pierre, et nous n'avons qu'à les façonner pour les utiliser suivant nos besoins, tandis que, jusqu'à notre époque, l'usage du fer dans les constructions s'est trouvé singulièrement restreint par la difficulté de fabriquer le métal en grande quantité et surtout de lui donner les dimensions et la forme voulues.

Aujourd'hui, avec les progrès de la métallurgie, cette difficulté n'existe plus, et l'on peut façonner et travailler le fer de manière à satisfaire toutes les exigences.

On conçoit donc, en présence des avantages que présente le métal, que le fer ait, dans ces dernières années, envahi peu à peu le domaine de la grande construction.

 Quels sont ces avantages? Nous laissons à M. Eiffel le soin de les exposer savamment en quelques lignes :

 « C'est, en premier lieu, sa *résistance*.

 « Au point de vue des charges que l'on peut faire supporter avec sécurité à l'un ou à l'autre des matériaux employés dans les constructions, on sait qu'à surface égale le fer est dix fois plus résistant que le bois et vingt fois plus résistant que la pierre.

 « C'est dans les grandes constructions surtout que la résistance du métal le

Le martelage de grosses pièces de fer.

rend supérieur aux autres matériaux. Le poids propre de l'ouvrage y joue, en effet, un rôle considérable; il limite les hauteurs et les portées que l'on peut atteindre.

 « La légèreté relative des constructions métalliques permet, en même temps, de diminuer l'importance des supports et des fondations.

 « Pour ne citer qu'un exemple, celui de la Tour de l'Exposition, j'ai étonné plus d'une personne qui s'inquiétait de la charge sur le sol des fondations, en disant qu'il ne serait pas plus chargé que celui d'une maison de Paris.

 « Ces avantages que présente le métal croissent naturellement avec les dimensions des constructions.

 « Mais l'incomparable supériorité du métal, sans laquelle tout le reste serait peu de chose, est son *élasticité*, qui lui permet, comparativement à la pierre, de résister aussi bien aux efforts de tension qu'aux efforts de compression.

 « Avec la pierre, on ne peut constituer qu'un nombre limité de systèmes, dans la conception desquels nos pères ont excellé et où ils ont atteint, dans les monuments qu'ils nous ont légués, cathédrales ou palais, les-extrêmes limites de l'ingéniosité et de la hardiesse.

« Nous ne pouvons faire mieux qu'eux en ce genre. Notre tâche est de faire autrement, avec des matériaux différents.

« Le bois, évidemment, a bien quelques-unes des qualités d'élasticité dont je parle, mais ce n'est que pour un temps fort limité; il se détériore très vite à l'air, tandis qu'avec le fer, mis à l'abri de la rouille, on peut être assuré d'une très longue durée.

« On a émis des craintes à ce sujet, surtout quand les constructions sont soumises à des charges roulantes qui leur imposent des vibrations répétées.

« Toutes ces craintes sont fort exagérées, au moins dans les cas où ces efforts ne sont pas relativement grands.

« Il a été fait, notamment à Berlin, par M. Wœhler, des expériences qui ont duré plusieurs années; ces expériences très intéressantes ont démontré, il est vrai, qu'on arrive, par des applications de charges répétées un très grand nombre de fois, à rompre le fer avec une charge inférieure à la charge qui aurait primitivement provoqué la rupture; mais elles ont prouvé, en même temps, que, si ces charges ne dépassent pas le cinquième de la charge de rupture, on n'arrive pas à produire cette dernière, même pour un nombre de fois infiniment grand de leur application.

Forgeage du fer à la presse hydraulique.

« Nous avons, du reste, sous les yeux l'exemple d'une construction métallique qui a subi un nombre considérable de vibrations. Je veux parler du pont d'Asnières, construit en 1852 et qui, depuis cette époque, livre passage à des centaines de trains par jour, sans que rien fasse supposer qu'il ait perdu de sa résistance depuis le jour où il a été construit.

« Nous pouvons donc être rassurés sur le sort futur de nos constructions métalliques, à condition, bien entendu, qu'on les préserve de la rouille, qui est leur ennemie mortelle.

« Je n'ai.fait mention, jusqu'ici, que du fer, mais les constructions métalliques peuvent aussi être établies en fonte ou en acier.

« Celles en fonte sont les plus anciennes, puis sont venues les constructions en fer et, tout récemment, celles en acier.

« Si l'on fait la comparaison entre ces trois métaux, on peut dire que, dans les grands travaux, l'emploi de la fonte tend à disparaître, sauf comme colonnes ou supports, parce qu'elle résiste très mal aux efforts de traction, vis-à-vis desquels elle se comporte à peu près comme la pierre.

« En outre, elle est, en général, très cassante sous l'influence des chocs.

« Les propriétés de l'acier sont plus difficiles à définir, c'est un métal d'une résistance et de propriétés très variables ; sa résistance à la rupture varie du simple au double, suivant son mode de préparation ; sa résistance au choc est, en général, d'autant plus faible que son point de rupture est plus élevé.

« La résistance de l'acier, employé aujourd'hui dans les constructions, n'est pas très supérieure à celle du fer, mais sa supériorité consiste en ce que sa limite d'élasticité, c'est-à-dire le point où les déformations subsistent sous l'effet d'une charge, est beaucoup plus élevée que pour le fer.

Moulage de la fonte au moyen du cubilot.

« La fabrication de l'acier est très délicate, et ce n'est que dans ces dernières années qu'on est arrivé à produire un métal dont on soit absolument sûr et qui réponde parfaitement aux qualités spéciales que l'on exige de lui.

« Il y a une tendance, de jour en jour plus marquée, à remplacer dans les constructions le fer par l'acier, et il existe déjà un grand nombre d'ouvrages d'art très importants en acier.

« On peut, je crois, dire sans se tromper que l'acier est le métal de l'avenir. »

II

LES PREMIÈRES CONSTRUCTIONS MÉTALLIQUES

La Halle aux Blés de Paris. — Les charpentes métalliques dans les gares de chemin de fer ; la gare de Tythe-Bain, à Liverpool. — Les Halles centrales de Paris. — Les projets. — Le premier plan de Baltard. — L'exécution du travail. — L'incendie des Halles ; les avantages des charpentes métalliques.

Ainsi que nous l'avons dit, l'usage des métaux dans les charpentes a été assez restreint jusqu'au moment où le prix très réduit du fer, s'ajoutant aux avantages de la légèreté des charpentes métalliques, a permis de réaliser des économies fort importantes sur les charpentes en bois.

Dans les premières charpentes métalliques que l'on a construites, on songeait surtout, en employant le fer plutôt que le bois, à diminuer considérablement les dangers d'incendie.

C'est ainsi que, après un incendie qui avait détruit en 1802 la toiture en bois de la Halle aux Blés de Paris, on construisit la charpente métallique qui a été récemment démolie pour céder la place à la Bourse du commerce.

Cette charpente métallique, construite par l'architecte Brunet, avait la forme d'une coupole et était constituée au moyen de voussoirs en fonte, supportant un réseau de fer recouvert de lames de cuivre.

C'est là le premier exemple de l'emploi des métaux que nous trouvons en France, dans l'histoire des grandes constructions.

Ce n'est que plus tard, vers 1842, que l'on paraît avoir compris tout le parti que l'on pouvait tirer des métaux dans la construction des charpentes.

A cette époque, Stephenson fit édifier en effet, pour différentes gares, un grand nombre de charpentes métalliques, dont la plus importante est celle de la station de Tythe-Bain, à Liverpool, qui a 43 mètres d'ouverture.

A partir de ce moment, l'emploi du fer dans les grandes constructions se répandit peu à peu dans le monde entier, et l'un des plus beaux spécimens des édifices métalliques se trouva bientôt réalisé en France par la reconstruction des Halles centrales de Paris.

Les Halles centrales font véritablement époque dans l'histoire des construc-tions, par ce fait qu'elles ont donné lieu à la première application d'un type abso-lument nouveau en architecture, qui a été suivi depuis dans un grand nombre d'édifices, et, comme l'a fort bien dit M. Eiffel, elles restent encore, après trente années d'existence, « un modèle qu'il est difficile de surpasser et plus difficile encore de ne pas suivre ».

La première idée de la reconstruction des Halles, sur l'emplacement qu'elles occupaient depuis des siècles, est due à Napoléon Iᵉʳ, qui, par un décret du 14 fé-

Fabrication de l'acier.

vrier 1811, décida de créer un vaste établissement qui pût satisfaire aux exigences de la capitale.

A cette époque, les terrains sur lesquels devaient être construites les Halles furent expropriés, et les bâtiments qui les occupaient furent démolis; malheureu-sement les choses en restèrent là, les événements ayant arrêté les travaux projetés.

Les terrains expropriés restèrent donc vides pendant quelques années, puis, en 1818, l'administration chercha à les utiliser en y faisant élever des abris en bois, recouverts de tuiles, qui devinrent la Halle à la viande.

Ce n'est qu'en 1842 que l'idée de la construction des Halles centrales fut reprise d'une façon définitive; un arrêté préfectoral, signé du comte de Rambuteau, créa une commission composée d'hommes compétents qui devaient rechercher les moyens de donner à l'établissement projeté toute l'importance nécessaire.

Dès l'année suivante, la Ville confia à Victor Baltard, auquel devait revenir, ainsi que nous allons le voir, l'honneur de construire l'édifice que nous connaissons aujourd'hui, un plan général qui comprenait alors seulement huit corps de halles, de dimensions différentes, séparés les uns des autres par de larges allées.

Baltard, auquel furent adjoints plusieurs commissaires du gouvernement, chargés d'étudier les différents projets, se rendit successivement en Angleterre, en Belgique, en Hollande, en Prusse, pour y étudier les modes d'installation des grands marchés publics.

Après le retour de cette commission et la publication de son rapport, des plans définitifs furent dressés, et l'on put espérer que l'exécution allait commencer. Mais de nouveaux projets surgirent, présentés par des concurrents de Baltard, et l'affaire

Les Halles centrales, construction en fer de M. Baltard.

continua à traîner en longueur, malgré la déclaration d'utilité publique du projet de reconstruction des Halles centrales, signée, le 17 janvier 1847, par le roi Louis-Philippe.

Enfin, en juin 1851, une délibération du conseil municipal confia définitivement à Baltard la direction de l'entreprise, et les travaux, mis en adjudication deux mois après, commencèrent immédiatement : le 15 septembre suivant, la pose de la première pierre eut lieu en présence du président de la République.

Lorsque le premier pavillon fut achevé, on se récria. On avait craint, dans les études des différents projets, que les marchands ne fussent pas suffisamment abrités; ils l'étaient trop, et le pavillon, trop lourd, ressemblait à une véritable forteresse.

Les études furent reprises, et de meilleurs plans furent proposés par MM. Baltard, Horeau, Pigeory et quelques autres architectes de talent.

A ce moment l'usage du fer et de la fonte dans le bâtiment commençait à faire

en Europe une sorte de révolution ; MM. Baltard et Callet surent habilement mettre
à profit cette innovation, et, après avoir étudié un plan entièrement nouveau, ils
purent présenter à Napoléon III un projet qui prévalut entièrement sur ceux de leurs
concurrents.

Le 12 août 1857, deux des dix pavillons indiqués sur ce projet étaient achevés,
et, à la suite d'un nouvel examen par une commission spéciale et d'une délibération
du conseil municipal, le nombre des pavillons fut élevé à douze, afin d'ajouter aux
Halles centrales le marché aux huîtres et le marché aux volailles, qui n'étaient pas
compris primitivement dans le projet.

Le fer et la fonte entrent, comme on le sait, pour une majeure partie dans la
construction des pavillons des Halles, dont la charpente est constituée par des
colonnes en fonte supportant des fermes en fer et une couverture en zinc.

L'exécution de ce beau travail, qui faisait le plus grand honneur à l'architecte
Baltard, constituait, surtout pour cette époque, une œuvre capitale, et montrait d'une
façon remarquable ce que l'on pouvait attendre de ce nouveau genre de construction
métallique, permettant d'atteindre des dimensions presque impossibles à réaliser
avec la maçonnerie et offrant en outre par sa légèreté une supériorité incontestable,
sans pour cela mettre en rien la solidité en danger.

Ajoutons que l'incendie dont les Halles centrales furent le théâtre, en juillet 1868, démontra encore un des grands avantages des charpentes métalliques.

Cet incendie, qui avait pris naissance dans les caves, où un amas de paille sèche
avait été enflammé, causa des dégâts évalués à près de 400 000 francs, mais ce chiffre
put être considéré comme très minime, en comparaison avec ce qu'il aurait été si le
fer et la fonte n'étaient pas entrés pour une part si considérable dans la construction
des pavillons.

III

LES PREMIÈRES EXPOSITIONS UNIVERSELLES

La première Exposition universelle ; le Palais de Cristal, à Londres. — L'Exposition de 1855 à Paris ;
le Palais de l'Industrie. — Les Expositions de 1867 et de 1878.

C'est surtout dans la construction des palais destinés aux grandes expositions que l'emploi du fer a pu rendre tous les services qu'on devait en attendre, et si l'on prend successivement toutes les expositions universelles, celles de Londres, celles de Paris et de Vienne, on y voit le fer employé presque exclusivement dans la construction des fermes, des piliers et des charpentes.

Le projet de réunir dans une exposition les produits industriels ou artistiques de tous les peuples de la terre a été, comme on le sait, réalisé pour la première fois par l'Angleterre, en 1851. C'est à cette occasion que fut construit au sud de Hyde-Park, entre Kensington-Drive et Rotten-Kow, le célèbre Palais de Cristal qui ensuite a été transporté tout entier à huit milles de Londres, dans le petit village de Sydenham, et qui est devenu un curieux musée d'art et d'histoire naturelle.

Le Palais de Cristal avait une contenance d'environ 8 hectares, dont 7 hectares servaient à l'exposition, le reste étant réservé à la circulàtion.

Indépendamment de deux ailes latérales de 20 mètres de hauteur, au-dessus desquelles s'étendaient deux galeries supérieures, le palais comprenait une galerie centrale, haute de 33 mètres, qui avait été coupée par un transept de la même hauteur, pour permettre de conserver un des beaux groupes d'arbres du parc.

Le Palais de Cristal, dont on a évalué la contenance à près d'un million de mètres cubes, était entièrement construit au moyen de la fonte et du verre.

Des colonnes de fonte, au nombre de 3 300, se trouvaient reliées les unes aux autres par des châssis garnis de vitres ; leur hauteur variait de $4^m,35$ à 6 mètres.

Les galeries et les vitrages étaient supportés par 2224 cintres en fonte, et enfin

Le Palais de l'Industrie.

l'on pouvait compter 1128 supports intermédiaires pour les planchers, et 82800 mètres carrés de vitrage, pesant plus de 400000 kilogrammes. Les gouttières occupaient à

Exposition de 1855.

elles seules une longueur de 54 kilomètres, c'est-à-dire à peu près la distance de Paris à Étampes.

Quant aux châssis pour vitrages, ils représentaient une étendue de 325 kilomètres, c'est-à-dire un peu moins que la distance de Paris à Angers, par Orléans et Tours.

Deux ans après l'Exposition de Londres, les préparatifs de notre première Exposition universelle commençaient à Paris, et, le 5 mai 1853, on inaugurait les travaux de construction du Palais de l'Industrie, destiné à l'Exposition de 1855.

Le Palais de l'Industrie, construit par une société de capitalistes, sous la

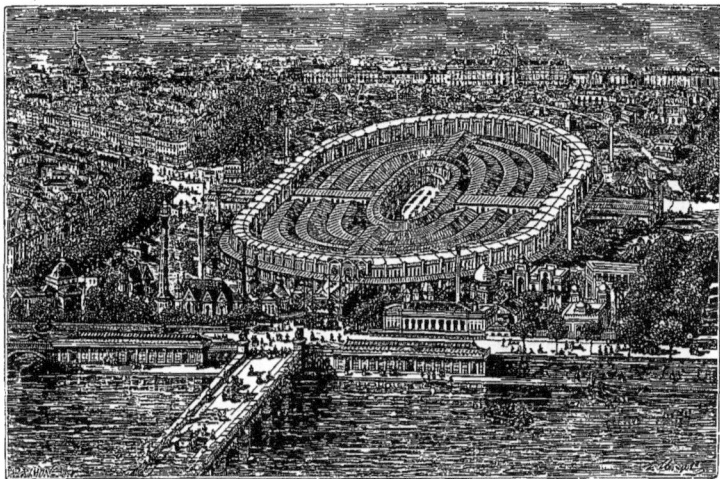

Le palais en fer de l'Exposition universelle de 1867.

direction de MM. Viel, architecte, et Barrault, ingénieur, couvre une superficie de 45 000 mètres.

A l'intérieur, le palais forme un quadrilatère de 254 mètres de longueur, sur 110^m,40 de largeur, la grande nef centrale comprenant à elle seule une longueur de 192 mètres et une largeur de 48 mètres.

Dans la construction de ce beau bâtiment, le fer et la maçonnerie ont été alliés d'une façon fort habile; l'extérieur est en pierre de taille, et l'intérieur, y compris les planchers, est en fer fondu ou forgé.

Nous devons également mentionner le Palais de l'Exposition de 1867, qui était une remarquable application exclusive du fer.

Le 3 avril 1866, les premiers piliers de la charpente du Palais se dressaient sur le sol, et à la fin de l'année, la construction était terminée.

Ce palais, qui couvrait une surface de 151 751 mètres carrés au milieu du Champ-de-Mars, ne comprenait qu'un rez-de-chaussée et reproduisait la forme d'une ellipse, dont le grand axe, dirigé de l'École-Militaire au pont d'Iéna, mesurait

490 mètres de longueur, et dont le petit axe, allant de la porte Rapp à la porte de Suffren, atteignait environ 380 mètres.

Cette immense construction métallique, dans laquelle étaient entrés plus de 14 millions de kilogrammes de fer, était divisée en 7 galeries concentriques, affectées chacune à un groupe différent.

La galerie la plus extérieure, limitant l'enceinte du palais, était la galerie des machines, qui se distinguait des autres par ses dimensions exceptionnelles.

Supportée par 176 piliers, pesant chacun près de 12'000 kilogrammes, elle avait 35 mètres de largeur et 25 mètres de hauteur.

Au milieu de cette vaste galerie s'élevait sur une colonnade légère, à $4^m,50$ au-dessus du sol, une large plate-forme en fonte qui s'étendait, sans aucune solution de continuité, sur une longueur de plus d'un kilomètre. On montait sur cette plate-forme au moyen d'escaliers placés de distance en distance et l'on pouvait ainsi parcourir la galerie d'un bout à l'autre, et passer successivement en revue les différentes machines exposées.

Lors de l'Exposition de 1878, le Palais du Champ-de-Mars vint dépasser tout ce qui s'était fait auparavant ; l'innovation la plus importante consistait dans l'emploi de fermes de 35 mètres de portée, qui formaient les grandes salles extérieures et qui n'étaient soutenues par aucun tirant. Mais, comme nous allons le voir, l'Exposition de 1889 devait laisser loin derrière elle tous les résultats obtenus précédemment dans les constructions métalliques.

IV

LES PALAIS DE L'EXPOSITION DE 1889

Le Palais des Machines. — Le montage des fermes; la Compagnie de Fives-Lille et la Société des anciens établissements Cail. — Les Palais des *Beaux-Arts* et des *Arts libéraux*. — Le Dôme central.

Ce qui constituait le caractère prédominant de l'Exposition de 1889, sous le rapport de son édification, c'était la part colossale que l'industrie métallique avait su y prendre; et l'on peut dire que cette Exposition représentait, à ce point de vue, le triomphe écrasant du fer dans les constructions modernes.

La tour Eiffel et la grande Galerie des Machines montrent bien en effet à quel degré de perfectionnement en est arrivée la science de l'ingénieur, et sont deux exemples grandioses de ce que l'on peut obtenir avec le fer en fait de constructions gigantesques, présentant à la fois toutes les qualités de solidité, de légèreté et même, quoi qu'on en dise, d'élégance architecturale.

Le *Palais des Machines*, établi en face de l'École-Militaire, occupant toute la largeur du Champ-de-Mars, est un vaste hall couvrant une surface de près de cinq hectares, sans qu'aucun point d'appui intérieur vienne soutenir cette voûte colossale.

Sa longueur est de 420 mètres et sa hauteur de 45 mètres, c'est-à-dire que la colonne Vendôme y tiendrait facilement, à quelques centimètres près.

Il suffit, d'ailleurs, pour donner une idée des dimensions énormes de cette construction, de dire que le Palais de l'Industrie, qui n'est pourtant pas déjà très petit, entrerait tout entier dans le Palais des Machines.

La nef principale est divisée en 19 travées; la travée centrale mesure 26^m,40 dans le sens de la longueur du palais; les deux travées situées aux extrémités du palais ont 25^m,29, et enfin les 16 autres travées intermédiaires occupent chacune une longueur de 21^m,50.

Les fermes qui divisent la grande nef en dix-neuf travées sont reliées, dans les intervalles correspondant à ces travées, par douze pannes entretoisées elles-mêmes par une série de chevrons qui vont du faîtage jusqu'au chéneau et qui supportent de petites pannes servant d'appui aux fers à vitrage.

Malgré les dimensions inusitées de ces pièces métalliques, l'ingénieur en chef du Palais des Machines, M. Contamin, a réussi, en employant l'acier, à réduire le poids des fermes et de leurs accessoires à 148 kilogrammes par mètre carré de surface couverte.

Ajoutons que le savant ingénieur a fait établir tous les calculs destinés à la construction des fermes, de façon qu'elles pussent résister à des surcharges de

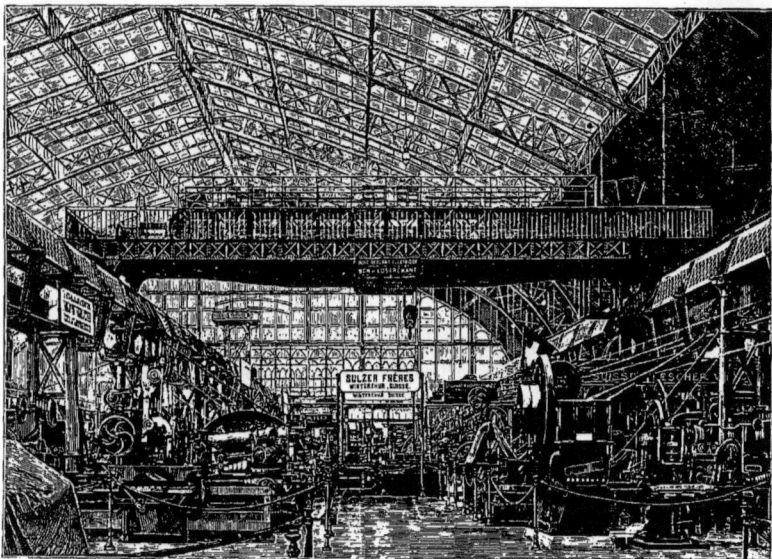

Intérieur du Palais des Machines pendant l'Exposition de 1889.

neige de 50 kilogrammes par mètre carré de couverture, et à une pression de vent correspondant à 120 kilogrammes par mètre carré de surface exposée.

La charpente comprend vingt fermes en acier, dont les dimensions dépassent celles de toutes les grandes fermes connues ; elles ne mesurent, en effet, pas moins de 110^m,60 d'ouverture, tandis que la grande ferme de la gare de Saint-Pancras à Londres, qui était jusqu'à ce jour citée comme la plus colossale du genre, ne mesure que 73 mètres.

Ces fermes gigantesques, qui reposent sur de solides assises en maçonnerie noyées dans le sol, présentent une particularité qui frappe et étonne au premier coup d'œil : au lieu de s'élargir à leur base, pour occuper une surface d'appui plus considérable, elles s'amincissent au contraire brusquement et n'appuient sur les sabots de fonte, que supportent les massifs de maçonnerie, que par des points relativement très petits ; mais ces points, qui ont été déterminés exactement par les calculs, sont

La Galerie des Machines.

précisément ceux par lesquels passe la ligne de poussée de chaque ferme, et la solidité est tout aussi certaine qu'avec les dispositions ordinaires, basées sur les règles
courantes de la construction architecturale.

La construction de la charpente métallique a été faite, pour une moitié du palais,
par la Compagnie de Fives-Lille, et, pour l'autre, par la Société des anciens établissements Cail, et ce qu'il y a eu de très intéressant dans ce double travail mené parall-
lèlement sous deux directions différentes, c'est que chacune des Compagnies a résolu
à sa façon le problème du montage des fermes.

Dans le système employé par la Compagnie de Fives-Lille, après des études faites
par M. Lantrac, ingénieur en chef du service des ponts et charpentes métalliques de
cette compagnie, les pièces devant servir à édifier chaque ferme étaient tout d'abord
assemblées et rivées sur le sol, au bas de la place qu'elle devait occuper, de façon à
constituer quatre tronçons, dont deux latéraux, destinés à former les pieds reposant
sur les massifs de maçonnerie, et deux médians, correspondant à la partie centrale,
à l'arc proprement dit.

Ces tronçons établis, leur montage était effectué au moyen d'un échafaudage
composé de trois énormes pylônes, deux latéraux et un central, montés sur galets et
pouvant se déplacer tout d'une pièce pour aller d'une ferme à l'autre.

Les tronçons latéraux formant les pieds de la ferme étaient levés par leur extrémité supérieure à l'aide de forts palans passant d'abord sur une poulie établie au
sommet du pylône latéral correspondant, puis sur une seconde poulie fixée au sommet du pylône central, et tirés par un treuil situé à la base de ce dernier; pendant
que leur partie supérieure s'élevait ainsi, la partie inférieure des tronçons latéraux
pivotait sur les supports en fonte de la fondation, de sorte qu'à la fin de l'opération
les pieds de la ferme se trouvaient mis en place d'une seule pièce.

Quant aux deux tronçons constituant la partie centrale de la ferme, on les soulevait ensuite par leurs extrémités, dans une seule opération, au moyen de quatre
palans, dont les câbles passaient sur autant de poulies établies au sommet des
pylônes, et étaient actionnés par les treuils installés à la base des pylônes.

Les quatre tronçons, amenés ainsi à la place qu'ils devaient occuper respectivement, étaient alors rivés ensemble, et le placement de la ferme se trouvait terminé
en moins d'une journée.

La Société des anciens établissements Cail a opéré d'une façon tout autre le
montage des dix fermes dont la construction lui avait été adjugée.

En effet, au lieu d'assembler ses fermes sur le sol en plusieurs tronçons et de
lever ensuite d'un seul coup ces masses énormes de fer, pesant 45 et 50 tonnes,
elle a effectué le montage pièce par pièce, en les assemblant par petits tronçons ne
dépassant pas en moyenne 3 000 kilogrammes.

Elle a employé pour ce travail un seul échafaudage de dimensions gigantesques,
qui tenait toute la largeur du palais et que l'on pouvait déplacer suivant l'axe de la
galerie; deux pylônes extérieurs, servant au montage des piliers des fermes, com-
plétaient l'installation.

La grande galerie centrale du Palais des Machines, une fois terminée dans ses deux moitiés par les deux compagnies chargées du travail, s'est trouvée avoir absorbé 7 millions et demi de fer.

Indépendamment de cette nef centrale, le palais comprend deux galeries latérales de 17ᵐ,50 de largeur, présentant un premier étage qui se continue également aux deux extrémités du bâtiment sous forme de tribunes supportées par des piliers.

Ajoutons que, seuls, les parties basses de la grande nef et les bas côtés ont une toiture en zinc; tout le reste du hall est couvert de verre strié, de sorte que cet espace immense est pour ainsi dire inondé de lumière. La décoration intérieure des parties basses de la couverture représente les armoiries de nos départements, des colonies et des principales villes de l'étranger. Cette décoration, qui a été exécutée par les artistes peintres Al. Rubé, Marcel Jambon et Ph. Chaperon, ne comprend pas moins de 134 panneaux; 10 d'entre eux, mesurant 16 mètres de côté, reproduisent les attributs des diverses capitales, et les 124 autres panneaux, qui ont 16 mètres de hauteur et 5 mètres de largeur, représentent les insignes des chefs-lieux des départements de la France, ainsi que ceux des grandes villes des autres pays.

Rappelons que c'est M. Dutert, architecte, qui a conçu le plan de la Galerie des Machines et qui en a surveillé l'exécution dans ses moindres détails. M. Contamin, de son côté, a calculé les conditions d'équilibre et de solidité de cet immense édifice.

Deux autres bâtiments métalliques, bien que moins importants que le Palais des Machines, attiraient cependant l'attention des visiteurs de l'Exposition au point de vue de leur construction; nous voulons parler des deux palais des *Beaux-Arts* et des *Arts libéraux*, qui ont été construits sur le même plan et qui sont situés parallèlement de chaque côté du Champ-de-Mars : celui des Arts libéraux vers l'avenue de Suffren, celui des Beaux-Arts vers l'avenue de Labourdonnais.

Leur charpente métallique comprend deux grandes nefs de 50 mètres de largeur, reliées par une salle carrée surmontée d'un dôme de 56 mètres de hauteur.

Nous devons également mentionner le grand dôme construit à l'entrée des galeries qui étaient destinées aux *Industries diverses*.

Ce dôme monumental, qui fait face à la tour Eiffel du côté de l'École-Militaire, dont il était séparé par l'exposition des Industries diverses et par le Palais des Machines, domine d'une hauteur de 70 mètres toute cette partie du Champ-de-Mars, et, dans sa masse imposante, il produit un fort bel effet et tient assez bien tête au géant de fer qui occupe l'autre extrémité du Champ-de-Mars.

Au sommet du dôme s'élève une statue colossale de 9 mètres de hauteur, représentant la France distribuant des palmes et des *lauriers*.

Cette statue énorme, qui est en zinc repoussé, est soutenue par une puissante ossature d'acier coulé, solidement soudée à la charpente de fer du dôme. La statue et son ossature d'acier pèsent environ 8 000 kilogrammes.

Cette ossature d'acier se compose d'une tige centrale qui suit la jambe gauche et s'étend jusqu'à la tête. Cette tige centrale a des rameaux divergents qui soutiennent les autres parties de la statue.

LA TOUR EIFFEL

I

LES FONDATIONS

Les plus hautes constructions du monde. — Travaux de M. Eiffel. — Le sol du Champ-de-Mars. — Emplacement de la tour. — Emploi des caissons à air comprimé. — Pression supportée par les fondations. — Bases des piliers.

Le projet hardi de M. Eiffel souleva de nombreuses protestations dans le monde des arts, rencontra de graves objections de la part du monde scientifique et suscita de vives polémiques. Malgré cela, le célèbre novateur poursuivit son œuvre avec confiance, et, aujourd'hui, la tour de 300 mètres, qui dresse sa flèche élancée sur les bords de la Seine, témoigne des succès éclatants de cette entreprise, qui avait été si discutée à ses débuts. Elle a été l'attraction principale de l'Exposition de 1889 et elle constitue encore un des monuments les plus remarquables de l'industrie métallurgique.

On sait que, entièrement construite en fer, cette tour colossale s'élève d'un seul jet à 300 mètres au-dessus du sol.

Pour juger de cette hauteur, rappelons, comme points de comparaison, les principales élévations atteintes jusqu'ici par les constructions humaines :

Colonne de la Bastille	47	mètres.
Tours de Notre-Dame	66	—
Sommet du Panthéon	77	—
Flèche de Notre-Dame	96	—

Flèche des Invalides.	105 mètres.
Saint-Pierre de Rome	132 —
Flèche de la cathédrale de Vienne	138 —
Flèche de la cathédrale de Strasbourg	142 —
Grande pyramide d'Égypte.	146 —
Flèche de la cathédrale de Rouen.	150 —
Flèche de la cathédrale de Cologne	159 —

Mentionnons enfin le grand obélisque en granit, inauguré ces dernières années, à Washington, dont la hauteur est de 170 mètres.

La tour de 300 mètres n'est pas la première entreprise hardie que M. Eiffel ait

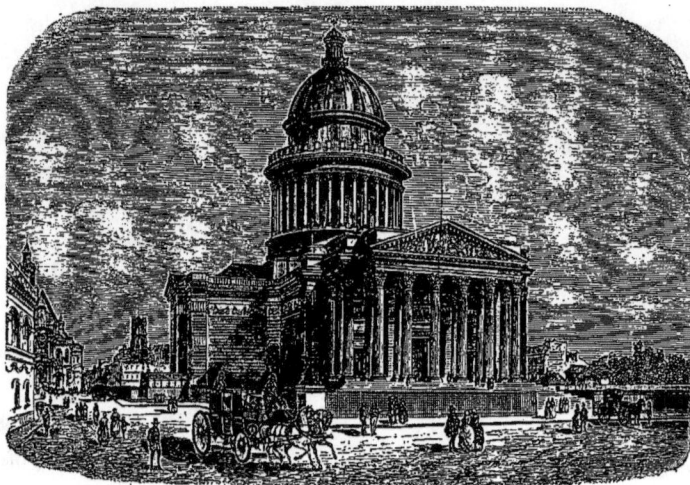

Le Panthéon.

réalisée. Des travaux considérables avaient déjà attiré l'attention sur le nom de cet habile ingénieur.

Citons, entre autres, la coupole de l'observatoire de Nice, qui surpasse en dimensions celle du Panthéon, la charpente de la statue colossale de la Liberté éclairant le Monde, le pont de fer du Douro, le viaduc métallique de la Tardes, près de Montluçon, qui est à 80 mètres au-dessus du sol, et celui de Garabit, dans le Cantal, qui est à 124 mètres, œuvres gigantesques qui ont fait la renommée de l'éminent ingénieur.

A l'époque de la construction nous avons visité les chantiers de la tour avec M. Eiffel. Grâce à son obligeance, nous avons été à même de nous rendre compte des travaux. Nous résumons ici les points principaux des diverses opérations qui ont concouru à l'édification de ce monument.

Lorsqu'on pénètre sous les arches gigantesques qui s'élèvent si audacieusement au milieu de l'enchevêtrement des échafaudages, on se demande quelles précautions ont dû être prises pour établir les fondations de cette tour colossale.

M. Eiffel a bien voulu nous fournir à ce sujet des renseignements très intéressants.

De nombreux sondages ont permis de constater que l'assise inférieure du Champ-de-Mars est formée d'une couche d'argile plastique de 16 mètres environ d'épaisseur, reposant sur la craie. Au-dessus on rencontré un banc de sable et gravier compact, présentant toutes les qualités nécessaires à l'établissement des fondations.

Dans toute l'étendue du Champ-de-Mars proprement dit, et appartenant à l'État, cette couche de sable a une épaisseur moyenne de 6 à 7 mètres. Dans le squaré appartenant à la ville, il semble que l'on soit en présence de l'ancien lit de la Seine ; l'action des eaux aurait réduit la hauteur du banc de sable qui va toujours en diminuant, pour devenir à peu près nulle quand on arrive au lit actuel.

La couche solide de sable et gravier est surmontée elle-même d'une épaisseur variable de sable fin, de sable vaseux et de remblais de toute nature, impropres à recevoir des fondations.

Pour des raisons administratives, la tour ne devait pas être construite sur la partie du Champ-de-Mars appartenant à l'État, où les fondations n'auraient présenté aucune difficulté. On désirait l'éloigner le plus possible des bâtiments de l'Exposition. Mais il fallut renoncer à l'élever sur le quai de la Seine, car on ne pouvait songer à placer directement sur l'argile les fondations d'un monument aussi considérable.

En définitive, M. Eiffel obtint que la tour fût élevée à l'extrême limite du square. En cet emplacement les pieds sont séparés de l'argile par une épaisseur suffisante de gravier.

Les fondations des deux piles qui sont situées du côté de l'École-Militaire ont été facilement établies. On a trouvé, à 7 mètres de profondeur, c'est-à-dire au niveau normal de la Seine, le banc de sable et de gravier dont la hauteur est à ce point de 6 mètres environ.

Les Invalides.

27

On a construit pour ces deux piles une fondation parfaite dont le massif infé-rieur est constitué par une couche de béton de ciment coulé à l'air libre.

Quant aux fondations des deux piles situées du côté de la Seine, les difficultés ont été tout autres. Il fallait traverser une épaisseur de terrains vaseux et marneux, prove-nant des alluvions récentes de la Seine ; il fallait descendre à une profondeur de 5 mètres au-dessous du niveau des eaux, pour rencontrer le gravier solide.

Cathédrale de Strasbourg.

De nombreux sondages furent opérés avec un soin tout particulier, et il fut constaté que jusqu'à l'argile on ne trouvait au-dessous de la cou-che de sable et de gravier que du sable pur, du grès ferrugineux et un banc de calcaire chlorité.

On était ainsi en présence d'une couche incompressible qui avait une épaisseur de 3 mètres à la pile qui est située du côté de Gre-nelle, et de 6 mètres environ à la pile qui est située du côté de Paris.

On pouvait avoir toute sécurité, d'autant plus que, d'après les calculs qui déterminent les moindres dé-tails de construction, la pression maxima exercée sur le sol de fon-dation, même en y comprenant l'ef-fet du vent, ne devait pas dépasser 4 kilogrammes par centimètre carré. Or cette pression aurait pu être supportée à la rigueur par la couche d'argile.

Les fondations devant s'établir à 5 mètres au-dessous du niveau de la Seine, il n'était plus possible de procéder de la même façon que pour les deux premières piles. A partir du niveau des eaux on ne pouvait continuer à ciel ouvert une fouille que les infiltrations d'eau auraient continuellement interrompue.

M. Eiffel adopta l'emploi des caissons à air comprimé dont on fait usage dans les travaux des ports et pour les fondations des piles de ponts. Mais les fondations de ces deux piles offrirent peu de difficultés, si on les compare à la construction des fondations des murs des ports d'Anvers et de Saint-Malo, où les ouvriers étaient obligés de creuser 15 et 18 mètres sous une mer parfois agitée, tandis que dans les caissons des piliers de la tour ce travail s'opérait seulement à quelques mètres au-dessous du sol.

Les caissons à air comprimé employés au Champ-de-Mars consistaient chacun

La tour Eiffel et les plus grands Monuments du Monde.

en une grande caisse de tôle, divisée horizontalement en deux compartiments. Le compartiment supérieur était à ciel ouvert et contenait une couche de béton. Le compartiment inférieur était au contraire ouvert par le bas ; ses parois taillées en biseaux, garnies de maçonnerie, s'enfonçaient dans le sol. Le caisson descendait de 30 à 35 centimètres par jour.

Le caisson étant placé sur une couche de sable saturée d'eau, le poids du béton contenu par le compartiment supérieur le faisait pénétrer dans cette couche. En augmentant la quantité de béton on faisait enfoncer davantage le caisson.

En descendant ainsi, le compartiment inférieur se serait rempli d'eau sans l'air comprimé qui, fourni par deux cheminées verticales, refoulait l'eau qui tendait à s'infiltrer entre les parois.

Ces cheminées contenaient une échelle qui servait au va-et-vient des ouvriers. Ceux-ci, enfermés dans le compartiment inférieur, éclairé par des lampes électriques, creusaient le sol à l'aide de pioches et de pelles. Les matériaux étaient extraits par les cheminées.

Lorsque l'appareil eut atteint la couche de terrain solide, on remplit de béton la cavité inférieure, on acheva de

Cathédrale de Vienne.

remplir le compartiment supérieur et l'on constitua ainsi la première assise de la fondation, composée d'une masse de béton dont le caisson de tôle ne formait plus que l'enveloppe.

C'était, nous l'avons dit, par les cheminées que circulaient les ouvriers et les matériaux. Ces cheminées, étant, comme le compartiment inférieur, remplies d'air comprimé, ne pouvaient s'ouvrir directement à l'air extérieur ; pour passer du caisson au dehors, ou inversement, les ouvriers devaient entrer dans une cloche intermédiaire où la cheminée se terminait par un clapet, fermé lorsque la cloche communiquait avec l'air extérieur, ouvert lorsque la communication cessait.

Une bouche recourbée, fermée également par un clapet, servait à rejeter au dehors les déblais montés dans la cloche, à l'aide de seaux, par une chaîne s'enroulant sur une poulie. Une autre bouche servait à l'entrée du béton.

Colonne de la Bastille.

En général le travail dans les caissons n'est pas sans dangers pour les ouvriers. Ce n'est pas que le séjour dans l'air comprimé présente en lui-même de graves inconvénients, tant que la pression n'est pas trop considérable; les ouvriers éprouvent en entrant une sensation particulière sur le tympan, une sorte de bourdonnement dans les oreilles, qui disparaît bientôt. Mais c'est la rentrée brusque des eaux qui est toujours à redouter, car il suffit pour cela que l'air comprimé cesse un instant de leur faire équilibre. Cet accident peut être amené par diverses causes : ou bien on rencontre dans le sol mouvant des cavités par où l'air peut s'échapper plus vite qu'il n'est fourni par les pompes, ou bien, la pression de celles-ci devenant trop forte, tout le caisson est soulevé en laissant sous ses parois un vide où l'eau se précipite aussitôt. Au Champ-de-Mars toutes les précautions nécessaires avaient été prises pour éviter de pareilles catastrophes.

Ajoutons que l'air comprimé était fourni par des pompes indépendantes du caisson.

Les caissons employés pour les fondations de la tour Eiffel avaient 15 mètres de longueur sur 6 mètres de largeur; ils étaient au nombre de quatre par pile.

Fondations des piles de pont.

De même, pour les deux piles qui sont situées du côté de l'École-Militaire, les fondations de chaque pile se composent de quatre cubes de béton reposant sur le gravier; nous avons déjà dit que, pour ces deux piles, le béton avait été coulé à l'air libre. Les fondations de la tour comportent donc en tout seize assises de béton, dont chacune supporte un massif de maçonnerie, noyé dans le sol. La partie supérieure de ce massif est couverte de deux revêtements superposés de pierres de taille, qui font saillie et supportent, par l'intermédiaire d'un sabot de fonte, une des quatre arêtes de la pile. Les quatre pieds de pierres de taille sont placés aux angles d'un grand carré de 15 mètres de côté. Ils sont inclinés dans le sens des arêtes, c'est-à-dire à 52 degrés par rapport à l'axe du Champ-de-Mars.

La stabilité de la tour est assurée par son poids propre, mais, par surcroît de précaution, chacune des arêtes est reliée au soubassement à l'aide de deux boulons de $7^m,80$ de longueur sur $0^m,10$ de diamètre, scellés dans la maçonnerie et engainés dans les sabots de fonte.

Ces boulons ont été utilisés pour le montage, ainsi que nous l'expliquerons.

Les pressions que devaient supporter le sol de fondation et les pieds ont été calculées très minutieusement.

Sur le sol de fondation des deux piles voisines de la Seine, qui est à une profondeur de

Un des pieds de la tour Eiffel.

14 mètres, la pression verticale, répartie sur une surface de 90 mètres carrés, représente une charge de $3^{kg},7$ par centimètre carré, en tenant compte du vent.

Pour les deux piles voisines du Champ-de-Mars, la pression sur le sol, à une profondeur de 9 mètres répartie sur une surface de 60 mètres carrés, est de $3^{kg},3$ par centimètre carré.

Les maçonneries supportent au maximum de 4 à 5 kilogrammes par centimètre carré.

Quant aux assises de pierres de taille, elles seraient capables de soutenir 1 235 kilogrammes en moyenne par centimètre carré. Ce chiffre est le résultat d'expériences faites à l'École des ponts et chaussées et au Conservatoire des arts et métiers. Or la pression sous les sabots en fonte n'est en réalité que de 30 kilogrammes par centimètre carré. Les assises de pierre pourraient donc supporter un poids quarante fois plus grand.

Ces chiffres sont éloquents. Ils disent dans quelles conditions de solidité et de stabilité les fondations de la tour Eiffel ont été établies.

En approchant de l'un des pieds, on aperçoit, par une ouverture ménagée dans le sabot de fondation, le piston d'une presse hydraulique dont nous parlerons plus loin.

Les quatre pieds de chaque pile sont entourés d'une enceinte de murs peu élevés, fondés sur des piliers avec arcades, et formant un carré de 26 mètres de côté.

Ces murs soutiennent un socle de maçonnerie, derrière lequel disparaissent les pieds de pierre de taille, les sabots de fonte et la base des arêtes des piles.

Les fossés qui avaient été creusés lors de la pose des fondations ont été comblés jusqu'au niveau du sol, sauf pour la base de la pile qui regarde l'École-Militaire et Grenelle.

Au bas de cette pile se trouve une cavité souterraine, comprise entre les quatre murs d'enceinte et découvrant les massifs de maçonnerie des quatre pieds.

Cette cavité a été réservée à l'installation des machines nécessaires au fonctionnement des ascenseurs qui permettent de transporter les visiteurs à 300 mètres de hauteur.

A la base de chaque pile se trouvent deux tuyaux en fonte de 50 centimètres de diamètre, dont la partie supérieure émerge de la terre ; de petits câbles en fil de fer les mettent en communication avec la partie métallique de la tour qui se termine par un paratonnerre. Les tuyaux se prolongeant dans le sol jusqu'à la nappe aquifère, où ils sont immergés, on obtient ainsi l'écoulement de l'électricité atmosphérique. Grâce à ces précautions, la tour est parfaitement protégée contre la foudre.

Comme on le voit, la tour Eiffel s'élève sur des assises inébranlables, qui sont, à elles seules, une merveille de science et d'architecture.

II

LE 1ᵉʳ ÉTAGE

Méthode de M. Eiffel. — Montage des piles. — Point d'appui. — Les échafaudages. — Les escaliers. — Bases du 1ᵉʳ étage. — Emploi de la presse hydraulique et de la boîte à sable pour l'ajustement des poutres transversales. — Vue d'un chantier. — Les riveurs. — Travaux préparatoires des ingénieurs. — Installation provisoire au premier étage.

La construction de ce monument grandiose présentait, par ses proportions exagérées, des difficultés toutes nouvelles ; M. Eiffel a dû les prévoir et prendre à l'avance les dispositions nécessaires pour les surmonter.

Un des points les plus caractéristiques de cette entreprise gigantesque est que, toutes les dimensions ayant été calculées dans les bureaux, la tour a été construite sur le papier, sous forme d'épures, avant de s'élever au Champ-de-Mars. Les pièces de fer arrivaient au chantier prêtes à être posées, à être mises bout à bout, percées pour être jointes par des rivets. Aucune correction, aucune retouche n'était faite par les ouvriers du chantier, et les mesures étaient si précises que le montage se faisait avec une régularité mathématique.

Si, à une certaine hauteur, des écarts inévitables de quelques centimètres se sont produits entre les trous qui devaient communiquer exactement, ces écarts avaient été prévus, et, ainsi que nous le verrons plus loin, des engins spéciaux avaient été établis longtemps à l'avance pour pouvoir les faire disparaître à un moment donné.

Chaque pile a la forme d'un prisme à base quadrangulaire de 15 mètres de côté.

Réduite à sa plus simple expression, elle se compose de quatre arêtes, ou arbalétriers, reliés entre eux par des pièces de fer ajourées, disposées en croix de Saint-André, et par des traverses horizontales, également ajourées, formant des panneaux de 12ᵐ,50 environ de hauteur. Ces traverses servent de cadre, avec les arbalétriers, aux croix de Saint-André.

Les quatre faces de chaque pile se décomposent chacune en quatre panneaux avant d'atteindre la base inférieure du premier étage.

Le montage des piles a été une opération très importante; nous la décrirons sommairement.

Disons tout d'abord que les pièces de fer nécessaires à l'édification de la tour étaient amenées par une grue roulante qui les déchargeait au centre du vaste emplacement déterminé par les pieds des piles, où elles étaient classées.

De là, les pièces étaient transportées dans la direction qui leur convenait, le long de quatre voies ferrées conduisant à la base des piles.

Les pièces destinées aux arêtes et arbalétriers étaient des tronçons de poutres de fer, creuses, carrées, de 0^m,80 de côté, pesant de 2 500 à 3 000 kilogrammes.

Le montage de ces tronçons se divise en deux périodes bien distinctes, si l'on considère les moyens employés.

Les premiers tronçons furent fixés aux socles par les deux boulons que nous avons décrits précédemment.

Ils s'appuient sur les assises de pierres de taille par l'intermédiaire d'un soutènement, composé d'un sabot de fonte pesant 5 500 kilogrammes et d'une pièce en acier fondu du poids de 2 700 kilogrammes.

Ainsi que nous l'avons déjà dit, une cavité a été ménagée dans l'intérieur du sabot de fonte. Cette cavité reçoit le cylindre d'une presse hydraulique capable de soulever 800 000 kilogrammes.

La pièce en acier repose, par les bords, sur la partie supérieure du sabot en fonte; elle pénètre dans la chambre pratiquée à l'intérieur du sabot, où elle est en contact avec le piston de la presse hydraulique.

Nous expliquerons plus loin comment et dans quelles circonstances on a dû soulever les piles à l'aide de ces presses hydrauliques.

Les tronçons des arbalétriers une fois amenés au pied de la pile, il s'agissait de les élever à la hauteur voulue. Pendant la première période du montage, c'est-à-dire jusqu'à l'altitude de 26 mètres, on se servit pour cela d'engins ordinairement employés en pareil cas. Ils se composaient de longues pièces de bois disposées en forme d'A majuscule. Un treuil était placé au bas. La pièce à soulever était accrochée à la chaîne du treuil, qui elle-même glissait sur une poulie fixée au sommet des pièces de bois. Comme on le voit, cet appareil était des plus simples.

Les tronçons des arbalétriers amenés dans l'inclinaison nécessaire, et superposés bout à bout, étaient unis à l'aide de huit plaques appliquées deux par deux sur chaque face de l'arête, l'une au dehors, l'autre au dedans; chacune de ces plaques était percée de seize rangées de trous qui recevaient provisoirement des boulons.

On procédait ensuite à la pose des fers qui forment les croix de Saint-André et les traverses horizontales. Ces fers étaient montés de la même façon que les tronçons des arêtes.

Ces pièces, en reliant entre eux les arbalétriers de la pile, contribuaient à régler leur position et leur donnaient de la solidité. On les plaçait au fur et à mesure de l'élévation des arbalétriers.

Après les monteurs, venaient les riveurs, qui remplaçaient les boulons provisoires par des rivets définitifs.

De distance en distance, à mesure que la pile s'élevait, on établissait des planchers qui servaient de centre d'approvisionnement. Les pièces de fer y étaient amenées. De là, on les répartissait à la place qui leur convenait.

Les piles furent ainsi construites jusqu'à 26 mètres de hauteur.

C'est à partir de ce point que commença ce que nous avons appelé la seconde période du montage des piles.

Les piles ont, comme nous l'avons déjà dit, une inclinaison de 52 degrés. Si on

Presse hydraulique.

laissait tomber une pierre de l'extrémité d'une pile, à la hauteur du premier étage, la place où elle tomberait sur le sol serait éloignée de 30 mètres de la base.

Il est facile de comprendre qu'une inclinaison aussi accentuée devait tendre à produire le renversement de la pile.

Le calcul avait prévu que ce renversement ne serait à craindre qu'à partir de la hauteur de 26 mètres. Jusque-là la pile avait donc été construite comme s'il s'était agi d'une pile verticale. Ajoutons que les deux boulons fixés au socle contribuaient à assurer la stabilité de la pile.

Dès la hauteur de 26 mètres, la pile ne devait donc plus être en équilibre, selon les prévisions de M. Eiffel.

Il fallut alors la soutenir par des échafaudages ayant à peu près la forme de pyramides. Dans chaque pile les trois arêtes intérieures furent seules soutenues par ces charpentes. La quatrième arête ne pouvait l'être à cause de sa position.

Ici nous ferons remarquer, en passant, que les arbalétriers ne s'appuyaient pas directement sur les échafaudages. Ils s'appuyaient sur eux par l'intermédiaire d'un appareil appelé boîte à sable, et d'une console en acier, sur lesquels nous reviendrons plus loin.

Grâce à ces étais, qui s'arc-boutaient contre les arbalétriers, les piles ont pu être élevées, tout en étant isolées, jusqu'à la hauteur de 45 mètres, sans le moindre affaissement. La partie inférieure de la pile servant de contrepoids à la partie qui restait à construire, il n'y avait pas de renversement à craindre. Ces échafaudages en pylônes étaient au nombre de douze. Ils comportaient 600 mètres cubes de bois.

Les mesures que nous venons d'indiquer constituent déjà une différence avec la première période de montage des piles. Nous trouvons une seconde différence dans le mode d'élévation des pièces de fer.

Dès lors, il devenait impraticable de continuer à monter les poutres de fer à l'aide de l'A en charpente que nous avons décrit.

M. Max de Nansouty, dans un article du *Génie civil* écrit au moment de la construction, résume ainsi les dispositions qui furent prises :

« A l'intérieur des montants de la tour, dit-il, contre les arbalétriers, sont placées des poutres offrant une surface plane et qui serviront à la montée des ascenseurs.

« Les constructeurs de la tour ont eu l'idée ingénieuse de s'en servir, au fur et à mesure de la mise en place, pour la continuation du travail.

« A cet effet, quatre grues de 12 mètres de volée et de la force de 3000 kilogrammes furent montées sur ces poutres, qui leur servirent en quelque sorte de glissières, et contre lesquelles, d'étage en étage, de 4 mètres en 4 mètres par exemple, elles vinrent se fixer et se boulonner temporairement.

« Ces grues sont à portée variable; elles pouvaient donc répartir dans tout leur cercle d'action les matériaux nécessaires.

« Un nouveau tronçon étant construit, la grue était élevée à l'étage suivant, et ainsi de suite. »

Ajoutons que le poids de la grue était de 15000 kilogrammes.

Les tronçons des arêtes étaient élevés par cet engin à l'aide de longues chaînes de fer, et étaient portés par elles sur les tronçons déjà placés, avec l'inclinaison nécessaire.

La pose et le rivetage des pièces de fer se firent dans la seconde période du montage, comme nous l'avons déjà dit.

C'est ainsi que furent construites les quatre piles qui servent de base à la tour de 300 mètres.

Les chemins sur lesquels portent les ascenseurs ont été placés au fur et à mesure du montage. Concurremment avec l'ascenseur, un escalier a été construit dans l'intérieur de chaque pile. Comme il n'est pas soutenu par des consoles inférieures, et qu'il est au contraire suspendu par des barres de fer, il est d'un aspect fantastique, paraissant s'élever dans le vide en zigzags audacieux. Au demeurant, il est très doux; des paliers sont ménagés à des distances assez rapprochées.

Lorsque les piles eurent atteint la hauteur de 45 mètres, on procéda à la mise en place des quatre poutres transversales, de 42 mètres de longueur chacune, qui relient entre elles les piles, les maintiennent en équilibre et servent de première base au plancher de la salle du restaurant.

Un échafaudage vertical de 45 mètres de hauteur avait été préalablement dressé au milieu de chaque face de la tour, se terminant, au sommet, par une plate-forme de 25 mètres. La charpente de cet échafaudage était une merveille de simplicité, de hardiesse, d'équilibre, de précision et de force.

Les pièces métalliques devant former la partie centrale de chaque poutre transversale furent montées sur la plate-forme, et le montage ainsi amorcé se fit à droite et à gauche en allant vers les piles ; les poutres vinrent rejoindre celle-ci, comme le tablier d'un pont d'une seule portée se relie aux culées.

M. Eiffel avait déjà employé ce procédé à la construction de plusieurs ponts importants, et entre autres de ceux de Cubzac et de Szegedin.

C'est au moment où les poutres trans-

Montage de la tour Eiffel.

versales durent être fixées, boulonnées et rivées aux arbalétriers, qu'intervint l'usage des presses hydrauliques ou vérins et des boîtes à sable dont nous avons parlé en décrivant les diverses opérations du montage des piles.

Il était matériellement impossible, en effet, malgré les calculs les plus minutieux, de parvenir à faire joindre exactement, à la hauteur de 45 mètres, les trous percés à l'avance.

Un léger écart de quelques centimètres devait inévitablement se produire. Cet écart avait été prévu et les appareils destinés à le corriger avaient été mis en place au fur et à mesure du montage.

La presse hydraulique, logée, comme nous l'avons dit, dans une chambre spéciale ménagée à l'intérieur du sabot en fonte du pied, devait soulever l'arbalétrier à la hauteur nécessaire, en lui imprimant un mouvement dans le sens de son axe.

La boîte à sable, qui servait d'intermédiaire entre l'arbalétrier et l'échafaudage pyramidal de 26 mètres, devait faire baisser l'inclinaison de l'arête, en agissant dans le sens d'une ligne perpendiculaire au sol.

La nécessité de cet abaissement se conçoit, étant donné que les arbalétriers avaient été montés suivant une inclinaison moins grande de quelques centimètres, dans la prévision d'un affaissement très faible.

L'affaissement ayant été moindre qu'il n'avait été supposé, il devenait nécessaire de le produire artificiellement au moyen des boîtes à sable, pour arriver à faire joindre les trous destinés aux boulons et aux rivets.

Rappelons qu'une console accessoire avait été interposée entre le piston de la boîte à sable et l'arbalétrier.

S'il fallait relever l'inclinaison au lieu de l'abaisser, on avait la ressource de soulever l'arête par l'intermédiaire de la console en acier en employant un vérin hydraulique analogue à ceux qui étaient au bas de la pile.

Tel était le rôle qui revenait à chacun de ces appareils destinés à faire disparaître l'écart produit, entre les trous de rivets, aux points de jonction des arbalétriers et des premières poutres transversales.

Nous donnerons une description élémentaire de leur fonctionnement.

Le vérin employé au soulèvement des piles de la tour de 300 mètres consistait en un cylindre d'acier forgé de $0^m,62$ de diamètre extérieur, dont les parois avaient 95 millimètres d'épaisseur. Un piston de 43 centimètres de diamètre se mouvait dans ce cylindre.

Une pompe foulante fournissait et comprimait l'eau que contenait le piston, qui soulevait lui-même l'arbalétrier.

La communication entre la pompe foulante et le cylindre du vérin se faisait par un tuyau de 6 millimètres de diamètre.

Chaque vérin avait été éprouvé à une pression de 600 atmosphères, qui équivaut à un poids de 9 millions de kilogrammes. Or la tour pèse environ 8 millions de kilogrammes. Les vérins de la tour étaient donc suffisamment puissants pour soulever les piles s'il devenait nécessaire de corriger un écart entre les pièces de fer.

Il est intéressant de remarquer que ce poids considérable pouvait et peut encore être soulevé à l'aide de deux hommes seulement. Ils suffisent, en effet, à mouvoir le levier de la pompe foulante qui sert à comprimer l'eau du vérin.

Le piston agit sur l'arbalétrier par l'intermédiaire du centre de la pièce en acier, que supporte par ses bords le sabot de fonte, et qui rend l'arête indépendante de l'appui de la fondation.

Pour maintenir le soulèvement produit par le vérin, on glisse entre le sabot de

fonte et les bords de la pièce en acier des cales en fer, qui rendent définitif l'exhaus-
sement de l'arbalétrier.

Tout a été réglé minutieusement pour que l'élévation se fasse avec une précision
mathématique.

La boîte à sable, qui se trouvait à 26 mètres de hauteur, est un appareil fréquemment employé pour l'opération dite du décintrement des ponts. C'est l'opération qui
consiste à enlever les échafaudages en bois qui ont permis de construire l'arche ou
les arches d'un pont de pierre.

La boîte à sable qui nous occupe est un cylindre en fonte rempli de sable très fin.
Un piston, qui s'appuie sur le sable, soutient par sa partie supérieure la console en
acier qui supporte elle-même la face inférieure de l'arbalétrier. Un bouchon placé à
la base de la boîte permet de faire écouler le sable par très petites quantités, ce qui
fait insensiblement descendre le piston qui repose sur la couche de sable.

On comprend facilement que l'inclinaison de l'arbalétrier puisse être ainsi
abaissée et très exactement réglée; chaque petite quantité de sable écoulée correspond à un certain abaissement du piston, et, par suite, à une certaine augmentation
de l'inclinaison de l'arête.

Grâce à ces appareils, on a pu régler la position des arbalétriers de façon que les
trous destinés à recevoir les rivets se recouvrent sans subir la moindre retouche.

Cette condition est absolument indispensable pour l'équilibre de la tour, vu que
toutes les dimensions ont été calculées de façon que la pression se répartisse également sur les arbalétriers et, par leur intermédiaire, sur les socles de fondation.

Les quatre poutres transversales qui constituent la première base du plancher
du premier étage formaient, une fois posées et rivées aux arêtes, un cadre horizontal
assez puissant pour empêcher les piles de s'affaisser. Dès lors, on aurait pu détruire
les échafaudages qui les soutenaient. Ils furent néanmoins maintenus provisoirement
pour plus de sécurité.

Quand les piles eurent atteint une hauteur de 30 mètres, on forma un second
étage de poutres horizontales, reliant les seize arbalétriers et assurant davantage la
solidité de l'ensemble.

Ces poutres supérieures ont été construites par un procédé différent de celui qui
avait été employé pour le cadre inférieur. Au lieu de partir du centre pour aller
rejoindre les piles à droite et à gauche, les pièces de fer, qui devaient composer les
poutres, ont été au contraire placées en partant des piles pour se rejoindre au centre.

Ces rangées de poutres transversales sont reliées entre elles, sur chaque face de
la tour, par des pièces de fer entre-croisées. Ainsi constituée, la base est inébranlable.

Le spectacle auquel il nous a été donné d'assister, lors de notre visite à la
partie supérieure du premier étage, pendant les travaux, était véritablement saisissant.

A une hauteur de près de 60 mètres, au milieu d'un enchevêtrement très com-
pliqué de fers rougis par le minium, ajourés, entre-croisés, où l'œil se perdait; au-
dessus d'une masse confuse et grisâtre de charpentes de bois, paraissant très petits

dans un ensemble aussi grandiose, deux cent cinquante ouvriers, parfaitement disciplinés, allaient et venaient, portaient de longues poutres sur leurs épaules, grimpaient et descendaient avec une agilité surprenante dans les entre-croisements des fers; on entendait retentir les coups de marteau précipités des riveurs dont les forges avaient une flamme claire et vacillante de feux follets; les ouvriers, comme pénétrés de l'importance de leur tâche, étaient actifs et silencieux; seuls les contremaîtres élevaient la voix pour donner des ordres.

Les quatre grues, qui ont monté une à une toutes les pièces de cette imposante armature métallique, se détachaient sur le ciel avec leurs grands leviers, aux quatre coins de ce chantier aérien. Une équipe spéciale d'ouvriers s'empressait sur leurs plates-formes et faisait manœuvrer ces engins puissants.

Vingt postes de riveurs étaient formés. Un poste de riveurs se composait de quatre ouvriers et d'une forge portative.

Un jeune ouvrier appelé *mousse* était chargé de la soufflerie de la forge; il apportait le rivet chauffé à blanc à un ouvrier nommé *teneur de tas*, qui enfonçait ce rivet dans le trou, en le maintenant par la tête déjà formée.

Le *riveur* frappait sur l'extrémité opposée pour l'écraser et commencer à former rapidement l'autre tête; le quatrième ouvrier, appelé *frappeur*, la terminait en frappant sur elle, à tour de bras, avec une masse de 5 à 6 kilogrammes.

Pendant les courtes journées d'hiver, à la tombée de la nuit, les vingt forges allumées en plein vent jetaient des lueurs sinistres sur ce fouillis de poutres, qui prenait un aspect fantastique.

Les ouvriers, travaillant le plus tard possible, s'agitaient comme des ombres entre ces feux rougeâtres et fumeux.

D'autres ouvriers étaient employés à la construction des charpentes et des planchers provisoires établis pour la facilité du travail et pour la sécurité des ouvriers.

D'autres enfin étaient chargés de transporter les pièces métalliques des grues à la place qui leur convenait.

Au début de l'entreprise, on avait prétendu que des difficultés surgiraient au sujet des ouvriers, que le travail serait très dangereux à de pareilles hauteurs, qu'il y aurait beaucoup d'accidents, qu'il faudrait se pourvoir d'équipes spéciales.

M. Eiffel a démontré, d'après les résultats qu'il a obtenus lors du montage des deux plus hauts viaducs métalliques qu'il y ait en France, les viaducs de la Tardes (80 mètres au-dessus du sol) et de Garabit (120 mètres), que ces craintes n'étaient pas fondées. M. Eiffel faisait aussi remarquer que c'était une erreur de croire que la tendance au vertige augmente avec la hauteur, que c'était précisément le contraire. Toutes les personnes qui sont montées en ballon en ont fait l'observation.

D'ailleurs, les ouvriers de la tour de 300 mètres ne travaillaient pas dans le vide; ils se tenaient sur les planchers provisoires auxquels nous venons de faire allusion. Les prévisions de M. Eiffel ont été pleinement justifiées. Les ouvriers travaillaient avec une tranquillité et une assurance probantes. Il faut aussi signaler le courage dont ils ont fait preuve durant les froids rigoureux de l'hiver. Malgré la neige qui tombait, malgré la gelée si forte que « les mains *collaient aux pièces* », suivant

Au sommet de la tour Eiffel. La descente des ouvriers. (Gravure extraite de l'*Illustration.*)

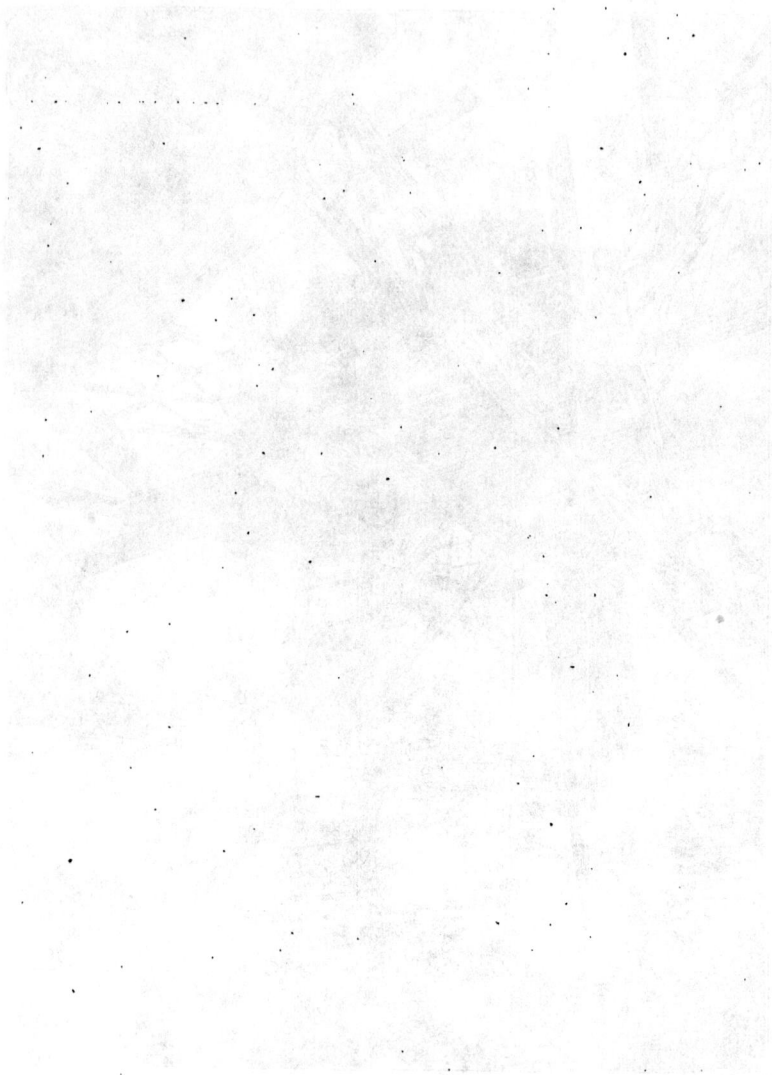

l'expression pittoresque de l'un d'eux, ils n'ont jamais déserté le chantier, tandis que les travaux de l'Exposition étaient abandonnés, bien que le froid fût sensiblement plus vif sur la tour que dans l'étendue du Champ-de-Mars.

Grâce à cette assiduité, grâce aussi à la discipline qui animait les ouvriers, les travaux ont été promptement et habilement menés, sous la direction de M. Compagnon, un habile praticien, qui avait déjà à son actif le montage de plusieurs travaux importants de M. Eiffel, et entre autres celui du viaduc de Garabit.

Mais si aucun accident n'est venu entraver cette entreprise audacieuse, il faut aussi attribuer ce succès à la précision avec laquelle tout a été prévu et calculé par les soins de l'éminent ingénieur.

La tour ayant été divisée en vingt-sept panneaux, chaque panneau a donné lieu à une épure distincte, qui elle-même a été développée en un grand nombre de dessins géométriques dont toutes les dimensions ont été calculées, à l'aide des logarithmes, à une fraction de millimètre.

Les pièces métalliques devant concourir à la construction de la tour s'élèvent au nombre de douze mille. Or chaque pièce exigea un dessin spécial, où l'on détermina ses dimensions, et notamment la position exacte et l'ouverture des trous destinés à recevoir les rivets.

Les épures comportèrent cinq cents dessins d'ingénieur pour l'étude des vingt-sept panneaux, et deux mille cinq cents feuilles de dessins d'atelier de 1 mètre de largeur sur 80 centimètres de hauteur.

Quarante dessinateurs et calculateurs installés dans les bureaux de Levallois-Perret ont consacré deux ans à ce travail minutieux.

C'est également aux ateliers de Levallois-Perret que les plaques de tôle destinées à l'assemblage des pièces métalliques étaient percées de trous à rivets.

Le nombre de ces trous atteint le chiffre de 7 millions pour la tour entière. L'épaisseur des plaques de tôle étant en moyenne de 10 millimètres, les trous placés bout à bout formeraient un tube de 70 kilomètres de longueur. Les rivets employés pour la construction totale sont au nombre de deux millions cinq cent mille.

Pendant les quelques semaines qu'il a fallu pour construire la puissante poutraison qui assure la solidité du monument, les progrès paraissaient moins sensibles et l'élévation de la tour semblait rester stationnaire. Cependant les ouvriers redoublaient d'activité et achevaient la charpente compliquée qui remplit presque toute l'épaisseur de la tour sur une hauteur de 10 mètres.

La première plate-forme forma bientôt une surface plane, munie d'un plancher de briques légères et évidées, sur lesquelles on étendit une couche de ciment. Cette première surface fut recouverte par un véritable plancher dont elle est destinée à amortir la résonance. On ménagea au centre un large trou béant qui donne à la tour un aspect dégagé et autour duquel circulent les visiteurs sur une large galerie bordée de chaque côté par des balcons avancés.

Comme on terminait la plate-forme, on y installait, dans une baraque en planches placée sur la face qui regarde la Seine, une machine à vapeur d'une force de six chevaux, destinée à élever les pièces de fer depuis le sol jusqu'au premier

étage. En même temps une pompe aspirante et foulante était établie près de la base
d'une des piles, et un long tube serpentant à travers les fers entre-croisés mettait
cette pompe en communication avec la locomobile du premier étage pour l'approvisionner d'eau.

Deux autres baraques furent également construites sur la plate-forme. Dans
l'une d'elles était installé un véritable bureau réservé aux surveillants, qui se trouvaient en communication constante avec les bureaux situés à la base, c'est-à-dire
avec M. Compagnon, l'actif et intelligent chef de chantier, un des collaborateurs
les plus utiles et les plus dévoués de M. Eiffel; l'autre baraque était destinée à la
réception des Sociétés savantes que l'éminent ingénieur accompagnait lui-même sur
la tour, expliquant à ses invités pendant l'ascension les moindres détails de la
construction et captivant à chaque halte leur attention par des récits et des démons-
trations pleines d'intérêt. C'est là qu'ont eu lieu les banquets offerts à la presse
parisienne. C'est dans une toute petite salle en bois blanc, décorée de drapeaux et
de photographies de la tour, faites à mesure de l'avancement des travaux, que des
toasts chaleureux ont été portés au bon achèvement de la tour et à son infatigable
auteur par les représentants des principaux journaux de Paris, au milieu de nombreux convives groupés autour de deux tables étroites.

C'est encore là que M. Eiffel, le jour où la première plate-forme fut complètement terminée, réunit ses ouvriers pour les féliciter de leur adresse et de leur
activité, et leur offrit un tonneau de vin blanc qui fut percé en l'honneur de cette
première étape.

III

LE 2ᵉ ET LE 3ᵉ ÉTAGE

Quand la construction du premier étage fut terminée, les quatre piliers continuèrent à s'élever au-dessus de la plate-forme de la même façon qu'ils s'étaient établis sur les fondations au-dessus du sol. Les quatre grues, dont on voyait toujours les longs bras depuis la construction, continuèrent à glisser le long des piliers, soulevant les fers à l'aide de chaînes qui pesaient chacune 1 100 kilogrammes.

Seulement, les chaînes des grues ne prirent plus ces fers à la base de la tour, mais sur la plate-forme de 55 mètres. La plate-forme devint ainsi un second centre d'approvisionnement, s'approvisionnant lui-même à la base par la locomobile de six chevaux dont nous avons parlé plus haut.

Des rails circulaires furent placés sur la plate-forme, autour de l'ouverture centrale, et servirent à faire rouler de petits wagons destinés à transporter les fers amenés par la chaîne de la locomobile et à les répartir au pied de chaque pilier. Ce fut donc là qu'ils furent désormais accrochés aux chaînes des grues.

Les piliers furent montés, et bientôt on vit se terminer la portion qui s'étend entre les deux premières plates-formes et qui est de la même hauteur que la portion inférieure située entre le sol et la première plate-forme.

A ce moment on procéda à une opération analogue à celle que nous avons décrite plus haut, c'est-à-dire qu'on relia le sommet des quatre piliers par des cadres de fer horizontaux formant ensemble une puissante armature qui acheva de donner toute sa force à la base inébranlable de la flèche terminale.

Ainsi que cela s'était déjà présenté lors du montage du premier étage, lorsqu'on voulut assembler la charpente des deux étages, on constata entre les écartements des piliers une légère différence qui empêchait de mettre bout à bout les trous préparés à l'avance le long des poutres transversales pour recevoir les boulons des rivets. Cette fois les deux piliers situés du côté de Grenelle étaient plus hauts que les deux autres de 5 ou 6 millimètres. On peut juger par cet exemple de la précision minu- tieuse avec laquelle les travaux ont été menés par M. Eiffel.

Comme les pièces ne devaient pas être modifiées sur place et que les trous ne devaient pas être agrandis, pour réparer cet écart on a abaissé et en même temps écarté de quelques millimètres les deux piliers en question. Pour cela on a fait agir les vérins hydrauliques placés à la base des quatre arêtes de chaque pilier, que nous avons déjà décrits et dont nous avons expliqué la manœuvre.

Il se présenta cependant une légère difficulté que l'on n'avait pas encore rencon- trée. En effet, les rayons du soleil, qui avaient peu de force à l'époque du montage du premier étage, étaient au contraire assez chauds pendant qu'on égalisait le niveau du second étage pour faire augmenter, durant la journée, de 2 à 3 millimètres la hau- teur de la pile voisine de la gare et qui est exposée au couchant. Il est superflu d'a- jouter que cette difficulté fut facilement surmontée.

Le 14 juillet 1888, la plate-forme du deuxième étage, qui mesure 30 mètres de côté, fut inaugurée par un feu d'artifice tiré à 115 mètres de hauteur, et l'on put enlever les boîtes à sable, qui devenaient inutiles depuis que les piliers étaient défini- tivement reliés entre eux.

Tandis que la tour s'élevait, d'autres travaux étaient menés concurremment. On terminait les escaliers du premier étage, qui comptent 347 marches par pile ; on établissait ceux du second étage, tout en fer, ceux-ci, et d'une forme différente. Ils se composent de cinq tronçons en spirales de 60 marches chacun, reliés entre eux par des escaliers droits, en pente douce. D'autre part les peintres suspen- daient leurs fragiles balcons de bois aux entre-croisements de fer et recouvraient cette vaste charpente métallique d'une seconde couche de minium pour la préserver de la rouille.

Pendant ce temps, à la base, les terrassiers creusaient dans le sol une tranchée de 3 mètres de profondeur. Les maçons y construisaient un large conduit de fumée qui prend naissance dans la cavité ménagée pour les machines à vapeur à la base de la pile sud, serpente sous terre pour se trouver près de la pile ouest, à une hauteur de 14 mètres, où il s'élève au milieu d'un massif d'arbres en revêtant la forme d'une tourelle crénelée. C'est pour qu'elle soit plus en harmonie avec les jardins qui l'envi- ronnent qu'on a dû réduire la cheminée à cette faible dimension. Afin de suppléer à sa hauteur insuffisante, un ventilateur a été établi près des machines pour donner le tirage nécessaire à l'évacuation des produits de la combustion et de la fumée. D'un autre côté, au pied de la pile nord, on creusait une cavité où l'on préparait un massif de béton pour recevoir le support de l'ascenseur. Enfin, sur la façade qui regarde la Seine, on construisait le balcon du premier étage, et, plus bas, on plaçait les cintres décoratifs, qui dessinent des portiques aux courbes élégantes, entre les piliers, que l'on dégageait en enlevant les échafaudages.

En résumé, on peut dire que l'édification de la tour de 300 mètres a été une merveille de précision ; les moindres détails de construction avaient été prévus et

État de la tour au mois de juillet 1888.

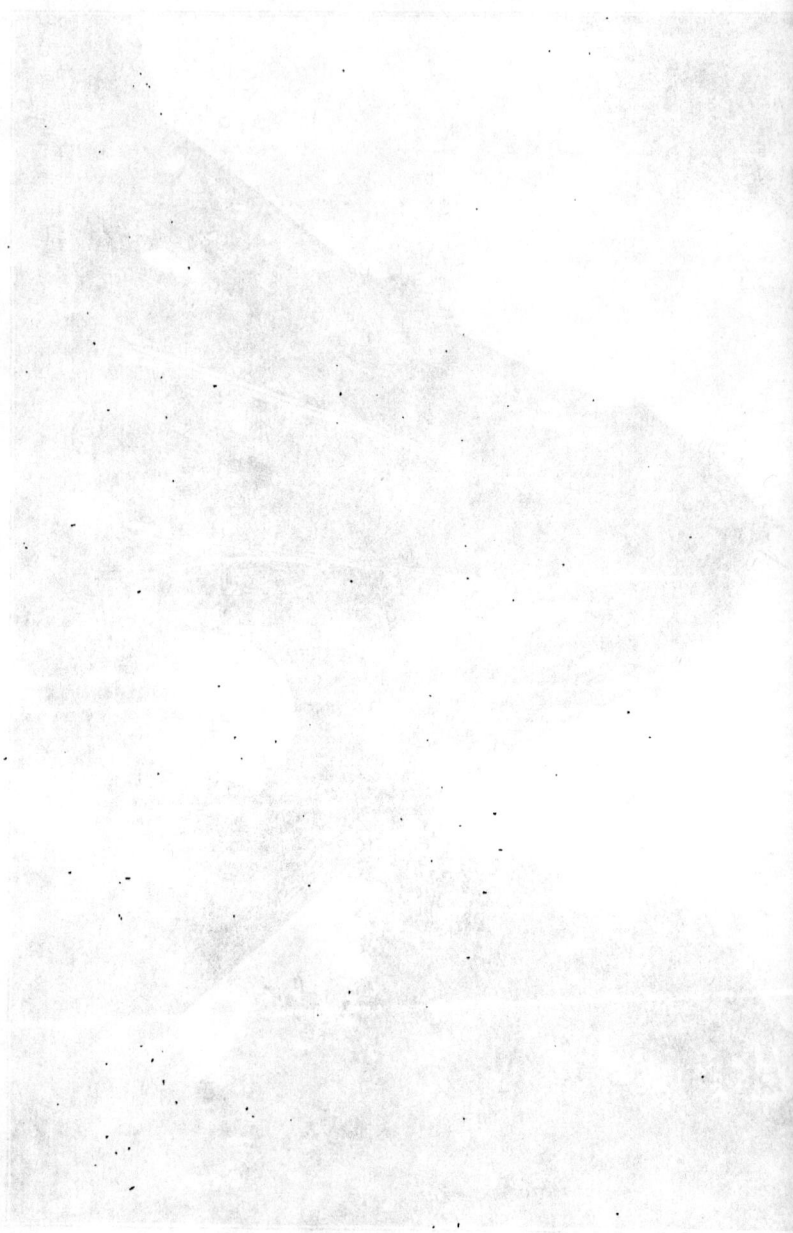

les trois plates-formes ont été successivement atteintes aux délais fixés à l'avance.

Ainsi qu'il l'avait annoncé, M. Eiffel a arboré le drapeau le 31 mars 1889. Ce jour-là il avait convié ses ouvriers et un grand nombre d'invités à faire avec lui l'ascension de la tour; quatre cents personnes environ se pressaient au troisième étage, se répandant sur les balcons supérieurs, et, quand l'illustre ingénieur fit flotter le drapeau que l'on voit de tout Paris, des cris enthousiastes de : « Vive Eiffel ! vive la France ! » s'élevèrent tout autour de lui.

L'émotion était grande et les invités fraternisaient en quelque sorte avec les courageux ouvriers comme les ascensionnistes de montagnes avec leurs guides. M. Eiffel avait fait monter du champagne à profusion et tous les verres se levaient au milieu des vivats.

Le dimanche suivant, ce fut le tour des ingénieurs, des employés et des ouvriers de l'usine de Levallois-Perret, d'où sont venues toutes les pièces métalliques; et les escaliers en spirale furent encore envahis par une foule montante et descendante, intrépide, composée, comme la semaine précédente, d'ouvriers endimanchés, de savants et de femmes élégantes, car un grand nombre d'invités s'étaient joints à la caravane. Pendant quelque temps, chaque jour, au moment de l'interruption du travail pour le déjeuner, une cinquantaine de personnes montaient, impatientes d'avoir la primeur de l'ascension, emportant comme souvenirs de petits lambeaux de drapeau, des rondelles de fer ou des rivets rouillés, ramassés tout en haut.

Cependant l'époque de l'ouverture de l'Exposition approchait, et M. Eiffel dut suspendre toute autorisation pour permettre aux riveurs, aux charpentiers, aux peintres d'activer leur travail, et un employé fut spécialement chargé, au bureau situé au pied de la tour, d'apprendre cette nouvelle mesure aux nombreux solliciteurs.

Les gardiens préposés à l'accès des escaliers des quatre piliers furent doublés, et l'achèvement de la tour put être aussi rapide que possible.

Nous avons vu qu'après l'achèvement du premier étage on avait établi pour le levage des pièces de fer un premier relais à cet étage. Les pièces y étaient amenées au moyen d'un treuil à vapeur, et les quatre grues les prenaient là pour la continuation des quatre piliers. Quand le deuxième étage fut atteint, on y établit de même un deuxième relais avec un second treuil à vapeur qui servait à lever les pièces prises au premier étage. A partir du deuxième étage les quatre piliers se confondent en une seule flèche. Dès lors, deux grues seulement suffirent au levage et à la répartition des fers. Comme on l'a fait plus bas, on utilisa, pour les élever progressivement, les glissières et les ascenseurs.

Quand on établit le plancher dit plancher intermédiaire, que l'on voit entre les deuxième et troisième plates-formes, on en fit un troisième relais, muni également d'un treuil à vapeur, et les deux grues continuèrent leur ascension, de sorte qu'à partir de ce moment les pièces étaient élevées d'abord au premier étage, puis au second, puis au plancher intermédiaire, où les grues venaient enfin les prendre à l'aide de longues chaînes. La construction terminée, il fallut, pour les descendre, démonter les deux grues qui se trouvaient emprisonnées par les pièces qu'elles avaient portées.

De la seconde plate-forme au sommet, le mode de construction a été le même que de la première plate-forme à la seconde; les fers étaient amenés par les grues, avec l'inclinaison voulue, à leur place, puis joints les uns aux autres, sans qu'il fût besoin d'en modifier les dimensions ni même d'agrandir les trous forés d'avance.

Tous les travaux ont été menés de front, et, tandis que les riveurs martelaient la charpente métallique et sonore de coups vigoureux et cadencés, les peintres s'échelonnaient sur de légères passerelles le long des treillis de fer, mêlant leurs chants aux refrains des charpentiers et des mécaniciens.

Au pied de la tour, on garnissait d'un socle de maçonnerie la base des quatre piliers; on achevait la décoration des arceaux cintrés dont la courbe élégante relie les piliers, on terminait les portiques ornés de vitraux qui couronnent les balcons circulaires de 3 mètres de large, du premier étage. On ménageait sous son plancher des cuisines, deux caves de 12 mètres sur 3 mètres, capables de renfermer chacune 100 barriques de vin; des chalets élégants, destinés à des restaurants, s'élevaient sur cette première plate-forme, qui se transformait bientôt en une sorte de village aérien, avec des toits dégagés et des bois finement découpés et dentelés.

En même temps, on procédait à la construction et à l'embellissement de la deuxième plate-forme, qui est faite sur le modèle de la première, avec cette différence que sa surface est pleine, tandis que le premier étage comporte au milieu une large ouverture circulaire autour de laquelle court une galerie et d'où la vue plonge jusqu'au pied de la tour.

Cependant la flèche terminale s'élevait graduellement; à 276 mètres, on établissait le troisième étage avec une salle réservée aux observations scientifiques; puis se dressait le campanile avec son phare, ses deux balcons et sa plate-forme très étroite où est planté le drapeau; on entreprenait la décoration de la partie supérieure, on donnait deux couches de minium et deux couches de couleur rougeâtre aux mille entre-croisements de fer. Enfin les mécaniciens plaçaient dans les caves de la pile du sud-ouest des machines puissantes et des pompes destinées à élever et à distribuer abondamment aux divers étages l'eau nécessaire au fonctionnement des ascenseurs et à l'alimentation des restaurants; ils mettaient les ascenseurs en place et préparaient leur fonctionnement; on s'occupait de la distribution de l'éclairage électrique, de l'éclairage au gaz et des téléphones sur toute la hauteur; on construisait au pied de la tour une fontaine monumentale qui a été détruite depuis l'exposition, et les terrassiers s'emparaient des terrains du chantier pour les livrer ensuite aux jardiniers.

L'organisation du travail a toujours été parfaitement ordonnée. Le chef du chantier, M. Compagnon, dont nous avons déjà parlé, a dirigé le travail avec ardeur et énergie, veillant à la bonne exécution des ordres de M. Eiffel, communiquant sans cesse par le téléphone avec les bureaux situés au premier et au deuxième étage, escaladant les escaliers et surprenant les ouvriers à l'improviste, faisant des rondes de nuit dans la gigantesque carcasse de fer pour s'assurer que les veilleurs de nuit ne dormaient pas; inflexible, mais pourtant aimé de tous, car il est lui-même un ancien charpentier qui a fait son chemin.

Le palais bolivien et la tour Eiffel, à l'Exposition universelle.

Les avant-postes, c'est-à-dire les points les plus élevés, étaient confiés à des riveurs d'élite, à des hommes robustes et endurcis, déjà formés par les travaux du pont de Garabit, et qui malgré cela prétendaient n'avoir pas encore autant souffert du froid et surtout du vent. Un jour l'ouragan leur enleva une planche d'une longueur de 3 mètres qui traversa la Seine et s'abattit dans les jardins du Trocadéro. En hiver, ils travaillaient jusqu'à la dernière minute du jour, et, quand la nuit venait, on voyait encore les feux de leurs forges volantes vaciller comme des étoiles fantastiques.

Quand ils parvinrent au troisième étage, ils ne descendirent plus à la cantine que M. Eiffel avait fait établir à la deuxième plate-forme, et où il leur faisait donner de bons repas à prix réduit. L'ascension était devenue si longue qu'ils préféraient renoncer à cet avantage et jouir entièrement de leur temps de repos. Après avoir mangé le déjeuner frugal qu'ils avaient apporté de chez eux, ils s'étendaient auprès du feu de leurs forges et faisaient la sieste à 300 mètres de hauteur.

Ce sont eux qui ont reçu une prime de 100 francs quand la troisième plate-forme a été achevée. Leur salaire quotidien était d'environ un franc l'heure. Ce prix, relativement élevé, et l'attrait de la prime, avaient éveillé bien des convoitises ; mais ce travail ardu n'était pas à la portée de tous : outre la difficulté de faire les rivets au milieu d'un tel enchevêtrement de fer, la rigueur de la température avait raison des plus résolus,

Au fur et à mesure de l'édification de la tour, on plaçait un escalier en hélice, en fer, très étroit, tournant autour d'un pilier cylindrique qui s'élève verticalement jusqu'au plancher intermédiaire. De là un escalier semblable conduit au troisième étage. Ces escaliers, qui servaient aux ouvriers et par lesquels montaient également les visiteurs au moment des travaux, sont réservés uniquement aux besoins du service. Seuls les escaliers qui mènent au premier étage, et que nous avons décrits plus haut, sont destinés à la circulation.

Le premier étage est desservi par quatre ascenseurs se mouvant dans les quatre piliers : deux ascenseurs du système Roux, Combaluzier et Lepape, et deux ascenseurs du système Otis. Ces deux derniers continuent seuls l'ascension du deuxième étage. Au delà, un seul ascenseur, du système Édoux, conduit à la troisième plate-forme.

Le système Roux, Combaluzier et Lepape se compose essentiellement d'une chaîne sans fin, articulée, s'enroulant et se mouvant aux deux extrémités sur deux roues à empreintes. La chaîne sans fin forme ainsi deux parties parallèles, qui suivent le sens des glissières de l'ascenseur. La cabine est fixée à l'une de ces deux parties. La roue inférieure, placée à la base de la pile, donne le mouvement, et la roue supérieure, située au premier étage, sert de simple poulie de renvoi. La cabine monte ou descend, suivant que la partie de la chaîne où elle est fixée monte ou descend. Pour que cette chaîne articulée reste rigide, elle est maintenue, dans chacune de ces deux parties parallèles, par une gaine. La roue à empreinte, qui transmet le mouvement à la chaîne sans fin, est mue elle-même par un moteur hydraulique à piston plongeur d'une grande puissance.

Les cabines, divisées en deux étages, ont 5 mètres de hauteur; elles contiennent cent personnes. La vitesse est de 1 mètre à la seconde.

L'ascenseur Otis, qui dessert à la fois le premier et le deuxième étage, est d'un système très employé en Amérique et en Angleterre. Ce second système comporte un cylindre en fonte de 95 centimètres de diamètre et 11 mètres environ de longueur, placé au pied du pilier, parallèlement à l'inclinaison des arêtes.

« Dans ce cylindre, dit M. Max de Nansouty dans une remarquable étude qu'il a publiée à ce sujet, se meut un piston actionné par de l'eau prise dans des réservoirs installés au deuxième étage, et, par conséquent, à une pression de onze à douze atmosphères. La tige du piston agit sur un chariot portant six poulies mobiles de 1ᵐ,40 de diamètre; chacune de ces poulies correspond à une poulie fixe de même diamètre, de façon à constituer un véritable palan de dimensions gigantesques mouflé à douze brins.

« Le garant de cette énorme moufle, ajoute M. de Nansouty, passe sur des poulies de renvoi placées de distance en distance jusqu'au-dessous du deuxième étage, et redescend s'accrocher à la cabine; il en résulte que, pour un déplacement de 1 mètre du piston dans le cylindre, la cabine monte ou descend de 12 mètres. »

La charge de la cabine est équilibrée par un contrepoids; six câbles en fil de fer assurent la manœuvre de l'ascenseur. La cabine est à deux étages et vitrée. Elle est garnie de banquettes et contient cinquante personnes. Sa vitesse est de deux mètres par seconde. Le trajet du deuxième étage en grande vitesse est d'une minute.

Le service du dernier tronçon de la tour est assuré par l'ascenseur du système Édoux, système qui fonctionne avec succès au palais du Trocadéro et en beaucoup d'autres endroits.

La distance à franchir a été divisée en deux parties de 80 mètres chacune par le plancher intermédiaire.

Tandis qu'une cabine monte du plancher intermédiaire au sommet, une autre cabine descend du plancher intermédiaire à la deuxième plate-forme, et inversement. Ces deux cabines se font mutuellement contrepoids. Pour parcourir le trajet complet, on change de voiture au plancher intermédiaire.

La cabine Édoux peut contenir 63 personnes; la durée du voyage au troisième étage est de cinq minutes.

Ajoutons que deux réservoirs, d'une capacité de 20 000 litres environ, sont disposés au deuxième étage pour le fonctionnement des ascenseurs inférieurs; un réservoir semblable est placé au troisième étage pour l'ascenseur Édoux. Les pompes situées à la base des piles élèvent l'eau à la hauteur de 276 mètres environ. L'ascension est donc assurée par les ascenseurs jusqu'au troisième étage. La partie supérieure du campanile, à laquelle d'ailleurs on n'accède que par des échelles de fer, n'est pas ouverte au public.

Le système d'ascenseurs que nous venons de décrire facilite singulièrement l'ascension de la tour, et le rend praticable pour tout le monde.

Quelle différence avec l'époque où la montée et la descente étaient vraiment

La tour Eiffel le 31 mars 1889.

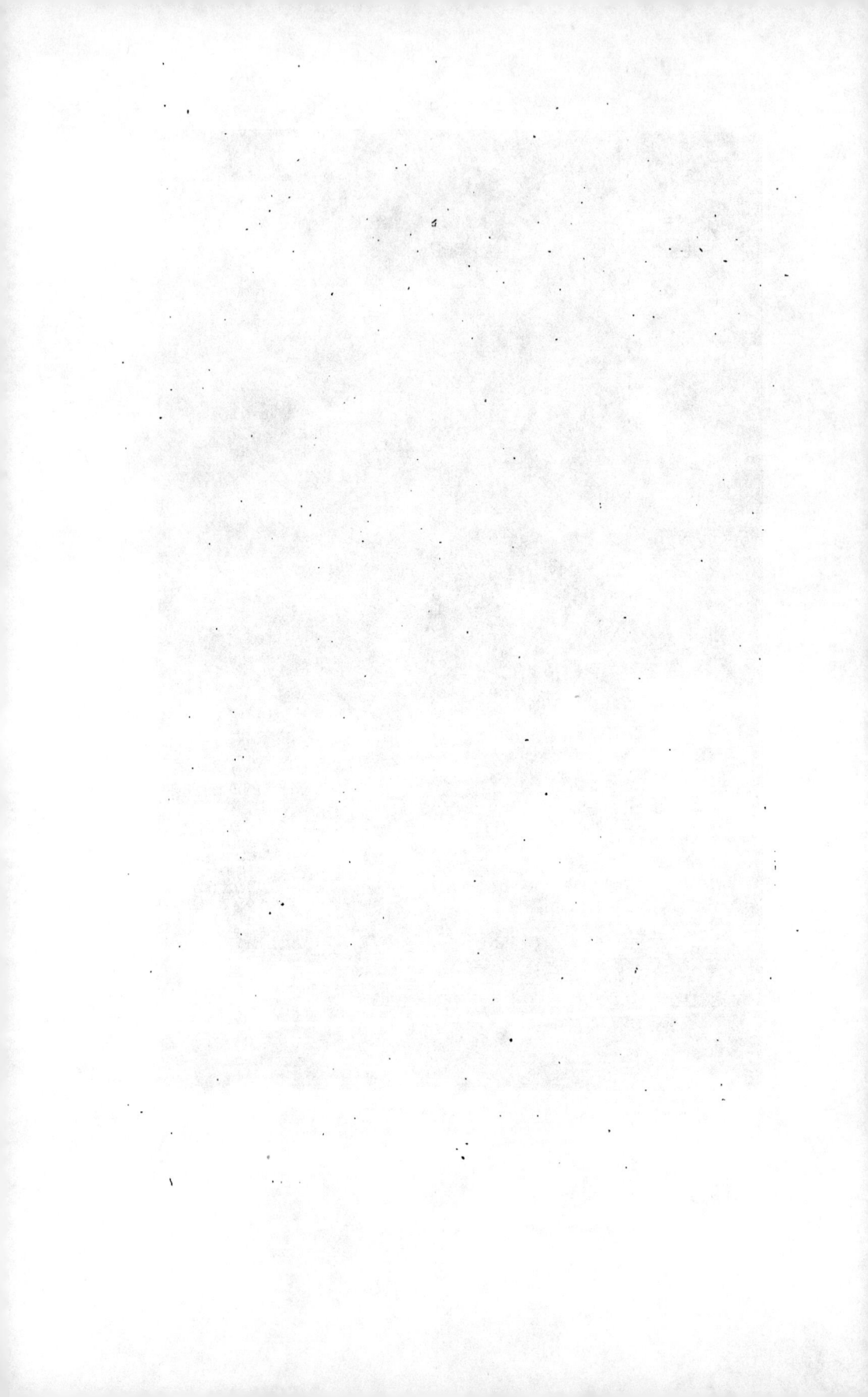

périlleuses pour les ouvriers, qui, malgré le danger, parcouraient les escaliers et les échelles provisoires avec une adresse et une insouciance surprenantes.

Quelle différence aussi avec le temps où les Parisiens, impatients de visiter cette merveille avant la fin des travaux, c'est-à-dire avant l'achèvement des ascenseurs, étaient obligés d'escalader péniblement les escaliers étroits et interminables dont nous avons parlé et qui sont maintenant interdits en partie au public !

La tour de 300 mètres qui domine tout Paris de sa flèche élégante et ajourée, cette masse colossale de fer qui peut contenir plus de 6 000 visiteurs, ces vastes terrasses successives qui en font une sorte de ville suspendue, ces ascenseurs parfaitement machinés, enfin tout ce que nous avons décrit, tout cela constitue certainement un des monuments les plus grandioses de la science contemporaine.

En suivant, comme nous venons de le faire, les diverses phases de ces travaux, on comprend toute l'importance de l'œuvre de M. Eiffel, dont la volonté puissante et le labeur opiniâtre ont su mener à bonne fin cette construction audacieuse, et qui, du fond de son cabinet, entouré d'ingénieurs, avec un grand esprit d'organisation et une grande sûreté de main, a su tenir tous les fils de cette entreprise gigantesque, en même temps qu'il dirigeait d'autres travaux encore au delà des mers.

Il est inutile de rappeler le succès que la tour de 300 mètres a obtenu pendant l'Exposition universelle de 1889. On sait combien elle a contribué à son succès et le caractère tout spécial qu'elle lui a donné.

Les illuminations vraiment grandioses et les embrasements féeriques auxquels elle a donné lieu à cette époque ont laissé des souvenirs inoubliables.

Chaque soir les projections électriques qui se répandaient de la troisième plateforme dans toutes les directions étendaient au loin la popularité du célèbre ingénieur de la tour de 300 mètres.

Enfin, c'était du sommet de la tour que le canon donnait tous les jours le signal de l'ouverture et de la fermeture de l'Exposition, et ce furent de véritables solennités quand on tira le premier et le dernier coup de canon.

Maintenant on tire le canon de la tour Eiffel à midi, pendant la belle saison, c'est-à-dire pendant l'ouverture de la tour.

IV

AU SOMMET DE LA TOUR

Dès le jour de son ouverture au public, la tour de 300 mètres a été pour ainsi dire envahie par la foule des visiteurs et son succès est bientôt devenu de l'enthousiasme. C'est la première pensée de tous les étrangers qui arrivent à Paris.

Les personnes qui ne la connaissent que par les reproductions répandues jusque dans les moindres villages sont tout d'abord surprises de la légèreté de cette flèche élancée, qu'on s'attend à trouver un peu massive et dont les enchevêtrements de fer ressemblent véritablement à une dentelle délicate.

On s'extasie sur l'élégance de cette charpente colossale, on admire la hauteur de cette tour gigantesque qui se perd le matin dans les vapeurs du ciel, on s'étonne du va-et-vient régulier des ascenseurs qui s'élancent ou se précipitent dans le vide avec le bruissement sourd des cent poulies du mécanisme et au milieu des appels des cornets et des coups de sifflet.

Entre les arches majestueuses dont la courbe grandiose encadre les palais environnants, les passants s'assemblent autour des pelouses et des plates-bandes qui ornent les abords de la tour, et, au pied des quatre piliers, le public assiège les guichets où l'on délivre les billets d'entrée.

Quand on a en main le ticket, semblable à un ticket de chemin de fer, qui ouvre les portes du monstrueux édifice, on attend son tour pour monter dans l'ascenseur. Comme les visiteurs sont souvent nombreux, et qu'il faut parfois attendre, les impatients s'engagent dans l'escalier très doux qui serpente à l'intérieur de chaque pilier.

De temps à autre, le public prend place dans les deux cabines de l'ascenseur, puis un cornet retentit dans l'immense charpente de fer, et des ascensionnistes sont emportés au premier étage.

Ici le spectacle est surprenant; les promeneurs circulent comme dans un pays enchanté sur cette grande plate-forme suspendue dans les airs, au milieu des restaurants luxueux et des kiosques élégants dont les silhouettes se dessinent sur l'azur du ciel; tout autour un large balcon surplombe et domine les divers palais de l'Exposition et les maisons innombrables de Paris dont les monuments se dressent à travers le dédale des rues et des avenues.

Si l'on continue la montée en prenant l'ascenseur où il y a foule, ou bien en escaladant les marches d'un escalier tournant en spirale, on fait encore une halte au deuxième étage, qui est aussi entouré d'un balcon en surplomb, d'où la vue s'étend déjà au loin dans la campagne. Les palais du Champ-de-Mars commencent à perdre leurs formes et les monuments se confondent presque avec la masse des maisons, qui se soulève au nord-est pour former la butte Montmartre.

L'aspect du deuxième étage est bien différent de celui du premier. Tandis que celui-ci est presque entièrement recouvert de constructions élégantes, on ne trouve à la seconde plate-forme qu'un buffet et le kiosque où l'on distribue les billets pour le sommet, et c'est plutôt une station qu'une terrasse pour séjourner.

Pour monter au-dessus, on n'a plus à choisir entre l'ascenseur et l'escalier, car ce dernier est interdit au public à partir du deuxième étage.

Après avoir attendu son tour et changé de cabine au plancher intermédiaire, on arrive enfin à la dernière plate-forme, où l'on est garanti du vent par des glaces qui s'étendent sur tout le pourtour, tout en permettant de jouir aussi bien que possible de la vue.

On trouve dans les boutiques du troisième étage un plan dressé par les soins de l'administration de la tour où les points visibles du sommet sont indiqués en blanc sur une teinte grise. Ces points ont été déterminés par les modes usités pour la télégraphie optique. Toutes les parties teintées sont invisibles, c'est-à-dire qu'elles sont cachées au spectateur par des hauteurs s'interposant entre elles et le rayon visuel. C'est ainsi qu'on remarque que la plupart des villes voisines, Versailles, Fontainebleau, Melun, Meaux, Coulommiers, Étampes, etc., se trouvent masquées. En temps ordinaire, la brume empêche de bien distinguer à l'œil nu les villes et les forêts. Cependant, quand le ciel est très clair, par exemple à la suite d'un orage, par le vent d'est ou le vent du nord, il est possible, à l'aide des jumelles qu'on prend en location sur la troisième plate-forme, de découvrir la plupart des localités signalées sur la carte.

Si l'on considère le spectacle merveilleux qui s'offre aux yeux, on est surpris tout d'abord de l'aspect de Paris qui apparaît dans toute son étendue comme une ville abandonnée, composée d'habitations minuscules et uniformes, et dont les rues semblent désertes. C'est à peine, en effet, si l'on aperçoit au pied de la tour, dans les jardins de l'Exposition et dans les avenues avoisinantes, quelques petits points noirs qui sont des voitures, des chevaux et des hommes.

Le grondement lointain, analogue au mugissement de la mer, que l'on entendait encore de la seconde plate-forme, n'arrive pas au sommet de la tour et il ne parvient aucun bruit du tumulte incessant de la grande ville, qui paraît morte.

Après avoir éprouvé cette première impression, si l'on cherche à s'orienter, si l'on regarde attentivement le vaste panorama qui se déroule tout autour, et si l'on se tourne par exemple du côté du Trocadéro, dont on reconnaît les galeries disposées en amphithéâtre, on voit à ses pieds les jardins qui s'étendent devant le palais.

À gauche ce sont les villas de Passy et d'Auteuil, clairsemées dans la verdure des parcs, au milieu desquels une usine à gaz fait une large tache noire.

Le Bois de Boulogne s'étend au delà avec ses clairières bien dessinées et les eaux dormantes de ses lacs. On peut suivre avec des jumelles les courses plates de Longchamp et les steeple-chases d'Auteuil. Plus loin, on aperçoit le Mont-Valérien, la terrasse et la forêt de Saint-Germain-en-Laye, Maisons-Laffite, la côte des Alluets, les forêts de Civry, de Mercy et celle de Lyons, dont la ligne noire s'accuse sur l'horizon à une distance de 90 kilomètres.

Du côté du Point-du-Jour, la Seine semble avoir suspendu son cours, et les bateaux qui la sillonnent sont comme de gros poissons au dos verdâtre ou bleu clair qui nageraient à fleur d'eau. Le fleuve déroule son ruban d'argent jusque sous les coteaux du Bas-Meudon, au pied desquels il disparaît. Puis on découvre à peu près dans la même direction, après Saint-Cloud, dont on reconnaît le clocher élancé, Ville-d'Avray, Vaucresson, le château et le parc de Versailles, le fort Saint-Cyr et, à 40 kilomètres, Rambouillet et Montfort-l'Amaury.

En continuant à tourner vers la gauche, on se trouve au-dessus des usines de Grenelle. On voit près de là une caserne avec ses vastes cours où l'on fait évoluer la cavalerie, puis la nouvelle Bastille, et le Châtelet, qui ne font plus d'effet et paraissent en carton. En dehors des usines, ce sont des maisons pauvres, clairsemées et couvertes de tuiles rouges. La campagne n'est pas éloignée et l'on distingue aisément les jardins des maraîchers d'Issy, de Vanves et de Châtillon. Plus loin, on découvre des plateaux qui dissimulent Étampes derrière des replis de terrain.

Du côté de l'École-Militaire, les palais du Champ-de-Mars étalent leurs toits bleu clair et leurs dômes émaillés autour des gazons verdoyants et des fontaines aux reflets métalliques.

Si l'on suit la direction du Puits artésien, du cimetière Montparnasse et de la place d'Italie, nous apercevons, toujours à l'aide d'une longue-vue, après Vitry et Choisy-le-Roi, les environs de Melun et une partie de la forêt de Fontainebleau.

À partir de l'École-Militaire, on domine les quartiers riches et commerçants de Paris ; les maisons forment une masse compacte, avec des alignements réguliers, et la campagne s'éloigne.

Du côté de Saint-Sulpice, de Notre-Dame, de la colonne de la Bastille et de la place de la Nation, on voit, au delà de Vincennes et de Boissy-Saint-Léger, une grande partie du plateau de la Brie, et l'on peut distinguer Tournan, Mormant, à 45 kilomètres, et Nangis, à plus de 60 kilomètres.

Enfin, en suivant la ligne tracée par le toit verdâtre de la Madeleine et le Collège Rollin, on aperçoit à droite Saint-Denis, Aubervilliers, le Bourget, Dammartin, la forêt de Hallate, derrière Senlis, et des hauteurs situées au delà de Villers-Cotterets, à 80 kilomètres.

Au sommet de la tour Eiffel. Le dernier coup de canon. (Gravure extraite de l'*Illustration*.)

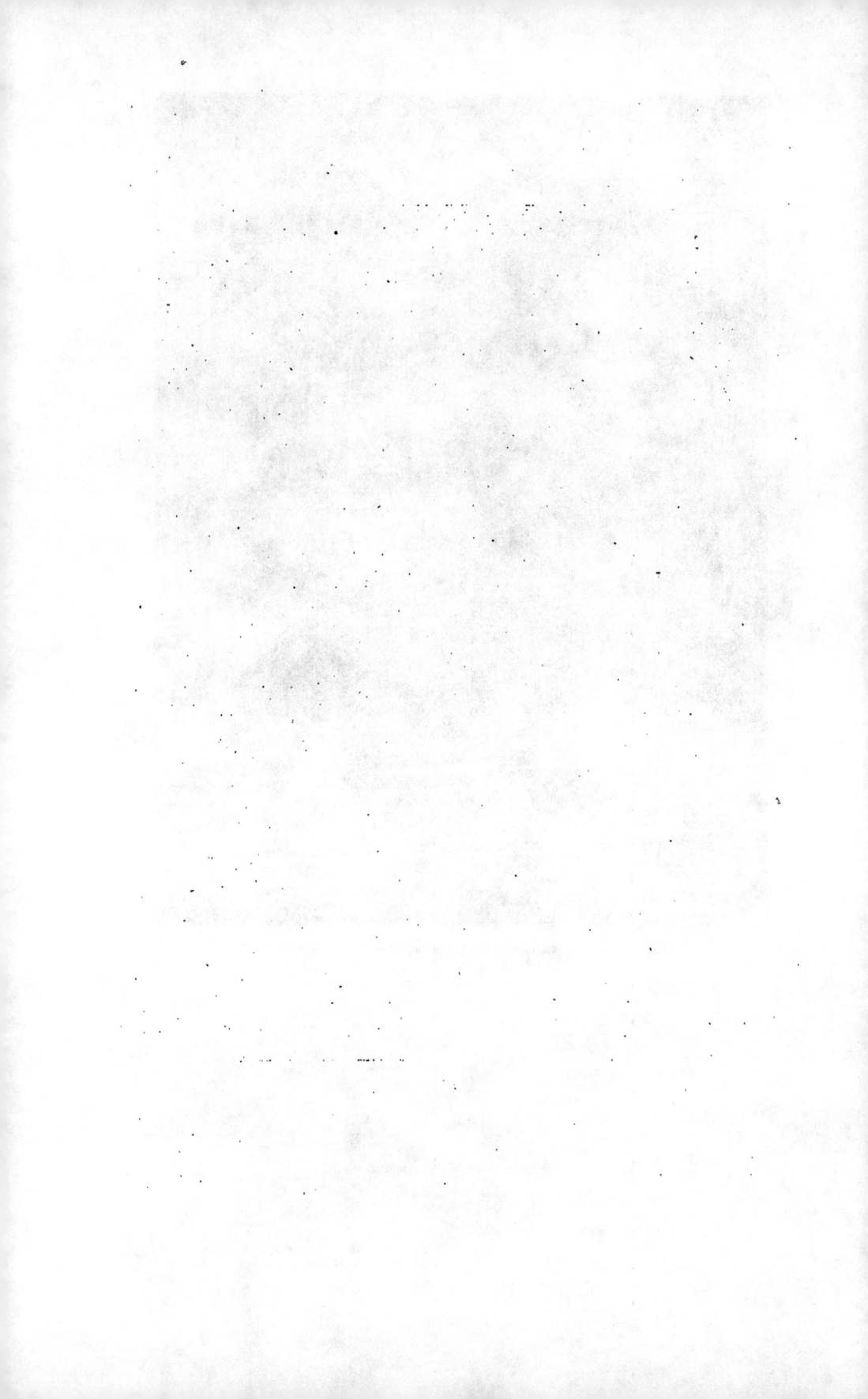

Ajoutons que la science a déjà acquis à son actif de précieuses observations faites au sommet de la tour de 300 mètres, dans les laboratoires que M. Eiffel a mis à la disposition des savants. La météorologie, principalement, semble devoir y faire de grands progrès.

En effet, les premiers résultats qui ont été obtenus à la station météorologique établie au sommet de la tour Eiffel, et qui ont fait l'objet d'un savant mémoire présenté en 1890 à l'Académie des sciences par M. A. Angot, ont mis en évidence plusieurs faits fort intéressants, particulièrement en ce qui concerne la vitesse du vent et les variations diurnes et nocturnes de la température, examinées par comparaison avec les variations observées au niveau du sol.

Pendant le jour, la température du sommet s'est montrée constamment plus basse que celle du pied de la tour, ainsi qu'on l'observe ordinairement chaque fois qu'on s'élève à une certaine hauteur au-dessus du sol. Mais ce qui peut paraître plus surprenant, c'est que les nuits, par rapport aux journées, sont relativement plus chaudes au sommet, et que, par les temps calmes et clairs, la nuit, au sommet, est même souvent plus chaude en réalité qu'au pied de la tour. D'autre part, on a pu remarquer que très souvent les changements de temps s'annonçaient, au sommet, par une variation de température, plusieurs heures, ou même deux, trois jours, avant que rien de pareil se manifestât en bas.

Les observations relatives à la vitesse du vent sont particulièrement importantes en ce qu'elles se rattachent directement à la question de la navigation aérienne. Il était, en effet, du plus grand intérêt de déterminer la vitesse du vent à 300 mètres de hauteur et les variations de cette vitesse dans le courant de la journée.

Du milieu de juin au commencement d'octobre, la vitesse moyenne du vent s'est montrée de plus de 25 kilomètres à l'heure, tandis que cette vitesse moyenne n'était guère que de 8 kilomètres à l'heure au niveau de la tourelle du Bureau central météorologique, à 21 mètres au-dessus du sol.

De même qu'au sommet des montagnes, la vitesse du vent, au sommet de la tour, atteint son maximum pendant la nuit et tombe au minimum vers neuf à dix heures du matin, tandis qu'au Bureau central météorologique, comme dans toutes les régions basses, le maximum s'observe, au contraire, pendant le jour, et le minimum pendant la nuit.

Il convient aussi de signaler le pendule que le directeur du Bureau météorologique a fait suspendre sous la plate-forme du deuxième étage et qui a donné lieu à de curieuses expériences.

L'utilité de la tour Eiffel, au point de vue de la science, est donc parfaitement démontrée, et cette considération rehausse encore l'œuvre de l'illustre ingénieur.

LES VILLES MODERNES

I

LES VILLES NEUVES

Les villes américaines. — Chicago, ses débuts et sa prospérité. — Les rues et les avenues.
Les maisons américaines. — Un bâtiment à vingt étages.

Parmi tous les grands travaux que nous venons de passer en revue, la plupart, ainsi que l'on a pu en juger, se rattachent plus ou moins directement aux progrès de la locomotion réalisés sur terre et sur mer grâce aux perfectionnements de la machine à vapeur, et comme nous le disions au début de cet ouvrage, c'est avant tout l'invention des chemins de fer qui, jointe aux progrès de la navigation, a été le point de départ de l'immense mouvement industriel auquel notre siècle vient d'assister et qui a transformé pour ainsi dire toute la surface du globe.

C'est surtout en Amérique, grâce au prodigieux développement des réseaux ferrés, que ces transformations ont été véritablement extraordinaires.

Sur le nouveau continent, des villes entièrement neuves se sont, en effet, élevées comme par enchantement à la place de marécages ou de forêts sauvages dans lesquels les Indiens erraient encore en maîtres au commencement de notre siècle, et pendant ce temps les villes déjà anciennes voyaient, comme New-York, leur population doubler régulièrement de vingt ans en vingt ans.

De toutes les grandes cités américaines, celle qui donne à ce point de vue la meilleure idée de la fécondité extraordinaire dont les États-Unis d'Amérique ont fait preuve en un siècle, c'est à coup sûr Chicago, qui a été choisie, de préférence aux cités fameuses de Washington, de Philadelphie et de New-York, comme siège de l'Exposition commémorative de la découverte de l'Amérique.

Il n'y a guère plus de soixante ans qu'a commencé véritablement la colonisation de Chicago, dont les débuts sont loin d'avoir été brillants.

Cette ville, dont la population atteint aujourd'hui près d'un million d'âmes, n'avait

Vue d'une des principales *avenues* de Chicago, où sont les habitations particulières.

encore en 1840 que trois à quatre mille habitants, malgré sa position merveilleuse.

On peut dire que c'est seulement avec les chemins de fer qu'est née à proprement parler la ville prospère que nous connaissons aujourd'hui, et qui, depuis une quarantaine d'années, n'a pas cessé de s'agrandir, malgré l'incendie terrible qui la détruisit partiellement en 1871.

Chicago est, on peut le dire, le type de la ville moderne, et nous ne croyons

pas qu'il existe au monde une autre grande cité où l'on ait réservé plus d'espace
aux promenades publiques et aux différentes voies de circulation.

Partout, jusqu'au milieu même des quartiers les plus peuplés, il existe en abon-

Une rue à Chicago.

dance de l'eau et des espaces plantés d'arbres, et, sous ce rapport, Chicago mérite
bien son surnom de *Ville des Jardins*.

Pour montrer ce que peut être la largeur des rues dans cette ville fin de siècle,
il nous suffira de dire que les plus petites ont des dimensions de boulevards parisiens
et peuvent, sans aucun inconvénient pour la circulation, recevoir parallèlement deux
voies ferrées.

Ajoutons que toutes les rues se coupent à angle droit, comme dans la plupart des grandes villes américaines, la ville étant en outre coupée, d'espace en espace, par de larges avenues plantées d'arbres, qui rompent un peu la monotonie de sa disposition en échiquier.

Ces rues, ces avenues occupent dans Chicago une place énorme; il reste donc, comparativement à ce qui existe dans nos vieilles villes européennes, relativement peu de place pour les maisons.

Mais, si elles ne s'étalent pas en surface, celles-ci atteignent en revanche des hauteurs inconnues chez nous.

Grâce à la résistance des matériaux et grâce à l'emploi des ascenseurs et du téléphone qui rend inutile l'usage des escaliers, les architectes du nouveau monde n'hésitent pas en effet à construire des maisons à dix et douze étages.

Les journaux américains nous ont même donné tout récemment le récit de l'inauguration d'un bâtiment à vingt étages, destiné aux services de l'imprimerie et de la publication du *New York World*.

Cet édifice comprend successivement un rez-de-chaussée, trois entresols et dix étages ordinaires, au-dessus desquels s'élève un dôme qui contient lui-même six étages et qui se termine par une lanterne dont la plate-forme est à 93 mètres au-dessus du sol.

La construction de ce bâtiment a absorbé une quantité de briques qui aurait suffi à édifier 250 maisons ordinaires et un poids d'acier et de fer s'élevant à 2 300 tonnes.

On a calculé que la surface totale des planchers était d'environ 13 000 mètres carrés, et que les fers à planchers représentaient, à eux seuls, une longueur de 26 kilomètres.

II

LA DISTRIBUTION DE L'EAU DANS LES VILLES

L'alimentation de Paris. — Le canal de l'Ourcq. — L'eau de rivière et l'eau de source. — L'aqueduc de la Dhuis. — L'aqueduc de la Vanne. — Le captage des sources des vallées de la Vigne et de l'Avre.

L'augmentation toujours croissante de la population de la plupart des grandes cités ne nécessite pas seulement l'accroissement des villes à la surface du sol, elle exige encore le développement de ces immenses réseaux souterrains qui constituent leurs organes cachés, distribuant l'eau, le gaz, l'électricité, l'air comprimé, et assurant d'autre part l'écoulement des eaux destinées à l'égout. Nous ne saurions donc, en parlant des villes modernes, nous dispenser de passer rapidement en revue ces travaux souterrains qui ont surtout pris à notre époque une importance considérable, en raison des nécessités actuelles de l'hygiène, cette science toute récente, et, d'autre part, à la suite des conquêtes successives qui ont été réalisées dans le domaine de l'éclairage, ainsi que dans l'emploi de l'air comprimé et de l'électricité comme force motrice.

Il ne nous est pas possible de mentionner tous les travaux merveilleux qui ont été entrepris dans ce siècle pour assurer une distribution d'eau suffisante aux habitants des grandes villes ; ces travaux sont d'ailleurs loin d'être terminés, car, en présence des connaissances nouvelles qui résultent des découvertes des bactériologistes au sujet de la nature de beaucoup de maladies infectieuses, la question de *qualité* de l'eau s'est ajoutée à la question de *quantité* dans le problème de l'alimentation des villes.

Nous nous bornerons à rappeler les travaux très importants qui ont été exécutés à Paris, depuis le commencement de notre siècle, pour assurer à la capitale une distribution d'eau suffisante.

La première entreprise réalisée dans cet ordre de travaux par le xıxᵉ siècle fut le canal de l'Ourcq, dont l'idée remontait à l'année 1797.

Le Corps législatif décréta, le 29 floréal de l'an x, « qu'il serait ouvert un canal de dérivation de la rivière l'Ourcq et que cette rivière serait amenée à Paris dans un bassin près de la Villette ».

Commencés en 1801, les travaux furent activement menés jusqu'en 1812; suspendus à cette époque, et repris seulement quelques années plus tard, ils ne furent terminés qu'en 1837.

Le canal de l'Ourcq, qui commence à Mareuil, dans l'Oise, vient chaque jour, après un parcours de 96 kilomètres, déverser dans le bassin de la Villette 105 000 mètres cubes d'eau environ.

Du bassin de la Villette part un canal ouvert qui amène l'eau dans un réservoir principal, d'où elle se dirige par un canal souterrain vers le faubourg Saint-Martin, et par l'aqueduc de ceinture vers les réservoirs de ceinture.

« Cet aqueduc, dit M. Maxime Du Camp dans son beau livre sur Paris, n'est plus tel qu'il était au commencement du siècle. Girard l'avait construit en pierres meulières reliées à la chaux hydraulique; de nos jours l'ancien tracé a été abandonné, on l'a élargi, on l'a revêtu d'un bel enduit inaltérable; il a l'air d'être en stuc grisâtre. On peut s'y promener, et j'y ai fait une longue course. L'eau coule

Paris souterrain. — Les eaux, les égouts, le gaz, les catacombes.

dans un petit canal qui est là cunette; celle-ci est accostée par un trottoir qu'on nomme la banquette, et où on trouve assez de place pour mettre les pieds d'aplomb. On y va dans la nuit; la lueur d'une lanterne ou d'un rat de cave brille sur l'humidité des voûtes et tire des reflets argentés de l'eau, qui glisse lentement sur le lit qu'on lui a préparé et qu'on appelle le radier... »

L'aqueduc de ceinture, de son point de départ au réservoir des Batignolles, a plus de 4 kilomètres de longueur et constitue, à lui seul, un travail des plus remarquables.

L'établissement du canal de l'Ourcq réalisait déjà un notable progrès dans la distribution de l'eau à Paris.

Si nous jetons un coup d'œil sur le passé, nous trouvons en effet que Paris, en 1553, ne recevait que 300 mètres cubes d'eau par jour, soit 1 litre en moyenne par habitant; en 1671, après la construction de la pompe de Notre-Dame, 1 800 mètres cubes d'eau devaient suffire chaque jour aux besoins de la population, ce qui correspondait à peu près à une ration de 3 litres par tête, et il avait fallu plus d'un siècle pour réaliser ce faible progrès; — enfin, au moment de la Révolution française, les 547 755 habitants de Paris avaient à se partager 7 986 mètres cubes d'eau par jour, ce qui représentait 14 litres en moyenne par personne.

Après la construction du canal de l'Ourcq, qui, ainsi que nous l'avons dit plus haut, amenait à lui seul 105 000 mètres cubes d'eau par jour, la ville de Paris recevait, avec les puits artésiens de Grenelle et de Passy, et l'eau de Seine fournie par 18 machines à vapeur, un total de 195 000 mètres cubes, ce qui assurait à chaque habitant 115 litres par vingt-quatre heures, c'est-à-dire une quantité huit fois supérieure à celle dont on devait se contenter à la fin du siècle précédent.

Malgré cette amélioration déjà sensible, Paris était encore bien loin d'avoir la situation de quelques villes privilégiées, qui peuvent donner à chaque habitant en vingt-quatre heures 944 litres comme Rome, 568 litres comme New-York, 400 litres comme Carcassonne, et enfin 186 litres comme Marseille, pour ne citer que ces quatre villes.

Nous devons ajouter, en outre, que la qualité de l'eau qu'on buvait à Paris à cette époque laissait beaucoup à désirer. L'eau de la Seine, constamment infectée par les égouts qui s'y déversent, pouvait alors exercer sur une grande échelle les ravages dont aujourd'hui nous la savons capable, depuis les découvertes récentes qui notamment nous ont appris le mode de transmission de la fièvre typhoïde par l'eau. Quant à l'eau de l'Ourcq, elle n'était guère moins mauvaise que celle de la Seine, puisqu'elle provenait d'une voie navigable et se trouvait par suite également souillée.

Il restait encore beaucoup à faire au double point de vue de la quantité et de la qualité des eaux destinées à l'alimentation de Paris, et ce n'est que dans la seconde moitié du siècle que de véritables améliorations ont été réalisées à ce sujet.

Chargé en avril 1854 d'étudier comparativement toutes les sources qui pourraient être dérivées avantageusement vers Paris, M. Belgrand, ingénieur en chef de la navigation de la Seine et du service hydrométrique du bassin de ce fleuve, fit pratiquer l'analyse de *deux cent vingt-deux* sources, étudia leur débit annuel, établit des tableaux indiquant jour par jour leur température moyenne, pesa les inconvénients qui devaient résulter de l'éloignement trop considérable de beaucoup d'entre elles, ainsi que les dommages qui pouvaient provenir, dans certains pays, de la dérivation d'eaux indispensables au fonctionnement de grandes usines, et finalement arriva à cette conclusion que les eaux de la Champagne, situées entre Châlons et Château-Thierry, entre Sens et Troyes, lui paraissaient présenter les meilleures conditions pour les entreprises projetées.

C'est à la suite de ces consciencieuses et laborieuses recherches que la ville de Paris, en 1859, a acheté au prix de 65 000 francs la source de la Dhuis, qui peut donner environ 25 000 mètres cubes, et, moyennant la somme de 12 000 francs, les sources de Montmort qui devaient se réunir aux eaux de la Dhuis dans l'aqueduc destiné à alimenter les hauts quartiers de Paris.

L'année suivante, la ville fit également l'acquisition, au prix de 265 000 francs, d'un certain nombre de sources de la vallée de la Vanne, dont le débit était évalué à 67 000 mètres cubes par jour.

L'aqueduc de la Dhuis, qui a une longueur d'environ 131 kilomètres, longe la rive gauche de la Marne, franchit la rivière au niveau de Chalifert et suit alors sa rive droite jusqu'à Belleville.

Ce magnifique travail, dont l'exécution n'a pas coûté moins de 18 millions de francs, comprend 104 kilomètres d'aqueduc en tranchée, 9 kilomètres et demi d'aqueduc souterrain, et 17 kilomètres de siphons en fonte.

La Dhuis arrive ainsi sur le coteau de Ménilmontant, à une altitude de 108 mètres, et se déverse dans d'immenses réservoirs situés près de la rue Haxo, qui distribuent ensuite ses eaux dans Paris.

« Le réservoir de Ménilmontant, qui ne mesure pas moins de deux hectares de superficie, dit M. Hélène, est partagé en deux étages, dont l'un reçoit les eaux de la Dhuis, l'autre celles de la Marne.

« Le réservoir supérieur, destiné à la Dhuis qui y débouche par un large canal en ciment lisse inaltérable, faisant suite à l'aqueduc souterrain, cube 100 millions de litres et a 5 mètres de profondeur; le réservoir inférieur contient 30 000 mètres cubes. Six cent vingt-quatre piliers soutiennent une voûte de 75 centimètres d'épaisseur recouverte de 50 centimètres de terre gazonnée.

« De distance en distance, des cheminées ménagées dans l'épaisseur de la maçonnerie laissent passer, à travers de solides plaques de verre, un jour grisâtre qui va se refléter sur l'immense nappe d'eau, immobile, coupée çà et là par l'ombre noire des piliers.

« Ces réservoirs, construits par M. l'ingénieur en chef Belgrand, sont de beaucoup les plus remarquables des seize grands « épanouissements » dans lesquels l'eau fait étape, se recueille pour ainsi dire, avant de s'engouffrer dans l'inextricable réseau de l'alimentation urbaine.

« De chacun de ces seize réservoirs, en effet, comme du point central d'une immense toile d'araignée, partent, en ramifications multiples, des conduites en fonte, longeant les parois des égouts, ou cheminant dans des tranchées couvertes.

« Réunies aux aqueducs de ceinture de Belleville, des Prés-Saint-Gervais, d'Arcueil, de la Dhuis et de la Vanne, ces conduites forment un total de 1 741 kilomètres, desservant à chaque habitant une moyenne de 150 à 175 litres. Chiffre colossal, si l'on veut bien revenir en arrière, considérer les travaux accomplis depuis le jour où Jacques de Brosse mettait la première main à l'aqueduc d'Arcueil, chiffre relativement faible si on le compare à celui de la Rome antique. Sous l'empereur Nerva, Rome comptait un million d'habitants, et recevait par ses conduites souterraines près d'un milliard de litres en vingt-quatre heures : 1 000 litres par habitant ! »

L'aqueduc de la Vanne, dont il nous reste à dire quelques mots, a nécessité une série de travaux plus considérable encore que celui de la Dhuis, en raison de sa longueur, qui atteint 173 kilomètres et dépasse par conséquent de 40 kilomètres celle de l'aqueduc de la Dhuis. Partant des sources d'Armentières, l'aqueduc collecteur suit la rive gauche de la Vanne à peu près jusqu'au niveau du village de Chigy, puis traverse en siphon le marais de la Vanne. L'aqueduc principal, qui fait suite à l'aqueduc collecteur, passe des coteaux de la rive droite de la Vanne à ceux de la rive droite de la vallée de l'Yonne, jusqu'au grand siphon de 3757 mètres de longueur et de 40 mètres de flèche qui se trouve dans cette dernière vallée; un magnifique pont-aqueduc, formé de 162 arches qui donnent une longueur totale de 1493 mètres, le soutient au-dessus des eaux des crues de l'Yonne.

Depuis la création des deux aqueducs de la Dhuis et de la Vanne, qui fournissent chaque jour, le premier 20 à 25000 mètres cubes, le second 120000 mètres cubes, Paris possède environ 140000 mètres cubes d'eau de source pour l'alimentation journalière de ses habitants, et 450000 mètres cubes d'eau de rivière, provenant du canal de l'Ourcq, de la Seine et des puits artésiens, et destinée aujourd'hui, en raison de son impureté, au service de la voirie.

Mais 140000 mètres cubes d'eau ne peuvent suffire à une population de 2250000 âmes, et il arrive trop fréquemment, soit pendant l'été, soit quand on fait des réparations à l'aqueduc de la Vanne, que la ville est obligée de distribuer momentanément, pour l'alimentation, de l'eau de rivière; or on a constaté, d'après les statistiques officielles, une augmentation notable des cas de fièvre typhoïde après chacune de ces substitutions d'eau de rivière à l'eau de source.

On s'est donc préoccupé avec raison, dans ces derniers temps, d'augmenter considérablement la quantité d'eau de source mise à la disposition des habitants, et, dans ce but, on a tout récemment décidé le captage de quatre sources situées dans la vallée de la Vigne (Eure-et-Loir) et d'une source de la vallée de l'Avre, sur le territoire de Verneuil (Eure).

Les aqueducs collecteurs partant de chacune de ces sources se réuniront au niveau du confluent de la Vigne et de l'Avre supérieure, à l'altitude de 146 mètres, en une conduite unique de 102 kilomètres de longueur, qui doit aboutir à un nouveau réservoir que l'on construira à Montretout, à la cote de 106 mètres, et dont la capacité sera de 400000 mètres cubes.

Du réservoir de Montretout partiront deux conduites aboutissant l'une au réservoir de Passy, l'autre au réservoir de Montrouge.

Après l'achèvement de ces grands travaux, dont la dépense totale est évaluée approximativement à 35 millions, la ville de Paris recevra chaque jour environ 225000 mètres cubes d'eau de source, ce qui permettra de fournir aux usages domestiques 100 litres par jour et par personne.

III

LES ÉGOUTS

Le service des égouts prend dans le sous-sol des villes une place aussi importante que le service des eaux, dont il est naturellement le complément indispensable. Nous allons voir que dans notre siècle on a, grâce à de grands travaux, réalisé de notables améliorations dans cette question des égouts, cependant si difficile à résoudre d'une façon tout à fait satisfaisante.

L'eau distribuée dans Paris représente par vingt-quatre heures, ainsi que nous l'avons dit plus haut, 590 000 mètres cubes, en comptant l'eau de rivière et l'eau de source, et la pluie donne en moyenne 106 000 mètres cubes, ce qui fait un total de 254 milliards de litres par année. Pour se faire une idée approximative de ce chiffre énorme, il suffit de faire le calcul suivant : il ne s'est pas écoulé tout à fait un milliard de minutes depuis la naissance de Jésus-Christ; donc si, à partir de ce moment, on avait versé dans un bassin 4 litres par seconde, on n'aurait pas encore aujourd'hui le volume d'eau que reçoit Paris chaque année.

En admettant qu'un cinquième de cette eau soit perdu par évaporation, il faut donc se débarrasser chaque jour de 556 000' mètres cubes en moyenne, et les 800 kilomètres d'égouts qui forment actuellement le réseau souterrain de Paris ont été construits dans ce but.

Cette organisation est d'ailleurs toute moderne.

Au xviiᵉ siècle il n'y avait guère plus de 10 kilomètres d'égouts à Paris, et, comme on manquait d'eau pour l'alimentation, on ne pouvait pas songer à dépenser la quantité d'eau nécessaire au nettoyage des égouts.

Aussi l'accumulation et la stagnation des résidus de la ville transformaient-elles les ruisseaux souterrains en véritables foyers d'infection.

« Dès que l'on y touchait, rapporte M. Maxime Du Camp, on courait risque d'asphyxie ; mais la science de cette époque ignorait la nature des gaz méphitiques. En 1633, cinq ouvriers sont foudroyés au moment où ils mettaient la palette dans l'égout du Ponceau. Des médecins réunis discutent sur le fait, en recherchent attentivement les causes, et tombent d'accord pour déclarer que les ouvriers ont été tués par le regard d'un basilic qui sans doute est blotti dans l'excavation de l'égout. »

Turgot fut le premier qui chercha à assainir les égouts, en construisant à la tête de l'égout, boulevard des Filles-du-Calvaire, un réservoir dont les eaux servaient à nettoyer le canal.

Il faut arriver en 1830 pour constater l'organisation d'un nettoyage régulier des égouts par les eaux du canal de l'Ourcq ; mais, jusqu'à une époque relativement récente, cette organisation présentait un côté bien défectueux, par ce fait même que tout le contenu des égouts venait s'écouler dans la Seine, en plein Paris.

Aujourd'hui, les deux grands collecteurs dans lesquels se déversent d'un côté les égouts de la rive droite et de l'autre ceux de la rive gauche, se réunissent en un canal unique de 500 mètres environ qui n'atteint la Seine qu'en aval du pont d'Asnières.

Le collecteur d'Asnières constitue un ouvrage de la plus grande importance, et ne le

Paris souterrain. — Le grand égout collecteur.

cède en rien à la *Cloaca maxima* de l'ancienne Rome dont on sait la réputation ; il a 5 mètres de largeur et de hauteur, dimensions qui sont supérieures à celles de la *Cloaca maxima*.

Deux siphons aspirent aujourd'hui les eaux du grand collecteur à son embouchure, et les lancent à l'intérieur d'une conduite en fonte qui les amène à la plaine de Gennevilliers, dans un large réservoir en pierre. Du réservoir part un canal qui reçoit également les eaux du grand collecteur départemental, et sur lequel sont branchées des conduites d'irrigation, commandées par des vannes qui permettent de les ouvrir ou de les fermer à volonté. Grâce à l'irrigation des eaux d'égout, qui donnent par l'évaporation d'excellents engrais, la plaine de Gennevilliers, autrefois inculte, s'est peu à peu transformée en un sol fertile.

Nous n'avons pas parlé jusqu'ici des nombreux égouts qui constituent en quelque sorte les affluents des grands collecteurs ; on les construit tous actuellement sur le modèle du grand égout qui part de la place du Châtelet et dont M. Maxime Du Camp a donné cette curieuse description :

« Dès que l'on a descendu l'escalier de fonte en vrille et que l'on a pénétré dans la vaste chambre, le Paris souterrain se dévoile; il livre son secret d'un seul coup.

« Ces énormes conduites métalliques, brillantes et polies comme un marbre noir, qui s'appuient sur de fortes béquilles de fer, portent les eaux de l'Ourcq, de la Seine, et attendent celles de la Vanne ; elles poussent sous chaque trottoir du Pont-au-Change deux tuyaux qui partent d'un tronc commun, et ressemblent aux jambes d'un géant nègre couché sur le dos; plus loin, les conduites moins amples et par conséquent moins pesantes peuvent être « agrafées » aux parois mêmes de la muraille, qu'elles suivent en détachant çà et là des branchements particuliers; sur la voûte même, ces faisceaux grisâtres qui ont l'air de fagots de sarment sont les gaines de plomb où, dans une enveloppe de gutta-percha, les fils du télégraphe électrique bavardent en silence à l'abri de l'humidité....

« La chambre s'ouvre sur la berge de la Seine par une large voûte; dans l'épaisseur du mur on a ménagé un bureau pour les employés, une officine pour les lampistes, des cabinets où l'on enferme les palettes, les balais, les pelles, les bottes nécessaires aux égoutiers. Sur les piliers de fer fichés dans le trottoir qui domine la cunette où l'égout roule ses eaux limoneuses, on a placé des lampes munies de globes en porcelaine; c'est une petite illumination. Les hommes d'équipe, munis de blouses blanches, sont à leur poste.

« Les curieux arrivent avec des cache-nez et de gros paletots pour parer aux rigueurs d'une température qui n'est cependant point redoutable, car elle reste presque invariablement fixée entre 11 et 13 degrés...

« Tout le monde est arrivé, on amène les wagons remisés dans le grand collecteur, on les fait pivoter sur les plaques tournantes, comme dans une gare de chemin de fer, et on les met dans l'axe de l'égout Rivoli, dont les deux trottoirs sont armés de bandes métalliques faisant office de rails. Des lampes brûlent aux quatre coins des wagons, qui sont découverts et garnis de bancs en canne tressée. On s'assoit, les femmes ont un peu peur; s'il y a des pickpockets, ils courent quelques risques de mésaventures, car je reconnais un agent du service de sûreté qui s'installe de façon à mieux voir les promeneurs que la promenade.

« Un coup de sifflet donne le signal, et l'on part. Deux hommes à l'avant, deux hommes à l'arrière, les mains appuyées sur une barre de bois transversale, prennent leur course, et très grand train font rouler le wagon, qui bruit au-dessus de la cunette. La rapidité du mouvement détermine un courant d'air frais qui frappe au visage. On va vite sous une voûte obscure; c'est à peu près tout ce qu'on peut remarquer; du reste, nulle odeur fâcheuse, à peine en passant sous les casernes du Louvre a-t-on perception d'une senteur ammoniacale un peu accentuée.

« La marche est ralentie, on arrive place de la Concorde, à l'endroit où l'égout Rivoli apporte « le tribut de ses eaux » au grand collecteur.

« On descend sur la banquette et l'on aperçoit une flottille de cinq ou six bateaux peu pavoisés, mais éclairés d'une lampe; on s'y embarque et, sous la conduite de « mariniers » vêtus d'une blouse bleue, on gagne au fil de l'eau la chambre de la place de la Madeleine. On gravit l'escalier, et l'on sort au milieu des badauds, qui paraissent extraordinairement surpris. »

IV

LA TÉLÉGRAPHIE PNEUMATIQUE.

Le premier envoi de dépêches au moyen de l'air comprimé. — L'installation des tubes pneumatiques à Paris. — Les différents systèmes de compression de l'air. — La voie. — Le matériel de transport..

Parmi les différents services qui empruntent les nombreuses voies souterraines creusées dans le sous-sol des villes, et qui font partie des organes mystérieux fonc tionnant à l'abri de tout regard, un des plus intéressants à étudier consiste dans l'organisation des réseaux pneumatiques destinés au transport des dépêches au moyen de l'air comprimé.

Bien que le principe même de l'emploi de l'air comprimé comme propulseur remonte à une époque fort ancienne, l'application de ce principe au transport des petits paquets est relativement de date récente.

D'après l'abbé Moigno, c'est Ador qui, en 1852, fit dans le parc Monceau le premier envoi de dépêches par la pression de l'air. Deux ans plus tard, M. Galy Cazalat en France et M. Latimer Clark en Angleterre prirent chacun de leur côté un brevet de transport de paquets et de lettres dans des étuis de fer-blanc circulant à l'intérieur de tubes pneumatiques.

Nous ne saurions entrer ici dans le détail des installations nombreuses de télé graphie pneumatique qui fonctionnent actuellement dans toutes les grandes villes, et nous nous bornerons à rappeler que c'est surtout l'Angleterre qui a précédé les autres pays dans l'établissement des réseaux souterrains destinés à ce mode de locomotion, que l'on a appliqué dans quelques cas non seulement au transport de dépêches, de lettres et de petits paquets, mais aussi au transport d'objets pesants, tels que des sacs de dépêches, ou même au transport de voyageurs, comme dans l'expérience faite en 1864, à Sydenham, près du Palais de Cristal, sur une ligne souterraine de 547 mètres de longueur, constituée par un tube en briques de 3 mètres de hauteur sur 2m,75 de largeur.

A Paris, la première installation de tubes pneumatiques remonte à 1866. Une

première ligne fut alors établie entre la Bourse et le Grand-Hôtel, puis la canalisation
fut prolongée l'année suivante du Grand-Hôtel à la rue Boissy-d'Anglas, et ensuite à la
station centrale, rue de Grenelle-Saint-Germain.

A cette époque, les appareils fonctionnant dans le bureau de la rue Boissy-d'Anglas comprenaient deux cuves à air de 6 mètres cubes environ, et une cuve à eau de
7 mètres cubes de capacité, communiquant avec les deux premières, et recevant elle-
même par un tuyau l'eau de la ville servant à comprimer l'air.

Il est facile de comprendre la façon dont on peut obtenir la compression de l'air

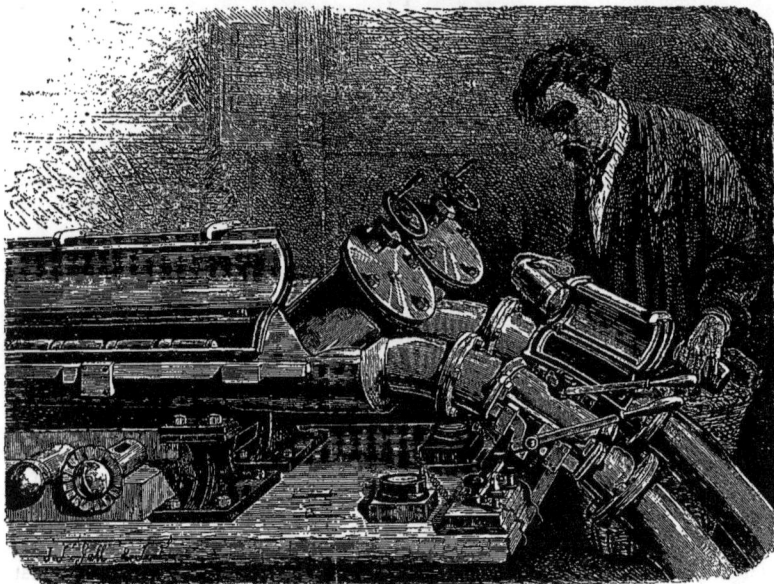

L'appareil récepteur et expéditeur. (Gravure extraite de l'*Illustration*.)

lorsque l'on a à sa disposition de l'eau en quantité suffisante. Supposons en effet que
les trois cuves dont nous venons de parler soient vides, c'est-à-dire simplement
remplies d'air à la pression de l'atmosphère; elles renferment par conséquent
un volume total d'air égal à 19 mètres cubes. Qu'on supprime toute communication
avec l'extérieur, et qu'on laisse écouler de l'eau dans la cuve destinée à cet usage, jusqu'à ce qu'elle soit complètement remplie; on réduit ainsi le volume de l'air qui
occupait les trois cuves de 19 mètres cubes à 12 mètres cubes, et cet air se trouve comprimé à une pression de 1,6 atmosphères environ. Si l'on ouvre alors un robinet établissant une communication entre une des cuves à air et le tube par lequel sont
expédiés des étuis renfermant des dépêches, on conçoit aisément que ces étuis
puissent être chassés à l'extrémité du tube, sous l'action de l'excès de pression de l'air
renfermé dans la cuve.

Ce système représente évidemment le plus simple des moyens employés pour comprimer l'air; mais il est des villes où l'eau ne peut être avantageusement utilisée, à cause du prix élevé qu'elle peut atteindre, et l'on préfère souvent employer des machines à vapeur, actionnant des pompes à air. On a également imaginé un appareil dont le principe est celui de la trompe ou soufflerie des forges catalanes,

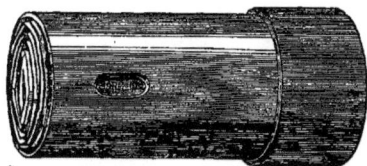

Cylindre porte-lettres ouvert.
(Gravure extraite de l'*Illustration*.)

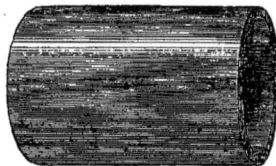

Couverture du cylindre porte-lettres.
(Gravure extraite de l'*Illustration*.)

et dans lequel un jet d'eau, arrivant au centre d'un tuyau en communication avec l'air extérieur, entraîne l'air et le comprime.

Le matériel de transport se compose d'étuis dans lesquels on place les dépêches et qui sont constitués par un cylindre métallique sur lequel est gravé le nom de la station à laquelle il est destiné.

Quant à la voie, elle comprend simplement un tube de 65 millimètres de diamètre intérieur, suspendu à la voûte des égouts, reliant entre elles les principales stations télégraphiques de Paris et formant un réseau total de plus de 60 kilomètres.

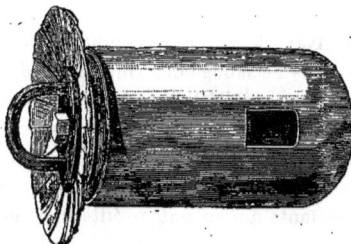

Piston avec collerette. (Gravure extraite de l'*Illustration*).

Dès qu'un certain nombre de dépêches sont prêtes à partir, la station de départ prévient la station voisine, qui répond, par trois coups frappés sur le timbre, qu'elle est prête à recevoir l'envoi. Une petite porte est alors ouverte sur le tube, et les étuis sont placés à l'intérieur; derrière eux, on met le piston, composé d'un cylindre semblable aux autres, mais muni d'une collerette en cuir embouti à l'une des extrémités. On ferme la porte, qui supprime hermétiquement toute communication entre l'air extérieur et l'intérieur du tube, dans lequel l'air comprimé est alors introduit par un robinet. Un ronflement se produit pendant quelques instants à peine, et l'on n'entend plus rien; les dépêches sont arrivées à la station voisine. Il ne reste plus qu'à refermer le robinet d'air jusqu'au prochain départ.

Les résultats sont excellents, mais ils acquièrent une importance autrement grande lorsque, comme à Berlin, on utilise pour la poste le service des tubes pneumatiques, ce qui permet de faire parvenir aux destinataires, *une heure* après leur dépôt, les lettres échangées dans les limites du district intérieur de la poste tubulaire.

V

L'ÉCLAIRAGE AU GAZ

L'inventeur de l'éclairage au gaz, — L'histoire de Philippe Lebon. — La première usine à gaz destinée à l'éclairage public. — Le gaz à Paris. — Description d'une usine à gaz.

Avant de parler des nombreux travaux nécessités par l'introduction de l'électricité dans l'éclairage des villes, nous devons rappeler le rôle qu'a joué, avant l'électricité, le gaz d'éclairage dans la transformation des villes modernes. D'ailleurs, bien que l'invention de l'éclairage au gaz remonte en réalité à la fin du siècle dernier, l'industrie à laquelle cette découverte a donné naissance ne s'est véritablement développée qu'au commencement de notre siècle, et, à ce titre, tous les travaux importants qui en ont résulté dans nos villes font réellement partie des grands travaux du siècle.

On a souvent attribué à un Anglais l'invention de l'éclairage au gaz et l'on a pu voir, au cimetière du Père-Lachaise, une tombe portant cette inscription : *Windsor, inventeur de l'éclairage au gaz.*

La gloire de cette découverte revient pourtant à un Français, Philippe Lebon, dont on a inauguré la statue à Chaumont le 26 juin 1887.

Lebon, né en 1769, était ingénieur des ponts et chaussées, lorsqu'il conçut, vers 1785, l'idée de chercher à utiliser, pour l'éclairage des maisons, les gaz combustibles qui proviennent de la distillation du bois. C'était pendant un séjour dans son pays natal, à Brachay, près de Joinville (Haute-Marne); voulant étudier les propriétés des gaz résultant de la distillation du bois, il avait placé sur des charbons ardents une fiole de verre remplie de sciure de bois; tout d'un coup ces charbons communiquèrent le feu à la fumée qui sortait abondamment du flacon, et qui s'enflamma en produisant une vive lumière : le gaz d'éclairage était trouvé.

Philippe Lebon entrevit un avenir immense dans la constatation des résultats de cette simple expérience, et c'est en cela qu'il fit preuve de génie.

Il se mit immédiatement à l'œuvre et construisit un appareil en briques, qu'il chauffa après l'avoir rempli de bois. Le gaz qui se dégageait de l'appareil était accompagné de vapeurs acides et bitumineuses; pour le débarrasser de ces matières étrangères, l'inventeur fit passer la fumée dans une cuve pleine d'eau, d'où le gaz d'éclairage sortit purifié et brûla parfaitement. Lebon avait établi ainsi, en miniature, la première usine à gaz.

Encouragé par ces résultats, le jeune ingénieur revint à Paris pour les communiquer aux savants de l'époque et continuer ses travaux. En quittant Brachay, il disait à ses voisins : « Je retourne à Paris, et de là je veux vous chauffer et vous éclairer avec du gaz que je vous enverrai par des conduits. » Nul n'est prophète en son pays : ses auditeurs ouvrirent de grands yeux et demeurèrent persuadés que leur compatriote était devenu fou.

Lebon fit part de sa découverte à l'Académie des sciences, et, encouragé par Fourcroy, Prony et la plupart des illustrations scientifiques, il construisit un second appareil et fit de nouvelles expériences dans sa maison de l'île Saint-Louis; enfin, le 21 septembre 1799, il prit un brevet d'invention pour de nouveaux « moyens d'employer les combustibles plus utilement, soit pour la chaleur, soit pour la lumière, et d'en recueillir les différents produits ». Dans son brevet il signalait déjà la *houille* comme capable de remplacer avantageusement le bois.

En même temps il donnait à ses appareils le nom de « *thermolampes* pour chauffer et éclairer économiquement, et à une distance quelconque ».

Le succès fut très grand; cependant la perfection n'était pas encore atteinte, la lumière manquait d'éclat, et le gaz dégageait une odeur insupportable. L'inventeur comprit bien qu'il devait perfectionner encore sa découverte, et il se remit courageusement à l'œuvre, dépensant des sommes considérables pour sa modeste situation de fortune. Il ne faut pas oublier que Lebon était fonctionnaire et ne pouvait songer à quitter son état. Envoyé à Angoulême, comme ingénieur ordinaire, il dut abandonner presque complètement ses expériences.

Rappelé dans la capitale en 1801, il prit un second brevet, loua l'hôtel Seignelay, rue Saint-Dominique, et fut bientôt en mesure d'inviter tout Paris à venir admirer les résultats de son invention; les appartements et le jardin de l'hôtel furent alors éclairés par des milliers de jets de gaz, extrait de la houille et non plus du bois comme dans les premiers appareils.

Lebon publia à ce moment un prospectus dans lequel il indiquait le développement que l'on pouvait donner à l'industrie nouvelle, capable d'éclairer entièrement les villes au moyen de tuyaux qui distribueraient le gaz dans les rues, les carrefours et les places.

Une commission chargée d'adresser au ministre un rapport sur la découverte de Philippe Lebon déclara que les résultats des expériences de l'inventeur avaient « comblé et même dépassé les espérances des amis des sciences et des arts », et le gouvernement concéda bientôt à Lebon une portion de forêt de pins, sise à Rouvray, près du Havre, afin de lui permettre de continuer ses recherches sur la distillation du bois, qui devaient avoir un double résultat; dès le début, en effet, Lebon s'était donné comme but de distiller du bois pour en retirer à la fois le gaz pour l'éclairage et le goudron pour la marine.

Au moment où il allait peut-être recevoir la juste récompense de ses efforts patients, Lebon, appelé à Paris, du Havre où il demeurait, pour participer aux préparatifs du sacre de Bonaparte, mourut le jour du couronnement, à peine âgé de trente-cinq ans. On dit même qu'il fut victime d'un assassinat; il est certain, dans tous les cas, que l'on n'a jamais pu pénétrer le mystère qui entoura les circonstances de cette mort subite.

Après la mort de Lebon, dont l'invention n'avait pas eu, en définitive, le succès qu'elle méritait, personne, dans notre pays, ne continua ses intéressantes recherches; les Anglais, mieux avisés, surent reprendre l'idée française et la faire prospérer.

Déjà, en 1798, Murdoch avait installé un appareil d'éclairage au gaz dans les

Usine à gaz. Vue des batteries en activité.

ateliers de construction de machines à vapeur de James Watt et Bolton, à Soho, près de Birmingham.

En 1812, Windsor, auquel on a faussement attribué le mérite de l'invention du gaz d'éclairage, établit à Londres la première usine pour l'éclairage public, puis il vint à Paris et y fit adopter, en 1817, le même mode d'éclairage; cependant le gaz ne servit tout d'abord qu'à éclairer quelques passages ou galeries, tels que le passage des Panoramas, les galeries du Palais-Royal, le pourtour de l'Odéon, et il débuta sur la voie publique par la rue de la Paix et la place Vendôme.

En 1820, Pauwels établit, sur la demande du gouvernement, une petite usine qui servit à éclairer le palais et le quartier du Luxembourg. Bientôt deux nouvelles usines, beaucoup plus importantes, s'élevèrent sous la direction de Pauwels, pour le compte de la *Compagnie française*; presque en même temps Manby et Wilson en fondèrent une autre, sous le nom de *Compagnie anglaise*.

À partir de ce moment, l'industrie de l'éclairage au gaz, adopté par un grand nombre de villes, fit de notables progrès; à Paris, de nouvelles compagnies furent successivement créées, et, en 1855, elles se fusionnèrent toutes en une seule par un traité passé avec le préfet de la Seine, qui fixa alors le prix du mètre cube à 0 fr. 15 pour la Ville et 0 fr. 30 pour les particuliers.

En 1880, les sept usines de la Compagnie parisienne ont produit plus de 126 millions de mètres cubes, dont 16 millions environ ont été consommés par les trente et quelques mille becs servant à éclairer la voie publique et distribués sur un réseau de tuyaux souterrains qui mesure, dans sa totalité, plus de 1000 kilomètres. On voit par là l'extension considérable qu'a prise, en un demi-siècle, l'industrie créée par Lebon.

Nous n'insisterons pas sur les travaux que l'on a dû exécuter pour établir dans les grandes villes ces immenses réseaux destinés à distribuer le gaz d'éclai-

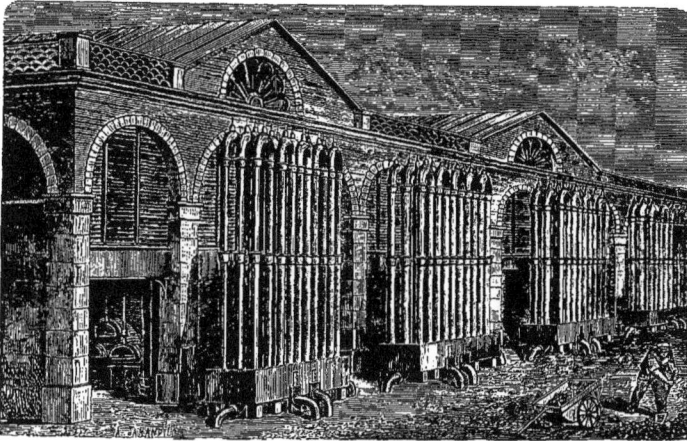

Jeux d'orgue.

rage, mais nous devons décrire sommairement les usines à gaz qui font partie des organes essentiels des villes modernes.

L'usine à gaz se compose de trois parties principales : 1° les appareils de distillation ; 2° les systèmes d'épuration ; 3° le gazomètre, ou récipient destiné à recueillir le gaz.

Les appareils de distillation sont constitués généralement par des cylindres ou cornues en terre réfractaire, qui sont placés par batteries dans des fours adossés deux à deux, et que l'on remplit de houille. Chaque cornue est munie d'une tête en fonte, située en dehors du fourneau, et qui, d'une part, présente l'orifice par lequel on charge la houille et que l'on ferme à l'aide d'un obturateur solidement maintenu, et, d'autre part, porte un tube vertical par lequel le gaz se dégage et va se rendre dans un cylindre horizontal courant le long des fours, et désigné sous le nom de *barillet*.

La houille n'est introduite dans les cornues que lorsque celles-ci sont chauffées au rouge ; les premières portions de charbon qu'on y jette distillent donc immédiatement, et le gaz chasse l'air contenu à l'intérieur ; de cette façon il n'y a plus à craindre de mélange détonant lorsque, les cornues remplies, on place l'obturateur.

Diverses modifications ont été apportées dans les constructions des fours à gaz, mais il est inutile d'entrer dans de trop longs détails pour donner un simple aperçu de la fabrication du gaz de l'éclairage.

Du barillet, qui est à moitié rempli d'eau et condense déjà une certaine quantité de goudron, d'eau, etc., le gaz est amené par un tuyau dans des réfrigérants, qui portent le nom de *jeu d'orgue*, et qui sont constitués par une série de tubes en forme d'U renversé.

Le gaz, en passant successivement dans ces tubes, y abandonne une grande partie des matières liquéfiables, et il achève de s'épurer en traversant une colonne de coke, arrosée d'eau ammoniacale, puis des caisses qui renferment de la chaux, ou un mélange de sesquioxyde de fer et de sulfate de chaux.

Au sortir de ces différents systèmes d'épuration, le gaz purifié vient enfin s'accumuler dans le gazomètre, c'est-à-dire dans une énorme cloche en tôle, qui est renversée sur l'eau d'un réservoir et qui constitue le récipient dans lequel puisent en quelque sorte tous les tuyaux qui alimentent la ville ou le quartier voisin.

Il y a loin, comme on le voit, entre cette installation et la *thermolampe* de Philippe Lebon; cependant, si l'on excepte surtout ce qui se rapporte à l'épuration chimique, les mêmes parties essentielles se retrouvent, sous une forme et des dimensions différentes, dans l'une comme dans l'autre, et l'illustre inventeur, s'il était devenu centenaire, aurait pu reconnaître son œuvre dans l'usine moderne.

VI

L'ÉLECTRICITÉ DANS LES VILLES

L'éclairage électrique. — Les installations électriques à Paris. — L'usine Edison du Palais-Royal. Le secteur électrique de la place Clichy. — La pose des câbles.

A en juger par les transformations nombreuses qui dans nos villes ont été déjà, en quelques années seulement, le résultat des applications nouvelles de l'électricité, on ne saurait être taxé d'exagération en disant que l'électricité pourra, au siècle prochain, jouer un rôle analogue à celui que la vapeur a joué dans notre siècle, et, de même que l'histoire des chemins de fer nous a semblé former une introduction toute naturelle à cet exposé sommaire des grands travaux du siècle, nous ne pouvons, dans ce dernier chapitre, nous dispenser de dire quelques mots des installations électriques modernes, qui peuvent dès à présent donner une idée de ce qu'on doit espérer de l'électricité pour les temps à venir.

L'éclairage électrique se répand de plus en plus dans toutes les grandes villes, faisant au gaz une sérieuse concurrence, et l'on n'en est plus à compter les services que rend aujourd'hui l'emploi de la lumière électrique, qui offre les plus grands avantages pour l'éclairage des théâtres, des grands ateliers, des imprimeries, des grands magasins, des gares de chemins de fer, des travaux de nuit, etc. Quant à l'application de l'électricité à l'éclairage des voies publiques, elle a dans ces dernières années fait des progrès considérables, depuis les expériences faites en 1878 par M. Jablochkoff sur l'avenue de l'Opéra, et les installations d'éclairage électrique se sont multipliées en dix ans avec une rapidité extraordinaire dans la plupart des villes d'Europe et d'Amérique, au point qu'il devient impossible d'énumérer toutes les dispositions variées qui ont été adoptées dans ces différentes villes.

Il nous suffira d'ailleurs, pour montrer l'importance de l'éclairage électrique des villes, de choisir quelques exemples parmi les installations qui ont été faites à Paris dans ces dernières années.

On sait que, indépendamment des stations établies, notamment aux Halles centrales, à l'Hôtel de Ville, au parc Monceau, par la Ville elle-même, des concessions pour l'éclairage de certains quartiers ont été accordées à différentes compagnies, telles que la Compagnie parisienne d'électricité Victor Popp, la Compagnie continentale Edison, la Compagnie parisienne électrique, la Société anonyme pour la transmission de la force par l'électricité.

Pour prendre un exemple parmi les nombreuses stations centrales d'électricité établies par ces différentes compagnies, nous emprunterons au *Bulletin international de l'électricité* la description de l'installation de la Compagnie continentale Edison au Palais-Royal, qui alimente à elle seule l'Élysée, les deux théâtres du Palais-Royal et de la Comédie-Française, le Conseil d'État, la Cour des comptes, l'Administration des bâtiments civils et des beaux-arts, etc., et qui doit encore éclairer les galeries et les arcades du Palais-Royal et des immeubles attenants.

« Cette station est établie dans un sous-sol de la cour du Palais-Royal, où l'on arrive par une galerie souterraine qui débouche dans la rue de Valois. La surface qu'elle occupe est rectangulaire, et longue de 28^m,65 sur 18 mètres de largeur. Elle est divisée en deux parties principales : la grande salle des machines, de 21 mètres de long et 18 mètres de large, et la salle des générateurs, qui a 6^m,15 de longueur sur 18 mètres de largeur.

« Cette dernière salle renferme cinq générateurs Belleville, qui fournissent 1 800 kilogrammes de vapeur à l'heure; elle est disposée pour recevoir plus tard deux autres chaudières. L'alimentation de l'eau est procurée par trois réservoirs placés sous les constructions de la rue de Valois; la contenance de ces réservoirs est de 158 mètres cubes. On les remplit au moyen d'un puits et d'une pompe centrifuge, actionnée par une dynamo Edison ou par les conduites d'eau de la ville. La fumée des foyers s'engage dans une conduite de 24 mètres de longueur aboutissant à une cheminée située sur la rue de Valois et où arrive également le tuyau de décharge de la vapeur de condensation, ce qui en active le tirage.

« La salle des machines est située à l'extrémité du couloir d'accès. Elle est éclairée par un dôme vitré, et renferme les condenseurs, les machines à vapeur, les dynamos et le tableau de distribution. Les deux condenseurs fournissent la vapeur aux machines à vapeur au moyen d'une conduite en V, qui permet de les alimenter ensemble ou séparément, ou de prendre, en cas d'accident arrivé à un joint, la vapeur sur une branche ou sur l'autre.

« Les machines à vapeur, au nombre de huit, sont placées sur deux rangs parallèles, au milieu de la salle, deux de chaque côté. Ces machines sont du système Weyher et Richemond, à triple expansion, avec quatre cylindres, dont deux superposés; elles marchent à 160 tours et ont une puissance de 150 chevaux. Chaque machine à vapeur actionne directement et sans transmission intermédiaire une dynamo Edison.

« Les dynamos, du même type que celles de l'Opéra, fournissent, à 150 tours par minute, 800 *ampères* et 110 *volts*; elles se trouvent derrière les machines à vapeur qui les commandent, et sont reliées, deux à deux, en tension.

« La distribution du courant s'effectue par le système à trois fils; des *feeders* partent de l'usine et arrivent en divers points du circuit d'alimentation; celui-ci est fermé et fait le tour du jardin.

« Les câbles conducteurs sont installés dans les égouts, sur les deux grands côtés du jardin et sur le petit côté où se trouve l'usine. Ces conducteurs sont soutenus par des supports en porcelaine, fixés à la voûte. Sur le quatrième côté du jardin, où il n'y a pas d'égout, on a placé des câbles sous plomb, dans l'intérieur d'une conduite en fonte, posée dans une tranchée.

« Sur le circuit d'alimentation dont il vient d'être question, sont branchées les dérivations des abonnés. Elles se composent d'un câble sous plomb, qui aboutit à un

Éclairage électrique des travaux de nuit.

compteur, muni de deux interrupteurs, un du côté du réseau et un autre correspondant à un tableau de distribution. »

Parmi les plus belles installations électriques, nous devons également citer la station du secteur électrique de la place Clichy, inaugurée solennellement le 28 avril 1891.

La force motrice y est fournie par huit machines à vapeur donnant ensemble 3450 chevaux, et fournissant de quoi alimenter de 45000 à 50000 lampes à incandescence de 10 bougies. Les chaudières, établies ainsi que les accumulateurs dans le sous-sol de l'usine, qui ne couvre pas moins de 1800 mètres carrés, ont chacune une surface de chauffe de 245 mètres carrés, et une puissance de vaporisation de 2500 kilogrammes à l'heure

Nous devons dire enfin quelques mots de la distribution de l'énergie électrique produite par les stations centrales d'électricité, en raison des grands travaux de canalisation souterraine qui ont été déjà exécutés dans ce but.

Les systèmes de distribution employés par les différentes compagnies sont si nombreux et si variés que nous nous bornerons à décrire brièvement celui qui a été adopté par la Société anonyme du secteur de la place Clichy, et qui est entièrement constitué par des câbles simples du système Siemens.

Les câbles qui partent de l'usine, et auxquels les électriciens donnent le nom anglais de *feeders*, sont en quelque sorte les artères principales du réseau dans lequel se fait la répartition de l'énergie électrique. Leur grosseur dépend naturellement de la distance de l'usine au point de jonction des fils de distribution aux feeders.

D'après M. Hospitalier, le savant ingénieur électricien, ceux de ces câbles qui présentent une section de cuivre de 655 millimètres carrés pèsent 13 tonnes et coûtent 38 000 francs par kilomètre.

Le toron en cuivre qui constitue l'âme du câble est entouré d'une couche isolante spéciale, et le câble ainsi isolé est renfermé dans un tube de plomb, recouvert lui-même d'un épais matelas de chanvre bituminé, sur lequel sont roulées dans le même sens deux bandes d'acier qui entourent complètement le câble ; cette dernière enveloppe est bituminée et couverte d'une couche de filin asphalté, destinée à protéger le fer contre la corrosion.

Pour placer ces câbles, qui circulent sous les trottoirs, on creuse une tranchée, au fond de laquelle on les pose sur un lit de sable disposé à cet effet, puis on les recouvre également de sable, de façon qu'ils se trouvent dans un milieu un peu poreux facilitant le drainage ; ceci fait, il ne reste plus qu'à combler la tranchée avec la terre provenant du déblai, et à reformer la couche de ciment et celle de bitume, pour remettre le trottoir en état.

Nous ne saurions étendre davantage la description de ces installations nouvelles sans entrer dans des détails techniques, qui sortiraient du cadre que nous nous sommes tracé ; il nous paraissait seulement indispensable, en terminant cette revue des grands travaux du siècle, de ne pas passer sous silence ces travaux essentiellement modernes, qui caractérisent la fin de notre siècle, et qui forment déjà en quelque sorte la préface des transformations multiples que les nombreuses applications de l'électricité doivent, dans un avenir prochain, apporter à l'agencement du monde civilisé.

FIN

TABLE DES MATIÈRES

IMPRIMÉ

PAR

CHAMEROT ET RENOUARD

19, rue des Saints-Pères, 19

PARIS

www.ingramcontent.com/pod-product-compliance
Lightning Source LLC
Chambersburg PA
CBHW031619210326
41599CB00021B/3222